S. et Arts ~~1027~~.

On ne peut rien dire sur un pareil Livre sinon qu'il peut quelquefois être utile.

# MÉMOIRE
## *ET*
# TARIFS
*POUR SERVIR A LA FORMATION*
## DES ÉTATS DE PRIX
*DES GRAINS, FOURAGES ET DENRÉES.*

*Imprimés par Ordre de*

MONSEIGNEUR LE CHANCELIER,
*INTENDANT DE LORRAINE ET BARROIS.*

*A NANCY,*
Chez la Veuve & les Héritiers d'ANTOINE LESEURE, Imprimeur ordinaire du Roi, à S. Jean l'Evangéliste.

*M. DCC. LVII.*

# MEMOIRE
## *SUR LA FORMATION*
## DES ETATS DE PRIX
## *DES*
## GRAINS, FOURAGES ET DENRÉES.

C'EST sur la connoissance des Prix des Grains, & des variations qui y surviennent dans les differentes parties du Royaume, que le Ministère peut juger de leur abondance, ou de leur disette; des tems où il convient d'étendre ou de restreindre la vente à l'Etranger; des Lieux où doivent se faire avec avantage les levées pour les Magasins du Roi, & les établissemens des Quartiers pour la Cavalerie; c'est enfin de cette connoissance que dépendent le choix & l'application des moyens propres à encourager l'Agriculture, & plusieurs autres objets qui intéressent également le Service du Roi & l'ordre public.

POUR se procurer cette connoissance, les Subdélégués des Intendances ont été mis dans l'usage de former & d'adresser à la fin de chaque quinzaine, à M. l'Intendant des Finances qui a ce détail à Paris ; & à MM. les Intendans de leurs Provinces, à l'expiration de chaque quinzaine & de chaque mois, des Etats des prix auxquels se sont vendus les Grains, Fourages & Denrées, aux mesures des Lieux, réduites aux poids & mesures de Paris.

C'EST sur ces Etats particuliers que MM. les Intendans des Provinces en adressent de leur côté de généraux, à la fin de chaque mois, aux Ministres de la Guerre & des Finances.

LA peine qu'on a eu jusqu'ici à acquerir sur cet objet des éclaircissemens éxacts, & la nécessité de s'en assurer pour former solidement les opérations qui en dépendent dans un pays comme la Lorraine, où il y a tant de mesures différentes, & où les Denrées du produit des terres sont le principal Commerce, ont engagé à rechercher la cause des erreurs dont on se plaint depuis long-tems, & les moyens de les éviter.

ON a cru avec fondement appercevoir la source de ces erreurs dans le défaut de connoissance des véritables poids, & de la continence des mesures du pays ; & on l'a trouve sur-tout dans la difficulté des calculs nécessaires à la formation des Etats qu'en fournissent les Subdélégués.

ON y a remédié en partie par les vérifications qui ont été faites des mesures de chaque Lieu de marché, & de leur raport avec celles de Paris.

CE point éclairci, il restoit à lever les difficultés des opérations arithmétiques ; & c'est pour y parvenir qu'on a formé les Tarifs de Réduction des unes aux autres, contenus dans ce Recueil. Ces Tarifs en facilitant la composition des Etats empêcheront aussi beaucoup d'erreurs de s'y introduire.

CE Mémoire en va expliquer l'ordre, & faciliter l'intelligence ; on y donnera des exemples pour rendre plus sensible l'utilité des Tarifs, & la façon de les appliquer aux diverses réductions qu'ils ont pour objet. Au moyen de ces secours, & du zéle des Subdélégués, on espere parvenir au point de connoître dans tous les tems le prix juſte de chaque eſpece de Grains & de denrées, & les variations qui y arrivent.

On a ſuivi pendant long-tems dans la formation des differens Etats, la Régle de comparaiſon fondée ſur la connoiſſance du poids que les meſures donnoient en grains lors des épreuves ; mais l'expérience a fait connoître que les grains varient autant en peſanteur, qu'ils ſont differens en eſpeces ; que la même eſpece varie de canton à autre, comme la nature du terroir ; & que par-tout ils changent annuellement, & acquierent ou perdent de leur poids, à proportion que les ſaiſons ont été plus ou moins favorables. Cette méthode étant donc ſujette à beaucoup d'inconveniens, on a préféré depuis d'adopter & de prendre pour régle le méſurage ; en conſéquence le titre des Etats qui annonçoient la Réduction des prix à raiſon du poids des meſures, au Setier ſupoſé peſer 240 livres, ont été changés : ils doivent préſenter aujourd'hui ces mêmes prix réduits au Setier de 12 Boiſſeaux, *, meſure de Paris.

Cette nouvelle méthode préférable à la première, donne un point de réduction plus conſtant ; mais pour en établir ſolidement le principe, il étoit néceſſaire de connoître & de fixer le raport du volume des differentes meſures du pays, à celui du Setier de Paris.

Les meſures uſitées en Lorraine pour la vente des grains, ſont variées d'un Lieu à l'autre par la dénomination, par le méſurage & par le volume ; elles different même ſouvent, quoique ſous un nom ſemblable.

L'Expérience à fait connoître auſſi, qu'entre pluſieurs endroits où la meſure eſt la même, quant aux dimenſions de la meſure principale & à la façon de meſurer les grains ; il ſe trouvoit cependant des différences ſouvent eſſentielles dans le volume, ſur-tout des eſpéces de grains qui ſe livrent

* Le Boiſſeau de Paris eſt une meſure quarrée, ayant en dedans 8 pouces de largeur ſur 10 pouces de hauteur auſſi en dedans ; le meſurage s'en fait toujours raz pour toutes natures de grains.

combles. Ces différences viennent de ce que le mesurage se fait dans des diminutifs différens, ou partitions de la mesure principale, qui tiennent plus ou moins de comble, à proportion de leur évasement, & du plus ou moins de superficie qu'elles présentent.

ENFIN, on a reconnu que telle espéce de grain emporte plus de comble que telle autre ; ce qui opére encore dans le volume des différences, auxquelles il a fallu avoir égard.

POUR asseoir, parmi tant de variétés, un point de comparaison fixe des mesures de Lorraine au Setier de Paris, on s'est assuré, par des expériences réïterées, de ce que chacune, mesurée suivant l'usage des Lieux, remplissoit de Boisseaux de Paris & de parties de ce Boisseau.

LES épreuves ont été faites dans chaque lieu de marché sur la plus grosse mesure, quoiqu'elle ne soit souvent que fictive & ne serve qu'à déterminer le nombre des mesures de partition qui la composent, & dont on fait usage dans le débit; parce qu'en général on ne connoît dans le commerce des grains que la grosse mesure, dont le prix indique par proportion celui de ses diminutifs, & que d'ailleurs on a trouvé plus de certitude à opérer sur le volume entier que sur une partie.

SUR la connoissance acquise du nombre de Boisseaux de Paris & de ses parties, que les mesures différentes ont rempli lors des épreuves, il a été aisé de déterminer le raport des proportions de leur volume à celui du Setier composé de 12 Boisseaux, & de fixer en conséquence le point de comparaison qui doit servir de baze dans la formation des États.

LA Table suivante présente le résultat de ces différentes opérations, sur le froment & l'avoine.

# ÉTAT de la contenance des mesures usitées pour la vente des Bleds & Avoines, dans les principaux marchés, & de leur raport au Setier de 12 Boisseaux de Paris, pour servir à la rédaction des Etats des prix des Grains en LORRAINE ET BARROIS.

| NOMS DES LIEUX. | NOMS DES MESURES. | NATURE DES GRAINS. | USAGE du mesurage. | DIVISION des MESURES | POIDS ordinaire des MESURES. | NOMBRE De BOISSEAUX DE PARIS que contiennent les MESURES. | NOMBRE ET PARTIES des MESURES pour former le SETIER. | RAPORT DES MESURES au SETIER de PARIS. |
|---|---|---|---|---|---|---|---|---|
| | | | | | L. | | | |
| NANCY... | Rezal. | BLE'. | Raz | 4Bichets | 180. | 9. 1/3 | 1. 2/7 | 7/9 |
| | | AVOINE. | Comble | Idem. | ... | 13. 1/2 | . 8/9 | 9/8 |
| BAR..... | Boisseau | BLE'. | Raz | 2. demi. | 25. | 1. 1/3 | 9. . | 1/9 |
| | Minot. | AVOINE. | Roizelé | idem. | ... | 2. 2/5 | 5. . | 1/5 |
| BITCHE. . | Maldre. | BLE'. | Comble | 8. Faces. | 324. | 17. 3/5 | . 15/22 | 22/15 |
| | | AVOINE. | Idem. | idem. | ... | 18. | . 2/3 | 3/2 |
| BLAMONT. | Rezal. | BLE'. | Raz | 8Bichets | 190. | 10. . | 1. 1/5 | 5/6 |
| | | AVOINE. | Comble | idem. | ... | 14. . | . 6/7 | 7/6 |
| BOUCQUENOM | Rezal. | BLE'. | Raz | 8Bichets | 188. | 10. . | 1. 1/5 | 5/6 |
| | | AVOINE. | Comble | idem. | ... | 14. 2/3 | . 9/11 | 11/9 |
| BOULAY. . | Quarte. | BLE'. | Raz | 4Bichets | 100. | 5. 1/3 | 2. 1/4 | 4/9 |
| | | AVOINE. | Comble | idem. | ... | 8. . | 1. 1/2 | 2/3 |
| BOURMONT | Bichet. | BLE'. | Raz | 2 Moitons | 75. | 4. . | 3. . | 1/3 |
| | | AVOINE. | Idem. | 3 Moitons | ... | 6. . | 2. . | 1/2 |
| BOUZONVILLE | Quarte. | BLE'. | Raz | 4Bichets | 120. | 6. . | 2. . | 1/2 |
| | | AVOINE. | Comble | idem. | ... | 9. . | 1. 1/3 | 3/4 |
| BRIEY... | Quarte. | BLE'. | Raz | 4Bichets | 107. | 5. 1/2 | 2. 2/11 | 11/24 |
| | | AVOINE. | Comble | idem. | ... | 7. 1/2 | 1. 3/5 | 5/8 |

| NOMS DES LIEUX. | *NOMS* DES *MESURES.* | NATURE *DES* GRAINS. | *USAGE* du *mesurage* | DIVISION *des* MESURES. | *POIDS* ordinaire *des* MESURES. | NOMBRE DE BOISSEAUX DE PARIS *que* contiennent *les* MESURES. | NOMBRE ET PARTIES des MESURES *pour former* le SETIER. | *RAPORT* DES MESURES au SETIER de PARIS. |
|---|---|---|---|---|---|---|---|---|
| BRUYERES . . | *Rezal.* | BLE'. | *Raz.* | 8 Mines. | 176. | 9. $\frac{1}{4}$ | 1. $\frac{11}{37}$ | $\frac{37}{48}$ |
| | | AVOINE. | *Comble* | idem. | . . . | 13. $\frac{1}{20}$ | . $\frac{80}{87}$ | $\frac{87}{82}$ |
| CHARMES. . . | *Rezal.* | BLE'. | *Raz.* | 8Imaux. | 180. | 9. $\frac{1}{2}$ | 1. $\frac{5}{19}$ | $\frac{19}{24}$ |
| | | AVOINE. | *Comble* | idem. | . . . | 14. . | . $\frac{6}{7}$ | $\frac{7}{6}$ |
| CHATEAU-SALIN. | *Quarte.* | BLE'. | *Raz.* | 4Bichets | 110. | 6. $\frac{1}{8}$ | 1. $\frac{47}{49}$ | $\frac{49}{96}$ |
| | | AVOINE. | *Comble* | idem. | . . . | 8. $\frac{1}{12}$ | 1. $\frac{47}{97}$ | $\frac{97}{144}$ |
| CHATEL. . . | *Rezal.* | BLE'. | *Raz.* | 8Imaux. | 180. | 9. $\frac{1}{2}$ | 1. $\frac{5}{19}$ | $\frac{19}{24}$ |
| | | AVOINE. | *Comble* | idem. | . . . | 14. . | . $\frac{6}{7}$ | $\frac{7}{6}$ |
| COMMERCY. . | *Bichet.* | BLE'. | *Comble* | 2. demi. | 53. | 3. . | 4. . | $\frac{1}{4}$ |
| | | AVOINE. | *Idem.* | idem. | . . . | 3. . | 4. . | $\frac{1}{4}$ |
| DARNEY. . . | *Rezal.* | BLE'. | *Raz.* | 8Imaux. | 240. | 12. . | 1. . | $\frac{.}{1}$ |
| | | AVOINE. | *Comble* | idem. | . . . | 16. $\frac{1}{2}$ | . $\frac{8}{11}$ | $\frac{11}{8}$ |
| DIEUZE. . . . | *Rezal.* | BLE'. | *Raz.* | 8Bichets | 184. | 9. $\frac{1}{2}$ | 1. $\frac{5}{19}$ | $\frac{19}{24}$ |
| | | AVOINE. | *Comble* | idem. | . . . | 13. $\frac{1}{4}$ | . $\frac{48}{53}$ | $\frac{53}{48}$ |
| EPINAL. . . . | *Rezal.* | BLE'. | *Raz.* | 4Bichets | 180. | 9. $\frac{1}{2}$ | 1. $\frac{5}{19}$ | $\frac{19}{24}$ |
| | | AVOINE. | *Comble* | idem. | . . . | 14. . | . $\frac{6}{7}$ | $\frac{7}{6}$ |
| ETAIN. . . . . | *Quarte.* | BLE'. | *Raz.* | 4Bichets | 107. | 5. $\frac{1}{2}$ | 2. $\frac{2}{11}$ | $\frac{11}{24}$ |
| | | AVOINE. | *Comble* | idem. | . . . | 7. $\frac{1}{2}$ | 1. $\frac{3}{5}$ | $\frac{5}{8}$ |
| FENETRANGE. | *Rezal.* | BLE'. | *Raz.* | 8Bichets | 224. | 12. . | 1. . | $\frac{.}{1}$ |
| | | AVOINE. | *Comble* | idem. | . . . | 16. . | . $\frac{3}{4}$ | $\frac{4}{3}$ |
| GONDRECOURT. | *Bichet.* | BLE'. | *Raz.* | 2. demi. | 95. | 5. $\frac{1}{6}$ | 2. $\frac{10}{31}$ | $\frac{31}{72}$ |
| | | AVOINE. | *Roizelé* | idem. | . . . | 5. $\frac{1}{3}$ | 2. $\frac{1}{4}$ | $\frac{4}{9}$ |

| NOMS DES LIEUX. | NOMS DES MESURES. | NATURE DES GRAINS. | USAGE du mesurage | DIVISION des MESURES. | POIDS ordinaire des MESURES. | NOMBRE De BOISSEAUX DE PARIS que contiennent les MESURES. | NOMBRE ET PARTIES des MESURES pour former le SETIER. | RAPORT DES MESURES au SETIER de PARIS. |
|---|---|---|---|---|---|---|---|---|
| LA MARCHE. | *Rezal.* | BLE'. | *Raz.* | 4 Penaux. | 256. | 13. 1/3 | . 9/10 | 10/9 |
| | | AVOINE. | *Comble* | idem. | . . . | 18. 2/3 | . 9/14 | 14/9 |
| LIGNY. . . . | *Boiffeau* | BLE'. | *Raz.* | 2 demi | 25. | 1. 1/5 | 9. . | 1/9 |
| | *Minot.* | AVOINE. | *Roizelé* | idem. | . . . | 2. 2/5 | 5. . | 1/5 |
| LIXHEIM. . . | *Firtel.* | BLE'. | *Raz.* | 6Boiffeau | 180. | 9. 1/3 | 1. 2/7 | 7/9 |
| | | AVOINE. | *Comble* | idem. | . . . | 11. 1/2 | 1. 1/23 | 23/24 |
| LONGUION. | *Quarte.* | BLE'. | *Raz.* | 4Bichets | 106. | 5. 2/5 | 2. 6/27 | 9/20 |
| | | AVOINE. | *Comble* | idem. | . . . | 7. 1/3 | 1. 7/11 | 11/18 |
| LUNÉVILLE. | *Rezal.* | BLE'. | *Raz* | 8Bichets | 180. | 9. 1/3 | 1. 2/7 | 7/9 |
| | | AVOINE. | *Comble* | idem. | . . . | 13. 1/2 | . 8/9 | 9/8 |
| MIRECOURT. . | *Rezal.* | BLE'. | *Raz.* | 4Bichets | 180. | 9. 1/2 | 1. 5/19 | 19/24 |
| | | AVOINE. | *Comble* | idem. | . . . | 14. . | . 6/7 | 7/6 |
| NEUF-CHATEAU. | *Rezal.* | BLE'. | *Raz.* | 8Imaux. | 185. | 9. 2/3 | 1. 7/29 | 29/36 |
| | | AVOINE. | *Comble* | idem. | . . . | 13. 1/2 | . 8/9 | 9/8 |
| NOMENY. . . | *Quarte.* | BLE'. | *Raz.* | 4Bichets | 110. | 5. 3/4 | 2. 2/23 | 23/48 |
| | | AVOINE. | *Idem.* | 6Bichets | . . . | 8. 1/2 | 1. 7/17 | 17/24 |
| PONT A-MOUSSON. | *Quarte.* | BLE'. | *Sciez* | 4Bichets | 132. | 6. 3/4 | 1. 7/9 | 9/16 |
| | | AVOINE. | *Idem.* | 6Bichets | . . . | 10. 2/3 | 1. 1/8 | 8/9 |
| REMBERVILLERS. | *Rezal.* | BLE'. | *Raz.* | 6Foureau | 180. | 9. . | 1. 1/3 | 3/4 |
| | | AVOINE. | *Idem.* | 8Foureau | . . . | 12. . | 1. . | 1 |
| REMIREMONT. | *Rezal.* | BLE'. | *Raz.* | 8Quartes. | 170. | 8. 3/4 | 1. 13/35 | 35/48 |
| | | AVOINE. | *Comble* | idem. | . . . | 12. 3/4 | . 16/17 | 17/16 |

| NOMS DES LIEUX. | *NOMS DES MESURES.* | NATURE DES GRAINS. | *USAGE du mesurage.* | DIVISION *des* MESURES | *POIDS* ordinaire *des* MESURES. | NOMBRE *De* BOISSEAUX DE PARIS *que* contiennent *les* MESURES. | NOMBRE ET PARTIES des MESURES *pour former* le SETIER. | *RAPORT* DES MESURES au SETIER de PARIS. |
|---|---|---|---|---|---|---|---|---|
| | | | | | *L.* | | | |
| ROZIERES. . . | *Rezal.* | BLE'. | *Raz* | 4Bichets | 180. | 9. 1/3 | 1. 2/7 | 7/9 |
| | | AVOINE. | *Comble* | Idem. | . . . | 13. 1/2 | . 8/9 | 9/8 |
| SARALBE. . | *Quarte.* | BLE'. | *Raz* | 6Bichets | 133. | 7. 1/2 | 1. 3/5 | 5/8 |
| | | AVOINE. | *Comble* | idem. | . . . | 10. . | 1. 1/6 | 5/6 |
| SARGUEMINES. | *Quarte.* | BLE'. | *Raz* | 4Bichets | 136. | 7. . | 1. 5/7 | 7/12 |
| | | AVOINE. | *Comble* | idem. | . . . | 9. 2/3 | 1. 7/29 | 29/36 |
| SAINT-DIEY. . | *Rezal.* | BLE'. | *Raz* | 8 Zettes. | 180. | 9. 1/3 | 1. 2/7 | 7/9 |
| | | AVOINE. | *Comble* | idem. | . . . | 13. 1/2 | . 8/9 | 9/8 |
| S. MIHIEL. . | *Bichet.* | BLE'. | *Raz* | 2. demi. | 32. | 1. 4/5 | 6. 2/3 | 3/20 |
| | | AVOINE. | *Comble* | idem. | . . . | 2. 1/3 | 5. 1/7 | 7/36 |
| THIAUCOURT. | *Quarte.* | BLE'. | *Sciez.* | 4Bichets | 132. | 6. 3/4 | 1. 7/9 | 9/16 |
| | | AVOINE. | *Idem.* | 6Bichets | . . . | 10. 2/3 | 1. 1/8 | 8/9 |
| VEZELIZE. . | *Rezal.* | BLE'. | *Raz* | 4Bichets | 185. | 9. 1/2 | 1. 5/19 | 19/24 |
| | | AVOINE. | *Comble* | idem. | . . . | 14. . | . 6/7 | 7/6 |
| VILLERS-la Montagne. | *Quarte.* | BLE'. | *Raz* | 4Bichets | 105. | 5. 1/2 | 2. 2/11 | 11/24 |
| | | AVOINE. | *Comble* | idem. | . . . | 7. 1/2 | 1. 3/5 | 5/8 |

l'uſage de cette derniere étant indiſpenſable pour la rédaction de l'un des Etats. Il faut au contraire en faire chaque année des vérifications juſqu'à ce qu'on en puiſſe déterminer invariablement le poids commun.

LES Etats que les Subdélégués doivent former ſont de trois ſortes.

*SAVOIR:*

L'ETAT de premiere quinzaine.

L'ETAT de ſeconde quinzaine.

L'ETAT de mois.

LE premier doit contenir, 1°. Le nom de la meſure principale du Lieu dont le volume a été conſtaté par les épreuves.

2°. Le prix commun de cette meſure en Froment, Meteil, Seigle, Orge & Avoine, dans les Marchés de la premiere quinzaine.

3°. LE prix de réduction de la meſure au Setier de 12 Boiſſeaux meſure de Paris.

LE ſecond doit contenir les prix de la ſeconde quinzaine des mêmes eſpeces de grains, avec les prix communs du mois pour les autres denrées y mentionnées, & reduits aux différens poids & meſures, ſuivant la diſtinction marquée dans les imprimés.

L'ETAT de mois doit annoncer le poids & les prix de la meſure principale en Froment, Meteil, Seigle & Orge, réduits au ſac de 200 livres poids de Marc; & ceux de l'Avoine, comme dans les précédens, au Setier de 12 Boiſſeaux de Paris.

LES Etats de premiere & ſeconde quinzaine doivent être formés doubles & adreſſés ſucceſſivement auſſi-tôt l'expiration de chacune, à M. l'Intendant des Finances qui a ce détail à Paris, & les autres avec le petit Etat de mois à la fin de chacun à l'Intendance de la Province, où ſe forment en conſéquence des Etats Généraux, qui raſſemblent ſous un même point de vuë les prix des différentes Subdélégations.

On conçoit aiſément que ces Etats généraux ne peuvent avoir d'exactitude qu'autant qu'il s'en trouve dans les Etats particuliers.

Qu'au ſurplus leur utilité dépend non-ſeulement de cette exactitude ; mais encore de celle des Subdélégués à ſe faire rendre compte de ce que chaque eſpece de Grains & de Denrées a coûté, dans les Marchés principaux de leur département : à l'effet de quoi, outre les connoiſſances qu'ils peuvent en prendre d'ailleurs, ils doivent ſe faire remettre les Extraits de Hallages, dont chaque Siége de Police doit tenir Régître.

Le prix des Grains dans les Marchés n'eſt pas toujours une régle sûre pour juger de l'abondance & de la diſette. Car outre qu'ils différent d'eſpece & de qualité, ils augmentent ou ils diminuent auſſi de prix, à raiſon de la quantité preſentée en vente, & des beſoins relatifs des Vendeurs & des Acheteurs.

C'est pourquoi les Officiers des Hôtels-de-Ville doivent faire mention dans les Régîtres des Hallages, & dans les Extraits qu'ils en remettent aux Subdélégués, de la quantité de meſures de diverſes ſortes de Grains venduës dans chaque Marché, & y énoncer les differens prix, pour former enſuite un prix commun par quinzaine.

Les Etats de Hallage ſe ſont faits juſqu'à préſent d'une maniére très imparfaite preſque par-tout. Cependant il importe extrémement qu'ils ſoient formés ſur de bons principes ; parce qu'ils ſont pris pour régle dans un grand nombre de conventions & de traités, de rentes & de droits Seigneuriaux.

Dans quelques Villes on ſe contente d'obſerver que tel jour de Marché, le Rezal de froment s'eſt vendu à trois prix differens. *Par Exemple :*

| | l. | ſ. |
|---|---|---|
| | 10 | . |
| | 12 | 10 |
| | 13 | 10 |
| *Total* | 36. | |

On voit dans la premiére colonne les noms des Villes principales, & des Lieux où se tiennent les Marchés.

Dans la seconde, celui de la mesure principale ou grosse mesure qui est usitée dans chacune.

La troisiéme, indique les especes des grains sur lesquelles les épreuves du volume ont été faites.

La quatriéme, l'usage du mesurage, ou la façon de mesurer les grains.

La cinquiéme colonne contient les noms & le nombre des mesures de division, ou des diminutifs de la grosse mesure, dont on se sert pour le débit.

La sixiéme, indique le poids ordinaire de la mesure principale en froment.

On voit dans la septiéme combien il faut de Boisseaux de Paris & de parties de ce Boisseau pour remplir les mesures des différens Lieux.

Dans la huitiéme, combien il faut de ces mesures pour égaler le Setier de Paris.

Enfin la neufiéme montre en fractions, le raport des autres mesures au Setier de 12 Boisseaux de Paris; ce que les épreuves avoient pour objet.

On a cru devoir placer à la suite de cette Table un pareil Etat de mesures du Département de Metz, qui sont en usage dans plusieurs cantons de la Lorraine & du Barrois.

Les exemples que l'on donnera dans la suite de ce Mémoire, feront connoître l'objet & l'utilité de ces tables de comparaison. Mais elles ne doivent point dispenser les Subdélégués, avant de les prendre pour régle, de constater leur exactitude par de nouvelles épreuves de la continence des mesures dont ils employeront les prix dans leurs Etats, afin de pouvoir rectifier les erreurs qui pourroient s'y trouver encore.

Au surplus, malgré la préférence que l'on doit à la régle de comparaison fondée sur la continence des mesures, on ne doit point négliger celle qui a pour principe la connoissance du poids qu'elles donnent en grains,

# AU DÉPARTEMENT DE METZ.

| NOMS DES LIEUX. | NOMS DES MESURES. | NATURE DES GRAINS. | USAGE du mesurage. | DIVISION des MESURES. | POIDS ordinaire des MESURES. | NOMBRE De BOISSEAUX DE PARIS que contiennent les MESURES. | NOMBRE ET PARTIES des MESURES pour former le SETIER. | RAPORT des MESURES au SETIER de PARIS. |
|---|---|---|---|---|---|---|---|---|
| | | | | | L. | | | |
| METZ. . . . | Quarte. | BLE'. | Raz | | 100. | 5. $\frac{1}{3}$ | 2. $\frac{1}{4}$ | $\frac{4}{9}$ |
| | | AVOINE. | Comble | | . . . | 6. . | 2. . | $\frac{1}{2}$ |
| TOUL. . . . | Bichet. | BLE'. | Raz | | 140. | 8. . | 1. $\frac{1}{2}$ | $\frac{2}{3}$ |
| | | AVOINE. | Idem. | | . . . | 7. $\frac{2}{3}$ | 1. $\frac{13}{23}$ | $\frac{23}{36}$ |
| VERDUN. . . | Franchard. | BLE'. | Raz | | 40. | 2. . | 6. . | $\frac{1}{6}$ |
| | | AVOINE. | Idem. | | . . . | 2. . | 6. . | $\frac{1}{6}$ |
| LONGWY. . . | Quarte. | BLE'. | Raz | | 100. | 5. $\frac{1}{3}$ | 2. $\frac{1}{4}$ | $\frac{4}{9}$ |
| | | AVOINE. | Comble | | . . . | 7. $\frac{1}{3}$ | 1. $\frac{7}{11}$ | $\frac{11}{18}$ |
| SARREBOURG. | Rezal. | BLE'. | Raz | | 180. | 10. . | 1. $\frac{1}{5}$ | $\frac{5}{6}$ |
| | | AVOINE. | Comble | | . . . | 14. . | . $\frac{6}{7}$ | $\frac{7}{6}$ |
| SARRELOUIS. . | Quarte. | BLE'. | Raz | | 126. | 6. . | 2. . | $\frac{1}{2}$ |
| | | AVOINE. | Comble | | . . . | 9. . | 1. $\frac{1}{3}$ | $\frac{3}{4}$ |
| VIC. . . . . | Quarte. | BLE'. | Raz | | 100. | 5. $\frac{1}{2}$ | 2. $\frac{2}{11}$ | $\frac{11}{24}$ |
| | | AVOINE. | Comble | | . . . | 7. $\frac{2}{5}$ | 1. $\frac{23}{37}$ | $\frac{37}{60}$ |
| THIONVILLE. . | Maldre. | BLE'. | Raz | | 320. | 16. $\frac{1}{2}$ | . $\frac{8}{11}$ | $\frac{11}{8}$ |
| | | AVOINE | Sciez | | . . . | 23. . | . $\frac{12}{23}$ | $\frac{23}{12}$ |
| PHALTZBOURG. : | Firtel. | BLE'. | Raz | | 168. | 9. . | 1. $\frac{1}{3}$ | $\frac{3}{4}$ |
| | | AVOINE. | Comble | | . . . | 12. . | 1. . | 1. |

On divise ensuite le total 36 par 3, qui est le nombre des prix differens, & il vient pour prix commun 12 livres.

Ailleurs on s'éloigne un peu moins de l'exactitude, & on forme le Hallage en cette sorte : tel jour il s'est vendu au Marché, savoir :

| | | l. | s. |
|---|---|---|---|
| *100 Rezeaux* | *à* | *10* | |
| *20* | *à* | *12* | *10* |
| *10* | *à* | *13* | *10* |
| *Total* | | *36.* | |

Mais on tombe dans la même erreur en divisant 36 par 3, comme en l'exemple précédent, & on trouve de même 12 pour prix commun.

Il est évident que cette opération est très-fausse. On va le démontrer par la suivante, qu'il faut suivre & prendre pour régle à l'avenir.

| | | | | |
|---|---|---|---|---|
| *100 Rezeaux* | *à 10 l.* | | *l'un, font* | *1000. l.* |
| *20* | *à 12 l.* | *10 s.* | *l'un, font* | *250.* |
| *10* | *à 13* | *10* | *l'un, font* | *135.* |
| *Totaux 130 Rezeaux.* | . . . . . . . | | | *1385 l.* |

On voit qu'il s'est vendu, tel jour de Marché, 130 Reseaux de Blé, à trois differens prix, qui ont donné 1385 livres.

Divisez ces 1385 livres par le nombre de Rezeaux 130, & vous aurez pour prix commun 10 livres 13 sols 4 deniers.

Celui qui seroit convenu de payer le Froment, sur le pié du Hallage qu'on vient de suposer, ne doit donner du Rezal que 10 livres 13 sols 4 deniers, suivant cette derniere opération. Au lieu qu'en se réglant sur les deux premieres il payeroit 12 livres, & se trouveroit par conséquent lésé de 1 l. 6 s. 8 d. par chaque rezal.

Il peut arriver, par des combinaiſons differentes de prix & de quantités, que celui qui paye ſur le pié du Hallage gagneroit ſur celui qui reçoit. Mais alors ce dernier perdroit, & la juſtice veut qu'ils ne ſoient léſés ni l'un ni l'autre.

Il reſulte de ces obſervations que les Officiers qui préſident à la Police, dans chaque lieu de Marché, ne peuvent porter trop d'attention & de vigilance ſur la formation des Régîtres de Hallages ; & qu'ils doivent les faire tenir ſur les principes que l'on vient de donner.

Pour tirer le prix commun de pluſieurs Marchés, il ne faut qu'additionner les Totaux qui auront été trouvés de chacun ; & diviſer le produit de la vente par le nombre de Rezeaux.

## *EXEMPLE.*

*Il s'eſt vendu à Nancy dans les Marchés de la premiere quinzaine,*

| | | | |
|---|---|---|---|
| *34 Rezeaux de Blé à* | *14 l. 5 ſ. . d.* | *qui font* | *484 l. 10 ſ. . d.* |
| *46 à* | *13 . 10 .* | | *621 . . . . .* |
| *30 à* | *12 . 18 . 6* | | *386 . 5 . . .* |
| *Totaux 110 Rezeaux.* | | | *1491 . 15 . . .* |
| Prix commun. | | | *13 . 11 . 3 .* |

*Pendant la ſeconde quinzaine.*

| | | | |
|---|---|---|---|
| *30 Rezeaux à* | *13 . 10 .* | *font,* | *405 . . . . .* |
| *25 à* | *13 . 5 .* | | *331 . 5 . . .* |
| *15 à* | *12 . 5 .* | | *183 . 15 . . .* |
| *20 à* | *11 . 15 .* | | *235 . . . . .* |
| *Totaux 90 Rezeaux.* | | | *1155 . . . . .* |
| Prix commun. | | | *12 . 16 . 8 .* |

Pour

POUR connoître enſuite le prix commun du mois, il faut raſſembler la quantité de meſures vendues & leur produit des deux quinzaines, & diviſer la ſomme qui fait le produit par le nombre des meſures. *Exemple :*

| | | | |
|---|---|---|---|
| *I. Quinzaine* | *110 Rez. prix* | *13 l. 11 ſ. 3 d. produit* | *1491 l. 15 ſ. . d.* |
| *II. Quinzaine* | *90 . . . . .* | *12 . 16 . 8 . . . .* | *1155 . . . . . . .* |
| *TOTAUX.* | *200* | *. . . . . . .* | *. 2646 . 15 . . . .* |

PRIX COMMUN DU MOIS. *13 . 4 . 8 .. 1/10*

ON voit par ces differens exemples, que pour conſtater le prix commun de telle eſpece de Denrée que ce ſoit, il ne faut que diviſer le montant des prix de la vente par le nombre ou la quantité des meſures vendues dans les Marchés de chaque quinzaine, (ou du mois pour les Denrées dont l'Etat ne doit contenir que le prix commun du mois.) C'eſt aux Subdélégués zélés & aux Officiers municipaux des lieux de Marchés, à ſe rendre ces opérations familières pour en faire les applications rélatives à la formation des divers Etats.

LE commerce des denrées ſe fait communément en Lorraine en argent au cours du Pays ; mais les prix en devant être employés dans tous les Etats en monnoye au cours de France, la converſion en doit être faite dans la proportion de 24 livres de France pour 31 livres de Lorraine ; & cela eſt très-eſſentiel pour rendre les opérations uniformes.

C'EST pour faciliter cette converſion qu'on en a placé à la fin de ce Recueil un Tarif, au moyen duquel on a conſtaté que *les 13 livres 11 ſols 3 deniers* du prix commun de *la premiere quinzaine*, font en argent de France . . . . . . . . . . . . . . . . . *10 l. 10 ſ. . . d.*

*Les 12 l. 16 ſ. 8 d. de la ſeconde* . . . . *9 l. 18 ſ. 8 d. 16/31*

*Enfin les 13 l. 4 ſ. 8 d. du prix commun du mois.* *10 l. 4 ſ. 10 d. 26/31*

C'EST ſur ce pied que tous les prix doivent être employés dans tous les Etats. On verra dans la ſuite que les fractions $\frac{16}{31}$ & $\frac{26}{31}$ doivent être conſidérées comme des deniers à ajouter aux produits. *Voyez ci-après l'Article des Fractions.*

LES *poids* uſités en Lorraine, ſont les mêmes qu'en France, & la livre y eſt par-tout de 16 onces poids de Marc.

ON fait ſentir la néceſſité de ſuivre la régle de comparaiſon, fondée ſur la connoiſſance du poids que les meſures donnent en grains, pour la rédaction de l'Etat de mois qui en doit annoncer les prix, réduits au ſac de 200 liv. & l'on a en conſéquence formé les Tarifs de la premiere partie de ce Recueil, applicables à toutes ſortes de meſures, depuis le poids de 20 livres juſqu'à 230 livres; au moyen de quoi on a prévenu toute difficulté par raport aux variations dont le poids des grains eſt ſuſceptible.

LE poids de la meſure eſt marqué en titre au deſſus de chacun; la premiere colonne en commençant par les deniers & finiſſant par les livres, en indique le prix coutant, & la ſeconde ſa reduction au ſac de 200 livres.

UN ſeul exemple en fera connoître l'utilité, & la façon de s'en ſervir.

AU moyen des opérations ci-deſſus, le prix commun du Rezal de Nancy peſant 180 livres, s'étant trouvé de 10 l. 4 ſ. 11 d. de France, il n'eſt queſtion que de chercher le Tarif propre à cette meſure, *Page 82 de la premiere Partie des Tarifs*, intitulé, *MESURE DE 180 LIVRES*, & y appliquer le prix de cette ſorte. *Exemple :*

| | Prix du Rezal de 180 l. | Prix du Sac de 200 l. |
|---|---|---|
| *Pour* . . . . . . . | *10 l. . ſ. . d.* | *11 l. 2 ſ. 2 d.* $\frac{2}{3}$ |
| *Pour* . . . . . . . | . *4* . . | . . *4* . *5* . $\frac{1}{3}$ |
| *Pour* . . . . . . . | . . . *9* . | . . . *10* . . |
| *Pour* . . . . . . . | . . . *2* . | . . . *2* . $\frac{2}{9}$ |
| *TOTAUX* . . | *10 . 4 . 11 .* | *11 . 7 . 8 .* $\frac{2}{9}$ |

On voit donc qu'au moyen de ces Tarifs on peut par la ſeule addition faire la rédaction des Etats, en prenant les parties de la meſure, comme en l'exemple ci-deſſus, où l'on a pris pour 10 livres, pour 4 ſols; mais le nombre 11 deniers ne s'étant pas trouvé dans la premiere colonne du Tarif, il a été formé en deux fois par 9 deniers & 2 deniers. Ces parties raſſemblées donnent le prix du Rezal 10 l. 4 ſ. 11 d. & pour celui de la réduction au ſac de 200 livres 11 l. 7 ſ. 8 d. $\frac{2}{9}$.

Les *fractions* qui ſe trouvent à la fin ſont autant de parties de deniers. On a jugé néceſſaire de les employer dans tous les Tarifs pour l'exactitude des opérations; parce qu'étant raſſemblées elles produiſent des unités comme en l'exemple précédent, où les numérateurs * des trois fractions additionnées font $\frac{1}{3}$ & $\frac{2}{9}$, ou ſous une ſeule dénomination $\frac{11}{9}$ dans ce nombre 11 le dénominateur 9 ſe trouve une fois, & il reſte 2 au numérateur; ce qui fait 1 denier $\frac{2}{9}$.

Il eſt aiſé de connoître, par ce ſeul exemple, que les fractions qui ſe trouvent dans les Tarifs produiront autant d'unités ou de deniers que leurs numérateurs additionnés auront donné de fois le nombre du dénominateur. Mais lorſque les fractions qui reſtent après que l'on a conſtaté le nombre des unités de deniers, ſe trouvent approcher de l'unité, on doit les compter pour un denier, & négliger les fractions trop éloignées de l'unité, telles que $\frac{2}{9}$.

Suivant cette méthode, on peut faire la réduction des prix de toute ſorte de meſures, & il ne pourra ſe trouver au plus que $\frac{1}{2}$ denier de différence dans les opérations; encore ce ne ſera que lorſque le numérateur de la fraction reſtante ſe trouvera préciſément former la moitié du dénominateur, comme $\frac{1}{2}$ $\frac{5}{10}$ $\frac{6}{12}$ $\frac{30}{60}$ & ainſi des autres cas, auxquels on peut à volonté ajouter le denier ou le retrancher, mais 1 ou 2 plus que la moitié, doit déterminer pour l'addition ou pour le retranchement du denier.

---

* La partie ſupérieure d'une fraction ſe nomme *Numérateur*, & la partie inférieure *Dénominateur*.

POUR faciliter le calcul, on a laiſſé autant qu'il a été poſſible dans chaque Tarif, les fractions ſous la même dénomination, lors même qu'il y en avoit de réductibles en une moindre. Dans ceux où il ſe trouve deux ſortes de fractions, on a eu attention de conſerver celle qui a donné le plus grand nombre d'une même dénomination ; au moyen de quoi l'addition n'en ſera guères plus difficile, & ces cas là ſe préſenteront rarement.

QUELQUES fractions de deniers pourroient être négligées, ſans crainte de faire ſenſation ; mais l'effet qu'elles produiſent dans les progrès, oblige au moins d'en tirer les entiers, pour l'exactitude des calculs.

L'EXEMPLE des opérations relativement à la différence du poids & des prix des meſures, eſt applicable à toutes les eſpeces de Grains compriſes dans l'Etat de mois ; * à l'exception de l'Avoine, qui ne ſe péſe pas, & dont les prix s'employent dans l'Etat de mois comme dans ceux de quinzaine.

LES Etats de *premiere* & *ſeconde quinzaine* doivent annoncer, comme on l'a obſervé, les prix des differentes ſortes de Grains qui y ſont compriſes, ſur le pié de la réduction des meſures du Pays au Setier de 12 Boiſſeaux meſure de Paris.

LE principe de cette réduction, pour la Lorraine, eſt établi dans l'Etat, imprimé page vij, & formé d'après les épreuves de ce que la meſure de chaque lieu de Marché contient de Boiſſeaux de Paris, & de parties de Boiſſeau. Il donne en fractions le raport de chaque meſure au Setier de Paris.

ON y voit que le Rezal de Nancy en Froment, qui eſt le même pour le Meteil & le Seigle, contient 9 Boiſſeaux $\frac{1}{3}$ de la meſure de Paris ; & que le volume du Rezal eſt égal à $\frac{7}{9}$ du Setier de Paris.

POUR en faire la réduction à raiſon de 10 l. 10 ſ. de France le Rezal, prix de la premiere quinzaine, comme on l'a ſupoſé page xvij. Il ne faut

* Voyez l'Etat de mois ci-joint.

Mois de *Juin* 1755.

*Ville de* Nancy.



# DEPARTEMENT DE LORRAINE ET BARROIS.

## PRIX des Grains & Fourages.

| *MARCHÉS.* | *FROMENT.* MESURE. | POIDS. | PRIX. | A COMBIEN LE SAC de 200 livres. | *METEIL.* MESURE. | POIDS. | PRIX. | A COMBIEN LE SAC de 200 livres. | *SEIGLE.* MESURE. | POIDS. | PRIX. | A COMBIEN LE SAC de 200 livres. |
|---|---|---|---|---|---|---|---|---|---|---|---|---|
| 1re. *Quinzaine* . . | . . . . | . . . . | l. s. d. 10. 10. | . . . . . . | . . . . | . . . . | l. s. d. 8. 7. 6. | . . . . . . | . . . . | . . . . | l. s. d. 5. 14. 9. | . . . . . . |
| 2de. *Quinzaine* . . | . . . . | . . . . | 9. 18. 9. | . . . . . . | . . . . | . . . . | N°. | . . . . . . | . . . . | . . . . | 5. 17. 6. | . . . . . . |
| PRIX COMMUNS. | REZAL. | 180. l | 10. 4. 11. | 11. l 7. s 8. d | REZAL. | 176. l | 8. 7. 6. | 9. l 10. s 4. d | REZAL. | 170. l | 5. 15. 3. | 6. l 15. s 7. d |

| *MARCHÉS.* | *ORGE.* MESURE. | POIDS. | PRIX. | A COMBIEN LE SAC de 200 livres. | *AVOINE.* MESURE. | NOMBRE de Boisseaux MESURE DE PARIS. | PRIX. | A COMBIEN LE SETIER de 12 Boisseaux Mesure de Paris. | *FOURAGES.* QUINTAL de FOIN. | QUINTAL de PAILLE. | *RATIONS DE* PASSAGE. | GARNISON. | *OBSERVATIONS* |
|---|---|---|---|---|---|---|---|---|---|---|---|---|---|
| 1re. *Quinzaine* . . | . . . . | . . . . | l. s. d. 7. 4. | . . . . . . | . . . . | . . . . | l. s. d. 3. 10. | . . . . . . | l. s. d. 1. 3. 6. | l. s. d. 12. 9. | . . . . . | . . . . . | *Au moyen de ce que le prix commun du Mois doit être établi sur la quantité de Mesures vendues, & le montant des prix de la vente; on doit faire attention que les prix des deux Quinzaines, ne seront désormais énoncés dans les Etats de Mois, que pour faire connoître la différence de l'une à l'autre.* |
| 2de. *Quinzaine* . . | . . . . | . . . . | 6. 12. | . . . . . . | . . . . | . . . . | 3. 10. | . . . . . . | N°. | . 12. 9. | . . . . . | . . . . . | |
| PRIX COMMUNS. | REZAL. | 210. l | 6. 14. 10. | 6. l 8. s 5. d | REZAL. | 13 Boiss. ½ | 3. 10. . | 3. l 4. s 3. d | 1. 3. 6. | . 12. 9. | 9. s 11. d | 7. s 8. d | |

que diviſer les 10 l. 10 ſ. par 7 numérateur de la fraction $\frac{7}{9}$ & multiplier enſuite le produit de la diviſion par le dénominateur 9. *Exemple :*

*10 l. 10 ſ. diviſés par 7 donnent 1 l. 10 ſ.*

*1 . 10 . multipliés par 9 font 13 . 10 .*

CES 13 l. 10 ſ. ſont exactement le prix du Setier de Paris, qu'il étoit queſtion de trouver. Il en réſulte, régle générale, que les Tables de comparaiſon une fois arrêtées, l'opération à faire pour trouver le prix du Setier, relativement au prix de telle autre meſure que ce ſoit, ſe réduit à une diviſion & à une multiplication.

MAIS les Subdélégués étant d'ordinaire plûtôt Juriſconſultes que bons calculateurs, on a éprouvé que cette opération, applicable à beaucoup d'autres cas, dans le commerce des Grains * ſur-tout, les embaraſſe ſouvent, & que n'en ſurmontant pas les difficultés, ils ſe jettoient dans beaucoup d'erreurs.

---

* *Au moyen de ces Tables, on peut réſoudre les queſtions ſuivantes.*

I. Le Setier valant 13 l. 10 ſ. combien coûtera le Rezal ?

Multipliez 13 l. 10 ſ. par 7 le produit ſera 94 l. 10 ſ. leſquels diviſés par 9, donnent pour réponſe à la queſtion 10 l. 10 ſ.

II. On veut ſavoir combien 100 Setier de Paris font de Rezeaux de Nancy ?

Diviſez les 100 Setiers par 7 le produit ſera 14 $\frac{2}{7}$, leſquels multipliés par 9 donneront 128 Reſeaux $\frac{4}{7}$ C'eſt ce que l'on cherchoit.

III. Combien 128 Reſeaux $\frac{4}{7}$ de Nancy font-ils de Setier de Paris ?

Cette régle eſt l'inverſe de la précédente, dont elle ſera auſſi la preuve.

Multipliez 128 Rezeaux $\frac{4}{7}$ par 7, il viendra 900, leſquels diviſés par 9 feront les 100 Setiers de la ſeconde opération ci-deſſus.

IV. Un commerçant eſt chargé de remettre, dans les Magazins de la Ville d'Etain, 2000 Rezeaux de Froment meſure de Nancy. Le Rezal étant égal à $\frac{7}{9}$ & la Quarte d'Etain à $\frac{11}{24}$ du Setier, combien faudra-t'il de Quartes, meſure d'Etain, pour completer la fourniture ?

Commencez par établir le raport de la Quarte au Rezal, en réduiſant $\frac{7}{9}$ $\frac{11}{24}$ en une ſeule fraction, en multipliant le dénominateur $\frac{}{9}$ de la premiere par le numérateur $\frac{11}{}$ de la ſeconde, & réciproquement le numérateur $\frac{7}{}$ de la premiere par le dénominateur $\frac{}{24}$ de la ſeconde, vous trouverez que la Quarte eſt égale à $\frac{99}{168}$ ou à $\frac{33}{56}$ du Rezal. Diviſez enſuite les 2000 Rezeaux par le numérateur $\frac{33}{}$, il viendra 60 $\frac{20}{33}$, qui multipliés par le dénominateur $\frac{}{56}$ produiront 3393 Quartes $\frac{31}{33}$.

C'EST pour empêcher & prévenir ces erreurs que l'on donne dans ce Recueil des Tarifs de comptes faits, au moyen desquels, & par la seule addition, on peut faire, avec autant de précision & la même exactitude, la réduction des mesures, depuis la continence d'un Boisseau jusqu'à la continence de 15 Boisseaux mesure de Paris. Ainsi chaque Subdélégué y trouvera tous les Tarifs qui lui seront nécessaires, relatifs aux mesures de sa Subdélégation, dont il doit employer le prix dans ses Etats.

LA contenance de chaque mesure, c'est-à-dire, le nombre de Boisseaux & de parties du Boisseau, mesure de Paris, qu'elle remplit, est marqué en titre au haut de chaque Tarif; dont la premiere colonne indique le prix de la mesure, la seconde colonne le prix de sa réduction au Setier de 12 Boisseaux.

ETANT donc constaté que le Rezal de Nancy, contenant 9 Boisseaux $\frac{1}{3}$ mesure de Paris, a couté, prix commun, dans les Marchés de la premiere quinzaine 10 l. 10 f. de France, il ne faut que chercher le Tarif qui convient à cette mesure (*On le trouve page 68*; il a pour titre *MESURE DE 9 BOISSEAUX* $\frac{1}{3}$) & opérer ainsi.

| | |
|---|---|
| *Pour 10 l. . . . . . .* | *12 l. 17 f. 1 d.* $\frac{5}{7}$ |
| *Pour . . 10 f. . . . .* | *. . 12 . 10 .* $\frac{2}{7}$ |

*Prix du Rezal. 10 . 10 . Prix du Setier 13 . 10 . . . .*

CET exemple est une démonstration sensible, de la simplicité, de la facilité & de l'exactitude de cette opération. Par l'assemblage des differentes parties du Rezal de Nancy, elle donne pour prix de réduction au Setier de Paris, la même somme que la premiere méthode, c'est-à-dire, 13 l. 10 f.

ON a donné aux Tarifs de cette partie la même forme qu'à ceux de l'autre. On voit que la façon de s'en servir est aussi la même à tous égards. Ainsi les instructions données pour la réduction des prix, à raison du poids des mesures, leur sont communes.

# Département de LORRAINE.

## *Subdélégation de NANCY.*

*Mois de* Juin 1755.

Première Quinzaine.

## Marchés des 7 & 14 *Juin.*

## *PRIX* DES GRAINS, PAIN ET FOURAGES.

| QUALITÉS DES GRAINS, PAIN ET FOURAGES. | | MESURES ET POIDS du LIEU. | PRIX A LA MESURE, ou au POIDS DU LIEU. | PRIX DE RÉDUCTION de la Mesure du Lieu, A CELLE DE PARIS. | |
|---|---|---|---|---|---|
| | | | L. S. D. | L. S. D. | |
| GRAINS. | *Froment.* . . | Rezal de 9 Boiss. $\frac{1}{3}$ | 10 . 10 . . | 13 . 10 . . | Les 12 Boisseaux de Paris. |
| | *Meteil.* . . . | Idem. . . . . | 8 . 7 . 6 | 10 . 15 . 4 | |
| | *Seigle.* . . . | Idem. . . . . | 5 . 14 . 9 | 7 . 7 . 6 | |
| | *Orge.* . . . | Idem. 13 . . | 7 . 4 . . | 6 . 12 . 11 | |
| | *Avoine.* . . | Idem. 13 . . $\frac{1}{2}$ | 3 . 10 . . | 3 . 2 . 3 | |
| PAIN. . . | *De Froment.* | . . . . . . . . | . . . . . . . . | . . . 1 . 4 | La Livre de 16 Onces, Poids de marc. |
| | *De Meteil.* . | . . . . . . . . | . . . . . . . . | . . . . . . . . | |
| | *De Seigle.* . | . . . . . . . . | . . . . . . . . | . . . . . . . . | |
| FOURAGES. | *Foin.* . . . . | . . . . . . . . | . . . . . . . . | 1 . 3 . 6 | Le Quintal, Poids de marc. |
| | *Paille.* . . . | . . . . . . . . | . . . . . . . . | . . 12 . 9 | |

## *OBSERVATIONS.*

Il y a peu de variation dans les Prix des Grains de cette quinzaine à la précédente; mais les apparences de la Recolte prochaine étant très flateuses, on espére que ces Prix baisseront dans les Marchés suivans.

Le prix du Pain est le même que le Mois dernier, il est proportionné à la valeur actuelle des denrées: les Officiers Municipaux se proposent d'en changer la taxe suivant les variations qui y arriveront.

*A Nancy, ce 15 Juin 1755.*

On en trouvera l'application, relativement aux differentes natures de Grains, dans l'Etat de premiere quinzaine ci-joint.

Le *Foin* & la *Paille* ſe vendent communément au millier ; il eſt aiſé aux Subdélégués de tirer le dixiéme des prix coûtans pour former celui du Quintal de 100 livres, à employer dans les differens Etats, après en avoir fait la converſion en argent au cours de France. On ne donne point de régle ſur cet objet, l'opération étant très-facile.

De la connoiſſance des prix du Quintal de Foin, & du Setier de 12 Boiſſeaux d'Avoine, dérivent les prix des Rations de *Paſſage* & de *Garniſon*, qui s'employent dans l'Etat de mois ſeulement.

La Ration de Paſſage eſt compoſée d'un Boiſſeau d'Avoine, meſure de Paris, & de 20 livres de Foin.

Celle de *Garniſon* de 15 livres de Foin & 5 livres de Paille, ou de 18 livres de Foin ſans Paille; & des $\frac{2}{3}$ du Boiſſeau d'Avoine.

C'est ſur ce pié qu'ont été formés les deux Tarifs joints enſemble, qui terminent la premiere partie des Tarifs de ce Recueil, au moyen deſquels on trouvera facilement & exactement la valeur de chacune.

Il eſt bon d'obſerver que les fractions ont été réduites dans ces Tarifs ſous une même dénomination, pour la facilité du calcul ; & pour ne point changer cette dénomination, on a ajoûté des $\frac{5}{5}$ qui ne ſont que parties de $\frac{1}{60}$ de deniers & non des parties de deniers, en ſorte que $\frac{5}{5}$ ne font que $\frac{1}{60}$ de deniers, c'eſt à quoi il faut faire attention. Il eſt vrai que dans l'uſage on ne met point ordinairement de ces doubles fractions : mais outre qu'elles étoient néceſſaires pour l'exactitude du calcul, elles doivent ſervir à ſe déterminer pour l'addition ou pour le retranchement du denier. Par exemple : comme il faut $\frac{60}{60}$ pour faire 1 denier, ſi par l'opération il ne reſtoit que $\frac{30}{60}$ il ſeroit indifferent d'ajouter 1 denier ou de le retrancher, mais s'il ſe trouvoit $\frac{30}{60}$ & $\frac{1}{2}$ [illegible] ou $\frac{3}{5}$ ou $\frac{1}{3}$ il faudroit alors ajouter 1 denier, parce que le nombre approche plus de l'entier ; dans le cas contraire on ne doit point le mettre.

COMME il y a communément des deniers aux prix du Quintal de Foin, & du Setier d'Avoine, on a placé à la ſuite de chacun, des Tarifs de reduction pour les deniers, dans leſquels les fractions ſont encore ſous même dénomination. Les doubles fractions qu'on y a ajoutées ſont auſſi des parties de $\frac{1}{60}$ de deniers, & non des parties de denier.

ON a cru devoir entrer dans ce détail ſur cette partie de l'Etat de mois, parce que l'uſage des fractions, qui n'eſt que d'utilité dans la réduction des autres Denrées, eſt ici de néceſſité; d'autant que l'ômiſſion de quelques fractions, preſque inſenſible ſur un produit de 12 livres ou 13 livres, peut former un objet ſur celui de la ration de 7 ſols ou de 8 ſols.

LES exemples donnés ci-devant ſur l'uſage des autres Tarifs, pourroient aiſément s'appliquer à ceux-ci : mais pour plus d'intelligence, on en donnera encore un qui enſeignera la maniere d'opérer, pour trouver, en même tems, la valeur de la Ration de Paſſage & de celle de Garniſon.

ETANT conſtaté par les opérations dont on a rendu compte ci-devant, que le prix du Setier de 12 Boiſſeaux d'Avoine, eſt de 3 livres 2 ſols 3 deniers, & celui du Quintal de Foin de 1 livre 3 ſols 6 deniers, il n'eſt queſtion que de les appliquer aux Tarifs, de la maniere ſuivante.

| | | | | *Paſſage.* | | | *Garniſon.* | | | |
|---|---|---|---|---|---|---|---|---|---|---|
| Prix du Setier d'Avoine à | 3 l. | 2 ſ. | . d. | 5 ſ. | 2 d. | . | 3 ſ. | 5 d. | $\frac{20}{60}$ | . |
| | . | . | 3 | . | . | $\frac{15}{60}$ | . | . | $\frac{10}{60}$ | |
| Prix du Quintal de Foin à | 1 | 3 | . | 4 | 7 | $\frac{12}{60}$ | 4 | 1 | $\frac{41}{60}$ | $\frac{4}{5}$ |
| | . | . | 6 | . | 1 | $\frac{12}{60}$ | . | 1 | $\frac{4}{60}$ | $\frac{4}{5}$ |
| | | | | 9 | 10 | $\frac{39}{60}$ | 7 | 8 | $\frac{16}{60}$ | $\frac{3}{5}$ |

EN additionnant ces quatre produits, on trouve que la Ration de Paſſage revient à 9 ſols 10 deniers $\frac{39}{60}$ & celle de Garniſon dans la ſeconde colonne, à 7 ſols 8 deniers $\frac{16}{60}$ $\frac{3}{5}$ ſuivant les principes ci-deſſus établis, il faut ajouter 1 denier à la premiere, à cauſe de l'approximation des $\frac{39}{60}$ au denier, compoſé

posé de $\frac{60}{61}$ ; ainsi le prix sera de 9 sols 11 deniers, au lieu de 9 sols 10 deniers; mais on ne doit avoir aucun égard aux $\frac{16}{60}$ $\frac{3}{5}$ de la seconde colonne, à cause de leur peu de valeur, & de leur éloignement du denier, & fixer la Ration de Garnison à 7 sols 8 deniers. *Voyez ci-devant l'Etat de mois.*

On a dit que les poids usités en Lorraine, sont les mêmes qu'en France, & que tout le détail du commerce des Denrées qui se pésent, s'y fait sur le pié de la livre de 16 onces poids de Marc. Ainsi le *Pain*, la *Viande*, le *Porc-frais*, le *Lard* & la *Chandelle*, doivent être portés dans les Etats suivant qu'ils sont taxés & se vendent, dans chaque lieu de Marché.

Il faut observer par raport à la taxe du *Pain*, que le Peuple dans les Villes de Lorraine, ainsi qu'à la Campagne, économise plus ou moins, rélativement à ses facultés, à l'abondance ou à la chereté des Denrées, par un mélange de la Farine de differentes sortes de Grains dont il fait lui-même son Pain : mais les Boulangers n'en vendent presque jamais que de Froment. On le distingue communément dans les taxes de Police, en Pain-blanc, & Pain-bis ; ou en Pain-blanc, bis-blanc, & gros-bis. Comme le titre des Etats ne désigne pas la qualité du Pain, il faut faire attention que ce n'est point le prix du Pain de fine fleur de Froment, qui doit y être exprimé, attendu la difference de ce prix à celui du Pain ordinaire, dont il est seulement nécessaire d'être instruit. Il résulte des Etats envoyés par divers Subdélégués qui ne font point de distinction, que le Pain paroît, dans les Etats généraux d'une même Intendance, à des prix qui n'ont aucune analogie entr'eux, ni au prix du Blé. Pour mettre de l'uniformité dans cette partie, il faut tirer le prix commun des differentes espéces de Pain, ce qui donnera celui du Pain ordinaire. *Exemple :*

| | | | |
|---|---|---|---|
| *Le blanc* . . . . . . . . | 2 *s.* | 1 *d.* | $\frac{1}{2}$ |
| *Le bis-blanc* . . . . . . . | 1 . | 9 . | . |
| *Le bis* . . . . . . . . . | 1 . | 4 . | $\frac{1}{2}$ |
| Total *des trois prix* . . . . | 5 . | 3 . | . |
| *Dont le tiers pour prix commun.* | 1 . | 9 . | . |

D

Cette opération eſt ſimple. Lorſqu'il y a trois ſortes de Pain, on additionne les trois prix; enſuite on diviſe par 3. S'il n'y a que deux ſortes, comme blanc & bis, on aſſemble les deux prix, puis on diviſe le produit par 2. A ce moyen on a le prix commun, qu'il faut en Lorraine convertir en argent de France, ſoit au moyen du Tarif imprimé, ſoit par régle de trois, en diſant, ſi 31 valent 24, combien 21 d. prix commun du pain, trouvé en l'exemple précédent. On aura pour réponſe 16 d. $\frac{8}{11}$ & on ne portera dans les Etats que 1 ſ. 4 d. attendu que la fraction s'éloigne plus de l'entier qu'elle n'en approche. On en uſera de même à l'égard des Denrées, dont l'eſpéce & la qualité ne ſont point déſignées par le titre des Etats. Il eſt bon d'y faire mention, à titre d'obſervation, des cauſes qui opérent les variations de prix, tant ſur les Grains que ſur le Pain; & même que les Subdélégués y ajoutent un extrait, & la datte du Réglement que les Officiers de Police doivent faire, toutes les fois qu'il y a lieu de changer la taxe du Pain de differentes ſortes. Car le prix n'en doit pas varier auſſi ſouvent que celui du Blé. On auroit par là une preuve de leur zéle & de leur exactitude, & le véritable prix du Pain ordinaire, qui dans la plûpart de leurs Etats, différe beaucoup d'une quinzaine à l'autre, ce qui ne devroit point arriver, ou du moins très-rarement.

Le prix des *Huiles*, *Suifs*, *Cire*, *Laines*, *Chanvres*, *Lins* & autres choſes ſemblables, qui ſe vendent auſſi au poids, s'employe dans les Etats de ſeconde quinzaine, ſur le pié de leur réduction au Quintal de 100 livres. En Lorraine, à la difference de beaucoup d'autres Provinces, il ne ſe fait guères de ces choſes-là qu'un commerce de détail dans l'intérieur; la plûpart des matières premières, comme Laines, Chanvres & Lins étant enlevées par les Etrangers, par le peu d'activité des Manufactures de la Province. Ailleurs on juge du prix de la livre par celui d'une quantité plus grande; en Lorraine, au contraire, on trouve le prix du Quintal par celui de la Livre. Ainſi avec la connoiſſance de ce que la Livre a coûté, on aura aiſément le prix du Quintal; c'eſt la baze d'un Tarif formé pour faciliter ces opérations. On le trouvera à la fin de cet Ouvrage.

Le *Vin* & la *Bierre* ſont les ſeules boiſſons d'uſage en Lorraine. Le Vin de la Province eſt preſque auſſi le ſeul qui entre dans le commerce. Il s'y fait des *Eaux-de vie* de Vin, lie de Vin, & marc de raiſins. A l'égard des autres Vins & Liqueurs, comme Vins d'Eſpagne, de Champagne, de Bourgogne, &c. chaque particulier en fait ordinairement ſa proviſion par lui-même ; & on ne peut guères les conſidérer comme un objet de commerce.

LES *meſures uſitées pour les Vins & les Liqueurs* dans le commerce en gros, varient d'un lieu à l'autre, ſoit dans la dénomitation & la continence, ſoit dans les proportions & le Jaugeage ; celles dont on ſe ſert pour le débit ſont auſſi differentes preſque par-tout, quoique la groſſe meſure y ſoit ſouvent la même.

ON en a fait pluſieurs vérifications dans chacun des Lieux, de la Lorraine & du Barrois, qui s'emploient dans les Etats ; & c'eſt le réſultat de ces diverſes épreuves qui a été adopté juſqu'à préſent, comme un principe ſûr, & ſuivi dans les opérations rélatives à la confection des Etats : mais on ne ſe croit pas encore aſſez aſsûré de leur exactitude pour y avoir une entiere confiance & pour donner en conſéquence un point fixe & conſtant de réduction qui auroit trouvé place dans cet ouvrage ; dont l'objet principal eſt de faciliter la réduction des meſures de Grains, qui doit être conſiderée comme la plus importante.

MAIS on ne doit point pour cela ſe relâcher ſur les autres objets, & on ne peut trop recommander encore aux Subdélégués de vérifier de nouveau les meſures des Vins & des Liqueurs ; & de conſtater exactement ce que chacune contient de Pintes meſure de Paris ; afin d'en pouvoir employer enſuite le prix en ſon lieu dans les Etats, ſur le pié de leur réduction au Muid, compoſé de 280 Pintes.

ON s'eſt aperçu que quelques Subdélégués n'employoient dans leurs Etats que les prix du Vin vieux, tandis que d'autres, au contraire, n'y raportoient que le prix du Vin nouveau. Comme la valeur de l'un eſt ordinairement fort differente de la valeur de l'autre, il arrive de ce défaut d'uniformité dans les opérations, qu'il y en a un notable dans les Etats généraux du Département; & qu'on n'aperçoit aucun raport entre les prix des endroits qui s'avoiſinent le plus, quoique la qualité du Vin y ſoit la même. On évitera ces ſortes de fautes en additionnant les prix du Vin vieux avec ceux du Vin nouveau, pour en tirer un prix commun, que l'on portera dans les colonnes de l'Etat qui y ſont deſtinées.

Le prix des *Bois de chauffage* s'employe dans les Etats, ſur le pié de la réduction de telle meſure que ce ſoit à la Corde de Paris. En Lorraine le Bois ſe vend communément à la Corde du Pays, dont les Livreurs jurés, dans les Villes ſur-tout, font le toiſé; il s'en vend beaucoup auſſi à la charetée ſur les Marchés, & on y convient, à la ſimple vûë & ſans meſurage, d'un prix qui s'éloigne peu de celui de la Corde courante.

La Corde de Lorraine a 8 pieds de Lorraine de largeur, ſur quatre pieds de haut; les Buches ont quatre pieds de long entre les deux coupes. La Corde de Paris forme auſſi un Volume de 8 pieds de Roy de largeur, quatre de hauteur, & quatre de profondeur.

Mais le pied de Lorraine étant plus court que le pied de Roy, on a été obligé de les comparer pour trouver le raport qui eſt entre la Corde de Lorraine & celle de Paris. On s'eſt aſſuré que la Corde de Paris eſt plus forte que celle de Lorraine d'environ $\frac{1}{5}$. Ainſi on peut poſer pour régle de réduction, d'abord le prix de la Corde de Lorraine, plus le cinquiéme de ce prix; l'addition donne le prix de la Corde de Paris. C'eſt ſur ce principe qu'à été formé le Tarif pour connoître la valeur de la Corde de Bois meſure de Paris, à raiſon du prix de la Corde de Bois meſure de Lorraine.

Il y a trois ſortes de Bois de chauffage, dont la differente qualité fait auſſi néceſſairement varier les prix, *Savoir:*

*Bois de Hêtre.*

*Bois de Chêne.*

*Bois-mêlé, de Hêtre, Charmille, Chêne & autres eſpéces.*

Le titre des Etats n'indiquant ni l'eſpéce ni la qualité du Bois de chauffage, il faut raſſembler les prix des differentes ſortes qui ſe ſont vendues, en tirer le prix commun, & le porter dans l'Etat, après l'avoir converti d'argent de Lorraine en argent de France.

On ne donne point de régle particulière ſur les Denrées qui ne ſe vendent ni au poids ni à la meſure; les Subdélégués doivent s'informer exactement du prix courant le plus ordinaire, & le porter au plus vrai poſſible dans les colonnes de l'Etat qu'ils ont à remplir.

On a dit ci-devant, que la colonne des obſervations devoit être remplie des recherches faites par les Subdélégués des cauſes qui opérent les variations dans les prix. S'ils découvroient quelques monopoles dans le commerce des Grains, & que le prix du Pain n'y ſoit point proportionné, ils doivent en faire la remarque afin que l'on puiſſe promptement remédier aux abus. Lorſqu'il ne ſe fait point commerce dans leur canton, de telle Denrée mentionée dans les Etats, ils doivent en faire notte dans les obſervations: de même que des choſes qui ne ſont point exprimées dans les Etats qu'ils ont à remplir, ſi elles ſont objet de commerce dans l'étendue de leur Subdélégation.

Il ſeroit ſuperflu d'avertir que ce Mémoire & les Tarifs ſuivans, deſtinés principalement à la formation des Etats de prix des Grains, Fourages & Denrées, ſont néanmoins aplicables à beaucoup d'autres objets d'adminiſtration.

# AVIS AU RELIEUR.

Il faut obſerver que les Pieces qui compoſent ce Recueil doivent être placées dans l'ordre ſuivant :

1. *Modéle d'Etat de mois, page xx. du Mémoire.*
2. *Modéle d'Etat de premiére quinzaine, page xxiij.*
3. *Tarif,* 1re. Partie, *pour la réduction des meſures au Sac péſant* 200. *l.*
4. *Tarif pour trouver la valeur des Rations.*
5. *Tarif,* 2[de]. Partie, *pour la réduction des meſures au Setier de Paris, de 12 Boiſſeaux.*
6. *Tarif de réduction au Quintal, du prix des Denrées.*
7. *Tarif pour connoître la valeur de la Corde de Bois, meſure de Paris.*
8. *Tarif pour la converſion de l'argent de Lorraine en argent de France.*
9. *Tarif pour la converſion de l'argent de France en argent de Lorraine.*

---

Les eſpéces de fraction qui ſe trouvent dans la colonne du *raport des meſures au Setier de Paris*, à la fin des Articles Darney. Fenetrange, page viij. Rembervillers, page ix. & Phaltzbourg, page xj. doivent être upoſées des entiers ou $\frac{4}{4}$.

# TARIFS

*POUR FACILITER LA FORMATION*

# DES ÉTATS

*DE PRIX*

# DES GRAINS, FOURAGES ET DENRÉES.

---

*PREMIERE PARTIE,*

CONTENANT

*En 110 pages la Réduction des Mesures au Sac de 200 livres Poids de Marc.*

---

## Mesure de 20. Livres.

| PRIX DE LA MESURE. | | | A COMBIEN LE SAC DE 200. LIV. | | |
|---|---|---|---|---|---|
| *Liv.* | *Sols.* | *Den.* | *Liv.* | *Sols.* | *Den.* |
| | | 1 | | | 10 |
| | | 2 | | 1 | 8 |
| | | 3 | | 2 | 6 |
| | | 6 | | 5 | |
| | | 9 | | 7 | 6 |
| | | 11 | | 9 | 2 |
| | 1 | | | 10 | |
| | 2 | | 1 | | |
| | 3 | | 1 | 10 | |
| | 4 | | 2 | | |
| | 5 | | 2 | 10 | |
| | 6 | | 3 | | |
| | 7 | | 3 | 10 | |
| | 8 | | 4 | | |
| | 9 | | 4 | 10 | |
| | 10 | | 5 | | |
| | 11 | | 5 | 10 | |
| | 12 | | 6 | | |
| | 13 | | 6 | 10 | |
| | 14 | | 7 | | |
| | 15 | | 7 | 10 | |
| | 19 | | 9 | 10 | |
| 1 | | | 10 | | |
| 2 | | | 20 | | |
| 3 | | | 30 | | |

## Mesure de 21. Livres.

| PRIX DE LA MESURE. | | | A COMBIEN LE SAC DE 200. LIV. | | |
|---|---|---|---|---|---|
| *Liv.* | *Sols.* | *Den.* | *Liv.* | *Sols.* | *Den.* |
| | | 1 | | | 9 $\frac{11}{21}$ |
| | | 2 | | 1 | 7 $\frac{1}{21}$ |
| | | 3 | | 2 | 4 $\frac{4}{7}$ |
| | | 6 | | 4 | 9 $\frac{1}{7}$ |
| | | 9 | | 7 | 1 $\frac{5}{7}$ |
| | | 11 | | 8 | 8 $\frac{16}{21}$ |
| | 1 | | | 9 | 6 $\frac{2}{7}$ |
| | 2 | | | 19 | $\frac{4}{7}$ |
| | 3 | | 1 | 8 | 6 $\frac{6}{7}$ |
| | 4 | | 1 | 18 | 1 $\frac{1}{7}$ |
| | 5 | | 2 | 7 | 7 $\frac{3}{7}$ |
| | 6 | | 2 | 17 | 1 $\frac{5}{7}$ |
| | 7 | | 3 | 6 | 8 |
| | 8 | | 3 | 16 | 2 $\frac{2}{7}$ |
| | 9 | | 4 | 5 | 8 $\frac{4}{7}$ |
| | 10 | | 4 | 15 | 2 $\frac{6}{7}$ |
| | 11 | | 5 | 4 | 9 $\frac{1}{7}$ |
| | 12 | | 5 | 14 | 3 $\frac{3}{7}$ |
| | 13 | | 6 | 3 | 9 $\frac{5}{7}$ |
| | 14 | | 6 | 13 | 4 |
| | 15 | | 7 | 2 | 10 $\frac{2}{7}$ |
| | 19 | | 9 | | 11 $\frac{3}{7}$ |
| 1 | | | 9 | 10 | 5 $\frac{5}{7}$ |
| 2 | | | 19 | | 11 $\frac{3}{7}$ |
| 3 | | | 28 | 11 | 5 $\frac{1}{7}$ |

## Mesure de 22. Livres.

| PRIX DE LA MESURE. | | | A COMBIEN LE SAC DE 200. LIV. | | |
|---|---|---|---|---|---|
| *Liv.* | *Sols.* | *Den.* | *Liv.* | *Sols.* | *Den.* |
| | | 1 | | | 9 $\frac{1}{11}$ |
| | | 2 | | 1 | 6 $\frac{2}{11}$ |
| | | 3 | | 2 | 3 $\frac{3}{11}$ |
| | | 6 | | 4 | 6 $\frac{6}{11}$ |
| | | 9 | | 6 | 9 $\frac{9}{11}$ |
| | | 11 | | 8 | 4 |
| | 1 | | | 9 | 1 $\frac{1}{11}$ |
| | 2 | | | 18 | 2 $\frac{2}{11}$ |
| | 3 | | 1 | 7 | 3 $\frac{3}{11}$ |
| | 4 | | 1 | 16 | 4 $\frac{4}{11}$ |
| | 5 | | 2 | 5 | 5 $\frac{5}{11}$ |
| | 6 | | 2 | 14 | 6 $\frac{6}{11}$ |
| | 7 | | 3 | 3 | 7 $\frac{7}{11}$ |
| | 8 | | 3 | 12 | 8 $\frac{8}{11}$ |
| | 9 | | 4 | 1 | 9 $\frac{9}{11}$ |
| | 10 | | 4 | 10 | 10 $\frac{10}{11}$ |
| | 11 | | 5 | | |
| | 12 | | 5 | 9 | 1 $\frac{1}{11}$ |
| | 13 | | 5 | 18 | 2 $\frac{2}{11}$ |
| | 14 | | 6 | 7 | 3 $\frac{3}{11}$ |
| | 15 | | 6 | 16 | 4 $\frac{4}{11}$ |
| | 19 | | 8 | 12 | 8 $\frac{8}{11}$ |
| 1 | | | 9 | 1 | 9 $\frac{9}{11}$ |
| 2 | | | 18 | 3 | 7 $\frac{1}{11}$ |
| 3 | | | 27 | 5 | 5 $\frac{5}{11}$ |

## Mesure de 23. Livres.

| PRIX DE LA MESURE. | | | A COMBIEN LE SAC DE 200. LIV. | | |
|---|---|---|---|---|---|
| *Liv.* | *Sols.* | *Den.* | *Liv.* | *Sols.* | *Den.* |
| | | 1 | | | 8 $\frac{16}{23}$ |
| | | 2 | | 1 | 5 $\frac{9}{23}$ |
| | | 3 | | 2 | 2 $\frac{2}{23}$ |
| | | 6 | | 4 | 4 $\frac{4}{23}$ |
| | | 9 | | 6 | 6 $\frac{6}{23}$ |
| | | 11 | | 7 | 11 $\frac{15}{23}$ |
| | 1 | | | 8 | 8 $\frac{8}{23}$ |
| | 2 | | | 17 | 4 $\frac{16}{23}$ |
| | 3 | | 1 | 6 | 1 $\frac{21}{28}$ |
| | 4 | | 1 | 14 | 9 $\frac{9}{23}$ |
| | 5 | | 2 | 3 | 5 $\frac{17}{23}$ |
| | 6 | | 2 | 12 | 2 $\frac{2}{23}$ |
| | 7 | | 3 | | 10 $\frac{10}{23}$ |
| | 8 | | 3 | 9 | 6 $\frac{18}{23}$ |
| | 9 | | 3 | 18 | 3 $\frac{3}{23}$ |
| | 10 | | 4 | 6 | 11 $\frac{11}{23}$ |
| | 11 | | 4 | 15 | 7 $\frac{19}{23}$ |
| | 12 | | 5 | 4 | 4 $\frac{4}{23}$ |
| | 13 | | 5 | 13 | $\frac{12}{23}$ |
| | 14 | | 6 | 1 | 8 $\frac{20}{23}$ |
| | 15 | | 6 | 10 | 5 $\frac{5}{23}$ |
| | 19 | | 8 | 5 | 2 $\frac{14}{23}$ |
| 1 | | | 8 | 13 | 10 $\frac{22}{23}$ |
| 2 | | | 17 | 7 | 9 $\frac{21}{23}$ |
| 3 | | | 26 | 1 | 8 $\frac{20}{23}$ |

## Mesure de 24. Livres.

| PRIX DE LA MESURE. | | | A COMBIEN LE SAC DE 200. LIV. | | |
|---|---|---|---|---|---|
| Liv. | Sols. | Den. | Liv. | Sols. | Den. |
| | | 1 | | | 8 1/3 |
| | | 2 | | 1 | 4 2/3 |
| | | 3 | | 2 | 1 |
| | | 6 | | 4 | 2 |
| | | 9 | | 6 | 3 |
| | | 11 | | 7 | 7 2/3 |
| | 1 | | | 8 | 4 |
| | 2 | | | 16 | 8 |
| | 3 | | 1 | 5 | |
| | 4 | | 1 | 13 | 4 |
| | 5 | | 2 | 1 | 8 |
| | 6 | | 2 | 10 | |
| | 7 | | 2 | 18 | 4 |
| | 8 | | 3 | 6 | 8 |
| | 9 | | 3 | 15 | |
| | 10 | | 4 | 3 | 4 |
| | 11 | | 4 | 11 | 8 |
| | 12 | | 5 | | |
| | 13 | | 5 | 8 | 4 |
| | 14 | | 5 | 16 | 8 |
| | 15 | | 6 | 5 | |
| | 19 | | 7 | 18 | 4 |
| 1 | | | 8 | 6 | 8 |
| 2 | | | 16 | 13 | 4 |
| 3 | | | 25 | | |

## Mesure de 25. Livres.

| PRIX DE LA MESURE. | | | A COMBIEN LE SAC DE 200. LIV. | | |
|---|---|---|---|---|---|
| Liv. | Sols. | Den. | Liv. | Sols. | Den. |
| | | 1 | | | 8 |
| | | 2 | | 1 | 4 |
| | | 3 | | 2 | |
| | | 6 | | 4 | |
| | | 9 | | 6 | |
| | | 11 | | 7 | 4 |
| | 1 | | | 8 | |
| | 2 | | | 16 | |
| | 3 | | 1 | 4 | |
| | 4 | | 1 | 12 | |
| | 5 | | 2 | | |
| | 6 | | 2 | 8 | |
| | 7 | | 2 | 16 | |
| | 8 | | 3 | 4 | |
| | 9 | | 3 | 12 | |
| | 10 | | 4 | | |
| | 11 | | 4 | 8 | |
| | 12 | | 4 | 16 | |
| | 13 | | 5 | 4 | |
| | 14 | | 5 | 12 | |
| | 15 | | 6 | | |
| | 19 | | 7 | 12 | |
| 1 | | | 8 | | |
| 2 | | | 16 | | |
| 3 | | | 24 | | |

## Mesure de 26. Livres.

| PRIX DE LA MESURE. | | | A COMBIEN LE SAC DE 200. LIV. | | |
|---|---|---|---|---|---|
| *Liv.* | *Sols.* | *Den.* | *Liv.* | *Sols.* | *Den.* |
| | | 1 | | | 7 $\frac{9}{13}$ |
| | | 2 | | 1 | 3 $\frac{5}{13}$ |
| | | 3 | | 1 | 11 $\frac{1}{13}$ |
| | | 6 | | 3 | 10 $\frac{2}{13}$ |
| | | 9 | | 5 | 9 $\frac{3}{13}$ |
| | | 11 | | 7 | $\frac{8}{13}$ |
| | 1 | | | 7 | 8 $\frac{4}{13}$ |
| | 2 | | | 15 | 4 $\frac{8}{13}$ |
| | 3 | | 1 | 3 | $\frac{12}{13}$ |
| | 4 | | 1 | 10 | 9 $\frac{3}{13}$ |
| | 5 | | 1 | 18 | 5 $\frac{7}{13}$ |
| | 6 | | 2 | 6 | 1 $\frac{11}{13}$ |
| | 7 | | 2 | 13 | 10 $\frac{2}{13}$ |
| | 8 | | 3 | 1 | 6 $\frac{6}{13}$ |
| | 9 | | 3 | 9 | 2 $\frac{10}{13}$ |
| | 10 | | 3 | 16 | 11 $\frac{1}{13}$ |
| | 11 | | 4 | 4 | 7 $\frac{5}{13}$ |
| | 12 | | 4 | 12 | 3 $\frac{9}{13}$ |
| | 13 | | 5 | | |
| | 14 | | 5 | 7 | 8 $\frac{4}{13}$ |
| | 15 | | 5 | 15 | 4 $\frac{8}{13}$ |
| | 19 | | 7 | 6 | 1 $\frac{11}{13}$ |
| 1 | | | 7 | 13 | 6 $\frac{2}{13}$ |
| 2 | | | 15 | 7 | 8 $\frac{4}{13}$ |
| 3 | | | 23 | 1 | 6 $\frac{6}{13}$ |

## Mesure de 27. Livres.

| PRIX DE LA MESURE. | | | A COMBIEN LE SAC DE 200. LIV. | | |
|---|---|---|---|---|---|
| *Liv.* | *Sols.* | *Den.* | *Liv.* | *Sols.* | *Den.* |
| | | 1 | | | 7 $\frac{11}{27}$ |
| | | 2 | | 1 | 2 $\frac{22}{27}$ |
| | | 3 | | 1 | 10 $\frac{2}{9}$ |
| | | 6 | | 3 | 8 $\frac{4}{9}$ |
| | | 9 | | 5 | 6 $\frac{6}{9}$ |
| | | 11 | | 6 | 9 $\frac{13}{27}$ |
| | 1 | | | 7 | 4 $\frac{8}{9}$ |
| | 2 | | | 14 | 9 $\frac{7}{9}$ |
| | 3 | | 1 | 2 | 2 $\frac{6}{9}$ |
| | 4 | | 1 | 9 | 7 $\frac{5}{9}$ |
| | 5 | | 1 | 17 | $\frac{4}{9}$ |
| | 6 | | 2 | 4 | 5 $\frac{3}{9}$ |
| | 7 | | 2 | 11 | 10 $\frac{2}{9}$ |
| | 8 | | 2 | 19 | 3 $\frac{1}{9}$ |
| | 9 | | 3 | 6 | 8 |
| | 10 | | 3 | 14 | $\frac{8}{9}$ |
| | 11 | | 4 | 1 | 5 $\frac{7}{9}$ |
| | 12 | | 4 | 8 | 10 $\frac{6}{9}$ |
| | 13 | | 4 | 16 | 3 $\frac{5}{9}$ |
| | 14 | | 5 | 3 | 8 $\frac{4}{9}$ |
| | 15 | | 5 | 11 | 1 $\frac{3}{9}$ |
| | 19 | | 7 | | 8 $\frac{8}{9}$ |
| 1 | | | 7 | 8 | 1 $\frac{2}{9}$ |
| 2 | | | 14 | 16 | 3 $\frac{5}{9}$ |
| 3 | | | 22 | 4 | 5 $\frac{3}{9}$ |

## Mesure de 28. Livres.

| PRIX DE LA MESURE. | | | A COMBIEN LE SAC DE 200. LIV. | | |
|---|---|---|---|---|---|
| *Liv.* | *Sols.* | *Den.* | *Liv.* | *Sols.* | *Den.* |
| | | 1 | | | $7\frac{1}{7}$ |
| | | 2 | | 1 | $2\frac{2}{7}$ |
| | | 3 | | 1 | $9\frac{3}{7}$ |
| | | 6 | | 3 | $6\frac{6}{7}$ |
| | | 9 | | 5 | $4\frac{2}{7}$ |
| | | 11 | | 6 | $6\frac{4}{7}$ |
| | 1 | | | 7 | $1\frac{5}{7}$ |
| | 2 | | | 14 | $3\frac{3}{7}$ |
| | 3 | | 1 | 1 | $5\frac{1}{7}$ |
| | 4 | | 1 | 8 | $6\frac{6}{7}$ |
| | 5 | | 1 | 15 | $8\frac{4}{7}$ |
| | 6 | | 2 | 2 | $10\frac{2}{7}$ |
| | 7 | | 2 | 10 | |
| | 8 | | 2 | 17 | $1\frac{5}{7}$ |
| | 9 | | 3 | 4 | $3\frac{3}{7}$ |
| | 10 | | 3 | 11 | $5\frac{1}{7}$ |
| | 11 | | 3 | 18 | $6\frac{6}{7}$ |
| | 12 | | 4 | 5 | $8\frac{4}{7}$ |
| | 13 | | 4 | 12 | $10\frac{2}{7}$ |
| | 14 | | 5 | | |
| | 15 | | 5 | 7 | $1\frac{5}{7}$ |
| | 19 | | 6 | 15 | $8\frac{4}{7}$ |
| 1 | | | 7 | 2 | $10\frac{2}{7}$ |
| 2 | | | 14 | 5 | $8\frac{4}{7}$ |
| 3 | | | 21 | 8 | $6\frac{6}{7}$ |

## Mesure de 29. Livres.

| PRIX DE LA MESURE. | | | A COMBIEN LE SAC DE 200. LIV. | | |
|---|---|---|---|---|---|
| *Liv.* | *Sols.* | *Den.* | *Liv.* | *Sols.* | *Den.* |
| | | 1 | | | $6\frac{26}{29}$ |
| | | 2 | | 1 | $1\frac{23}{29}$ |
| | | 3 | | 1 | $8\frac{20}{29}$ |
| | | 6 | | 3 | $5\frac{11}{29}$ |
| | | 9 | | 5 | $2\frac{2}{29}$ |
| | | 11 | | 6 | $3\frac{25}{29}$ |
| | 1 | | | 6 | $10\frac{22}{29}$ |
| | 2 | | | 13 | $9\frac{15}{29}$ |
| | 3 | | 1 | | $8\frac{8}{29}$ |
| | 4 | | 1 | 7 | $7\frac{1}{29}$ |
| | 5 | | 1 | 14 | $5\frac{23}{29}$ |
| | 6 | | 2 | 1 | $4\frac{16}{29}$ |
| | 7 | | 2 | 8 | $3\frac{9}{29}$ |
| | 8 | | 2 | 15 | $2\frac{2}{29}$ |
| | 9 | | 3 | 2 | $\frac{24}{29}$ |
| | 10 | | 3 | 8 | $11\frac{17}{29}$ |
| | 11 | | 3 | 15 | $10\frac{10}{29}$ |
| | 12 | | 4 | 2 | $9\frac{3}{29}$ |
| | 13 | | 4 | 9 | $7\frac{25}{29}$ |
| | 14 | | 4 | 16 | $6\frac{18}{29}$ |
| | 15 | | 5 | 3 | $5\frac{11}{29}$ |
| | 19 | | 6 | 11 | $\frac{12}{29}$ |
| 1 | | | 6 | 17 | $11\frac{5}{29}$ |
| 2 | | | 13 | 15 | $10\frac{10}{29}$ |
| 3 | | | 20 | 13 | $9\frac{15}{29}$ |

## Mesure de 30. Livres.

| PRIX DE LA MESURE. | | | A COMBIEN LE SAC DE 200. LIV. | | |
|---|---|---|---|---|---|
| *Liv.* | *Sols.* | *Den.* | *Liv.* | *Sols.* | *Den.* |
| | | 1 | | | $6\frac{2}{3}$ |
| | | 2 | | 1 | $1\frac{1}{3}$ |
| | | 3 | | 1 | 8 |
| | | 6 | | 3 | 4 |
| | | 9 | | 5 | |
| | | 11 | | 6 | $1\frac{1}{3}$ |
| | 1 | | | 6 | 8 |
| | 2 | | | 13 | 4 |
| | 3 | | 1 | | |
| | 4 | | 1 | 6 | 8 |
| | 5 | | 1 | 13 | 4 |
| | 6 | | 2 | | |
| | 7 | | 2 | 6 | 8 |
| | 8 | | 2 | 13 | 4 |
| | 9 | | 3 | | |
| | 10 | | 3 | 6 | 8 |
| | 11 | | 3 | 13 | 4 |
| | 12 | | 4 | | |
| | 13 | | 4 | 6 | 8 |
| | 14 | | 4 | 13 | 4 |
| | 15 | | 5 | | |
| | 19 | | 6 | 6 | 8 |
| 1 | | | 6 | 13 | 4 |
| 2 | | | 13 | 6 | 8 |
| 3 | | | 20 | | |

## Mesure de 31. Livres.

| PRIX DE LA MESURE. | | | A COMBIEN LE SAC DE 200. LIV. | | |
|---|---|---|---|---|---|
| *Liv.* | *Sols.* | *Den.* | *Liv.* | *Sols.* | *Den.* |
| | | 1 | | | $6\frac{14}{31}$ |
| | | 2 | | 1 | $\frac{28}{31}$ |
| | | 3 | | 1 | $7\frac{11}{31}$ |
| | | 6 | | 3 | $2\frac{22}{31}$ |
| | | 9 | | 4 | $10\frac{2}{31}$ |
| | | 11 | | 5 | $10\frac{30}{31}$ |
| | 1 | | | 6 | $5\frac{13}{31}$ |
| | 2 | | | 12 | $10\frac{26}{31}$ |
| | 3 | | | 19 | $4\frac{8}{31}$ |
| | 4 | | 1 | 5 | $9\frac{21}{31}$ |
| | 5 | | 1 | 12 | $3\frac{3}{31}$ |
| | 6 | | 1 | 18 | $8\frac{16}{31}$ |
| | 7 | | 2 | 5 | $1\frac{29}{31}$ |
| | 8 | | 2 | 11 | $7\frac{11}{31}$ |
| | 9 | | 2 | 18 | $\frac{24}{31}$ |
| | 10 | | 3 | 4 | $6\frac{6}{31}$ |
| | 11 | | 3 | 10 | $11\frac{19}{31}$ |
| | 12 | | 3 | 17 | $5\frac{1}{31}$ |
| | 13 | | 4 | 3 | $10\frac{14}{31}$ |
| | 14 | | 4 | 10 | $3\frac{27}{31}$ |
| | 15 | | 4 | 16 | $9\frac{9}{31}$ |
| | 19 | | 6 | 2 | $6\frac{30}{31}$ |
| 1 | | | 6 | 9 | $\frac{12}{31}$ |
| 2 | | | 12 | 18 | $\frac{24}{31}$ |
| 3 | | | 19 | 7 | $1\frac{5}{31}$ |

## Mesure de 32. Livres.

| PRIX DE LA MESURE. | | | A COMBIEN LE SAC DE 200. LIV. | | |
|---|---|---|---|---|---|
| *Liv.* | *Sols.* | *Den.* | *Liv.* | *Sols.* | *Den.* |
| | | 1 | | | 6 ¼ |
| | | 2 | | 1 | ½ |
| | | 3 | | 1 | 6 ¾ |
| | | 6 | | 3 | 1 ½ |
| | | 9 | | 4 | 8 ¼ |
| | | 11 | | 5 | 8 ¾ |
| | 1 | | | 6 | 3 |
| | 2 | | | 12 | 6 |
| | 3 | | | 18 | 9 |
| | 4 | | 1 | 5 | |
| | 5 | | 1 | 11 | 3 |
| | 6 | | 1 | 17 | 6 |
| | 7 | | 2 | 3 | 9 |
| | 8 | | 2 | 10 | |
| | 9 | | 2 | 16 | 3 |
| | 10 | | 3 | 2 | 6 |
| | 11 | | 3 | 8 | 9 |
| | 12 | | 3 | 15 | |
| | 13 | | 4 | 1 | 3 |
| | 14 | | 4 | 7 | 6 |
| | 15 | | 4 | 13 | 9 |
| | 19 | | 5 | 18 | 9 |
| 1 | | | 6 | 5 | |
| 2 | | | 12 | 10 | |
| 3 | | | 18 | 15 | |

## Mesure de 33. Livres.

| PRIX DE LA MESURE. | | | A COMBIEN LE SAC DE 200. LIV. | | |
|---|---|---|---|---|---|
| *Liv.* | *Sols.* | *Den.* | *Liv.* | *Sols.* | *Den.* |
| | | 1 | | | 6 $\frac{2}{33}$ |
| | | 2 | | 1 | $\frac{4}{33}$ |
| | | 3 | | 1 | 6 $\frac{2}{11}$ |
| | | 6 | | 3 | $\frac{4}{11}$ |
| | | 9 | | 4 | 6 $\frac{6}{11}$ |
| | | 11 | | 5 | 6 $\frac{22}{33}$ |
| | 1 | | | 6 | $\frac{8}{11}$ |
| | 2 | | | 12 | 1 $\frac{5}{11}$ |
| | 3 | | | 18 | 2 $\frac{2}{11}$ |
| | 4 | | 1 | 4 | 2 $\frac{10}{11}$ |
| | 5 | | 1 | 10 | 3 $\frac{7}{11}$ |
| | 6 | | 1 | 16 | 4 $\frac{4}{11}$ |
| | 7 | | 2 | 2 | 5 $\frac{1}{11}$ |
| | 8 | | 2 | 8 | 5 $\frac{9}{11}$ |
| | 9 | | 2 | 14 | 6 $\frac{6}{11}$ |
| | 10 | | 3 | | 7 $\frac{3}{11}$ |
| | 11 | | 3 | 6 | 8 |
| | 12 | | 3 | 12 | 8 $\frac{8}{11}$ |
| | 13 | | 3 | 18 | 9 $\frac{5}{11}$ |
| | 14 | | 4 | 4 | 10 $\frac{2}{11}$ |
| | 15 | | 4 | 10 | 10 $\frac{10}{11}$ |
| | 19 | | 5 | 15 | 1 $\frac{9}{11}$ |
| 1 | | | 6 | 1 | 2 $\frac{6}{11}$ |
| 2 | | | 12 | 2 | 5 $\frac{1}{11}$ |
| 3 | | | 18 | 3 | 7 $\frac{7}{11}$ |

## Meſure de 34. Livres.

| PRIX DE LA MESURE. | | | A COMBIEN LE SAC DE 200. LIV. | | |
|---|---|---|---|---|---|
| Liv. | Sols. | Den. | Liv. | Sols. | Den. |
| | | 1 | | | 5 $\frac{15}{17}$ |
| | | 2 | | | 11 $\frac{13}{17}$ |
| | | 3 | | 1 | 5 $\frac{11}{17}$ |
| | | 6 | | 2 | 11 $\frac{5}{17}$ |
| | | 9 | | 4 | 4 $\frac{16}{17}$ |
| | | 11 | | 5 | 4 $\frac{12}{17}$ |
| | 1 | | | 5 | 10 $\frac{10}{17}$ |
| | 2 | | | 11 | 9 $\frac{3}{17}$ |
| | 3 | | | 17 | 7 $\frac{13}{17}$ |
| | 4 | | 1 | 3 | 6 $\frac{6}{17}$ |
| | 5 | | 1 | 9 | 4 $\frac{16}{17}$ |
| | 6 | | 1 | 15 | 3 $\frac{9}{17}$ |
| | 7 | | 2 | 1 | 2 $\frac{2}{17}$ |
| | 8 | | 2 | 7 | $\frac{12}{17}$ |
| | 9 | | 2 | 12 | 11 $\frac{5}{17}$ |
| | 10 | | 2 | 18 | 9 $\frac{15}{17}$ |
| | 11 | | 3 | 4 | 8 $\frac{8}{17}$ |
| | 12 | | 3 | 10 | 7 $\frac{1}{17}$ |
| | 13 | | 3 | 16 | 5 $\frac{11}{17}$ |
| | 14 | | 4 | 2 | 4 $\frac{4}{17}$ |
| | 15 | | 4 | 8 | 2 $\frac{14}{17}$ |
| | 19 | | 5 | 11 | 9 $\frac{3}{17}$ |
| 1 | | | 5 | 17 | 7 $\frac{13}{17}$ |
| 2 | | | 11 | 15 | 3 $\frac{9}{17}$ |
| 3 | | | 17 | 12 | 11 $\frac{5}{17}$ |

## Meſure de 35. Livres.

| PRIX DE LA MESURE. | | | A COMBIEN LE SAC DE 200. LIV. | | |
|---|---|---|---|---|---|
| Liv. | Sols. | Den. | Liv. | Sols. | Den. |
| | | 1 | | | 5 $\frac{5}{7}$ |
| | | 2 | | | 11 $\frac{3}{7}$ |
| | | 3 | | 1 | 5 $\frac{1}{7}$ |
| | | 6 | | 2 | 10 $\frac{2}{7}$ |
| | | 9 | | 4 | 3 $\frac{3}{7}$ |
| | | 11 | | 5 | 2 $\frac{6}{7}$ |
| | 1 | | | 5 | 8 $\frac{4}{7}$ |
| | 2 | | | 11 | 5 $\frac{1}{7}$ |
| | 3 | | | 17 | 1 $\frac{5}{7}$ |
| | 4 | | 1 | 2 | 10 $\frac{2}{7}$ |
| | 5 | | 1 | 8 | 6 $\frac{6}{7}$ |
| | 6 | | 1 | 14 | 3 $\frac{3}{7}$ |
| | 7 | | 2 | | |
| | 8 | | 2 | 5 | 8 $\frac{4}{7}$ |
| | 9 | | 2 | 11 | 5 $\frac{1}{7}$ |
| | 10 | | 2 | 17 | 1 $\frac{5}{7}$ |
| | 11 | | 3 | 2 | 10 $\frac{2}{7}$ |
| | 12 | | 3 | 8 | 6 $\frac{6}{7}$ |
| | 13 | | 3 | 14 | 3 $\frac{3}{7}$ |
| | 14 | | 4 | | |
| | 15 | | 4 | 5 | 8 $\frac{4}{7}$ |
| | 19 | | 5 | 8 | 6 $\frac{6}{7}$ |
| 1 | | | 5 | 14 | 3 $\frac{3}{7}$ |
| 2 | | | 11 | 8 | 6 $\frac{6}{7}$ |
| 3 | | | 17 | 2 | 10 $\frac{2}{7}$ |

PRIX

## Mesure de 36. Livres.

| PRIX DE LA MESURE. | | | A COMBIEN LE SAC DE 200. LIV. | | |
|---|---|---|---|---|---|
| *Liv.* | *Sols.* | *Den.* | *Liv.* | *Sols.* | *Den.* |
| | | 1 | | | 5 5/9 |
| | | 2 | | | 11 1/9 |
| | | 3 | | 1 | 4 2/3 |
| | | 6 | | 2 | 9 1/3 |
| | | 9 | | 4 | 2 |
| | | 11 | | 5 | 1 1/9 |
| | 1 | | | 5 | 6 2/3 |
| | 2 | | | 11 | 1 1/3 |
| | 3 | | | 16 | 8 |
| | 4 | | 1 | 2 | 2 2/3 |
| | 5 | | 1 | 7 | 9 1/3 |
| | 6 | | 1 | 13 | 4 |
| | 7 | | 1 | 18 | 10 2/3 |
| | 8 | | 2 | 4 | 5 1/3 |
| | 9 | | 2 | 10 | |
| | 10 | | 2 | 15 | 6 2/3 |
| | 11 | | 3 | 1 | 1 1/3 |
| | 12 | | 3 | 6 | 8 |
| | 15 | | 4 | 3 | 4 |
| | 19 | | 5 | 5 | 5 2/3 |
| 1 | | | 5 | 11 | 1 1/3 |
| 2 | | | 11 | 2 | 2 2/3 |
| 3 | | | 16 | 13 | 4 |
| 4 | | | 22 | 4 | 5 1/3 |
| 5 | | | 27 | 15 | 6 2/3 |

## Mesure de 37. Livres.

| PRIX DE LA MESURE. | | | A COMBIEN LE SAC DE 200. LIV. | | |
|---|---|---|---|---|---|
| *Liv.* | *Sols.* | *Den.* | *Liv.* | *Sols.* | *Den.* |
| | | 1 | | | 5 15/37 |
| | | 2 | | | 10 30/37 |
| | | 3 | | 1 | 4 8/37 |
| | | 6 | | 2 | 8 16/37 |
| | | 9 | | 4 | 24/37 |
| | | 11 | | 4 | 11 17/37 |
| | 1 | | | 5 | 4 32/37 |
| | 2 | | | 10 | 9 27/37 |
| | 3 | | | 16 | 2 22/37 |
| | 4 | | 1 | 1 | 7 17/37 |
| | 5 | | 1 | 7 | 12/37 |
| | 6 | | 1 | 12 | 5 7/37 |
| | 7 | | 1 | 17 | 10 2/37 |
| | 8 | | 2 | 3 | 2 34/37 |
| | 9 | | 2 | 8 | 7 29/37 |
| | 10 | | 2 | 14 | 24/37 |
| | 11 | | 2 | 19 | 5 19/37 |
| | 12 | | 3 | 4 | 10 14/37 |
| | 15 | | 4 | 1 | 36/37 |
| | 19 | | 5 | 2 | 8 16/37 |
| 1 | | | 5 | 8 | 1 11/37 |
| 2 | | | 10 | 16 | 2 22/37 |
| 3 | | | 16 | 4 | 3 33/37 |
| 4 | | | 21 | 12 | 5 7/37 |
| 5 | | | 27 | | 6 18/37 |

## Mesure de 38. Livres.

| PRIX DE LA MESURE. | | | A COMBIEN LE SAC DE 200. LIV. | | |
|---|---|---|---|---|---|
| Liv. | Sols. | Den. | Liv. | Sols. | Den. |
| | | 1 | | | 5 $\frac{5}{19}$ |
| | | 2 | | | 10 $\frac{10}{19}$ |
| | | 3 | | 1 | 3 $\frac{15}{19}$ |
| | | 6 | | 2 | 7 $\frac{11}{19}$ |
| | | 9 | | 3 | 11 $\frac{7}{19}$ |
| | | 11 | | 4 | 9 $\frac{17}{19}$ |
| | 1 | | | 5 | 3 $\frac{3}{19}$ |
| | 2 | | | 10 | 6 $\frac{6}{19}$ |
| | 3 | | | 15 | 9 $\frac{9}{19}$ |
| | 4 | | 1 | 1 | $\frac{12}{19}$ |
| | 5 | | 1 | 6 | 3 $\frac{15}{19}$ |
| | 6 | | 1 | 11 | 6 $\frac{18}{19}$ |
| | 7 | | 1 | 16 | 10 $\frac{2}{19}$ |
| | 8 | | 2 | 2 | 1 $\frac{5}{19}$ |
| | 9 | | 2 | 7 | 4 $\frac{8}{19}$ |
| | 10 | | 2 | 12 | 7 $\frac{11}{19}$ |
| | 11 | | 2 | 17 | 10 $\frac{14}{19}$ |
| | 12 | | 3 | 3 | 1 $\frac{17}{19}$ |
| | 15 | | 3 | 18 | 11 $\frac{7}{19}$ |
| | 19 | | 5 | | |
| 1 | | | 5 | 5 | 3 $\frac{3}{19}$ |
| 2 | | | 10 | 10 | 6 $\frac{6}{19}$ |
| 3 | | | 15 | 15 | 9 $\frac{9}{19}$ |
| 4 | | | 21 | 1 | $\frac{12}{19}$ |
| 5 | | | 26 | 6 | 3 $\frac{15}{19}$ |

## Mesure de 39. Livres.

| PRIX DE LA MESURE. | | | A COMBIEN LE SAC DE 200. LIV. | | |
|---|---|---|---|---|---|
| Liv. | Sols. | Den. | Liv. | Sols. | Den. |
| | | 1 | | | 5 $\frac{5}{39}$ |
| | | 2 | | | 10 $\frac{10}{39}$ |
| | | 3 | | 1 | 3 $\frac{5}{13}$ |
| | | 6 | | 2 | 6 $\frac{10}{13}$ |
| | | 9 | | 3 | 10 $\frac{2}{13}$ |
| | | 11 | | 4 | 8 $\frac{16}{39}$ |
| | 1 | | | 5 | 1 $\frac{7}{13}$ |
| | 2 | | | 10 | 3 $\frac{1}{13}$ |
| | 3 | | | 15 | 4 $\frac{8}{13}$ |
| | 4 | | 1 | | 6 $\frac{2}{13}$ |
| | 5 | | 1 | 5 | 7 $\frac{9}{13}$ |
| | 6 | | 1 | 10 | 9 $\frac{3}{13}$ |
| | 7 | | 1 | 15 | 10 $\frac{10}{13}$ |
| | 8 | | 2 | 1 | $\frac{4}{13}$ |
| | 9 | | 2 | 6 | 1 $\frac{11}{13}$ |
| | 10 | | 2 | 11 | 3 $\frac{5}{13}$ |
| | 11 | | 2 | 16 | 4 $\frac{12}{13}$ |
| | 12 | | 3 | 1 | 6 $\frac{6}{13}$ |
| | 15 | | 3 | 16 | 11 $\frac{1}{13}$ |
| | 19 | | 4 | 17 | 5 $\frac{3}{13}$ |
| 1 | | | 5 | 2 | 6 $\frac{10}{13}$ |
| 2 | | | 10 | 5 | 1 $\frac{7}{13}$ |
| 3 | | | 15 | 7 | 8 $\frac{4}{13}$ |
| 4 | | | 20 | 10 | 3 $\frac{1}{13}$ |
| 5 | | | 25 | 12 | 9 $\frac{11}{13}$ |

## Mesure de 40. Livres.

| PRIX DE LA MESURE. | | | A COMBIEN LE SAC DE 200. LIV. | | |
|---|---|---|---|---|---|
| *Liv.* | *Sols.* | *Den.* | *Liv.* | *Sols.* | *Den.* |
| | | 1 | | | 5 |
| | | 2 | | | 10 |
| | | 3 | | 1 | 3 |
| | | 6 | | 2 | 6 |
| | | 9 | | 3 | 9 |
| | | 11 | | 4 | 7 |
| | 1 | | | 5 | |
| | 2 | | | 10 | |
| | 3 | | | 15 | |
| | 4 | | 1 | | |
| | 5 | | 1 | 5 | |
| | 6 | | 1 | 10 | |
| | 7 | | 1 | 15 | |
| | 8 | | 2 | | |
| | 9 | | 2 | 5 | |
| | 10 | | 2 | 10 | |
| | 11 | | 2 | 15 | |
| | 12 | | 3 | | |
| | 15 | | 3 | 15 | |
| | 19 | | 4 | 15 | |
| 1 | | | 5 | | |
| 2 | | | 10 | | |
| 3 | | | 15 | | |
| 4 | | | 20 | | |
| 5 | | | 25 | | |

## Mesure de 41. Livres.

| PRIX DE LA MESURE. | | | A COMBIEN LE SAC DE 200. LIV. | | |
|---|---|---|---|---|---|
| *Liv.* | *Sols.* | *Den.* | *Liv.* | *Sols.* | *Den.* |
| | | 1 | | | $4\frac{36}{41}$ |
| | | 2 | | | $9\frac{31}{41}$ |
| | | 3 | | 1 | $2\frac{26}{41}$ |
| | | 6 | | 2 | $5\frac{11}{41}$ |
| | | 9 | | 3 | $7\frac{37}{41}$ |
| | | 11 | | 4 | $5\frac{27}{41}$ |
| | 1 | | | 4 | $10\frac{22}{41}$ |
| | 2 | | | 9 | $9\frac{3}{41}$ |
| | 3 | | | 14 | $7\frac{25}{41}$ |
| | 4 | | | 19 | $6\frac{6}{41}$ |
| | 5 | | 1 | 4 | $4\frac{28}{41}$ |
| | 6 | | 1 | 9 | $3\frac{9}{41}$ |
| | 7 | | 1 | 14 | $1\frac{31}{41}$ |
| | 8 | | 1 | 19 | $\frac{12}{41}$ |
| | 9 | | 2 | 3 | $10\frac{34}{41}$ |
| | 10 | | 2 | 8 | $9\frac{15}{41}$ |
| | 11 | | 2 | 13 | $7\frac{37}{41}$ |
| | 12 | | 2 | 18 | $6\frac{18}{41}$ |
| | 15 | | 3 | 13 | $2\frac{2}{41}$ |
| | 19 | | 4 | 12 | $8\frac{8}{41}$ |
| 1 | | | 4 | 17 | $6\frac{30}{41}$ |
| 2 | | | 9 | 15 | $1\frac{19}{41}$ |
| 3 | | | 14 | 12 | $8\frac{8}{41}$ |
| 4 | | | 19 | 10 | $2\frac{38}{41}$ |
| 5 | | | 24 | 7 | $9\frac{27}{41}$ |

## Mesure de 42. Livres.

| PRIX DE LA MESURE. | | | A COMBIEN LE SAC DE 200. LIV. | | |
|---|---|---|---|---|---|
| Liv. | Sols. | Den. | Liv. | Sols. | Den. |
| | | 1 | | | $4 \frac{16}{21}$ |
| | | 2 | | | $9 \frac{11}{21}$ |
| | | 3 | | 1 | $2 \frac{2}{7}$ |
| | | 6 | | 2 | $4 \frac{4}{7}$ |
| | | 9 | | 3 | $6 \frac{6}{7}$ |
| | | 11 | | 4 | $4 \frac{8}{21}$ |
| | 1 | | | 4 | $9 \frac{1}{7}$ |
| | 2 | | | 9 | $6 \frac{2}{7}$ |
| | 3 | | | 14 | $3 \frac{3}{7}$ |
| | 4 | | | 19 | $\frac{4}{7}$ |
| | 5 | | 1 | 3 | $9 \frac{5}{7}$ |
| | 6 | | 1 | 8 | $6 \frac{6}{7}$ |
| | 7 | | 1 | 13 | 4 |
| | 8 | | 1 | 18 | $1 \frac{1}{7}$ |
| | 9 | | 2 | 2 | $10 \frac{2}{7}$ |
| | 10 | | 2 | 7 | $7 \frac{3}{7}$ |
| | 11 | | 2 | 12 | $4 \frac{4}{7}$ |
| | 12 | | 2 | 17 | $1 \frac{5}{7}$ |
| | 15 | | 3 | 11 | $5 \frac{1}{7}$ |
| | 19 | | 4 | 10 | $5 \frac{5}{7}$ |
| 1 | | | 4 | 15 | $2 \frac{6}{7}$ |
| 2 | | | 9 | 10 | $5 \frac{5}{7}$ |
| 3 | | | 14 | 5 | $8 \frac{4}{7}$ |
| 4 | | | 19 | | $11 \frac{3}{7}$ |
| 5 | | | 23 | 16 | $2 \frac{2}{7}$ |

## Mesure de 43. Livres.

| PRIX DE LA MESURE. | | | A COMBIEN LE SAC DE 200. LIV. | | |
|---|---|---|---|---|---|
| Liv. | Sols. | Den. | Liv. | Sols. | Den. |
| | | 1 | | | $4 \frac{28}{43}$ |
| | | 2 | | | $9 \frac{13}{43}$ |
| | | 3 | | 1 | $1 \frac{41}{43}$ |
| | | 6 | | 2 | $3 \frac{39}{43}$ |
| | | 9 | | 3 | $5 \frac{37}{43}$ |
| | | 11 | | 4 | $3 \frac{7}{43}$ |
| | 1 | | | 4 | $7 \frac{35}{43}$ |
| | 2 | | | 9 | $3 \frac{27}{43}$ |
| | 3 | | | 13 | $11 \frac{19}{43}$ |
| | 4 | | | 18 | $7 \frac{11}{43}$ |
| | 5 | | 1 | 3 | $3 \frac{3}{43}$ |
| | 6 | | 1 | 7 | $10 \frac{38}{43}$ |
| | 7 | | 1 | 12 | $6 \frac{30}{43}$ |
| | 8 | | 1 | 17 | $2 \frac{22}{43}$ |
| | 9 | | 2 | 1 | $10 \frac{14}{43}$ |
| | 10 | | 2 | 6 | $6 \frac{6}{43}$ |
| | 11 | | 2 | 11 | $1 \frac{41}{43}$ |
| | 12 | | 2 | 15 | $9 \frac{33}{43}$ |
| | 15 | | 3 | 9 | $9 \frac{9}{43}$ |
| | 19 | | 4 | 8 | $4 \frac{20}{43}$ |
| 1 | | | 4 | 13 | $\frac{12}{43}$ |
| 2 | | | 9 | 6 | $\frac{24}{43}$ |
| 3 | | | 13 | 19 | $\frac{36}{43}$ |
| 4 | | | 18 | 12 | $1 \frac{5}{43}$ |
| 5 | | | 23 | 5 | $1 \frac{17}{43}$ |

## Mesure de 44. Livres.

| PRIX DE LA MESURE. | | | A COMBIEN LE SAC DE 200. LIV. | | |
|---|---|---|---|---|---|
| *Liv.* | *Sols.* | *Den.* | *Liv.* | *Sols.* | *Den.* |
| | | 1 | | | $4\frac{6}{11}$ |
| | | 2 | | | $9\frac{1}{11}$ |
| | | 3 | | 1 | $1\frac{7}{11}$ |
| | | 6 | | 2 | $3\frac{3}{11}$ |
| | | 9 | | 3 | $4\frac{10}{11}$ |
| | | 11 | | 4 | 2 |
| | 1 | | | 4 | $6\frac{6}{11}$ |
| | 2 | | | 9 | $1\frac{1}{11}$ |
| | 3 | | | 13 | $7\frac{7}{11}$ |
| | 4 | | | 18 | $2\frac{2}{11}$ |
| | 5 | | 1 | 2 | $8\frac{8}{11}$ |
| | 6 | | 1 | 7 | $3\frac{3}{11}$ |
| | 7 | | 1 | 11 | $9\frac{9}{11}$ |
| | 8 | | 1 | 16 | $4\frac{4}{11}$ |
| | 9 | | 2 | | $10\frac{10}{11}$ |
| | 10 | | 2 | 5 | $5\frac{5}{11}$ |
| | 11 | | 2 | 10 | |
| | 12 | | 2 | 14 | $6\frac{6}{11}$ |
| | 15 | | 3 | 8 | $2\frac{2}{11}$ |
| | 19 | | 4 | 6 | $4\frac{4}{11}$ |
| 1 | | | 4 | 10 | $10\frac{10}{11}$ |
| 2 | | | 9 | 1 | $9\frac{9}{11}$ |
| 3 | | | 13 | 12 | $8\frac{8}{11}$ |
| 4 | | | 18 | 3 | $7\frac{7}{11}$ |
| 5 | | | 22 | 14 | $6\frac{6}{11}$ |

## Mesure de 45. Livres.

| PRIX DE LA MESURE. | | | A COMBIEN LE SAC DE 200. LIV. | | |
|---|---|---|---|---|---|
| *Liv.* | *Sols.* | *Den.* | *Liv.* | *Sols.* | *Den.* |
| | | 1 | | | $4\frac{20}{45}$ |
| | | 2 | | | $8\frac{40}{45}$ |
| | | 3 | | 1 | $1\frac{1}{3}$ |
| | | 6 | | 2 | $2\frac{2}{3}$ |
| | | 9 | | 3 | 4 |
| | | 11 | | 4 | $\frac{40}{45}$ |
| | 1 | | | 4 | $5\frac{1}{3}$ |
| | 2 | | | 8 | $10\frac{2}{3}$ |
| | 3 | | | 13 | 4 |
| | 4 | | | 17 | $9\frac{1}{3}$ |
| | 5 | | 1 | 2 | $2\frac{2}{3}$ |
| | 6 | | 1 | 6 | 8 |
| | 7 | | 1 | 11 | $1\frac{1}{3}$ |
| | 8 | | 1 | 15 | $6\frac{2}{3}$ |
| | 9 | | 2 | | |
| | 10 | | 2 | 4 | $5\frac{1}{3}$ |
| | 11 | | 2 | 8 | $10\frac{2}{3}$ |
| | 12 | | 2 | 13 | 4 |
| | 15 | | 3 | 6 | 8 |
| | 19 | | 4 | 4 | $5\frac{1}{3}$ |
| 1 | | | 4 | 8 | $10\frac{2}{3}$ |
| 2 | | | 8 | 17 | $9\frac{1}{3}$ |
| 3 | | | 13 | 6 | 8 |
| 4 | | | 17 | 15 | $6\frac{2}{3}$ |
| 5 | | | 22 | 4 | $5\frac{1}{3}$ |

## Mesure de 46. Livres.

| PRIX DE LA MESURE. | | | A COMBIEN LE SAC DE 200. LIV. | | |
|---|---|---|---|---|---|
| *Liv.* | *Sols.* | *Den.* | *Liv.* | *Sols.* | *Den.* |
| | | 1 | | | 4 $\frac{8}{23}$ |
| | | 2 | | | 8 $\frac{16}{23}$ |
| | | 3 | | 1 | 1 $\frac{1}{23}$ |
| | | 6 | | 2 | 2 $\frac{2}{23}$ |
| | | 9 | | 3 | 3 $\frac{3}{23}$ |
| | | 11 | | 3 | 11 $\frac{19}{23}$ |
| | 1 | | | 4 | 4 $\frac{4}{23}$ |
| | 2 | | | 8 | 8 $\frac{8}{23}$ |
| | 3 | | | 13 | $\frac{12}{23}$ |
| | 4 | | | 17 | 4 $\frac{16}{23}$ |
| | 5 | | 1 | 1 | 8 $\frac{20}{23}$ |
| | 6 | | 1 | 6 | 1 $\frac{1}{23}$ |
| | 7 | | 1 | 10 | 5 $\frac{5}{23}$ |
| | 8 | | 1 | 14 | 9 $\frac{9}{23}$ |
| | 9 | | 1 | 19 | 1 $\frac{13}{23}$ |
| | 10 | | 2 | 3 | 5 $\frac{17}{23}$ |
| | 11 | | 2 | 7 | 9 $\frac{21}{23}$ |
| | 12 | | 2 | 12 | 1 $\frac{2}{23}$ |
| | 15 | | 3 | 5 | 2 $\frac{14}{23}$ |
| | 19 | | 4 | 2 | 7 $\frac{7}{23}$ |
| 1 | | | 4 | 6 | 11 $\frac{11}{23}$ |
| 2 | | | 8 | 13 | 10 $\frac{22}{23}$ |
| 3 | | | 13 | | 10 $\frac{10}{23}$ |
| 4 | | | 17 | 7 | 9 $\frac{21}{23}$ |
| 5 | | | 21 | 14 | 9 $\frac{9}{23}$ |

## Mesure de 47. Livres.

| PRIX DE LA MESURE. | | | A COMBIEN LE SAC DE 200. LIV. | | |
|---|---|---|---|---|---|
| *Liv.* | *Sols.* | *Den.* | *Liv.* | *Sols.* | *Den.* |
| | | 1 | | | 4 $\frac{12}{47}$ |
| | | 2 | | | 8 $\frac{24}{47}$ |
| | | 3 | | 1 | $\frac{36}{47}$ |
| | | 6 | | 2 | 1 $\frac{25}{47}$ |
| | | 9 | | 3 | 2 $\frac{14}{47}$ |
| | | 11 | | 3 | 10 $\frac{38}{47}$ |
| | 1 | | | 4 | 3 $\frac{3}{47}$ |
| | 2 | | | 8 | 6 $\frac{6}{47}$ |
| | 3 | | | 12 | 9 $\frac{9}{47}$ |
| | 4 | | | 17 | $\frac{12}{47}$ |
| | 5 | | 1 | 1 | 3 $\frac{15}{47}$ |
| | 6 | | 1 | 5 | 6 $\frac{18}{47}$ |
| | 7 | | 1 | 9 | 9 $\frac{21}{47}$ |
| | 8 | | 1 | 14 | $\frac{24}{47}$ |
| | 9 | | 1 | 18 | 3 $\frac{27}{47}$ |
| | 10 | | 2 | 2 | 6 $\frac{30}{47}$ |
| | 11 | | 2 | 6 | 9 $\frac{33}{47}$ |
| | 12 | | 2 | 11 | $\frac{36}{47}$ |
| | 15 | | 3 | 3 | 9 $\frac{45}{47}$ |
| | 19 | | 4 | | 10 $\frac{10}{47}$ |
| 1 | | | 4 | 5 | 1 $\frac{13}{47}$ |
| 2 | | | 8 | 10 | 2 $\frac{26}{47}$ |
| 3 | | | 12 | 15 | 3 $\frac{39}{47}$ |
| 4 | | | 17 | | 5 $\frac{5}{47}$ |
| 5 | | | 21 | 5 | 6 $\frac{18}{47}$ |

## Mesure de 48. Livres.

| PRIX DE LA MESURE. | | | A COMBIEN LE SAC DE 200. LIV. | | |
|---|---|---|---|---|---|
| *Liv.* | *Sols.* | *Den.* | *Liv.* | *Sols.* | *Den.* |
| | | 1 | | | 4 1/6 |
| | | 2 | | | 8 1/3 |
| | | 3 | | 1 | 1/2 |
| | | 6 | | 2 | 1 |
| | | 9 | | 3 | 1 1/2 |
| | | 11 | | 3 | 9 5/6 |
| | 1 | | | 4 | 2 |
| | 2 | | | 8 | 4 |
| | 3 | | | 12 | 6 |
| | 4 | | | 16 | 8 |
| | 5 | | 1 | | 10 |
| | 6 | | 1 | 5 | |
| | 7 | | 1 | 9 | 2 |
| | 8 | | 1 | 13 | 4 |
| | 9 | | 1 | 17 | 6 |
| | 10 | | 2 | 1 | 8 |
| | 11 | | 2 | 5 | 10 |
| | 12 | | 2 | 10 | |
| | 15 | | 3 | 2 | 6 |
| | 19 | | 3 | 19 | 2 |
| 1 | | | 4 | 3 | 4 |
| 2 | | | 8 | 6 | 8 |
| 3 | | | 12 | 10 | |
| 4 | | | 16 | 13 | 4 |
| 5 | | | 20 | 16 | 8 |

## Mesure de 49. Livres.

| PRIX DE LA MESURE. | | | A COMBIEN LE SAC DE 200. LIV. | | |
|---|---|---|---|---|---|
| *Liv.* | *Sols.* | *Den.* | *Liv.* | *Sols.* | *Den.* |
| | | 1 | | | 4 4/49 |
| | | 2 | | | 8 8/49 |
| | | 3 | | 1 | 12/49 |
| | | 6 | | 2 | 24/49 |
| | | 9 | | 3 | 36/49 |
| | | 11 | | 3 | 8 44/41 |
| | 1 | | | 4 | 48/49 |
| | 2 | | | 8 | 1 47/49 |
| | 3 | | | 12 | 2 46/49 |
| | 4 | | | 16 | 3 45/49 |
| | 5 | | 1 | | 4 44/49 |
| | 6 | | 1 | 4 | 5 43/49 |
| | 7 | | 1 | 8 | 6 42/49 |
| | 8 | | 1 | 12 | 7 41/49 |
| | 9 | | 1 | 16 | 8 40/49 |
| | 10 | | 2 | | 9 39/49 |
| | 11 | | 2 | 4 | 10 38/49 |
| | 12 | | 2 | 8 | 11 37/49 |
| | 15 | | 3 | 1 | 2 34/49 |
| | 19 | | 3 | 17 | 6 30/49 |
| 1 | | | 4 | 1 | 7 29/49 |
| 2 | | | 8 | 3 | 3 9/49 |
| 3 | | | 12 | 4 | 10 38/49 |
| 4 | | | 16 | 6 | 6 18/49 |
| 5 | | | 20 | 8 | 1 47/49 |

## Mesure de 50. Livres.

| PRIX DE LA MESURE. | | | A COMBIEN LE SAC DE 200. LIV. | | |
|---|---|---|---|---|---|
| *Liv.* | *Sols.* | *Den.* | *Liv.* | *Sols.* | *Den.* |
| | | 1 | | | 4 |
| | | 2 | | | 8 |
| | | 3 | | 1 | |
| | | 6 | | 2 | |
| | | 9 | | 3 | |
| | | 11 | | 3 | 8 |
| | 1 | | | 4 | |
| | 2 | | | 8 | |
| | 3 | | | 12 | |
| | 4 | | | 16 | |
| | 5 | | 1 | | |
| | 6 | | 1 | 4 | |
| | 7 | | 1 | 8 | |
| | 8 | | 1 | 12 | |
| | 9 | | 1 | 16 | |
| | 10 | | 2 | | |
| | 11 | | 2 | 4 | |
| | 12 | | 2 | 8 | |
| | 15 | | 3 | | |
| | 19 | | 3 | 16 | |
| 1 | | | 4 | | |
| 2 | | | 8 | | |
| 3 | | | 12 | | |
| 4 | | | 16 | | |
| 5 | | | 20 | | |

## Mesure de 51. Livres.

| PRIX DE LA MESURE. | | | A COMBIEN LE SAC DE 200. LIV. | | |
|---|---|---|---|---|---|
| *Liv.* | *Sols.* | *Den.* | *Liv.* | *Sols.* | *Den.* |
| | | 1 | | | $3\frac{47}{51}$ |
| | | 2 | | | $7\frac{43}{51}$ |
| | | 3 | | | $11\frac{13}{17}$ |
| | | 6 | | 1 | $11\frac{9}{17}$ |
| | | 9 | | 2 | $11\frac{5}{17}$ |
| | | 11 | | 3 | $7\frac{7}{51}$ |
| | 1 | | | 3 | $11\frac{1}{17}$ |
| | 2 | | | 7 | $10\frac{2}{17}$ |
| | 3 | | | 11 | $9\frac{3}{17}$ |
| | 4 | | | 15 | $8\frac{4}{17}$ |
| | 5 | | | 19 | $7\frac{5}{17}$ |
| | 6 | | 1 | 3 | $6\frac{6}{17}$ |
| | 7 | | 1 | 7 | $5\frac{7}{17}$ |
| | 8 | | 1 | 11 | $4\frac{8}{17}$ |
| | 9 | | 1 | 15 | $3\frac{9}{17}$ |
| | 10 | | 1 | 19 | $2\frac{10}{17}$ |
| | 11 | | 2 | 3 | $1\frac{11}{17}$ |
| | 12 | | 2 | 7 | $\frac{12}{17}$ |
| | 15 | | 2 | 18 | $9\frac{15}{17}$ |
| | 19 | | 3 | 14 | $6\frac{2}{17}$ |
| 1 | | | 3 | 18 | $5\frac{5}{17}$ |
| 2 | | | 7 | 16 | $10\frac{6}{17}$ |
| 3 | | | 11 | 15 | $3\frac{9}{17}$ |
| 4 | | | 15 | 13 | $8\frac{12}{17}$ |
| 5 | | | 19 | 12 | $1\frac{15}{17}$ |

## Mesure de 52. Livres.

| PRIX DE LA MESURE. | | | A COMBIEN LE SAC DE 200. LIV. | | |
|---|---|---|---|---|---|
| *Liv.* | *Sols.* | *Den.* | *Liv.* | *Sols.* | *Den.* |
| | | 1 | | | $3\frac{11}{13}$ |
| | | 2 | | | $7\frac{9}{13}$ |
| | | 3 | | | $11\frac{7}{13}$ |
| | | 6 | | 1 | $11\frac{1}{13}$ |
| | | 9 | | 2 | $10\frac{8}{13}$ |
| | | 11 | | 3 | $6\frac{4}{13}$ |
| | 1 | | | 3 | $10\frac{2}{13}$ |
| | 2 | | | 7 | $8\frac{4}{13}$ |
| | 3 | | | 11 | $6\frac{6}{13}$ |
| | 4 | | | 15 | $4\frac{8}{13}$ |
| | 5 | | | 19 | $2\frac{10}{13}$ |
| | 6 | | 1 | 3 | $\frac{12}{13}$ |
| | 7 | | 1 | 6 | $11\frac{1}{13}$ |
| | 8 | | 1 | 10 | $9\frac{3}{13}$ |
| | 9 | | 1 | 14 | $7\frac{5}{13}$ |
| | 10 | | 1 | 18 | $5\frac{7}{13}$ |
| | 12 | | 2 | 6 | $1\frac{11}{13}$ |
| | 15 | | 2 | 17 | $8\frac{4}{13}$ |
| | 19 | | 3 | 13 | $\frac{12}{13}$ |
| 1 | | | 3 | 16 | $11\frac{1}{13}$ |
| 2 | | | 7 | 13 | $10\frac{2}{13}$ |
| 3 | | | 11 | 10 | $9\frac{3}{13}$ |
| 4 | | | 15 | 7 | $8\frac{4}{13}$ |
| 5 | | | 19 | 4 | $7\frac{5}{13}$ |
| 6 | | | 23 | 1 | $6\frac{6}{13}$ |

## Mesure de 53. Livres.

| PRIX DE LA MESURE. | | | A COMBIEN LE SAC DE 200. LIV. | | |
|---|---|---|---|---|---|
| *Liv.* | *Sols.* | *Den.* | *Liv.* | *Sols.* | *Den.* |
| | | 1 | | | $3\frac{41}{53}$ |
| | | 2 | | | $7\frac{29}{53}$ |
| | | 3 | | | $11\frac{17}{53}$ |
| | | 6 | | 1 | $10\frac{34}{53}$ |
| | | 9 | | 2 | $9\frac{51}{53}$ |
| | | 11 | | 3 | $5\frac{27}{53}$ |
| | 1 | | | 3 | $9\frac{15}{53}$ |
| | 2 | | | 7 | $6\frac{30}{53}$ |
| | 3 | | | 11 | $3\frac{45}{53}$ |
| | 4 | | | 15 | $1\frac{7}{53}$ |
| | 5 | | | 18 | $10\frac{22}{53}$ |
| | 6 | | 1 | 2 | $7\frac{37}{53}$ |
| | 7 | | 1 | 6 | $4\frac{52}{53}$ |
| | 8 | | 1 | 10 | $2\frac{14}{53}$ |
| | 9 | | 1 | 13 | $11\frac{29}{53}$ |
| | 10 | | 1 | 17 | $8\frac{44}{53}$ |
| | 12 | | 2 | 5 | $3\frac{21}{53}$ |
| | 15 | | 2 | 16 | $7\frac{13}{53}$ |
| | 19 | | 3 | 11 | $8\frac{20}{53}$ |
| 1 | | | 3 | 15 | $5\frac{35}{53}$ |
| 2 | | | 7 | 10 | $11\frac{17}{53}$ |
| 3 | | | 11 | 6 | $4\frac{52}{53}$ |
| 4 | | | 15 | 1 | $10\frac{34}{53}$ |
| 5 | | | 18 | 17 | $4\frac{16}{53}$ |
| 6 | | | 22 | 12 | $9\frac{51}{53}$ |

## Mesure de 54. Livres.

| PRIX DE LA MESURE. | | | A COMBIEN LE SAC DE 200. LIV. | | |
|---|---|---|---|---|---|
| *Liv.* | *Sols.* | *Den.* | *Liv.* | *Sols.* | *Den.* |
| | | 1 | | | $3\frac{19}{27}$ |
| | | 2 | | | $7\frac{11}{27}$ |
| | | 3 | | | $11\frac{1}{9}$ |
| | | 6 | | 1 | $10\frac{2}{9}$ |
| | | 9 | | 2 | $9\frac{3}{9}$ |
| | | 11 | | 3 | $4\frac{20}{27}$ |
| | 1 | | | 3 | $8\frac{4}{9}$ |
| | 2 | | | 7 | $4\frac{8}{9}$ |
| | 3 | | | 11 | $1\frac{3}{9}$ |
| | 4 | | | 14 | $9\frac{7}{9}$ |
| | 5 | | | 18 | $6\frac{2}{9}$ |
| | 6 | | 1 | 2 | $2\frac{6}{9}$ |
| | 7 | | 1 | 5 | $11\frac{1}{9}$ |
| | 8 | | 1 | 9 | $7\frac{5}{9}$ |
| | 9 | | 1 | 13 | 4 |
| | 10 | | 1 | 17 | $\frac{4}{9}$ |
| | 12 | | 2 | 4 | $5\frac{3}{9}$ |
| | 15 | | 2 | 15 | $6\frac{6}{9}$ |
| | 19 | | 3 | 10 | $4\frac{4}{9}$ |
| 1 | | | 3 | 14 | $\frac{8}{9}$ |
| 2 | | | 7 | 8 | $1\frac{7}{9}$ |
| 3 | | | 11 | 2 | $2\frac{6}{9}$ |
| 4 | | | 14 | 16 | $3\frac{5}{9}$ |
| 5 | | | 18 | 10 | $4\frac{4}{9}$ |
| 6 | | | 22 | 4 | $5\frac{3}{9}$ |

## Mesure de 55. Livres.

| PRIX DE LA MESURE. | | | A COMBIEN LE SAC DE 200. LIV. | | |
|---|---|---|---|---|---|
| *Liv.* | *Sols.* | *Den.* | *Liv.* | *Sols.* | *Den.* |
| | | 1 | | | $3\frac{7}{11}$ |
| | | 2 | | | $7\frac{3}{11}$ |
| | | 3 | | | $10\frac{10}{11}$ |
| | | 6 | | 1 | $9\frac{9}{11}$ |
| | | 9 | | 2 | $8\frac{8}{11}$ |
| | | 11 | | 3 | 4 |
| | 1 | | | 3 | $7\frac{7}{11}$ |
| | 2 | | | 7 | $3\frac{3}{11}$ |
| | 3 | | | 10 | $10\frac{10}{11}$ |
| | 4 | | | 14 | $6\frac{6}{11}$ |
| | 5 | | | 18 | $2\frac{2}{11}$ |
| | 6 | | 1 | 1 | $9\frac{9}{11}$ |
| | 7 | | 1 | 5 | $5\frac{5}{11}$ |
| | 8 | | 1 | 9 | $1\frac{1}{11}$ |
| | 9 | | 1 | 12 | $8\frac{8}{11}$ |
| | 10 | | 1 | 16 | $4\frac{4}{11}$ |
| | 12 | | 2 | 3 | $7\frac{7}{11}$ |
| | 15 | | 2 | 14 | $6\frac{6}{11}$ |
| | 19 | | 3 | 9 | $1\frac{1}{11}$ |
| 1 | | | 3 | 12 | $8\frac{8}{11}$ |
| 2 | | | 7 | 5 | $5\frac{5}{11}$ |
| 3 | | | 10 | 18 | $2\frac{2}{11}$ |
| 4 | | | 14 | 10 | $10\frac{10}{11}$ |
| 5 | | | 18 | 3 | $7\frac{7}{11}$ |
| 6 | | | 21 | 16 | $4\frac{4}{11}$ |

## Mesure de 56. Livres.

| PRIX DE LA MESURE. Liv. | Sols. | Den. | A COMBIEN LE SAC DE 200. LIV. Liv. | Sols. | Den. |
|---|---|---|---|---|---|
| | | 1 | | | $3\frac{4}{7}$ |
| | | 2 | | | $7\frac{1}{7}$ |
| | | 3 | | | $10\frac{5}{7}$ |
| | | 6 | | 1 | $9\frac{3}{7}$ |
| | | 9 | | 2 | $8\frac{1}{7}$ |
| | | 11 | | 3 | $3\frac{2}{7}$ |
| | 1 | | | 3 | $6\frac{6}{7}$ |
| | 2 | | | 7 | $1\frac{5}{7}$ |
| | 3 | | | 10 | $8\frac{4}{7}$ |
| | 4 | | | 14 | $3\frac{3}{7}$ |
| | 5 | | | 17 | $10\frac{2}{7}$ |
| | 6 | | 1 | 1 | $5\frac{1}{7}$ |
| | 7 | | 1 | 5 | |
| | 8 | | 1 | 8 | $6\frac{6}{7}$ |
| | 9 | | 1 | 12 | $1\frac{5}{7}$ |
| | 10 | | 1 | 15 | $8\frac{4}{7}$ |
| | 12 | | 2 | 2 | $10\frac{2}{7}$ |
| | 15 | | 2 | 13 | $6\frac{6}{7}$ |
| | 19 | | 3 | 7 | $10\frac{2}{7}$ |
| 1 | | | 3 | 11 | $5\frac{1}{7}$ |
| 2 | | | 7 | 2 | $10\frac{2}{7}$ |
| 3 | | | 10 | 14 | $3\frac{3}{7}$ |
| 4 | | | 14 | 5 | $8\frac{4}{7}$ |
| 5 | | | 17 | 17 | $1\frac{5}{7}$ |
| 6 | | | 21 | 8 | $6\frac{6}{7}$ |

## Mesure de 57. Livres.

| PRIX DE LA MESURE. Liv. | Sols. | Den. | A COMBIEN LE SAC DE 200. LIV. Liv. | Sols. | Den. |
|---|---|---|---|---|---|
| | | 1 | | | $3\frac{29}{57}$ |
| | | 2 | | | $7\frac{1}{57}$ |
| | | 3 | | | $10\frac{10}{19}$ |
| | | 6 | | 1 | $9\frac{1}{19}$ |
| | | 9 | | 2 | $7\frac{11}{19}$ |
| | | 11 | | 3 | $2\frac{34}{57}$ |
| | 1 | | | 3 | $6\frac{2}{19}$ |
| | 2 | | | 7 | $\frac{4}{19}$ |
| | 3 | | | 10 | $6\frac{6}{19}$ |
| | 4 | | | 14 | $\frac{8}{19}$ |
| | 5 | | | 17 | $6\frac{10}{19}$ |
| | 6 | | 1 | 1 | $\frac{12}{19}$ |
| | 7 | | 1 | 4 | $6\frac{14}{19}$ |
| | 8 | | 1 | 8 | $\frac{16}{19}$ |
| | 9 | | 1 | 11 | $6\frac{18}{19}$ |
| | 10 | | 1 | 15 | $1\frac{1}{19}$ |
| | 12 | | 2 | 2 | $1\frac{5}{19}$ |
| | 15 | | 2 | 12 | $7\frac{11}{19}$ |
| | 19 | | 3 | 6 | 8 |
| 1 | | | 3 | 10 | $2\frac{2}{19}$ |
| 2 | | | 7 | | $4\frac{4}{19}$ |
| 3 | | | 10 | 10 | $6\frac{6}{19}$ |
| 4 | | | 14 | | $8\frac{8}{19}$ |
| 5 | | | 17 | 10 | $10\frac{10}{19}$ |
| 6 | | | 21 | 1 | $\frac{12}{19}$ |

## Mesure de 58. Livres.

| PRIX DE LA MESURE. | | | A COMBIEN LE SAC DE 200. LIV. | | |
|---|---|---|---|---|---|
| *Liv.* | *Sols.* | *Den.* | *Liv.* | *Sols.* | *Den.* |
| | | 1 | | | $3\frac{13}{29}$ |
| | | 2 | | | $6\frac{26}{29}$ |
| | | 3 | | | $10\frac{10}{29}$ |
| | | 6 | | 1 | $8\frac{20}{29}$ |
| | | 9 | | 2 | $7\frac{1}{29}$ |
| | | 11 | | 3 | $1\frac{27}{29}$ |
| | 1 | | | 3 | $5\frac{11}{29}$ |
| | 2 | | | 6 | $10\frac{22}{29}$ |
| | 3 | | | 10 | $4\frac{4}{29}$ |
| | 4 | | | 13 | $9\frac{15}{29}$ |
| | 5 | | | 17 | $2\frac{26}{29}$ |
| | 6 | | 1 | | $8\frac{8}{29}$ |
| | 7 | | 1 | 4 | $1\frac{19}{29}$ |
| | 8 | | 1 | 7 | $7\frac{1}{29}$ |
| | 9 | | 1 | 11 | $\frac{12}{29}$ |
| | 10 | | 1 | 14 | $5\frac{23}{29}$ |
| | 12 | | 2 | 1 | $4\frac{16}{29}$ |
| | 15 | | 2 | 11 | $8\frac{20}{29}$ |
| | 19 | | 3 | 5 | $6\frac{6}{29}$ |
| 1 | | | 3 | 8 | $11\frac{27}{29}$ |
| 2 | | | 6 | 17 | $11\frac{5}{29}$ |
| 3 | | | 10 | 6 | $10\frac{22}{29}$ |
| 4 | | | 13 | 15 | $10\frac{10}{29}$ |
| 5 | | | 17 | 4 | $9\frac{27}{29}$ |
| 6 | | | 20 | 13 | $9\frac{15}{29}$ |

## Mesure de 59. Livres.

| PRIX DE LA MESURE. | | | A COMBIEN LE SAC DE 200. LIV. | | |
|---|---|---|---|---|---|
| *Liv.* | *Sols.* | *Den.* | *Liv.* | *Sols.* | *Den.* |
| | | 1 | | | $3\frac{23}{59}$ |
| | | 2 | | | $6\frac{46}{59}$ |
| | | 3 | | | $10\frac{10}{59}$ |
| | | 6 | | 1 | $8\frac{20}{59}$ |
| | | 9 | | 2 | $6\frac{30}{59}$ |
| | | 11 | | 3 | $1\frac{17}{59}$ |
| | 1 | | | 3 | $4\frac{40}{59}$ |
| | 2 | | | 6 | $9\frac{21}{59}$ |
| | 3 | | | 10 | $2\frac{2}{59}$ |
| | 4 | | | 13 | $6\frac{42}{59}$ |
| | 5 | | | 16 | $11\frac{23}{59}$ |
| | 6 | | 1 | | $4\frac{4}{59}$ |
| | 7 | | 1 | 3 | $8\frac{44}{59}$ |
| | 8 | | 1 | 7 | $1\frac{25}{59}$ |
| | 9 | | 1 | 10 | $6\frac{6}{59}$ |
| | 10 | | 1 | 13 | $10\frac{46}{59}$ |
| | 12 | | 2 | | $8\frac{8}{59}$ |
| | 15 | | 2 | 10 | $10\frac{10}{59}$ |
| | 19 | | 3 | 4 | $4\frac{52}{59}$ |
| 1 | | | 3 | 7 | $9\frac{33}{59}$ |
| 2 | | | 6 | 15 | $7\frac{7}{59}$ |
| 3 | | | 10 | 3 | $4\frac{40}{59}$ |
| 4 | | | 13 | 11 | $2\frac{14}{59}$ |
| 5 | | | 16 | 18 | $11\frac{47}{59}$ |
| 6 | | | 20 | 6 | $9\frac{21}{59}$ |

## Mesure de 60. Livres.

| PRIX DE LA MESURE. | | | A COMBIEN LE SAC DE 200. LIV. | | |
|---|---|---|---|---|---|
| *Liv.* | *Sols.* | *Den.* | *Liv.* | *Sols.* | *Den.* |
| | | 1 | | | $3\frac{1}{3}$ |
| | | 2 | | | $6\frac{2}{3}$ |
| | | 3 | | | 10 |
| | | 6 | | 1 | 8 |
| | | 9 | | 2 | 6 |
| | | 11 | | 3 | $\frac{2}{3}$ |
| | 1 | | | 3 | 4 |
| | 2 | | | 6 | 8 |
| | 3 | | | 10 | |
| | 4 | | | 13 | 4 |
| | 5 | | | 16 | 8 |
| | 6 | | 1 | | |
| | 7 | | 1 | 3 | 4 |
| | 8 | | 1 | 6 | 8 |
| | 9 | | 1 | 10 | |
| | 10 | | 1 | 13 | 4 |
| | 12 | | 2 | | |
| | 15 | | 2 | 10 | |
| | 19 | | 3 | 3 | 4 |
| 1 | | | 3 | 6 | 8 |
| 2 | | | 6 | 13 | 4 |
| 3 | | | 10 | | |
| 4 | | | 13 | 6 | 8 |
| 5 | | | 16 | 13 | 4 |
| 6 | | | 20 | | |

## Mesure de 61. Livres.

| PRIX DE LA MESURE. | | | A COMBIEN LE SAC DE 200. LIV. | | |
|---|---|---|---|---|---|
| *Liv.* | *Sols.* | *Den.* | *Liv.* | *Sols.* | *Den.* |
| | | 1 | | | $3\frac{17}{61}$ |
| | | 2 | | | $6\frac{34}{61}$ |
| | | 3 | | | $9\frac{51}{61}$ |
| | | 6 | | 1 | $7\frac{41}{61}$ |
| | | 9 | | 2 | $5\frac{31}{61}$ |
| | | 11 | | 3 | $\frac{4}{61}$ |
| | 1 | | | 3 | $3\frac{21}{61}$ |
| | 2 | | | 6 | $6\frac{42}{61}$ |
| | 3 | | | 9 | $10\frac{2}{61}$ |
| | 4 | | | 13 | $1\frac{23}{61}$ |
| | 5 | | | 16 | $4\frac{44}{61}$ |
| | 6 | | | 19 | $8\frac{4}{61}$ |
| | 7 | | 1 | 2 | $11\frac{25}{61}$ |
| | 8 | | 1 | 6 | $2\frac{46}{61}$ |
| | 9 | | 1 | 9 | $6\frac{6}{61}$ |
| | 10 | | 1 | 12 | $9\frac{27}{61}$ |
| | 12 | | 1 | 19 | $4\frac{8}{61}$ |
| | 15 | | 2 | 9 | $2\frac{10}{61}$ |
| | 19 | | 3 | 2 | $3\frac{33}{61}$ |
| 1 | | | 3 | 5 | $6\frac{54}{61}$ |
| 2 | | | 6 | 11 | $1\frac{47}{61}$ |
| 3 | | | 9 | 16 | $8\frac{40}{61}$ |
| 4 | | | 13 | 2 | $3\frac{33}{61}$ |
| 5 | | | 16 | 7 | $10\frac{26}{61}$ |
| 6 | | | 19 | 13 | $5\frac{19}{61}$ |

## Mesure de 62. Livres.

| PRIX DE LA MESURE. | | | A COMBIEN LE SAC DE 200. LIV. | | |
|---|---|---|---|---|---|
| Liv. | Sols. | Den. | Liv. | Sols. | Den. |
| | | 1 | | | 3 7/31 |
| | | 2 | | | 6 14/31 |
| | | 3 | | | 9 21/31 |
| | | 6 | | 1 | 7 11/31 |
| | | 9 | | 2 | 5 1/31 |
| | | 11 | | 2 | 11 15/31 |
| | 1 | | | 3 | 2 22/31 |
| | 2 | | | 6 | 5 13/31 |
| | 3 | | | 9 | 8 4/31 |
| | 4 | | | 12 | 10 26/31 |
| | 5 | | | 16 | 1 17/31 |
| | 6 | | | 19 | 4 8/31 |
| | 7 | | 1 | 2 | 6 30/31 |
| | 8 | | 1 | 5 | 9 21/31 |
| | 9 | | 1 | 9 | 12/31 |
| | 10 | | 1 | 12 | 3 3/31 |
| | 12 | | 1 | 18 | 8 16/31 |
| | 15 | | 2 | 8 | 4 20/31 |
| | 19 | | 3 | 1 | 3 15/31 |
| 1 | | | 3 | 4 | 6 6/31 |
| 2 | | | 6 | 9 | 12/31 |
| 3 | | | 9 | 13 | 6 18/31 |
| 4 | | | 12 | 18 | 24/31 |
| 5 | | | 16 | 2 | 6 30/31 |
| 6 | | | 19 | 7 | 1 5/31 |

## Mesure de 63. Livres.

| PRIX DE LA MESURE. | | | A COMBIEN LE SAC DE 200. LIV. | | |
|---|---|---|---|---|---|
| Liv. | Sols. | Den. | Liv. | Sols. | Den. |
| | | 1 | | | 3 11/63 |
| | | 2 | | | 6 22/63 |
| | | 3 | | | 9 11/21 |
| | | 6 | | 1 | 7 1/21 |
| | | 9 | | 2 | 4 12/21 |
| | | 11 | | 2 | 10 58/63 |
| | 1 | | | 3 | 2 2/21 |
| | 2 | | | 6 | 4 4/21 |
| | 3 | | | 9 | 6 6/21 |
| | 4 | | | 12 | 8 8/21 |
| | 5 | | | 15 | 10 10/21 |
| | 6 | | | 19 | 12/21 |
| | 7 | | 1 | 2 | 2 14/21 |
| | 8 | | 1 | 5 | 4 16/21 |
| | 9 | | 1 | 8 | 6 18/21 |
| | 10 | | 1 | 11 | 8 20/21 |
| | 12 | | 1 | 18 | 1 3/21 |
| | 15 | | 2 | 7 | 7 9/21 |
| | 19 | | 3 | | 3 17/21 |
| 1 | | | 3 | 3 | 5 19/21 |
| 2 | | | 6 | 6 | 11 17/21 |
| 3 | | | 9 | 10 | 5 15/21 |
| 4 | | | 12 | 13 | 11 13/21 |
| 5 | | | 15 | 17 | 5 11/21 |
| 6 | | | 19 | | 11 9/21 |

## Mesure de 64. Livres.

| PRIX DE LA MESURE. | | | A COMBIEN LE SAC DE 200. LIV. | | |
|---|---|---|---|---|---|
| *Liv.* | *Sols.* | *Den.* | *Liv.* | *Sols.* | *Den.* |
| | | 1 | | | $3\frac{1}{8}$ |
| | | 2 | | | $6\frac{1}{4}$ |
| | | 3 | | | $9\frac{3}{8}$ |
| | | 6 | | 1 | $6\frac{3}{4}$ |
| | | 9 | | 2 | $4\frac{1}{8}$ |
| | | 11 | | 2 | $10\frac{3}{8}$ |
| | 1 | | | 3 | $1\frac{1}{2}$ |
| | 2 | | | 6 | 3 |
| | 3 | | | 9 | $4\frac{1}{2}$ |
| | 4 | | | 12 | 6 |
| | 5 | | | 15 | $7\frac{1}{2}$ |
| | 6 | | | 18 | 9 |
| | 7 | | 1 | 1 | $10\frac{1}{2}$ |
| | 8 | | 1 | 5 | |
| | 9 | | 1 | 8 | $1\frac{1}{2}$ |
| | 10 | | 1 | 11 | 3 |
| | 12 | | 1 | 17 | 6 |
| | 15 | | 2 | 6 | $10\frac{1}{2}$ |
| | 19 | | 2 | 19 | $4\frac{1}{2}$ |
| 1 | | | 3 | 2 | 6 |
| 2 | | | 6 | 5 | |
| 3 | | | 9 | 7 | 6 |
| 4 | | | 12 | 10 | |
| 5 | | | 15 | 12 | 6 |
| 6 | | | 18 | 15 | |

## Mesure de 65. Livres.

| PRIX DE LA MESURE. | | | A COMBIEN LE SAC DE 200. LIV. | | |
|---|---|---|---|---|---|
| *Liv.* | *Sols.* | *Den.* | *Liv.* | *Sols.* | *Den.* |
| | | 1 | | | $3\frac{1}{13}$ |
| | | 2 | | | $6\frac{2}{13}$ |
| | | 3 | | | $9\frac{3}{13}$ |
| | | 6 | | 1 | $6\frac{6}{13}$ |
| | | 9 | | 2 | $3\frac{9}{13}$ |
| | | 11 | | 2 | $9\frac{11}{13}$ |
| | 1 | | | 3 | $\frac{12}{13}$ |
| | 2 | | | 6 | $1\frac{11}{13}$ |
| | 3 | | | 9 | $2\frac{10}{13}$ |
| | 4 | | | 12 | $3\frac{9}{13}$ |
| | 5 | | | 15 | $4\frac{8}{13}$ |
| | 6 | | | 18 | $5\frac{7}{13}$ |
| | 7 | | 1 | 1 | $6\frac{6}{13}$ |
| | 8 | | 1 | 4 | $7\frac{5}{13}$ |
| | 9 | | 1 | 7 | $8\frac{4}{13}$ |
| | 10 | | 1 | 10 | $9\frac{3}{13}$ |
| | 12 | | 1 | 16 | $11\frac{1}{13}$ |
| | 15 | | 2 | 6 | $1\frac{11}{13}$ |
| | 19 | | 2 | 18 | $4\frac{7}{13}$ |
| 1 | | | 3 | 1 | $6\frac{6}{13}$ |
| 2 | | | 6 | 3 | $\frac{12}{13}$ |
| 3 | | | 9 | 4 | $7\frac{5}{13}$ |
| 4 | | | 12 | 6 | $\frac{11}{13}$ |
| 5 | | | 15 | 7 | $7\frac{4}{13}$ |
| 6 | | | 18 | 9 | $\frac{10}{13}$ |

## Mesure de 66. Livres.

| PRIX DE LA MESURE. | | | A COMBIEN LE SAC DE 200. LIV. | | |
|---|---|---|---|---|---|
| *Liv.* | *Sols.* | *Den.* | *Liv.* | *Sols.* | *Den.* |
| | | 1 | | | $3\frac{1}{33}$ |
| | | 2 | | | $6\frac{2}{33}$ |
| | | 3 | | | $9\frac{1}{11}$ |
| | | 6 | | 1 | $6\frac{2}{11}$ |
| | | 9 | | 2 | $3\frac{3}{11}$ |
| | | 11 | | 2 | $9\frac{11}{33}$ |
| | 1 | | | 3 | $\frac{4}{11}$ |
| | 2 | | | 6 | $\frac{8}{11}$ |
| | 3 | | | 9 | $1\frac{1}{11}$ |
| | 4 | | | 12 | $1\frac{5}{11}$ |
| | 5 | | | 15 | $1\frac{9}{11}$ |
| | 6 | | | 18 | $2\frac{2}{11}$ |
| | 7 | | 1 | 1 | $2\frac{6}{11}$ |
| | 8 | | 1 | 4 | $2\frac{10}{11}$ |
| | 9 | | 1 | 7 | $3\frac{3}{11}$ |
| | 10 | | 1 | 10 | $3\frac{7}{11}$ |
| | 12 | | 1 | 16 | $4\frac{4}{11}$ |
| | 15 | | 2 | 5 | $5\frac{5}{11}$ |
| | 19 | | 2 | 17 | $6\frac{10}{11}$ |
| 1 | | | 3 | | $7\frac{3}{11}$ |
| 2 | | | 6 | 1 | $2\frac{6}{11}$ |
| 3 | | | 9 | 1 | $9\frac{9}{11}$ |
| 4 | | | 12 | 2 | $5\frac{1}{11}$ |
| 5 | | | 15 | 3 | $\frac{4}{11}$ |
| 6 | | | 18 | 3 | $7\frac{7}{11}$ |

## Mesure de 67. Livres.

| PRIX DE LA MESURE. | | | A COMBIEN LE SAC DE 200. LIV. | | |
|---|---|---|---|---|---|
| *Liv.* | *Sols.* | *Den.* | *Liv.* | *Sols.* | *Den.* |
| | | 1 | | | $2\frac{66}{67}$ |
| | | 2 | | | $5\frac{65}{67}$ |
| | | 3 | | | $8\frac{64}{67}$ |
| | | 6 | | 1 | $5\frac{61}{67}$ |
| | | 9 | | 2 | $2\frac{58}{67}$ |
| | | 11 | | 2 | $8\frac{56}{67}$ |
| | 1 | | | 2 | $11\frac{55}{67}$ |
| | 2 | | | 5 | $11\frac{43}{67}$ |
| | 3 | | | 8 | $11\frac{31}{67}$ |
| | 4 | | | 11 | $11\frac{19}{67}$ |
| | 5 | | | 14 | $11\frac{7}{67}$ |
| | 6 | | | 17 | $10\frac{62}{67}$ |
| | 7 | | 1 | | $10\frac{50}{67}$ |
| | 8 | | 1 | 3 | $10\frac{18}{67}$ |
| | 9 | | 1 | 6 | $10\frac{26}{67}$ |
| | 10 | | 1 | 9 | $10\frac{14}{67}$ |
| | 12 | | 1 | 15 | $9\frac{57}{67}$ |
| | 15 | | 2 | 4 | $9\frac{21}{67}$ |
| | 19 | | 2 | 16 | $8\frac{40}{67}$ |
| 1 | | | 2 | 19 | $8\frac{28}{67}$ |
| 2 | | | 5 | 19 | $4\frac{56}{67}$ |
| 3 | | | 8 | 19 | $1\frac{17}{67}$ |
| 4 | | | 11 | 18 | $9\frac{45}{67}$ |
| 5 | | | 14 | 18 | $6\frac{6}{67}$ |
| 6 | | | 17 | 18 | $2\frac{34}{67}$ |

## Mesure de 68. Livres.

| PRIX DE LA MESURE. | | | A COMBIEN LE SAC DE 200. LIV. | | |
|---|---|---|---|---|---|
| Liv. | Sols. | Den. | Liv. | Sols. | Den. |
| | | 1 | | | 2 $\frac{16}{17}$ |
| | | 2 | | | 5 $\frac{15}{17}$ |
| | | 3 | | | 8 $\frac{14}{17}$ |
| | | 6 | | 1 | 5 $\frac{11}{17}$ |
| | | 9 | | 2 | 2 $\frac{8}{17}$ |
| | | 11 | | 2 | 8 $\frac{6}{17}$ |
| | 1 | | | 2 | 11 $\frac{5}{17}$ |
| | 2 | | | 5 | 10 $\frac{10}{17}$ |
| | 3 | | | 8 | 9 $\frac{15}{17}$ |
| | 4 | | | 11 | 9 $\frac{3}{17}$ |
| | 5 | | | 14 | 8 $\frac{8}{17}$ |
| | 6 | | | 17 | 7 $\frac{13}{17}$ |
| | 7 | | 1 | | 7 $\frac{1}{17}$ |
| | 8 | | 1 | 3 | 6 $\frac{6}{17}$ |
| | 9 | | 1 | 6 | 5 $\frac{11}{17}$ |
| | 10 | | 1 | 9 | 4 $\frac{16}{17}$ |
| | 12 | | 1 | 15 | 3 $\frac{9}{17}$ |
| | 15 | | 2 | 4 | 1 $\frac{7}{17}$ |
| | 19 | | 2 | 15 | 10 $\frac{10}{17}$ |
| 1 | | | 2 | 18 | 9 $\frac{15}{17}$ |
| 2 | | | 5 | 17 | 7 $\frac{13}{17}$ |
| 3 | | | 8 | 16 | 5 $\frac{11}{17}$ |
| 4 | | | 11 | 15 | 3 $\frac{9}{17}$ |
| 5 | | | 14 | 14 | 1 $\frac{7}{17}$ |
| 6 | | | 17 | 12 | 11 $\frac{5}{17}$ |

## Mesure de 69. Livres.

| PRIX DE LA MESURE. | | | A COMBIEN LE SAC DE 200. LIV. | | |
|---|---|---|---|---|---|
| Liv. | Sols. | Den. | Liv. | Sols. | Den. |
| | | 1 | | | 2 $\frac{62}{69}$ |
| | | 2 | | | 5 $\frac{55}{69}$ |
| | | 3 | | | 8 $\frac{16}{23}$ |
| | | 6 | | 1 | 5 $\frac{9}{23}$ |
| | | 9 | | 2 | 2 $\frac{2}{23}$ |
| | | 11 | | 2 | 7 $\frac{61}{69}$ |
| | 1 | | | 2 | 10 $\frac{18}{23}$ |
| | 2 | | | 5 | 9 $\frac{13}{23}$ |
| | 3 | | | 8 | 8 $\frac{8}{23}$ |
| | 4 | | | 11 | 7 $\frac{3}{23}$ |
| | 5 | | | 14 | 5 $\frac{21}{23}$ |
| | 6 | | | 17 | 4 $\frac{16}{23}$ |
| | 7 | | 1 | | 3 $\frac{11}{23}$ |
| | 8 | | 1 | 3 | 2 $\frac{6}{23}$ |
| | 9 | | 1 | 6 | 1 $\frac{1}{23}$ |
| | 10 | | 1 | 8 | 11 $\frac{19}{23}$ |
| | 12 | | 1 | 14 | 9 $\frac{9}{23}$ |
| | 15 | | 2 | 3 | 5 $\frac{17}{23}$ |
| | 19 | | 2 | 15 | $\frac{20}{23}$ |
| 1 | | | 2 | 17 | 11 $\frac{15}{23}$ |
| 2 | | | 5 | 15 | 11 $\frac{7}{23}$ |
| 3 | | | 8 | 13 | 10 $\frac{22}{23}$ |
| 4 | | | 11 | 11 | 10 $\frac{4}{23}$ |
| 5 | | | 14 | 9 | 10 $\frac{6}{23}$ |
| 6 | | | 17 | 7 | 9 $\frac{21}{23}$ |

## Mesure de 70. Livres.

| PRIX DE LA MESURE. Liv. | Sols. | Den. | A COMBIEN LE SAC DE 200. LIV. Liv. | Sols. | Den. |
|---|---|---|---|---|---|
| | | 1 | | | 2 6/7 |
| | | 2 | | | 5 5/7 |
| | | 3 | | | 8 4/7 |
| | | 6 | | 1 | 5 1/7 |
| | | 9 | | 2 | 1 5/7 |
| | | 11 | | 2 | 7 1/7 |
| | 1 | | | 2 | 10 2/7 |
| | 2 | | | 5 | 8 4/7 |
| | 3 | | | 8 | 6 6/7 |
| | 4 | | | 11 | 5 1/7 |
| | 5 | | | 14 | 3 3/7 |
| | 6 | | | 17 | 1 5/7 |
| | 7 | | 1 | | |
| | 8 | | 1 | 2 | 10 2/7 |
| | 9 | | 1 | 5 | 8 4/7 |
| | 10 | | 1 | 8 | 6 6/7 |
| | 12 | | 1 | 14 | 3 3/7 |
| | 15 | | 2 | 2 | 10 2/7 |
| | 19 | | 2 | 14 | 3 3/7 |
| 1 | | | 2 | 17 | 1 5/7 |
| 2 | | | 5 | 14 | 3 3/7 |
| 3 | | | 8 | 11 | 5 1/7 |
| 4 | | | 11 | 8 | 6 6/7 |
| 5 | | | 14 | 5 | 8 4/7 |
| 6 | | | 17 | 2 | 10 2/7 |

## Mesure de 71. Livres.

| PRIX DE LA MESURE. Liv. | Sols. | Den. | A COMBIEN LE SAC DE 200. LIV. Liv. | Sols. | Den. |
|---|---|---|---|---|---|
| | | 1 | | | 2 58/71 |
| | | 2 | | | 5 45/71 |
| | | 3 | | | 8 32/71 |
| | | 6 | | 1 | 4 64/71 |
| | | 9 | | 2 | 1 25/71 |
| | | 11 | | 2 | 6 70/71 |
| | 1 | | | 2 | 9 57/71 |
| | 2 | | | 5 | 7 43/71 |
| | 3 | | | 8 | 5 29/71 |
| | 4 | | | 11 | 3 15/71 |
| | 5 | | | 14 | 1 1/71 |
| | 6 | | | 16 | 10 58/71 |
| | 7 | | | 19 | 8 44/71 |
| | 8 | | 1 | 2 | 6 50/71 |
| | 9 | | 1 | 5 | 4 16/71 |
| | 10 | | 1 | 8 | 2 2/71 |
| | 12 | | 1 | 13 | 9 45/71 |
| | 15 | | 2 | 2 | 3 3/71 |
| | 19 | | 2 | 13 | 6 18/71 |
| 1 | | | 2 | 16 | 4 4/71 |
| 2 | | | 5 | 12 | 8 8/71 |
| 3 | | | 8 | 9 | 12/71 |
| 4 | | | 11 | 5 | 4 16/71 |
| 5 | | | 14 | 1 | 8 20/71 |
| 6 | | | 16 | 18 | 24/7 |

## Mesure de 72. Livres.

| PRIX DE LA MESURE. | | | A COMBIEN LE SAC DE 200. LIV. | | |
|---|---|---|---|---|---|
| *Liv.* | *Sols.* | *Den.* | *Liv.* | *Sols.* | *Den.* |
| | | 1 | | | 2 $\frac{7}{9}$ |
| | | 2 | | | 5 $\frac{15}{9}$ |
| | | 3 | | | 8 $\frac{1}{3}$ |
| | | 6 | | 1 | 4 $\frac{2}{3}$ |
| | | 9 | | 2 | 1 |
| | | 11 | | 2 | 6 $\frac{5}{9}$ |
| | 1 | | | 2 | 9 $\frac{1}{3}$ |
| | 2 | | | 5 | 6 $\frac{2}{3}$ |
| | 3 | | | 8 | 4 |
| | 4 | | | 11 | 1 $\frac{1}{3}$ |
| | 5 | | | 13 | 10 $\frac{2}{3}$ |
| | 6 | | | 16 | 8 |
| | 7 | | | 19 | 5 $\frac{1}{3}$ |
| | 8 | | 1 | 2 | 2 $\frac{2}{3}$ |
| | 9 | | 1 | 5 | |
| | 10 | | 1 | 7 | 9 $\frac{1}{3}$ |
| | 12 | | 1 | 13 | 4 |
| | 15 | | 2 | 1 | 8 |
| | 19 | | 2 | 12 | 9 $\frac{1}{3}$ |
| 1 | | | 2 | 15 | 6 $\frac{2}{3}$ |
| 2 | | | 5 | 11 | 1 $\frac{1}{3}$ |
| 3 | | | 8 | 6 | 8 |
| 4 | | | 11 | 2 | 2 $\frac{2}{3}$ |
| 5 | | | 13 | 17 | 9 $\frac{1}{3}$ |
| 6 | | | 16 | 13 | 4 |

## Mesure de 73. Livres.

| PRIX DE LA MESURE. | | | A COMBIEN LE SAC DE 200. LIV. | | |
|---|---|---|---|---|---|
| *Liv.* | *Sols.* | *Den.* | *Liv.* | *Sols.* | *Den.* |
| | | 1 | | | 2 $\frac{57}{73}$ |
| | | 2 | | | 5 $\frac{35}{73}$ |
| | | 3 | | | 8 $\frac{16}{73}$ |
| | | 6 | | 1 | 4 $\frac{32}{73}$ |
| | | 9 | | 2 | $\frac{48}{73}$ |
| | | 11 | | 2 | 6 $\frac{10}{73}$ |
| | 1 | | | 2 | 8 $\frac{64}{73}$ |
| | 2 | | | 5 | 5 $\frac{55}{73}$ |
| | 3 | | | 8 | 2 $\frac{46}{73}$ |
| | 4 | | | 10 | 11 $\frac{37}{73}$ |
| | 5 | | | 13 | 8 $\frac{28}{73}$ |
| | 6 | | | 16 | 5 $\frac{19}{73}$ |
| | 7 | | | 19 | 2 $\frac{10}{73}$ |
| | 8 | | 1 | 1 | 11 $\frac{1}{73}$ |
| | 9 | | 1 | 4 | 7 $\frac{65}{73}$ |
| | 10 | | 1 | 7 | 4 $\frac{56}{73}$ |
| | 12 | | 1 | 12 | 10 $\frac{38}{73}$ |
| | 15 | | 2 | 1 | 1 $\frac{11}{73}$ |
| | 19 | | 2 | 12 | $\frac{48}{73}$ |
| 1 | | | 2 | 14 | 9 $\frac{39}{73}$ |
| 2 | | | 5 | 9 | 7 $\frac{5}{73}$ |
| 3 | | | 8 | 4 | 4 $\frac{44}{73}$ |
| 4 | | | 10 | 19 | 2 $\frac{10}{73}$ |
| 5 | | | 13 | 13 | 11 $\frac{49}{73}$ |
| 6 | | | 16 | 8 | 9 $\frac{15}{73}$ |

## Mesure de 74. Livres.

| PRIX DE LA MESURE. | | | A COMBIEN LE SAC DE 200. LIV. | | |
|---|---|---|---|---|---|
| *Liv.* | *Sols.* | *Den.* | *Liv.* | *Sols.* | *Den.* |
| | | 1 | | | 2 $\frac{26}{37}$ |
| | | 2 | | | 5 $\frac{15}{37}$ |
| | | 3 | | | 8 $\frac{4}{37}$ |
| | | 6 | | 1 | 4 $\frac{8}{37}$ |
| | | 9 | | 2 | $\frac{12}{37}$ |
| | | 11 | | 2 | 5 $\frac{27}{37}$ |
| | 1 | | | 2 | 8 $\frac{16}{37}$ |
| | 2 | | | 5 | 4 $\frac{32}{37}$ |
| | 3 | | | 8 | 1 $\frac{11}{37}$ |
| | 4 | | | 10 | 9 $\frac{27}{37}$ |
| | 5 | | | 13 | 6 $\frac{6}{37}$ |
| | 6 | | | 16 | 2 $\frac{22}{37}$ |
| | 7 | | | 18 | 11 $\frac{1}{37}$ |
| | 8 | | 1 | 1 | 7 $\frac{17}{37}$ |
| | 9 | | 1 | 4 | 3 $\frac{33}{37}$ |
| | 10 | | 1 | 7 | $\frac{12}{37}$ |
| | 12 | | 1 | 12 | 5 $\frac{7}{37}$ |
| | 15 | | 2 | | 6 $\frac{18}{37}$ |
| | 19 | | 2 | 11 | 4 $\frac{8}{37}$ |
| 1 | | | 2 | 14 | $\frac{24}{37}$ |
| 2 | | | 5 | 8 | 1 $\frac{11}{37}$ |
| 3 | | | 8 | 2 | 1 $\frac{35}{37}$ |
| 4 | | | 10 | 16 | 2 $\frac{22}{37}$ |
| 5 | | | 13 | 10 | 3 $\frac{9}{37}$ |
| 6 | | | 16 | 4 | 3 $\frac{33}{37}$ |

## Mesure de 75. Livres.

| PRIX DE LA MESURE. | | | A COMBIEN LE SAC DE 200. LIV. | | |
|---|---|---|---|---|---|
| *Liv.* | *Sols.* | *Den.* | *Liv.* | *Sols.* | *Den.* |
| | | 1 | | | 2 $\frac{2}{3}$ |
| | | 2 | | | 5 $\frac{1}{3}$ |
| | | 3 | | | 8 |
| | | 6 | | 1 | 4 |
| | | 9 | | 2 | |
| | | 11 | | 2 | 5 $\frac{1}{3}$ |
| | 1 | | | 2 | 8 |
| | 2 | | | 5 | 4 |
| | 3 | | | 8 | |
| | 4 | | | 10 | 8 |
| | 5 | | | 13 | 4 |
| | 6 | | | 16 | |
| | 7 | | | 18 | 8 |
| | 8 | | 1 | 1 | 4 |
| | 9 | | 1 | 4 | |
| | 10 | | 1 | 6 | 8 |
| | 12 | | 1 | 12 | |
| | 15 | | 2 | | |
| | 19 | | 2 | 10 | 8 |
| 1 | | | 2 | 13 | 4 |
| 2 | | | 5 | 6 | 8 |
| 3 | | | 8 | | |
| 4 | | | 10 | 13 | 4 |
| 5 | | | 13 | 6 | 8 |
| 6 | | | 16 | | |

## Mesure de 76. Livres.

| PRIX DE LA MESURE. | | | A COMBIEN LE SAC DE 200. LIV. | | |
|---|---|---|---|---|---|
| *Liv.* | *Sols.* | *Den.* | *Liv.* | *Sols.* | *Den.* |
| | | 1 | | | 2 $\frac{12}{19}$ |
| | | 2 | | | 5 $\frac{5}{19}$ |
| | | 3 | | | 7 $\frac{17}{19}$ |
| | | 6 | | 1 | 3 $\frac{15}{19}$ |
| | | 9 | | 1 | 11 $\frac{13}{19}$ |
| | | 11 | | 2 | 4 $\frac{18}{19}$ |
| | 1 | | | 2 | 7 $\frac{11}{19}$ |
| | 2 | | | 5 | 3 $\frac{3}{19}$ |
| | 3 | | | 7 | 10 $\frac{14}{19}$ |
| | 4 | | | 10 | 6 $\frac{6}{19}$ |
| | 5 | | | 13 | 1 $\frac{17}{19}$ |
| | 6 | | | 15 | 9 $\frac{9}{19}$ |
| | 7 | | | 18 | 5 $\frac{1}{19}$ |
| | 8 | | 1 | 1 | $\frac{12}{19}$ |
| | 9 | | 1 | 3 | 8 $\frac{4}{19}$ |
| | 10 | | 1 | 6 | 3 $\frac{15}{19}$ |
| | 12 | | 1 | 11 | 6 $\frac{18}{19}$ |
| | 15 | | 1 | 19 | 5 $\frac{13}{19}$ |
| | 19 | | 2 | 10 | |
| 1 | | | 2 | 12 | 7 $\frac{11}{19}$ |
| 2 | | | 5 | 5 | 3 $\frac{3}{19}$ |
| 3 | | | 7 | 17 | 10 $\frac{14}{19}$ |
| 4 | | | 10 | 10 | 6 $\frac{6}{19}$ |
| 5 | | | 13 | 3 | 1 $\frac{17}{19}$ |
| 6 | | | 15 | 15 | 9 $\frac{9}{19}$ |

## Mesure de 77. Livres.

| PRIX DE LA MESURE. | | | A COMBIEN LE SAC DE 200. LIV. | | |
|---|---|---|---|---|---|
| *Liv.* | *Sols.* | *Den.* | *Liv.* | *Sols.* | *Den.* |
| | | 1 | | | 2 $\frac{46}{77}$ |
| | | 2 | | | 5 $\frac{15}{77}$ |
| | | 3 | | | 7 $\frac{61}{77}$ |
| | | 6 | | 1 | 3 $\frac{45}{77}$ |
| | | 9 | | 1 | 11 $\frac{29}{77}$ |
| | | 11 | | 2 | 4 $\frac{44}{77}$ |
| | 1 | | | 2 | 7 $\frac{13}{77}$ |
| | 2 | | | 5 | 2 $\frac{26}{77}$ |
| | 3 | | | 7 | 9 $\frac{39}{77}$ |
| | 4 | | | 10 | 4 $\frac{52}{77}$ |
| | 5 | | | 12 | 11 $\frac{65}{77}$ |
| | 6 | | | 15 | 7 $\frac{1}{77}$ |
| | 7 | | | 18 | 2 $\frac{14}{77}$ |
| | 8 | | 1 | | 9 $\frac{27}{77}$ |
| | 9 | | 1 | 3 | 4 $\frac{40}{77}$ |
| | 10 | | 1 | 5 | 11 $\frac{53}{77}$ |
| | 12 | | 1 | 11 | 2 $\frac{2}{77}$ |
| | 15 | | 1 | 18 | 11 $\frac{41}{77}$ |
| | 19 | | 2 | 9 | 4 $\frac{16}{77}$ |
| 1 | | | 2 | 11 | 11 $\frac{28}{77}$ |
| 2 | | | 5 | 3 | 10 $\frac{58}{77}$ |
| 3 | | | 7 | 15 | 10 $\frac{10}{77}$ |
| 4 | | | 10 | 7 | 9 $\frac{39}{77}$ |
| 5 | | | 12 | 19 | 8 $\frac{68}{77}$ |
| 6 | | | 15 | 11 | 8 $\frac{20}{77}$ |

## Mesure de 78. Livres.

| PRIX DE LA MESURE. | | | A COMBIEN LE SAC DE 200. LIV. | | |
|---|---|---|---|---|---|
| *Liv.* | *Sols.* | *Den.* | *Liv.* | *Sols.* | *Den.* |
| | | 1 | | | 2 22/39 |
| | | 2 | | | 5 5/39 |
| | | 3 | | | 7 9/13 |
| | | 6 | | 1 | 3 5/13 |
| | | 9 | | 1 | 11 1/13 |
| | | 11 | | 2 | 4 8/39 |
| | 1 | | | 2 | 6 10/13 |
| | 2 | | | 5 | 1 7/13 |
| | 3 | | | 7 | 8 4/13 |
| | 4 | | | 10 | 3 1/13 |
| | 5 | | | 12 | 9 11/13 |
| | 6 | | | 15 | 4 8/13 |
| | 7 | | | 17 | 11 5/13 |
| | 8 | | 1 | | 6 2/13 |
| | 9 | | 1 | 3 | 12/13 |
| | 10 | | 1 | 5 | 7 9/13 |
| | 12 | | 1 | 10 | 9 3/13 |
| | 15 | | 1 | 18 | 5 7/13 |
| | 19 | | 2 | 8 | 8 8/13 |
| 1 | | | 2 | 11 | 3 5/13 |
| 2 | | | 5 | 2 | 6 10/13 |
| 3 | | | 7 | 13 | 10 2/13 |
| 4 | | | 10 | 5 | 1 7/13 |
| 5 | | | 12 | 16 | 4 12/13 |
| 6 | | | 15 | 7 | 8 4/13 |

## Mesure de 79. Livres.

| PRIX DE LA MESURE. | | | A COMBIEN LE SAC DE 200. LIV. | | |
|---|---|---|---|---|---|
| *Liv.* | *Sols.* | *Den.* | *Liv.* | *Sols.* | *Den.* |
| | | 1 | | | 2 42/79 |
| | | 2 | | | 5 5/79 |
| | | 3 | | | 7 47/79 |
| | | 6 | | 1 | 3 15/79 |
| | | 9 | | 1 | 11 62/79 |
| | | 11 | | 2 | 4 67/79 |
| | 1 | | | 2 | 6 30/79 |
| | 2 | | | 5 | 60/79 |
| | 3 | | | 7 | 7 11/79 |
| | 4 | | | 10 | 1 41/79 |
| | 5 | | | 12 | 7 71/79 |
| | 6 | | | 15 | 2 22/79 |
| | 7 | | | 17 | 8 52/79 |
| | 8 | | 1 | | 3 3/79 |
| | 9 | | 1 | 2 | 9 33/79 |
| | 10 | | 1 | 5 | 3 63/79 |
| | 12 | | 1 | 10 | 4 44/79 |
| | 15 | | 1 | 17 | 11 55/79 |
| | 19 | | 2 | 8 | 1 17/79 |
| 1 | | | 2 | 10 | 7 47/79 |
| 2 | | | 5 | 1 | 3 35/79 |
| 3 | | | 7 | 11 | 10 62/79 |
| 4 | | | 10 | 2 | 6 30/79 |
| 5 | | | 12 | 13 | 1 77/79 |
| 6 | | | 15 | 3 | 9 45/79 |

## Mesure de 80. Livres.

| PRIX DE LA MESURE. Liv. | Sols. | Den. | A COMBIEN LE SAC DE 200. LIV. Liv. | Sols. | Den. |
|---|---|---|---|---|---|
| | | 1 | | | $2\frac{1}{2}$ |
| | | 2 | | | 5 |
| | | 3 | | | $7\frac{1}{2}$ |
| | | 6 | | 1 | 3 |
| | | 9 | | 1 | $10\frac{1}{2}$ |
| | | 11 | | 2 | $3\frac{1}{2}$ |
| | 1 | | | 2 | 6 |
| | 2 | | | 5 | |
| | 3 | | | 7 | 6 |
| | 4 | | | 10 | |
| | 5 | | | 12 | 6 |
| | 6 | | | 15 | |
| | 7 | | | 17 | 6 |
| | 8 | | 1 | | |
| | 9 | | 1 | 2 | 6 |
| | 10 | | 1 | 5 | |
| | 12 | | 1 | 10 | |
| | 15 | | 1 | 17 | 6 |
| | 19 | | 2 | 7 | 6 |
| 1 | | | 2 | 10 | |
| 2 | | | 5 | | |
| 3 | | | 7 | 10 | |
| 4 | | | 10 | | |
| 5 | | | 12 | 10 | |
| 6 | | | 15 | | |

## Mesure de 81. Livres.

| PRIX DE LA MESURE. Liv. | Sols. | Den. | A COMBIEN LE SAC DE 200. LIV. Liv. | Sols. | Den. |
|---|---|---|---|---|---|
| | | 1 | | | $2\frac{38}{81}$ |
| | | 2 | | | $4\frac{76}{81}$ |
| | | 3 | | | $7\frac{11}{27}$ |
| | | 6 | | 1 | $2\frac{22}{27}$ |
| | | 9 | | 1 | $10\frac{6}{27}$ |
| | | 11 | | 2 | $3\frac{13}{81}$ |
| | 1 | | | 2 | $5\frac{17}{27}$ |
| | 2 | | | 4 | $11\frac{7}{27}$ |
| | 3 | | | 7 | $4\frac{24}{27}$ |
| | 4 | | | 9 | $10\frac{14}{27}$ |
| | 5 | | | 12 | $4\frac{4}{27}$ |
| | 6 | | | 14 | $9\frac{21}{27}$ |
| | 7 | | | 17 | $3\frac{11}{27}$ |
| | 8 | | | 19 | $9\frac{1}{27}$ |
| | 9 | | 1 | 2 | $2\frac{18}{27}$ |
| | 10 | | 1 | 4 | $8\frac{8}{27}$ |
| | 12 | | 1 | 9 | $7\frac{15}{27}$ |
| | 15 | | 1 | 17 | $\frac{12}{27}$ |
| | 19 | | 2 | 6 | $10\frac{26}{27}$ |
| 1 | | | 2 | 9 | $4\frac{16}{27}$ |
| 2 | | | 4 | 18 | $9\frac{5}{27}$ |
| 3 | | | 7 | 8 | $1\frac{21}{27}$ |
| 4 | | | 9 | 17 | $6\frac{10}{27}$ |
| 5 | | | 12 | 6 | $10\frac{26}{27}$ |
| 6 | | | 14 | 16 | $3\frac{15}{27}$ |

## Mesure de 82. Livres.

| PRIX DE LA MESURE. | | | A COMBIEN LE SAC DE 200. LIV. | | |
|---|---|---|---|---|---|
| *Liv.* | *Sols.* | *Den.* | *Liv.* | *Sols.* | *Den.* |
| | | 1 | | | $2\frac{18}{41}$ |
| | | 2 | | | $4\frac{36}{41}$ |
| | | 3 | | | $7\frac{13}{41}$ |
| | | 6 | | 1 | $2\frac{26}{41}$ |
| | | 9 | | 1 | $9\frac{39}{41}$ |
| | | 11 | | 2 | $2\frac{34}{41}$ |
| | 1 | | | 2 | $5\frac{11}{41}$ |
| | 2 | | | 4 | $10\frac{22}{41}$ |
| | 3 | | | 7 | $3\frac{33}{41}$ |
| | 4 | | | 9 | $9\frac{3}{41}$ |
| | 5 | | | 12 | $2\frac{14}{41}$ |
| | 6 | | | 14 | $7\frac{25}{41}$ |
| | 7 | | | 17 | $\frac{36}{41}$ |
| | 8 | | | 19 | $6\frac{6}{41}$ |
| | 9 | | 1 | 1 | $11\frac{17}{41}$ |
| | 10 | | 1 | 4 | $4\frac{28}{41}$ |
| | 12 | | 1 | 9 | $3\frac{9}{41}$ |
| | 15 | | 1 | 16 | $7\frac{1}{41}$ |
| | 19 | | 2 | 6 | $4\frac{4}{41}$ |
| 1 | | | 2 | 8 | $9\frac{15}{41}$ |
| 2 | | | 4 | 17 | $6\frac{30}{41}$ |
| 3 | | | 7 | 6 | $4\frac{4}{41}$ |
| 4 | | | 9 | 15 | $1\frac{19}{41}$ |
| 5 | | | 12 | 3 | $10\frac{34}{41}$ |
| 6 | | | 14 | 12 | $8\frac{8}{41}$ |

## Mesure de 83. Livres.

| PRIX DE LA MESURE. | | | A COMBIEN LE SAC DE 200. LIV. | | |
|---|---|---|---|---|---|
| *Liv.* | *Sols.* | *Den.* | *Liv.* | *Sols.* | *Den.* |
| | | 1 | | | $2\frac{34}{83}$ |
| | | 2 | | | $4\frac{68}{83}$ |
| | | 3 | | | $7\frac{19}{83}$ |
| | | 6 | | 1 | $2\frac{38}{83}$ |
| | | 9 | | 1 | $9\frac{57}{83}$ |
| | | 11 | | 2 | $2\frac{42}{83}$ |
| | 1 | | | 2 | $4\frac{76}{83}$ |
| | 2 | | | 4 | $9\frac{69}{83}$ |
| | 3 | | | 7 | $2\frac{62}{83}$ |
| | 4 | | | 9 | $7\frac{55}{83}$ |
| | 5 | | | 12 | $\frac{48}{83}$ |
| | 6 | | | 14 | $5\frac{41}{83}$ |
| | 7 | | | 16 | $10\frac{34}{83}$ |
| | 8 | | | 19 | $3\frac{27}{83}$ |
| | 9 | | 1 | 1 | $8\frac{20}{83}$ |
| | 10 | | 1 | 4 | $1\frac{13}{83}$ |
| | 12 | | 1 | 8 | $10\frac{82}{83}$ |
| | 15 | | 1 | 16 | $1\frac{61}{83}$ |
| | 19 | | 2 | 5 | $9\frac{33}{83}$ |
| 1 | | | 2 | 8 | $2\frac{26}{83}$ |
| 2 | | | 4 | 16 | $4\frac{52}{83}$ |
| 3 | | | 7 | 4 | $6\frac{78}{83}$ |
| 4 | | | 9 | 12 | $9\frac{21}{83}$ |
| 5 | | | 12 | | $11\frac{47}{83}$ |
| 6 | | | 14 | 9 | $1\frac{73}{83}$ |

## Mesure de 84. Livres.

| PRIX DE LA MESURE. | | | A COMBIEN LE SAC DE 200. LIV. | | |
|---|---|---|---|---|---|
| *Liv.* | *Sols.* | *Den.* | *Liv.* | *Sols.* | *Den.* |
| | | 1 | | | 2 $\frac{2}{21}$ |
| | | 2 | | | 4 $\frac{16}{21}$ |
| | | 3 | | | 7 $\frac{1}{7}$ |
| | | 6 | | 1 | 2 $\frac{2}{7}$ |
| | | 9 | | 1 | 9 $\frac{3}{7}$ |
| | | 11 | | 2 | 2 $\frac{4}{21}$ |
| | 1 | | | 2 | 4 $\frac{4}{7}$ |
| | 2 | | | 4 | 9 $\frac{1}{7}$ |
| | 3 | | | 7 | 1 $\frac{5}{7}$ |
| | 4 | | | 9 | 6 $\frac{2}{7}$ |
| | 5 | | | 11 | 10 $\frac{6}{7}$ |
| | 6 | | | 14 | 3 $\frac{3}{7}$ |
| | 7 | | | 16 | 8 |
| | 8 | | | 19 | $\frac{4}{7}$ |
| | 9 | | 1 | 1 | 5 $\frac{1}{7}$ |
| | 10 | | 1 | 3 | 9 $\frac{5}{7}$ |
| | 12 | | 1 | 8 | 6 $\frac{6}{7}$ |
| | 15 | | 1 | 15 | 8 $\frac{4}{7}$ |
| | 19 | | 2 | 5 | 2 $\frac{6}{7}$ |
| 1 | | | 2 | 7 | 7 $\frac{3}{7}$ |
| 2 | | | 4 | 15 | 2 $\frac{6}{7}$ |
| 3 | | | 7 | 2 | 10 $\frac{2}{7}$ |
| 4 | | | 9 | 10 | 5 $\frac{5}{7}$ |
| 5 | | | 11 | 18 | 1 $\frac{1}{7}$ |
| 6 | | | 14 | 5 | 8 $\frac{4}{7}$ |

## Mesure de 85. Livres.

| PRIX DE LA MESURE. | | | A COMBIEN LE SAC DE 200. LIV. | | |
|---|---|---|---|---|---|
| *Liv.* | *Sols.* | *Den.* | *Liv.* | *Sols.* | *Den.* |
| | | 1 | | | 2 $\frac{6}{17}$ |
| | | 2 | | | 4 $\frac{12}{17}$ |
| | | 3 | | | 7 $\frac{1}{17}$ |
| | | 6 | | 1 | 2 $\frac{2}{17}$ |
| | | 9 | | 1 | 9 $\frac{3}{17}$ |
| | | 11 | | 2 | 1 $\frac{15}{17}$ |
| | 1 | | | 2 | 4 $\frac{4}{17}$ |
| | 2 | | | 4 | 8 $\frac{8}{17}$ |
| | 3 | | | 7 | $\frac{12}{17}$ |
| | 4 | | | 9 | 4 $\frac{16}{17}$ |
| | 5 | | | 11 | 9 $\frac{3}{17}$ |
| | 6 | | | 14 | 1 $\frac{7}{17}$ |
| | 7 | | | 16 | 5 $\frac{11}{17}$ |
| | 8 | | | 18 | 9 $\frac{15}{17}$ |
| | 9 | | 1 | 1 | 2 $\frac{2}{19}$ |
| | 10 | | 1 | 3 | 6 $\frac{6}{17}$ |
| | 12 | | 1 | 8 | 2 $\frac{14}{17}$ |
| | 15 | | 1 | 15 | 3 $\frac{9}{17}$ |
| | 19 | | 2 | 4 | 8 $\frac{8}{17}$ |
| 1 | | | 2 | 7 | $\frac{12}{17}$ |
| 2 | | | 4 | 14 | 1 $\frac{7}{17}$ |
| 3 | | | 7 | 1 | 2 $\frac{2}{17}$ |
| 4 | | | 9 | 8 | 2 $\frac{14}{17}$ |
| 5 | | | 11 | 15 | 3 $\frac{9}{17}$ |
| 6 | | | 14 | 2 | 4 $\frac{4}{17}$ |

## Mesure de 86. Livres.

| PRIX DE LA MESURE. | | | A COMBIEN LE SAC DE 200. LIV. | | |
|---|---|---|---|---|---|
| *Liv.* | *Sols.* | *Den.* | *Liv.* | *Sols.* | *Den.* |
| | | 1 | | | 2 $\frac{14}{43}$ |
| | | 2 | | | 4 $\frac{28}{43}$ |
| | | 3 | | | 6 $\frac{42}{43}$ |
| | | 6 | | 1 | 1 $\frac{41}{43}$ |
| | | 9 | | 1 | 8 $\frac{40}{43}$ |
| | | 11 | | 2 | 1 $\frac{25}{43}$ |
| | 1 | | | 2 | 3 $\frac{39}{43}$ |
| | 2 | | | 4 | 7 $\frac{35}{43}$ |
| | 3 | | | 6 | 11 $\frac{31}{43}$ |
| | 4 | | | 9 | 3 $\frac{27}{43}$ |
| | 5 | | | 11 | 7 $\frac{23}{43}$ |
| | 6 | | | 13 | 11 $\frac{19}{43}$ |
| | 7 | | | 16 | 3 $\frac{15}{43}$ |
| | 8 | | | 18 | 7 $\frac{11}{43}$ |
| | 9 | | 1 | | 11 $\frac{7}{43}$ |
| | 10 | | 1 | 3 | 3 $\frac{3}{43}$ |
| | 12 | | 1 | 7 | 10 $\frac{38}{43}$ |
| | 15 | | 1 | 14 | 10 $\frac{26}{43}$ |
| | 19 | | 2 | 4 | 2 $\frac{10}{43}$ |
| 1 | | | 2 | 6 | 6 $\frac{6}{43}$ |
| 2 | | | 4 | 13 | $\frac{12}{43}$ |
| 3 | | | 6 | 19 | 6 $\frac{18}{43}$ |
| 4 | | | 9 | 6 | $\frac{24}{43}$ |
| 5 | | | 11 | 12 | 6 $\frac{30}{43}$ |
| 6 | | | 13 | 19 | $\frac{36}{43}$ |

## Mesure de 87. Livres.

| PRIX DE LA MESURE. | | | A COMBIEN LE SAC DE 200. LIV. | | |
|---|---|---|---|---|---|
| *Liv.* | *Sols.* | *Den.* | *Liv.* | *Sols.* | *Den.* |
| | | 1 | | | 2 $\frac{26}{87}$ |
| | | 2 | | | 4 $\frac{52}{87}$ |
| | | 3 | | | 6 $\frac{26}{29}$ |
| | | 6 | | 1 | 1 $\frac{23}{29}$ |
| | | 9 | | 1 | 8 $\frac{20}{29}$ |
| | | 11 | | 2 | 1 $\frac{25}{87}$ |
| | 1 | | | 2 | 3 $\frac{17}{29}$ |
| | 2 | | | 4 | 7 $\frac{5}{29}$ |
| | 3 | | | 6 | 10 $\frac{22}{29}$ |
| | 4 | | | 9 | 2 $\frac{10}{29}$ |
| | 5 | | | 11 | 5 $\frac{27}{29}$ |
| | 6 | | | 13 | 9 $\frac{15}{29}$ |
| | 7 | | | 16 | 1 $\frac{3}{29}$ |
| | 8 | | | 18 | 4 $\frac{20}{29}$ |
| | 9 | | 1 | | 8 $\frac{8}{29}$ |
| | 10 | | 1 | 2 | 11 $\frac{25}{29}$ |
| | 12 | | 1 | 7 | 7 $\frac{1}{29}$ |
| | 15 | | 1 | 14 | 5 $\frac{23}{29}$ |
| | 19 | | 2 | 3 | 8 $\frac{4}{29}$ |
| 1 | | | 2 | 5 | 11 $\frac{21}{29}$ |
| 2 | | | 4 | 11 | 11 $\frac{13}{29}$ |
| 3 | | | 6 | 17 | 11 $\frac{5}{29}$ |
| 4 | | | 9 | 3 | 10 $\frac{26}{29}$ |
| 5 | | | 11 | 9 | 10 $\frac{18}{29}$ |
| 6 | | | 13 | 15 | 10 $\frac{10}{29}$ |

## Mesure de 88. Livres.

| PRIX DE LA MESURE. | | | A COMBIEN LE SAC DE 200. LIV. | | |
|---|---|---|---|---|---|
| *Liv.* | *Sols.* | *Den.* | *Liv.* | *Sols.* | *Den.* |
| | | 1 | | | 2 3/11 |
| | | 2 | | | 4 6/11 |
| | | 3 | | | 6 9/11 |
| | | 6 | | 1 | 1 7/11 |
| | | 9 | | 1 | 8 5/11 |
| | | 11 | | 2 | 1 |
| | 1 | | | 2 | 3 3/11 |
| | 2 | | | 4 | 6 6/11 |
| | 3 | | | 6 | 9 9/11 |
| | 4 | | | 9 | 1 1/11 |
| | 5 | | | 11 | 4 4/11 |
| | 6 | | | 13 | 7 7/11 |
| | 7 | | | 15 | 10 10/11 |
| | 8 | | | 18 | 2 2/11 |
| | 9 | | 1 | | 5 5/11 |
| | 10 | | 1 | 2 | 8 8/11 |
| | 12 | | 1 | 7 | 3 3/11 |
| | 15 | | 1 | 14 | 1 1/11 |
| | 19 | | 2 | 3 | 2 2/11 |
| 1 | | | 2 | 5 | 5 5/11 |
| 2 | | | 4 | 10 | 10 10/11 |
| 3 | | | 6 | 16 | 4 4/11 |
| 4 | | | 9 | 1 | 9 9/11 |
| 5 | | | 11 | 7 | 3 3/11 |
| 6 | | | 13 | 12 | 8 8/11 |

## Mesure de 89. Livres.

| PRIX DE LA MESURE. | | | A COMBIEN LE SAC DE 200. LIV. | | |
|---|---|---|---|---|---|
| *Liv.* | *Sols.* | *Den.* | *Liv.* | *Sols.* | *Den.* |
| | | 1 | | | 2 22/89 |
| | | 2 | | | 4 44/89 |
| | | 3 | | | 6 66/89 |
| | | 6 | | 1 | 1 43/89 |
| | | 9 | | 1 | 8 20/89 |
| | | 11 | | 2 | 64/89 |
| | 1 | | | 2 | 2 86/89 |
| | 2 | | | 4 | 5 83/89 |
| | 3 | | | 6 | 8 80/89 |
| | 4 | | | 8 | 11 77/89 |
| | 5 | | | 11 | 2 74/89 |
| | 6 | | | 13 | 5 71/89 |
| | 7 | | | 15 | 8 68/89 |
| | 8 | | | 17 | 11 65/89 |
| | 9 | | 1 | | 2 62/89 |
| | 10 | | 1 | 2 | 5 59/89 |
| | 12 | | 1 | 6 | 11 53/89 |
| | 15 | | 1 | 13 | 8 44/89 |
| | 19 | | 2 | 2 | 8 32/89 |
| 1 | | | 2 | 4 | 11 29/89 |
| 2 | | | 4 | 9 | 10 58/89 |
| 3 | | | 6 | 14 | 9 87/89 |
| 4 | | | 8 | 19 | 9 27/89 |
| 5 | | | 11 | 4 | 8 56/89 |
| 6 | | | 13 | 9 | 7 83/89 |

## Mesure de 90. Livres.

| PRIX DE LA MESURE. | | | A COMBIEN LE SAC DE 200. LIV. | | |
|---|---|---|---|---|---|
| *Liv.* | *Sols.* | *Den.* | *Liv.* | *Sols.* | *Den.* |
| | | 1 | | | 2 2/9 |
| | | 2 | | | 4 4/9 |
| | | 3 | | | 6 2/3 |
| | | 6 | | 1 | 1 1/3 |
| | | 9 | | 1 | 8 |
| | | 11 | | 2 | 4/9 |
| | 1 | | | 2 | 2 2/3 |
| | 2 | | | 4 | 5 1/3 |
| | 3 | | | 6 | 8 |
| | 4 | | | 8 | 10 2/3 |
| | 5 | | | 11 | 1 1/3 |
| | 6 | | | 13 | 4 |
| | 7 | | | 15 | 6 2/3 |
| | 8 | | | 17 | 9 1/3 |
| | 9 | | 1 | | |
| | 10 | | 1 | 2 | 2 2/3 |
| | 12 | | 1 | 6 | 8 |
| | 15 | | 1 | 13 | 4 |
| | 19 | | 2 | 2 | 2 2/3 |
| 1 | | | 2 | 4 | 5 1/3 |
| 2 | | | 4 | 8 | 10 2/3 |
| 3 | | | 6 | 13 | 4 |
| 4 | | | 8 | 17 | 9 1/3 |
| 5 | | | 11 | 2 | 2 2/3 |
| 6 | | | 13 | 6 | 8 |

## Mesure de 91. Livres.

| PRIX DE LA MESURE. | | | A COMBIEN LE SAC DE 200. LIV. | | |
|---|---|---|---|---|---|
| *Liv.* | *Sols.* | *Den.* | *Liv.* | *Sols.* | *Den.* |
| | | 1 | | | 2 18/91 |
| | | 2 | | | 4 36/91 |
| | | 3 | | | 6 54/91 |
| | | 6 | | 1 | 1 17/91 |
| | | 9 | | 1 | 7 71/91 |
| | | 11 | | 2 | 16/91 |
| | 1 | | | 2 | 2 34/91 |
| | 2 | | | 4 | 4 68/91 |
| | 3 | | | 6 | 7 11/91 |
| | 4 | | | 8 | 9 45/91 |
| | 5 | | | 10 | 11 79/91 |
| | 6 | | | 13 | 2 22/91 |
| | 7 | | | 15 | 4 56/91 |
| | 8 | | | 17 | 6 90/91 |
| | 9 | | | 19 | 9 33/91 |
| | 10 | | 1 | 1 | 11 67/91 |
| | 12 | | 1 | 6 | 4 44/91 |
| | 15 | | 1 | 12 | 11 55/91 |
| | 19 | | 2 | 1 | 9 9/91 |
| 1 | | | 2 | 3 | 11 43/91 |
| 2 | | | 4 | 7 | 10 86/91 |
| 3 | | | 6 | 11 | 10 38/91 |
| 4 | | | 8 | 15 | 9 81/91 |
| 5 | | | 10 | 19 | 9 33/91 |
| 6 | | | 13 | 3 | 8 76/91 |

## Mesure de 92. Livres.

| PRIX DE LA MESURE. | | | A COMBIEN LE SAC DE 200. LIV. | | |
|---|---|---|---|---|---|
| Liv. | Sols. | Den. | Liv. | Sols. | Den. |
| | | 1 | | | 2 4/23 |
| | | 2 | | | 2 8/23 |
| | | 3 | | | 6 12/23 |
| | | 6 | | 1 | 1 1/23 |
| | | 9 | | 1 | 7 13/23 |
| | | 11 | | 1 | 11 21/23 |
| | 1 | | | 2 | 2 2/23 |
| | 2 | | | 4 | 4 4/23 |
| | 3 | | | 6 | 6 6/23 |
| | 4 | | | 8 | 8 8/23 |
| | 5 | | | 10 | 10 10/23 |
| | 6 | | | 13 | 12/23 |
| | 7 | | | 15 | 2 14/23 |
| | 8 | | | 17 | 4 16/23 |
| | 9 | | | 19 | 6 18/23 |
| | 10 | | 1 | 1 | 8 20/23 |
| | 12 | | 1 | 6 | 1 1/23 |
| | 15 | | 1 | 12 | 7 7/23 |
| | 19 | | 2 | 1 | 3 15/23 |
| 1 | | | 2 | 3 | 5 17/23 |
| 2 | | | 4 | 6 | 11 11/23 |
| 3 | | | 6 | 10 | 5 5/23 |
| 4 | | | 8 | 13 | 10 22/23 |
| 5 | | | 10 | 17 | 4 16/23 |
| 6 | | | 13 | | 10 10/23 |

## Mesure de 93. Livres.

| PRIX DE LA MESURE. | | | A COMBIEN LE SAC DE 200. LIV. | | |
|---|---|---|---|---|---|
| Liv. | Sols. | Den. | Liv. | Sols. | Den. |
| | | 1 | | | 2 14/93 |
| | | 2 | | | 4 28/93 |
| | | 3 | | | 6 14/31 |
| | | 6 | | 1 | 28/31 |
| | | 9 | | 1 | 7 11/31 |
| | | 11 | | 1 | 11 61/93 |
| | 1 | | | 2 | 1 25/31 |
| | 2 | | | 4 | 3 19/31 |
| | 3 | | | 6 | 5 13/31 |
| | 4 | | | 8 | 7 7/31 |
| | 5 | | | 10 | 9 1/31 |
| | 6 | | | 12 | 10 26/31 |
| | 7 | | | 15 | 20/31 |
| | 8 | | | 17 | 2 14/31 |
| | 9 | | | 19 | 4 8/31 |
| | 10 | | 1 | 1 | 6 2/31 |
| | 12 | | 1 | 5 | 9 21/31 |
| | 15 | | 1 | 12 | 3 3/31 |
| | 19 | | 2 | | 10 10/31 |
| 1 | | | 2 | 3 | 4/31 |
| 2 | | | 4 | 6 | 8/31 |
| 3 | | | 6 | 9 | 12/31 |
| 4 | | | 8 | 12 | 16/31 |
| 5 | | | 10 | 15 | 20/31 |
| 6 | | | 12 | 18 | 24/31 |

## Mesure de 94. Livres.

| PRIX DE LA MESURE. | | | A COMBIEN LE SAC DE 200. LIV. | | |
|---|---|---|---|---|---|
| *Liv.* | *Sols.* | *Den.* | *Liv.* | *Sols.* | *Den.* |
| | | 1 | | | $2\frac{6}{47}$ |
| | | 2 | | | $4\frac{12}{47}$ |
| | | 3 | | | $6\frac{18}{47}$ |
| | | 6 | | 1 | $\frac{36}{47}$ |
| | | 9 | | 1 | $7\frac{7}{47}$ |
| | | 11 | | 1 | $11\frac{19}{47}$ |
| | 1 | | | 2 | $1\frac{25}{47}$ |
| | 2 | | | 4 | $3\frac{3}{47}$ |
| | 3 | | | 6 | $4\frac{28}{47}$ |
| | 4 | | | 8 | $6\frac{6}{47}$ |
| | 5 | | | 10 | $7\frac{31}{47}$ |
| | 6 | | | 12 | $9\frac{9}{47}$ |
| | 7 | | | 14 | $10\frac{34}{47}$ |
| | 8 | | | 17 | $\frac{12}{47}$ |
| | 9 | | | 19 | $1\frac{37}{47}$ |
| | 10 | | 1 | 1 | $3\frac{15}{47}$ |
| | 12 | | 1 | 5 | $6\frac{18}{47}$ |
| | 15 | | 1 | 11 | $10\frac{46}{47}$ |
| | 19 | | 2 | | $5\frac{5}{47}$ |
| 1 | | | 2 | 2 | $6\frac{30}{47}$ |
| 2 | | | 4 | 5 | $1\frac{13}{47}$ |
| 3 | | | 6 | 7 | $7\frac{43}{47}$ |
| 4 | | | 8 | 10 | $2\frac{26}{47}$ |
| 5 | | | 10 | 12 | $9\frac{9}{47}$ |
| 6 | | | 12 | 15 | $3\frac{39}{47}$ |

## Mesure de 95. Livres.

| PRIX DE LA MESURE. | | | A COMBIEN LE SAC DE 200. LIV. | | |
|---|---|---|---|---|---|
| *Liv.* | *Sols.* | *Den.* | *Liv.* | *Sols.* | *Den.* |
| | | 1 | | | $2\frac{2}{19}$ |
| | | 2 | | | $4\frac{4}{19}$ |
| | | 3 | | | $6\frac{6}{19}$ |
| | | 6 | | 1 | $\frac{12}{19}$ |
| | | 9 | | 1 | $6\frac{18}{19}$ |
| | | 11 | | 1 | $11\frac{3}{19}$ |
| | 1 | | | 2 | $1\frac{5}{19}$ |
| | 2 | | | 4 | $2\frac{10}{19}$ |
| | 3 | | | 6 | $3\frac{15}{19}$ |
| | 4 | | | 8 | $5\frac{1}{19}$ |
| | 5 | | | 10 | $6\frac{6}{19}$ |
| | 6 | | | 12 | $7\frac{11}{19}$ |
| | 7 | | | 14 | $8\frac{16}{19}$ |
| | 8 | | | 16 | $10\frac{2}{19}$ |
| | 9 | | | 18 | $11\frac{7}{19}$ |
| | 10 | | 1 | 1 | $\frac{12}{19}$ |
| | 12 | | 1 | 5 | $3\frac{3}{19}$ |
| | 15 | | 1 | 11 | $6\frac{18}{19}$ |
| | 19 | | 2 | | |
| 1 | | | 2 | 2 | $1\frac{5}{19}$ |
| 2 | | | 4 | 4 | $2\frac{10}{19}$ |
| 3 | | | 6 | 6 | $3\frac{15}{19}$ |
| 4 | | | 8 | 8 | $5\frac{1}{19}$ |
| 5 | | | 10 | 10 | $6\frac{6}{19}$ |
| 6 | | | 12 | 12 | $7\frac{11}{19}$ |

## Mesure de 96. Livres.

| PRIX DE LA MESURE. Liv. | Sols. | Den. | A COMBIEN LE SAC DE 200. LIV. Liv. | Sols. | Den. |
|---|---|---|---|---|---|
| | | 1 . | | | 2 $\frac{1}{12}$ |
| | | 2 . | | | 4 $\frac{1}{6}$ |
| | | 3 . | | | 6 $\frac{1}{4}$ |
| | | 6 . | | 1 . | . $\frac{1}{2}$ |
| | | 9 . | | 1 . | 6 $\frac{3}{4}$ |
| | | 11 . | | 1 . | 10 $\frac{11}{12}$ |
| | 1 . | . . | | 2 . | 1 . |
| | 2 . | . . | | 4 . | 2 . |
| | 3 . | . . | | 6 . | 3 . |
| | 4 . | . . | | 8 . | 4 . |
| | 5 . | . . | | 10 . | 5 . |
| | 6 . | . . | | 12 . | 6 . |
| | 7 . | . . | | 14 . | 7 . |
| | 8 . | . . | | 16 . | 8 . |
| | 9 . | . . | | 18 . | 9 . |
| | 10 . | . . | 1 . | . . | 10 . |
| | 12 . | . . | 1 . | 5 . | . . |
| | 15 . | . . | 1 . | 11 . | 3 . |
| | 19 . | . . | 1 . | 19 . | 7 . |
| 1 . | . . | . . | 2 . | 1 . | 8 . |
| 2 . | . . | . . | 4 . | 3 . | 4 . |
| 3 . | . . | . . | 6 . | 5 . | . . |
| 4 . | . . | . . | 8 . | 6 . | 8 . |
| 5 . | . . | . . | 10 . | 8 . | 4 . |
| 6 . | . . | . . | 12 . | 10 . | . . |

## Mesure de 97. Livres.

| PRIX DE LA MESURE. Liv. | Sols. | Den. | A COMBIEN LE SAC DE 200. LIV. Liv. | Sols. | Den. |
|---|---|---|---|---|---|
| | | 1 . | | | 2 $\frac{6}{97}$ |
| | | 2 . | | | 4 $\frac{12}{97}$ |
| | | 3 . | | | 6 $\frac{18}{97}$ |
| | | 6 . | | 1 . | . $\frac{36}{97}$ |
| | | 9 . | | 1 . | 6 $\frac{54}{97}$ |
| | | 11 . | | 1 . | 10 $\frac{66}{97}$ |
| | 1 . | . . | | 2 . | . $\frac{72}{97}$ |
| | 2 . | . . | | 4 . | 1 $\frac{47}{97}$ |
| | 3 . | . . | | 6 . | 2 $\frac{22}{97}$ |
| | 4 . | . . | | 8 . | 2 $\frac{94}{97}$ |
| | 5 . | . . | | 10 . | 3 $\frac{69}{97}$ |
| | 6 . | . . | | 12 . | 4 $\frac{44}{97}$ |
| | 7 . | . . | | 14 . | 5 $\frac{19}{97}$ |
| | 8 . | . . | | 16 . | 5 $\frac{91}{97}$ |
| | 9 . | . . | | 18 . | 6 $\frac{66}{97}$ |
| | 10 . | . . | 1 . | . . | 7 $\frac{41}{97}$ |
| | 12 . | . . | 1 . | 4 . | 8 $\frac{88}{97}$ |
| | 15 . | . . | 1 . | 10 . | 11 $\frac{13}{97}$ |
| | 19 . | . . | 1 . | 19 . | 2 $\frac{10}{97}$ |
| 1 . | . . | . . | 2 . | 1 . | 2 $\frac{82}{97}$ |
| 2 . | . . | . . | 4 . | 2 . | 5 $\frac{67}{97}$ |
| 3 . | . . | . . | 6 . | 3 . | 8 $\frac{52}{97}$ |
| 4 . | . . | . . | 8 . | 4 . | 11 $\frac{37}{97}$ |
| 5 . | . . | . . | 10 . | 6 . | 2 $\frac{22}{97}$ |
| 6 . | . . | . . | 12 . | 7 . | 5 $\frac{7}{97}$ |

## Mesure de 98. Livres.

| PRIX DE LA MESURE. Liv. | Sols. | Den. | A COMBIEN LE SAC DE 200. LIV. Liv. | Sols. | Den. |
|---|---|---|---|---|---|
| | | 1 | | | $2\frac{2}{49}$ |
| | | 2 | | | $4\frac{4}{49}$ |
| | | 3 | | | $6\frac{6}{49}$ |
| | | 6 | | 1 | $\frac{12}{49}$ |
| | | 9 | | 1 | $6\frac{18}{49}$ |
| | | 11 | | 1 | $10\frac{22}{49}$ |
| | 1 | | | 2 | $\frac{24}{49}$ |
| | 2 | | | 4 | $\frac{43}{49}$ |
| | 3 | | | 6 | $1\frac{23}{49}$ |
| | 4 | | | 8 | $1\frac{47}{49}$ |
| | 5 | | | 10 | $2\frac{22}{49}$ |
| | 6 | | | 12 | $2\frac{46}{49}$ |
| | 7 | | | 14 | $3\frac{21}{49}$ |
| | 8 | | | 16 | $3\frac{45}{49}$ |
| | 9 | | | 18 | $4\frac{20}{49}$ |
| | 10 | | 1 | | $4\frac{44}{49}$ |
| | 12 | | 1 | 4 | $5\frac{43}{49}$ |
| | 15 | | 1 | 10 | $7\frac{17}{49}$ |
| | 19 | | 1 | 18 | $9\frac{15}{49}$ |
| 1 | | | 2 | | $9\frac{39}{49}$ |
| 2 | | | 4 | 1 | $7\frac{29}{49}$ |
| 3 | | | 6 | 2 | $5\frac{19}{49}$ |
| 4 | | | 8 | 3 | $3\frac{9}{49}$ |
| 5 | | | 10 | 4 | $\frac{48}{49}$ |
| 6 | | | 12 | 4 | $10\frac{38}{49}$ |

## Mesure de 99. Livres.

| PRIX DE LA MESURE. Liv. | Sols. | Den. | A COMBIEN LE SAC DE 200. LIV. Liv. | Sols. | Den. |
|---|---|---|---|---|---|
| | | 1 | | | $2\frac{2}{99}$ |
| | | 2 | | | $4\frac{4}{99}$ |
| | | 3 | | | $6\frac{2}{33}$ |
| | | 6 | | 1 | $\frac{4}{33}$ |
| | | 9 | | 1 | $6\frac{6}{33}$ |
| | | 11 | | 1 | $10\frac{22}{99}$ |
| | 1 | | | 2 | $\frac{8}{33}$ |
| | 2 | | | 4 | $\frac{16}{33}$ |
| | 3 | | | 6 | $\frac{24}{33}$ |
| | 4 | | | 8 | $\frac{32}{33}$ |
| | 5 | | | 10 | $1\frac{7}{33}$ |
| | 6 | | | 12 | $1\frac{15}{33}$ |
| | 7 | | | 14 | $1\frac{23}{33}$ |
| | 8 | | | 16 | $1\frac{31}{33}$ |
| | 9 | | | 18 | $2\frac{6}{33}$ |
| | 10 | | 1 | | $2\frac{14}{33}$ |
| | 12 | | 1 | 4 | $2\frac{30}{33}$ |
| | 15 | | 1 | 10 | $3\frac{21}{33}$ |
| | 19 | | 1 | 18 | $4\frac{20}{33}$ |
| 1 | | | 2 | | $4\frac{28}{33}$ |
| 2 | | | 4 | | $9\frac{23}{33}$ |
| 3 | | | 6 | 1 | $2\frac{18}{33}$ |
| 4 | | | 8 | 1 | $7\frac{13}{33}$ |
| 5 | | | 10 | 2 | $\frac{8}{33}$ |
| 6 | | | 12 | 2 | $5\frac{9}{33}$ |

## Mesure de 100. Livres.

| PRIX DE LA MESURE. | | | A COMBIEN LE SAC DE 200. LIV. | | |
|---|---|---|---|---|---|
| *Liv.* | *Sols.* | *Den.* | *Liv.* | *Sols.* | *Den.* |
| | | 1 | | | 2 |
| | | 2 | | | 4 |
| | | 3 | | | 6 |
| | | 6 | | 1 | |
| | | 9 | | 1 | 6 |
| | | 11 | | 1 | 10 |
| | 1 | | | 2 | |
| | 2 | | | 4 | |
| | 3 | | | 6 | |
| | 4 | | | 8 | |
| | 5 | | | 10 | |
| | 6 | | | 12 | |
| | 7 | | | 14 | |
| | 8 | | | 16 | |
| | 10 | | 1 | | |
| | 12 | | 1 | 4 | |
| | 15 | | 1 | 10 | |
| | 19 | | 1 | 18 | |
| 1 | | | 2 | | |
| 2 | | | 4 | | |
| 3 | | | 6 | | |
| 4 | | | 8 | | |
| 5 | | | 10 | | |
| 6 | | | 12 | | |
| 7 | | | 14 | | |

## Mesure de 101. Livres.

| PRIX DE LA MESURE. | | | A COMBIEN LE SAC DE 200. LIV. | | |
|---|---|---|---|---|---|
| *Liv.* | *Sols.* | *Den.* | *Liv.* | *Sols.* | *Den.* |
| | | 1 | | | 1 $\frac{99}{101}$ |
| | | 2 | | | 3 $\frac{97}{101}$ |
| | | 3 | | | 5 $\frac{95}{101}$ |
| | | 6 | | | 11 $\frac{89}{101}$ |
| | | 9 | | 1 | 5 $\frac{83}{101}$ |
| | | 11 | | 1 | 9 $\frac{79}{101}$ |
| | 1 | | | 1 | 11 $\frac{77}{101}$ |
| | 2 | | | 3 | 11 $\frac{53}{101}$ |
| | 3 | | | 5 | 11 $\frac{29}{101}$ |
| | 4 | | | 7 | 11 $\frac{5}{101}$ |
| | 5 | | | 9 | 10 $\frac{82}{101}$ |
| | 6 | | | 11 | 10 $\frac{58}{101}$ |
| | 7 | | | 13 | 10 $\frac{34}{101}$ |
| | 8 | | | 15 | 10 $\frac{10}{101}$ |
| | 10 | | | 19 | 9 $\frac{63}{101}$ |
| | 12 | | 1 | 3 | 9 $\frac{15}{101}$ |
| | 15 | | 1 | 9 | 8 $\frac{44}{10}$ |
| | 19 | | 1 | 17 | 7 $\frac{49}{101}$ |
| 1 | | | 1 | 19 | 7 $\frac{25}{101}$ |
| 2 | | | 3 | 19 | 2 $\frac{50}{101}$ |
| 3 | | | 5 | 18 | 9 $\frac{75}{101}$ |
| 4 | | | 7 | 18 | 4 $\frac{100}{101}$ |
| 5 | | | 9 | 17 | 11 $\frac{24}{101}$ |
| 6 | | | 11 | 17 | 7 $\frac{49}{101}$ |
| 7 | | | 13 | 17 | 2 $\frac{74}{101}$ |

## Mesure de 102. Livres.

| PRIX DE LA MESURE. | | | A COMBIEN LE SAC DE 200. LIV. | | |
|---|---|---|---|---|---|
| *Liv.* | *Sols.* | *Den.* | *Liv.* | *Sols.* | *Den.* |
| | | 1 . | | | 1 $\frac{49}{51}$ |
| | | 2 . | | | 3 $\frac{47}{51}$ |
| | | 3 . | | | 5 $\frac{15}{17}$ |
| | | 6 . | | | 11 $\frac{13}{17}$ |
| | | 9 . | | 1 . | 5 $\frac{11}{17}$ |
| | | 11 . | | 1 . | 9 $\frac{29}{51}$ |
| | 1 . | . . | | 1 . | 11 $\frac{9}{17}$ |
| | 2 . | . . | | 3 . | 11 $\frac{1}{17}$ |
| | 3 . | . . | | 5 . | 10 $\frac{10}{17}$ |
| | 4 . | . . | | 7 . | 10 $\frac{2}{17}$ |
| | 5 . | . . | | 9 . | 9 $\frac{11}{17}$ |
| | 6 . | . . | | 11 . | 9 $\frac{3}{17}$ |
| | 7 . | . . | | 13 . | 8 $\frac{12}{17}$ |
| | 8 . | . . | | 15 . | 8 $\frac{4}{17}$ |
| | 10 . | . . | | 19 . | 7 $\frac{5}{17}$ |
| | 12 . | . . | 1 . | 3 . | 6 $\frac{6}{17}$ |
| | 15 . | . . | 1 . | 9 . | 4 $\frac{16}{17}$ |
| | 19 . | . . | 1 . | 17 . | 3 $\frac{1}{17}$ |
| 1 . | . . | . . | 1 . | 19 . | 2 $\frac{10}{17}$ |
| 2 . | . . | . . | 3 . | 18 . | 5 $\frac{3}{17}$ |
| 3 . | . . | . . | 5 . | 17 . | 7 $\frac{13}{17}$ |
| 4 . | . . | . . | 7 . | 16 . | 10 $\frac{6}{17}$ |
| 5 . | . . | . . | 9 . | 16 . | . $\frac{16}{17}$ |
| 6 . | . . | . . | 11 . | 15 . | 3 $\frac{9}{17}$ |
| 7 . | . . | . . | 13 . | 14 . | 6 $\frac{2}{17}$ |

## Mesure de 103. Livres.

| PRIX DE LA MESURE. | | | A COMBIEN LE SAC DE 200. LIV. | | |
|---|---|---|---|---|---|
| *Liv.* | *Sols.* | *Den.* | *Liv.* | *Sols.* | *Den.* |
| | | 1 . | | | 1 $\frac{97}{103}$ |
| | | 2 . | | | 3 $\frac{91}{103}$ |
| | | 3 . | | | 5 $\frac{85}{103}$ |
| | | 6 . | | | 11 $\frac{67}{103}$ |
| | | 9 . | | 1 . | 5 $\frac{49}{103}$ |
| | | 11 . | | 1 . | 9 $\frac{37}{103}$ |
| | 1 . | . . | | 1 . | 11 $\frac{31}{103}$ |
| | 2 . | . . | | 3 . | 10 $\frac{62}{103}$ |
| | 3 . | . . | | 5 . | 9 $\frac{93}{103}$ |
| | 4 . | . . | | 7 . | 9 $\frac{21}{103}$ |
| | 5 . | . . | | 9 . | 8 $\frac{52}{103}$ |
| | 6 . | . . | | 11 . | 7 $\frac{83}{103}$ |
| | 7 . | . . | | 13 . | 7 $\frac{11}{103}$ |
| | 8 . | . . | | 15 . | 6 $\frac{42}{103}$ |
| | 10 . | . . | | 19 . | 5 $\frac{1}{103}$ |
| | 12 . | . . | 1 . | 3 . | 3 $\frac{63}{103}$ |
| | 15 . | . . | 1 . | 9 . | 1 $\frac{53}{103}$ |
| | 19 . | . . | 1 . | 16 . | 10 $\frac{74}{103}$ |
| 1 . | . . | . . | 1 . | 18 . | 10 $\frac{2}{103}$ |
| 2 . | . . | . . | 3 . | 17 . | 8 $\frac{4}{103}$ |
| 3 . | . . | . . | 5 . | 16 . | 6 $\frac{6}{103}$ |
| 4 . | . . | . . | 7 . | 15 . | 4 $\frac{8}{103}$ |
| 5 . | . . | . . | 9 . | 14 . | 2 $\frac{10}{103}$ |
| 6 . | . . | . . | 11 . | 13 . | . $\frac{12}{103}$ |
| 7 . | . . | . . | 13 . | 11 . | 10 $\frac{14}{103}$ |

## Mesure de 104. Livres.

| PRIX DE LA MESURE. | A COMBIEN LE SAC DE 200. LIV. |
|---|---|
| *Liv. Sols. Den.* | *Liv. Sols. Den.* |
| 1 . | $1\frac{12}{13}$ |
| 2 . | $3\frac{11}{13}$ |
| 3 . | $5\frac{10}{13}$ |
| 6 . | $11\frac{7}{13}$ |
| 9 . | 1 . $5\frac{4}{13}$ |
| 11 . | 1 . $9\frac{2}{13}$ |
| 1 . . . | 1 . $11\frac{1}{13}$ |
| 2 . . . | 3 . $10\frac{2}{13}$ |
| 3 . . . | 5 . $9\frac{3}{13}$ |
| 4 . . . | 7 . $8\frac{4}{13}$ |
| 5 . . . | 9 . $7\frac{5}{13}$ |
| 6 . . . | 11 . $6\frac{6}{13}$ |
| 7 . . . | 13 . $5\frac{7}{13}$ |
| 8 . . . | 15 . $4\frac{8}{13}$ |
| 10 . . . | 19 . $2\frac{10}{13}$ |
| 12 . . . | 1 . 3 . . $\frac{12}{13}$ |
| 15 . . . | 1 . 8 . $10\frac{2}{13}$ |
| 19 . . . | 1 . 16 . $6\frac{6}{13}$ |
| 1 . . . . . | 1 . 18 . $5\frac{7}{13}$ |
| 2 . . . . . | 3 . 16 . $11\frac{1}{13}$ |
| 3 . . . . . | 5 . 15 . $4\frac{8}{13}$ |
| 4 . . . . . | 7 . 13 . $10\frac{2}{13}$ |
| 5 . . . . . | 9 . 12 . $3\frac{9}{13}$ |
| 6 . . . . . | 11 . 10 . $9\frac{3}{13}$ |
| 7 . . . . . | 13 . 9 . $2\frac{10}{13}$ |

## Mesure de 105. Livres.

| PRIX DE LA MESURE. | A COMBIEN LE SAC DE 200. LIV. |
|---|---|
| *Liv. Sols. Den.* | *Liv. Sols. Den.* |
| 1 . | $1\frac{19}{21}$ |
| 2 . | $3\frac{17}{21}$ |
| 3 . | $5\frac{5}{7}$ |
| 6 . | $11\frac{3}{7}$ |
| 9 . | 1 . $5\frac{1}{7}$ |
| 11 . | 1 . $8\frac{20}{21}$ |
| 1 . . . | 1 . $10\frac{6}{7}$ |
| 2 . . . | 3 . $9\frac{5}{7}$ |
| 3 . . . | 5 . $8\frac{4}{7}$ |
| 4 . . . | 7 . $7\frac{3}{7}$ |
| 5 . . . | 9 . $6\frac{2}{7}$ |
| 6 . . . | 11 . $5\frac{1}{7}$ |
| 7 . . . | 13 . 4 . |
| 8 . . . | 15 . $2\frac{6}{7}$ |
| 10 . . . | 19 . . $\frac{4}{7}$ |
| 12 . . . | 1 . 2 . $10\frac{2}{7}$ |
| 15 . . . | 1 . 8 . $6\frac{6}{7}$ |
| 19 . . . | 1 . 16 . $2\frac{2}{7}$ |
| 1 . . . . . | 1 . 18 . $1\frac{1}{7}$ |
| 2 . . . . . | 3 . 16 . $2\frac{2}{7}$ |
| 3 . . . . . | 5 . 14 . $3\frac{3}{7}$ |
| 4 . . . . . | 7 . 12 . $4\frac{4}{7}$ |
| 5 . . . . . | 9 . 10 . $5\frac{5}{7}$ |
| 6 . . . . . | 11 . 8 . $6\frac{6}{7}$ |
| 7 . . . . . | 13 . 6 . 8 . |

## Mesure de 106. Livres.

| PRIX DE LA MESURE. | | | A COMBIEN LE SAC DE 200. LIV. | | |
|---|---|---|---|---|---|
| Liv. | Sols. | Den. | Liv. | Sols. | Den. |
| | | 1 | | | 1 $\frac{47}{53}$ |
| | | 2 | | | 3 $\frac{41}{53}$ |
| | | 3 | | | 5 $\frac{35}{53}$ |
| | | 6 | | | 11 $\frac{17}{53}$ |
| | | 9 | | 1 | 4 $\frac{52}{53}$ |
| | | 11 | | 1 | 8 $\frac{40}{53}$ |
| | 1 | | | 1 | 10 $\frac{34}{53}$ |
| | 2 | | | 3 | 9 $\frac{15}{53}$ |
| | 3 | | | 5 | 7 $\frac{49}{53}$ |
| | 4 | | | 7 | 6 $\frac{30}{53}$ |
| | 5 | | | 9 | 5 $\frac{11}{53}$ |
| | 6 | | | 11 | 3 $\frac{45}{53}$ |
| | 7 | | | 13 | 2 $\frac{26}{53}$ |
| | 8 | | | 15 | 1 $\frac{7}{53}$ |
| | 10 | | | 18 | 10 $\frac{22}{53}$ |
| | 12 | | 1 | 2 | 7 $\frac{37}{53}$ |
| | 15 | | 1 | 8 | 3 $\frac{33}{53}$ |
| | 19 | | 1 | 15 | 10 $\frac{10}{53}$ |
| 1 | | | 1 | 17 | 8 $\frac{44}{53}$ |
| 2 | | | 3 | 15 | 5 $\frac{35}{53}$ |
| 3 | | | 5 | 13 | 2 $\frac{26}{53}$ |
| 4 | | | 7 | 10 | 11 $\frac{17}{53}$ |
| 5 | | | 9 | 8 | 8 $\frac{8}{53}$ |
| 6 | | | 11 | 6 | 4 $\frac{52}{53}$ |
| 7 | | | 13 | 4 | 1 $\frac{43}{53}$ |

## Mesure de 107. Livres.

| PRIX DE LA MESURE. | | | A COMBIEN LE SAC DE 200. LIV. | | |
|---|---|---|---|---|---|
| Liv. | Sols. | Den. | Liv. | Sols. | Den. |
| | | 1 | | | 1 $\frac{93}{107}$ |
| | | 2 | | | 3 $\frac{79}{107}$ |
| | | 3 | | | 5 $\frac{65}{107}$ |
| | | 6 | | | 11 $\frac{23}{107}$ |
| | | 9 | | 1 | 4 $\frac{88}{107}$ |
| | | 11 | | 1 | 8 $\frac{60}{107}$ |
| | 1 | | | 1 | 10 $\frac{46}{107}$ |
| | 2 | | | 3 | 8 $\frac{92}{107}$ |
| | 3 | | | 5 | 7 $\frac{31}{107}$ |
| | 4 | | | 7 | 5 $\frac{77}{107}$ |
| | 5 | | | 9 | 4 $\frac{16}{107}$ |
| | 6 | | | 11 | 2 $\frac{62}{107}$ |
| | 7 | | | 13 | 1 $\frac{1}{107}$ |
| | 8 | | | 14 | 11 $\frac{47}{107}$ |
| | 10 | | | 18 | 8 $\frac{32}{107}$ |
| | 12 | | 1 | 2 | 5 $\frac{17}{107}$ |
| | 15 | | 1 | 8 | $\frac{48}{107}$ |
| | 19 | | 1 | 15 | 6 $\frac{18}{107}$ |
| 1 | | | 1 | 17 | 4 $\frac{64}{107}$ |
| 2 | | | 3 | 14 | 9 $\frac{21}{107}$ |
| 3 | | | 5 | 12 | 1 $\frac{85}{107}$ |
| 4 | | | 7 | 9 | 6 $\frac{42}{107}$ |
| 5 | | | 9 | 6 | 10 $\frac{106}{107}$ |
| 6 | | | 11 | 4 | 3 $\frac{63}{107}$ |
| 7 | | | 13 | 1 | 8 $\frac{20}{107}$ |

## Mesure de 108. Livres.

| PRIX DE LA MESURE. | | | A COMBIEN LE SAC DE 200. LIV. | | |
|---|---|---|---|---|---|
| *Liv.* | *Sols.* | *Den.* | *Liv.* | *Sols.* | *Den.* |
| | | 1 . | | | 1 $\frac{23}{27}$ |
| | | 2 . | | | 3 $\frac{19}{27}$ |
| | | 3 . | | | 5 $\frac{5}{9}$ |
| | | 6 . | | | 11 $\frac{1}{9}$ |
| | | 9 . | | 1 . | 4 $\frac{6}{9}$ |
| | | 11 . | | 1 . | 8 $\frac{10}{27}$ |
| | 1 . | . . | | 1 . | 10 $\frac{2}{9}$ |
| | 2 . | . . | | 3 . | 8 $\frac{4}{9}$ |
| | 3 . | . . | | 5 . | 6 $\frac{6}{9}$ |
| | 4 . | . . | | 7 . | 4 $\frac{8}{9}$ |
| | 5 . | . . | | 9 . | 3 $\frac{1}{9}$ |
| | 6 . | . . | | 11 . | 1 $\frac{3}{9}$ |
| | 8 . | . . | | 14 . | 9 $\frac{7}{9}$ |
| | 10 . | . . | | 18 . | 6 $\frac{2}{9}$ |
| | 12 . | . . | 1 . | 2 . | 2 $\frac{6}{9}$ |
| | 15 . | . . | 1 . | 7 . | 9 $\frac{3}{9}$ |
| | 19 . | . . | 1 . | 15 . | 2 $\frac{2}{9}$ |
| 1 . . | . . | . . | 1 . | 17 . | . $\frac{4}{9}$ |
| 2 . . | . . | . . | 3 . | 14 . | . $\frac{8}{9}$ |
| 3 . . | . . | . . | 5 . | 11 . | 1 $\frac{3}{9}$ |
| 4 . . | . . | . . | 7 . | 8 . | 1 $\frac{7}{9}$ |
| 5 . . | . . | . . | 9 . | 5 . | 2 $\frac{2}{9}$ |
| 6 . . | . . | . . | 11 . | 2 . | 2 $\frac{6}{9}$ |
| 7 . . | . . | . . | 12 . | 19 . | 3 $\frac{1}{9}$ |
| 8 . . | . . | . . | 14 . | 16 . | 3 $\frac{5}{9}$ |

## Mesure de 109. Livres.

| PRIX DE LA MESURE. | | | A COMBIEN LE SAC DE 200. LIV. | | |
|---|---|---|---|---|---|
| *Liv.* | *Sols.* | *Den.* | *Liv.* | *Sols.* | *Den.* |
| | | 1 . | | | 1 $\frac{91}{109}$ |
| | | 2 . | | | 3 $\frac{73}{109}$ |
| | | 3 . | | | 5 $\frac{55}{109}$ |
| | | 6 . | | | 11 $\frac{1}{109}$ |
| | | 9 . | | 1 . | 4 $\frac{56}{109}$ |
| | | 11 . | | 1 . | 8 $\frac{9}{109}$ |
| | 1 . | . . | | 1 . | 10 $\frac{2}{109}$ |
| | 2 . | . . | | 3 . | 8 $\frac{4}{109}$ |
| | 3 . | . . | | 5 . | 6 $\frac{6}{109}$ |
| | 4 . | . . | | 7 . | 4 $\frac{8}{809}$ |
| | 5 . | . . | | 9 . | 2 $\frac{10}{109}$ |
| | 6 . | . . | | 11 . | . $\frac{12}{109}$ |
| | 8 . | . . | | 14 . | 8 $\frac{16}{109}$ |
| | 10 . | . . | | 18 . | 4 $\frac{20}{109}$ |
| | 12 . | . . | 1 . | 2 . | . $\frac{24}{109}$ |
| | 15 . | . . | 1 . | 7 . | 6 $\frac{30}{109}$ |
| | 19 . | . . | 1 . | 14 . | 10 $\frac{38}{109}$ |
| 1 . . | . . | . . | 1 . | 16 . | 8 $\frac{40}{109}$ |
| 2 . . | . . | . . | 3 . | 13 . | 4 $\frac{80}{109}$ |
| 3 . . | . . | . . | 5 . | 10 . | 1 $\frac{11}{109}$ |
| 4 . . | . . | . . | 7 . | 6 . | 9 $\frac{51}{109}$ |
| 5 . . | . . | . . | 9 . | 3 . | 5 $\frac{91}{109}$ |
| 6 . . | . . | . . | 11 . | . . | 2 $\frac{22}{109}$ |
| 7 . . | . . | . . | 12 . | 16 . | 10 $\frac{62}{109}$ |
| 8 . . | . . | . . | 14 . | 13 . | 6 $\frac{102}{109}$ |

## Mesure de 110. Livres.

| PRIX DE LA MESURE. | | | A COMBIEN LE SAC DE 200. LIV. | | |
|---|---|---|---|---|---|
| Liv. | Sols. | Den. | Liv. | Sols. | Den. |
| | | 1 | | | $1\frac{9}{11}$ |
| | | 2 | | | $3\frac{7}{11}$ |
| | | 3 | | | $5\frac{5}{11}$ |
| | | 6 | | | $10\frac{10}{11}$ |
| | | 9 | | 1 | $4\frac{4}{11}$ |
| | | 11 | | 1 | 8 |
| | 1 | | | 1 | $9\frac{9}{11}$ |
| | 2 | | | 3 | $7\frac{7}{11}$ |
| | 3 | | | 5 | $5\frac{5}{11}$ |
| | 4 | | | 7 | $3\frac{3}{11}$ |
| | 5 | | | 9 | $1\frac{1}{11}$ |
| | 6 | | | 10 | $10\frac{10}{11}$ |
| | 8 | | | 14 | $6\frac{6}{11}$ |
| | 10 | | | 18 | $2\frac{2}{11}$ |
| | 12 | | 1 | 1 | $9\frac{9}{11}$ |
| | 15 | | 1 | 7 | $3\frac{3}{11}$ |
| | 19 | | 1 | 14 | $6\frac{6}{11}$ |
| 1 | | | 1 | 16 | $4\frac{4}{11}$ |
| 2 | | | 3 | 12 | $8\frac{8}{11}$ |
| 3 | | | 5 | 9 | $1\frac{1}{11}$ |
| 4 | | | 7 | 5 | $5\frac{5}{11}$ |
| 5 | | | 9 | 1 | $9\frac{9}{11}$ |
| 6 | | | 10 | 18 | $2\frac{2}{11}$ |
| 7 | | | 12 | 14 | $6\frac{6}{11}$ |
| 8 | | | 14 | 10 | $10\frac{10}{11}$ |

## Mesure de 111. Livres.

| PRIX DE LA MESURE. | | | A COMBIEN LE SAC DE 200. LIV. | | |
|---|---|---|---|---|---|
| Liv. | Sols. | Den. | Liv. | Sols. | Den. |
| | | 1 | | | $1\frac{89}{111}$ |
| | | 2 | | | $3\frac{67}{111}$ |
| | | 3 | | | $5\frac{15}{37}$ |
| | | 6 | | | $10\frac{30}{37}$ |
| | | 9 | | 1 | $4\frac{8}{37}$ |
| | | 11 | | 1 | $7\frac{91}{111}$ |
| | 1 | | | 1 | $9\frac{23}{37}$ |
| | 2 | | | 3 | $7\frac{9}{37}$ |
| | 3 | | | 5 | $4\frac{32}{37}$ |
| | 4 | | | 7 | $2\frac{18}{37}$ |
| | 5 | | | 9 | $\frac{4}{37}$ |
| | 6 | | | 10 | $9\frac{27}{37}$ |
| | 8 | | | 14 | $4\frac{36}{37}$ |
| | 10 | | | 18 | $\frac{8}{37}$ |
| | 12 | | 1 | 1 | $6\frac{17}{37}$ |
| | 15 | | 1 | 7 | $\frac{12}{37}$ |
| | 19 | | 1 | 14 | $2\frac{30}{37}$ |
| 1 | | | 1 | 16 | $\frac{16}{37}$ |
| 2 | | | 3 | 12 | $\frac{32}{37}$ |
| 3 | | | 5 | 8 | $1\frac{11}{37}$ |
| 4 | | | 7 | 4 | $1\frac{27}{37}$ |
| 5 | | | 9 | | $2\frac{6}{37}$ |
| 6 | | | 10 | 16 | $2\frac{22}{37}$ |
| 7 | | | 12 | 12 | $3\frac{1}{37}$ |
| 8 | | | 14 | 8 | $3\frac{17}{37}$ |

## Mesure de 112. Livres.

| PRIX DE LA MESURE. | | | A COMBIEN LE SAC DE 200. LIV. | | |
|---|---|---|---|---|---|
| Liv. | Sols. | Den. | Liv. | Sols. | Den. |
| | | 1 | | | 1 $\frac{11}{14}$ |
| | | 2 | | | 3 $\frac{4}{7}$ |
| | | 3 | | | 5 $\frac{5}{14}$ |
| | | 6 | | | 10 $\frac{5}{7}$ |
| | | 9 | | 1 | 4 $\frac{1}{14}$ |
| | | 11 | | 1 | 7 $\frac{9}{14}$ |
| | 1 | | | 1 | 9 $\frac{3}{7}$ |
| | 2 | | | 3 | 6 $\frac{6}{7}$ |
| | 3 | | | 5 | 4 $\frac{2}{7}$ |
| | 4 | | | 7 | 2 $\frac{5}{7}$ |
| | 5 | | | 8 | 11 $\frac{1}{7}$ |
| | 6 | | | 10 | 8 $\frac{4}{7}$ |
| | 8 | | | 14 | 3 $\frac{3}{7}$ |
| | 10 | | | 17 | 10 $\frac{2}{7}$ |
| | 12 | | 1 | 1 | 5 $\frac{1}{7}$ |
| | 15 | | 1 | 6 | 9 $\frac{3}{7}$ |
| | 19 | | 1 | 13 | 11 $\frac{1}{7}$ |
| 1 | | | 1 | 15 | 8 $\frac{4}{7}$ |
| 2 | | | 3 | 11 | 5 $\frac{1}{7}$ |
| 3 | | | 5 | 7 | 1 $\frac{5}{7}$ |
| 4 | | | 7 | 2 | 10 $\frac{2}{7}$ |
| 5 | | | 8 | 18 | 6 $\frac{6}{7}$ |
| 6 | | | 10 | 14 | 3 $\frac{3}{7}$ |
| 7 | | | 12 | 10 | |
| 8 | | | 14 | 5 | 8 $\frac{4}{7}$ |

## Mesure de 113. Livres.

| PRIX DE LA MESURE. | | | A COMBIEN LE SAC DE 200. LIV. | | |
|---|---|---|---|---|---|
| Liv. | Sols. | Den. | Liv. | Sols. | Den. |
| | | 1 | | | 1 $\frac{87}{113}$ |
| | | 2 | | | 3 $\frac{61}{113}$ |
| | | 3 | | | 5 $\frac{35}{113}$ |
| | | 6 | | | 10 $\frac{70}{113}$ |
| | | 9 | | 1 | 3 $\frac{105}{113}$ |
| | | 11 | | 1 | 7 $\frac{53}{113}$ |
| | 1 | | | 1 | 9 $\frac{27}{113}$ |
| | 2 | | | 3 | 6 $\frac{54}{113}$ |
| | 3 | | | 5 | 3 $\frac{81}{113}$ |
| | 4 | | | 7 | $\frac{108}{113}$ |
| | 5 | | | 8 | 10 $\frac{22}{113}$ |
| | 6 | | | 10 | 7 $\frac{49}{113}$ |
| | 8 | | | 14 | 1 $\frac{103}{113}$ |
| | 10 | | | 17 | 8 $\frac{44}{113}$ |
| | 12 | | 1 | 1 | 2 $\frac{98}{113}$ |
| | 15 | | 1 | 6 | 6 $\frac{66}{113}$ |
| | 19 | | 1 | 13 | 7 $\frac{61}{113}$ |
| 1 | | | 1 | 15 | 4 $\frac{88}{113}$ |
| 2 | | | 3 | 10 | 9 $\frac{63}{113}$ |
| 3 | | | 5 | 6 | 2 $\frac{38}{113}$ |
| 4 | | | 7 | 1 | 7 $\frac{13}{113}$ |
| 5 | | | 8 | 16 | 11 $\frac{101}{113}$ |
| 6 | | | 10 | 12 | 4 $\frac{76}{113}$ |
| 7 | | | 12 | 7 | 9 $\frac{51}{113}$ |
| 8 | | | 14 | 3 | 2 $\frac{26}{113}$ |

## Mesure de 114. Livres.

| PRIX DE LA MESURE. | | | A COMBIEN LE SAC DE 200. LIV. | | |
|---|---|---|---|---|---|
| *Liv.* | *Sols.* | *Den.* | *Liv.* | *Sols.* | *Den.* |
| | | 1 | | | 1 $\frac{43}{57}$ |
| | | 2 | | | 3 $\frac{29}{57}$ |
| | | 3 | | | 5 $\frac{5}{19}$ |
| | | 6 | | | 10 $\frac{10}{19}$ |
| | | 9 | | 1 | 3 $\frac{15}{19}$ |
| | | 11 | | 1 | 7 $\frac{17}{57}$ |
| | 1 | | | 1 | 9 $\frac{1}{19}$ |
| | 2 | | | 3 | 6 $\frac{2}{19}$ |
| | 3 | | | 5 | 3 $\frac{3}{19}$ |
| | 4 | | | 7 | $\frac{4}{19}$ |
| | 5 | | | 8 | 9 $\frac{5}{19}$ |
| | 6 | | | 10 | 6 $\frac{6}{19}$ |
| | 8 | | | 14 | $\frac{8}{19}$ |
| | 10 | | | 17 | 6 $\frac{10}{19}$ |
| | 12 | | 1 | 1 | $\frac{12}{19}$ |
| | 15 | | 1 | 6 | 3 $\frac{15}{19}$ |
| | 19 | | 1 | 13 | 4 |
| 1 | | | 1 | 15 | 1 $\frac{1}{19}$ |
| 2 | | | 3 | 10 | 2 $\frac{2}{19}$ |
| 3 | | | 5 | 5 | 3 $\frac{3}{19}$ |
| 4 | | | 7 | | 4 $\frac{4}{19}$ |
| 5 | | | 8 | 15 | 5 $\frac{5}{19}$ |
| 6 | | | 10 | 10 | 6 $\frac{6}{19}$ |
| 7 | | | 12 | 5 | 7 $\frac{7}{19}$ |
| 8 | | | 14 | | 8 $\frac{8}{19}$ |

## Mesure de 115. Livres.

| PRIX DE LA MESURE. | | | A COMBIEN LE SAC DE 200. LIV. | | |
|---|---|---|---|---|---|
| *Liv.* | *Sols.* | *Den.* | *Liv.* | *Sols.* | *Den.* |
| | | 1 | | | 1 $\frac{17}{23}$ |
| | | 2 | | | 3 $\frac{11}{23}$ |
| | | 3 | | | 5 $\frac{5}{23}$ |
| | | 6 | | | 10 $\frac{10}{23}$ |
| | | 9 | | 1 | 3 $\frac{15}{23}$ |
| | | 11 | | 1 | 7 $\frac{3}{23}$ |
| | 1 | | | 1 | 8 $\frac{20}{23}$ |
| | 2 | | | 3 | 5 $\frac{17}{23}$ |
| | 3 | | | 5 | 2 $\frac{14}{23}$ |
| | 4 | | | 6 | 11 $\frac{11}{23}$ |
| | 5 | | | 8 | 8 $\frac{8}{23}$ |
| | 6 | | | 10 | 5 $\frac{5}{23}$ |
| | 8 | | | 13 | 10 $\frac{22}{23}$ |
| | 10 | | | 17 | 4 $\frac{16}{23}$ |
| | 12 | | 1 | | 10 $\frac{19}{23}$ |
| | 15 | | 1 | 6 | 1 $\frac{1}{23}$ |
| | 19 | | 1 | 13 | $\frac{12}{23}$ |
| 1 | | | 1 | 14 | 9 $\frac{9}{23}$ |
| 2 | | | 3 | 9 | 6 $\frac{18}{23}$ |
| 3 | | | 5 | 4 | 4 $\frac{4}{23}$ |
| 4 | | | 6 | 19 | 1 $\frac{13}{23}$ |
| 5 | | | 8 | 13 | 10 $\frac{22}{23}$ |
| 6 | | | 10 | 8 | 8 $\frac{8}{23}$ |
| 7 | | | 12 | 3 | 5 $\frac{17}{23}$ |
| 8 | | | 13 | 18 | 3 $\frac{3}{23}$ |

## Mesure de 116. Livres.

| PRIX DE LA MESURE. | | | A COMBIEN LE SAC DE 200. LIV. | | |
|---|---|---|---|---|---|
| *Liv.* | *Sols.* | *Den.* | *Liv.* | *Sols.* | *Den.* |
| | | 1 | | | 1 $\frac{21}{29}$ |
| | | 2 | | | 3 $\frac{13}{29}$ |
| | | 3 | | | 5 $\frac{5}{29}$ |
| | | 6 | | | 10 $\frac{10}{29}$ |
| | | 9 | | 1 | 3 $\frac{15}{29}$ |
| | | 11 | | 1 | 6 $\frac{28}{29}$ |
| | 1 | | | 1 | 8 $\frac{20}{29}$ |
| | 2 | | | 3 | 5 $\frac{11}{29}$ |
| | 3 | | | 5 | 2 $\frac{2}{29}$ |
| | 4 | | | 6 | 10 $\frac{22}{29}$ |
| | 5 | | | 8 | 7 $\frac{13}{29}$ |
| | 6 | | | 10 | 4 $\frac{4}{29}$ |
| | 10 | | | 17 | 2 $\frac{26}{29}$ |
| | 12 | | 1 | | 8 $\frac{8}{29}$ |
| | 15 | | 1 | 5 | 10 $\frac{10}{29}$ |
| | 19 | | 1 | 12 | 9 $\frac{3}{29}$ |
| 1 | | | 1 | 14 | 5 $\frac{23}{29}$ |
| 2 | | | 3 | 8 | 11 $\frac{17}{29}$ |
| 3 | | | 5 | 3 | 5 $\frac{11}{29}$ |
| 4 | | | 6 | 17 | 11 $\frac{5}{29}$ |
| 5 | | | 8 | 12 | 4 $\frac{28}{29}$ |
| 6 | | | 10 | 6 | 10 $\frac{22}{29}$ |
| 7 | | | 12 | 1 | 4 $\frac{16}{29}$ |
| 8 | | | 13 | 15 | 10 $\frac{10}{29}$ |
| 9 | | | 15 | 10 | 4 $\frac{4}{29}$ |

## Mesure de 117. Livres.

| PRIX DE LA MESURE. | | | A COMBIEN LE SAC DE 200. LIV. | | |
|---|---|---|---|---|---|
| *Liv.* | *Sols.* | *Den.* | *Liv.* | *Sols.* | *Den.* |
| | | 1 | | | 1 $\frac{83}{117}$ |
| | | 2 | | | 3 $\frac{49}{117}$ |
| | | 3 | | | 5 $\frac{5}{39}$ |
| | | 6 | | | 10 $\frac{10}{39}$ |
| | | 9 | | 1 | 3 $\frac{15}{39}$ |
| | | 11 | | 1 | 6 $\frac{94}{117}$ |
| | 1 | | | 1 | 8 $\frac{20}{39}$ |
| | 2 | | | 3 | 5 $\frac{1}{39}$ |
| | 3 | | | 5 | 1 $\frac{21}{39}$ |
| | 4 | | | 6 | 10 $\frac{2}{39}$ |
| | 5 | | | 8 | 6 $\frac{22}{39}$ |
| | 6 | | | 10 | 3 $\frac{3}{39}$ |
| | 10 | | | 17 | 1 $\frac{5}{39}$ |
| | 12 | | 1 | | 6 $\frac{6}{39}$ |
| | 15 | | 1 | 5 | 7 $\frac{27}{39}$ |
| | 19 | | 1 | 12 | 5 $\frac{29}{39}$ |
| 1 | | | 1 | 14 | 2 $\frac{10}{39}$ |
| 2 | | | 3 | 8 | 4 $\frac{20}{39}$ |
| 3 | | | 5 | 2 | 6 $\frac{30}{39}$ |
| 4 | | | 6 | 16 | 9 $\frac{1}{39}$ |
| 5 | | | 8 | 10 | 11 $\frac{11}{39}$ |
| 6 | | | 10 | 5 | 1 $\frac{21}{39}$ |
| 7 | | | 11 | 19 | 3 $\frac{31}{39}$ |
| 8 | | | 13 | 13 | 6 $\frac{2}{39}$ |
| 9 | | | 15 | 7 | 8 $\frac{12}{39}$ |

## Mesure de 118. Livres.

| PRIX DE LA MESURE. | | | A COMBIEN LE SAC DE 200. LIV. | | |
|---|---|---|---|---|---|
| Liv. | Sols. | Den. | Liv. | Sols. | Den. |
| | | 1 | | | 1 $\frac{41}{59}$ |
| | | 2 | | | 3 $\frac{23}{59}$ |
| | | 3 | | | 5 $\frac{5}{59}$ |
| | | 6 | | | 10 $\frac{10}{59}$ |
| | | 9 | | 1 | 3 $\frac{15}{59}$ |
| | | 11 | | 1 | 6 $\frac{38}{59}$ |
| | 1 | | | 1 | 8 $\frac{20}{59}$ |
| | 2 | | | 3 | 4 $\frac{40}{59}$ |
| | 3 | | | 5 | 1 $\frac{1}{59}$ |
| | 4 | | | 6 | 9 $\frac{21}{59}$ |
| | 5 | | | 8 | 5 $\frac{41}{59}$ |
| | 6 | | | 10 | 2 $\frac{2}{59}$ |
| | 10 | | | 16 | 11 $\frac{23}{59}$ |
| | 12 | | 1 | | 4 $\frac{4}{59}$ |
| | 15 | | 1 | 5 | 5 $\frac{5}{59}$ |
| | 19 | | 1 | 12 | 2 $\frac{26}{59}$ |
| 1 | | | 1 | 13 | 10 $\frac{46}{59}$ |
| 2 | | | 3 | 7 | 9 $\frac{33}{59}$ |
| 3 | | | 5 | 1 | 8 $\frac{20}{59}$ |
| 4 | | | 6 | 15 | 7 $\frac{7}{59}$ |
| 5 | | | 8 | 9 | 5 $\frac{53}{59}$ |
| 6 | | | 10 | 3 | 4 $\frac{40}{59}$ |
| 7 | | | 11 | 17 | 3 $\frac{27}{59}$ |
| 8 | | | 13 | 11 | 2 $\frac{14}{59}$ |
| 9 | | | 15 | 5 | 1 $\frac{1}{59}$ |

## Mesure de 119. Livres.

| PRIX DE LA MESURE. | | | A COMBIEN LE SAC DE 200. LIV. | | |
|---|---|---|---|---|---|
| Liv. | Sols. | Den. | Liv. | Sols. | Den. |
| | | 1 | | | 1 $\frac{81}{119}$ |
| | | 2 | | | 3 $\frac{43}{119}$ |
| | | 3 | | | 5 $\frac{5}{119}$ |
| | | 6 | | | 10 $\frac{10}{119}$ |
| | | 9 | | 1 | 3 $\frac{15}{119}$ |
| | | 11 | | 1 | 6 $\frac{58}{119}$ |
| | 1 | | | 1 | 8 $\frac{20}{119}$ |
| | 2 | | | 3 | 4 $\frac{40}{119}$ |
| | 3 | | | 5 | $\frac{60}{119}$ |
| | 4 | | | 6 | 8 $\frac{80}{119}$ |
| | 5 | | | 8 | 4 $\frac{100}{119}$ |
| | 6 | | | 10 | 1 $\frac{1}{119}$ |
| | 10 | | | 16 | 9 $\frac{81}{119}$ |
| | 12 | | 1 | | 2 $\frac{2}{119}$ |
| | 15 | | 1 | 5 | 2 $\frac{62}{119}$ |
| | 19 | | 1 | 11 | 11 $\frac{23}{119}$ |
| 1 | | | 1 | 13 | 7 $\frac{43}{119}$ |
| 2 | | | 3 | 7 | 2 $\frac{86}{119}$ |
| 3 | | | 5 | | 10 $\frac{10}{119}$ |
| 4 | | | 6 | 14 | 5 $\frac{53}{119}$ |
| 5 | | | 8 | 8 | $\frac{96}{119}$ |
| 6 | | | 10 | 1 | 8 $\frac{20}{119}$ |
| 7 | | | 11 | 15 | 3 $\frac{63}{119}$ |
| 8 | | | 13 | 8 | 10 $\frac{106}{119}$ |
| 9 | | | 15 | 2 | 6 $\frac{30}{119}$ |

## Mesure de 120. Livres.

| PRIX DE LA MESURE. | | | A COMBIEN LE SAC DE 200. LIV. | | |
|---|---|---|---|---|---|
| *Liv.* | *Sols.* | *Den.* | *Liv.* | *Sols.* | *Den.* |
| | | 1 | | | $1\frac{2}{3}$ |
| | | 2 | | | $3\frac{1}{3}$ |
| | | 3 | | | 5 |
| | | 6 | | | 10 |
| | | 9 | | 1 | 3 |
| | | 11 | | 1 | $6\frac{1}{3}$ |
| | 1 | | | 1 | 8 |
| | 2 | | | 3 | 4 |
| | 3 | | | 5 | |
| | 4 | | | 6 | 8 |
| | 5 | | | 8 | 4 |
| | 6 | | | 10 | |
| | 10 | | | 16 | 8 |
| | 12 | | 1 | | |
| | 15 | | 1 | 5 | |
| | 19 | | 1 | 11 | 8 |
| 1 | | | 1 | 13 | 4 |
| 2 | | | 3 | 6 | 8 |
| 3 | | | 5 | | |
| 4 | | | 6 | 13 | 4 |
| 5 | | | 8 | 6 | 8 |
| 6 | | | 10 | | |
| 7 | | | 11 | 13 | 4 |
| 8 | | | 13 | 6 | 8 |
| 9 | | | 15 | | |

## Mesure de 121. Livres.

| PRIX DE LA MESURE. | | | A COMBIEN LE SAC DE 200. LIV. | | |
|---|---|---|---|---|---|
| *Liv.* | *Sols.* | *Den.* | *Liv.* | *Sols.* | *Den.* |
| | | 1 | | | $1\frac{79}{121}$ |
| | | 2 | | | $3\frac{37}{121}$ |
| | | 3 | | | $4\frac{116}{121}$ |
| | | 6 | | | $9\frac{111}{121}$ |
| | | 9 | | 1 | $2\frac{106}{121}$ |
| | | 11 | | 1 | $6\frac{22}{121}$ |
| | 1 | | | 1 | $7\frac{101}{121}$ |
| | 2 | | | 3 | $3\frac{81}{121}$ |
| | 3 | | | 4 | $11\frac{61}{121}$ |
| | 4 | | | 6 | $7\frac{41}{121}$ |
| | 5 | | | 8 | $3\frac{21}{121}$ |
| | 6 | | | 9 | $11\frac{1}{121}$ |
| | 10 | | | 16 | $6\frac{42}{121}$ |
| | 12 | | | 19 | $10\frac{2}{121}$ |
| | 15 | | 1 | 4 | $9\frac{63}{121}$ |
| | 19 | | 1 | 11 | $4\frac{104}{121}$ |
| 1 | | | 1 | 13 | $\frac{84}{121}$ |
| 2 | | | 3 | 6 | $1\frac{47}{121}$ |
| 3 | | | 4 | 19 | $2\frac{10}{121}$ |
| 4 | | | 6 | 12 | $2\frac{94}{121}$ |
| 5 | | | 8 | 5 | $3\frac{57}{121}$ |
| 6 | | | 9 | 18 | $4\frac{20}{121}$ |
| 7 | | | 11 | 11 | $4\frac{104}{121}$ |
| 8 | | | 13 | 4 | $5\frac{67}{121}$ |
| 9 | | | 14 | 17 | $6\frac{30}{121}$ |

## Mesure de 122. Livres.

| PRIX DE LA MESURE. | | | A COMBIEN LE SAC DE 200. LIV. | | |
|---|---|---|---|---|---|
| Liv. | Sols. | Den. | Liv. | Sols. | Den. |
| | | 1 | | | 1 $\frac{39}{61}$ |
| | | 2 | | | 3 $\frac{17}{61}$ |
| | | 3 | | | 4 $\frac{56}{61}$ |
| | | 6 | | | 9 $\frac{51}{61}$ |
| | | 9 | | 1 | 2 $\frac{46}{61}$ |
| | | 11 | | 1 | 6 $\frac{2}{61}$ |
| | 1 | | | 1 | 7 $\frac{41}{61}$ |
| | 2 | | | 3 | 3 $\frac{21}{61}$ |
| | 3 | | | 4 | 11 $\frac{1}{61}$ |
| | 4 | | | 6 | 6 $\frac{42}{61}$ |
| | 5 | | | 8 | 2 $\frac{22}{61}$ |
| | 6 | | | 9 | 10 $\frac{2}{61}$ |
| | 10 | | | 16 | 4 $\frac{44}{61}$ |
| | 12 | | | 19 | 8 $\frac{4}{61}$ |
| | 15 | | 1 | 4 | 7 $\frac{5}{61}$ |
| | 19 | | 1 | 11 | 1 $\frac{47}{61}$ |
| 1 | | | 1 | 12 | 9 $\frac{27}{61}$ |
| 2 | | | 3 | 5 | 6 $\frac{54}{61}$ |
| 3 | | | 4 | 18 | 4 $\frac{20}{61}$ |
| 4 | | | 6 | 11 | 1 $\frac{47}{61}$ |
| 5 | | | 8 | 3 | 11 $\frac{13}{61}$ |
| 6 | | | 9 | 16 | 8 $\frac{40}{61}$ |
| 7 | | | 11 | 9 | 6 $\frac{6}{61}$ |
| 8 | | | 13 | 2 | 3 $\frac{33}{61}$ |
| 9 | | | 14 | 15 | $\frac{60}{61}$ |

## Mesure de 123. Livres.

| PRIX DE LA MESURE. | | | A COMBIEN LE SAC DE 200. LIV. | | |
|---|---|---|---|---|---|
| Liv. | Sols. | Den. | Liv. | Sols. | Den. |
| | | 1 | | | 1 $\frac{77}{123}$ |
| | | 2 | | | 3 $\frac{31}{123}$ |
| | | 3 | | | 4 $\frac{36}{41}$ |
| | | 6 | | | 9 $\frac{31}{41}$ |
| | | 9 | | 1 | 2 $\frac{26}{41}$ |
| | | 11 | | 1 | 5 $\frac{109}{123}$ |
| | 1 | | | 1 | 7 $\frac{21}{41}$ |
| | 2 | | | 3 | 3 $\frac{1}{41}$ |
| | 3 | | | 4 | 10 $\frac{22}{41}$ |
| | 4 | | | 6 | 6 $\frac{2}{41}$ |
| | 5 | | | 8 | 1 $\frac{23}{41}$ |
| | 6 | | | 9 | 9 $\frac{3}{41}$ |
| | 10 | | | 16 | 3 $\frac{5}{41}$ |
| | 12 | | | 19 | 6 $\frac{6}{41}$ |
| | 15 | | 1 | 4 | 4 $\frac{28}{41}$ |
| | 19 | | 1 | 10 | 10 $\frac{30}{41}$ |
| 1 | | | 1 | 12 | 6 $\frac{10}{41}$ |
| 2 | | | 3 | 5 | $\frac{20}{41}$ |
| 3 | | | 4 | 17 | 6 $\frac{30}{41}$ |
| 4 | | | 6 | 10 | $\frac{40}{41}$ |
| 5 | | | 8 | 2 | 7 $\frac{9}{41}$ |
| 6 | | | 9 | 15 | 1 $\frac{19}{41}$ |
| 7 | | | 11 | 7 | 7 $\frac{29}{41}$ |
| 8 | | | 13 | | 1 $\frac{39}{41}$ |
| 9 | | | 14 | 12 | 8 $\frac{8}{41}$ |

## Mesure de 124. Livres.

| PRIX DE LA MESURE. | | | A COMBIEN LE SAC DE 200. LIV. | | |
|---|---|---|---|---|---|
| *Liv.* | *Sols.* | *Den.* | *Liv.* | *Sols.* | *Den.* |
| | | 1 | | | 1 19/31 |
| | | 2 | | | 3 7/31 |
| | | 3 | | | 4 26/31 |
| | | 6 | | | 9 21/31 |
| | | 9 | | 1 | 2 16/31 |
| | | 11 | | 1 | 5 23/31 |
| | 1 | | | 1 | 7 11/31 |
| | 2 | | | 3 | 2 22/31 |
| | 3 | | | 4 | 10 2/31 |
| | 4 | | | 6 | 5 13/31 |
| | 5 | | | 8 | 24/31 |
| | 6 | | | 9 | 8 4/31 |
| | 10 | | | 16 | 1 17/31 |
| | 12 | | | 19 | 4 8/31 |
| | 15 | | 1 | 4 | 2 10/31 |
| | 19 | | 1 | 10 | 7 23/31 |
| 1 | | | 1 | 12 | 3 3/31 |
| 2 | | | 3 | 4 | 6 6/31 |
| 3 | | | 4 | 16 | 9 9/31 |
| 4 | | | 6 | 9 | 12/31 |
| 5 | | | 8 | 1 | 3 15/31 |
| 6 | | | 9 | 13 | 6 18/31 |
| 7 | | | 11 | 5 | 9 21/31 |
| 8 | | | 12 | 18 | 24/31 |
| 9 | | | 14 | 10 | 3 27/31 |

## Mesure de 125. Livres.

| PRIX DE LA MESURE. | | | A COMBIEN LE SAC DE 200. LIV. | | |
|---|---|---|---|---|---|
| *Liv.* | *Sols.* | *Den.* | *Liv.* | *Sols.* | *Den.* |
| | | 1 | | | 1 3/5 |
| | | 2 | | | 3 1/5 |
| | | 3 | | | 4 4/5 |
| | | 6 | | | 9 3/5 |
| | | 9 | | 1 | 2 2/5 |
| | | 11 | | 1 | 5 3/5 |
| | 1 | | | 1 | 7 1/5 |
| | 2 | | | 3 | 2 2/5 |
| | 3 | | | 4 | 9 3/5 |
| | 4 | | | 6 | 4 4/5 |
| | 5 | | | 8 | |
| | 6 | | | 9 | 7 1/5 |
| | 10 | | | 16 | |
| | 12 | | | 19 | 2 2/5 |
| | 15 | | 1 | 4 | |
| | 19 | | 1 | 10 | 4 4/5 |
| 1 | | | 1 | 12 | |
| 2 | | | 3 | 4 | |
| 3 | | | 4 | 16 | |
| 4 | | | 6 | 8 | |
| 5 | | | 8 | | |
| 6 | | | 9 | 12 | |
| 7 | | | 11 | 4 | |
| 8 | | | 12 | 16 | |
| 9 | | | 14 | 8 | |

## Mesure de 126. Livres.

| PRIX DE LA MESURE. | | | A COMBIEN LE SAC DE 200. LIV. | | |
|---|---|---|---|---|---|
| *Liv.* | *Sols.* | *Den.* | *Liv.* | *Sols.* | *Den.* |
| | | 1 | | | 1 $\frac{37}{63}$ |
| | | 2 | | | 3 $\frac{11}{63}$ |
| | | 3 | | | 4 $\frac{16}{21}$ |
| | | 6 | | | 9 $\frac{11}{21}$ |
| | | 9 | | 1 | 2 $\frac{6}{21}$ |
| | | 11 | | 1 | 5 $\frac{29}{63}$ |
| | 1 | | | 1 | 7 $\frac{1}{21}$ |
| | 2 | | | 3 | 2 $\frac{2}{21}$ |
| | 3 | | | 4 | 9 $\frac{3}{21}$ |
| | 4 | | | 6 | 4 $\frac{4}{21}$ |
| | 5 | | | 7 | 11 $\frac{5}{21}$ |
| | 6 | | | 9 | 6 $\frac{6}{21}$ |
| | 10 | | | 15 | 10 $\frac{10}{21}$ |
| | 12 | | | 19 | $\frac{12}{21}$ |
| | 15 | | 1 | 3 | 9 $\frac{15}{21}$ |
| | 19 | | 1 | 10 | 1 $\frac{19}{21}$ |
| 1 | | | 1 | 11 | 8 $\frac{20}{21}$ |
| 2 | | | 3 | 3 | 5 $\frac{19}{21}$ |
| 3 | | | 4 | 15 | 2 $\frac{18}{21}$ |
| 4 | | | 6 | 6 | 11 $\frac{17}{21}$ |
| 5 | | | 7 | 18 | 8 $\frac{16}{21}$ |
| 6 | | | 9 | 10 | 5 $\frac{15}{21}$ |
| 7 | | | 11 | 2 | 2 $\frac{14}{21}$ |
| 8 | | | 12 | 13 | 11 $\frac{13}{21}$ |
| 9 | | | 14 | 5 | 8 $\frac{12}{21}$ |

## Mesure de 127. Livres.

| PRIX DE LA MESURE. | | | A COMBIEN LE SAC DE 200. LIV. | | |
|---|---|---|---|---|---|
| *Liv.* | *Sols.* | *Den.* | *Liv.* | *Sols.* | *Den.* |
| | | 1 | | | 1 $\frac{73}{127}$ |
| | | 2 | | | 3 $\frac{19}{127}$ |
| | | 3 | | | 4 $\frac{92}{127}$ |
| | | 6 | | | 9 $\frac{57}{127}$ |
| | | 9 | | 1 | 2 $\frac{22}{127}$ |
| | | 11 | | 1 | 5 $\frac{41}{127}$ |
| | 1 | | | 1 | 6 $\frac{114}{127}$ |
| | 2 | | | 3 | 1 $\frac{101}{127}$ |
| | 3 | | | 4 | 8 $\frac{88}{127}$ |
| | 4 | | | 6 | 3 $\frac{75}{127}$ |
| | 5 | | | 7 | 10 $\frac{62}{127}$ |
| | 6 | | | 9 | 5 $\frac{49}{127}$ |
| | 10 | | | 15 | 8 $\frac{124}{127}$ |
| | 12 | | | 18 | 10 $\frac{98}{127}$ |
| | 15 | | 1 | 3 | 7 $\frac{59}{127}$ |
| | 19 | | 1 | 9 | 10 $\frac{7}{127}$ |
| 1 | | | 1 | 11 | 5 $\frac{121}{127}$ |
| 2 | | | 3 | 2 | 11 $\frac{115}{127}$ |
| 3 | | | 4 | 14 | 5 $\frac{109}{127}$ |
| 4 | | | 6 | 5 | 11 $\frac{103}{127}$ |
| 5 | | | 7 | 17 | 5 $\frac{97}{127}$ |
| 6 | | | 9 | 8 | 11 $\frac{91}{127}$ |
| 7 | | | 11 | | 5 $\frac{85}{127}$ |
| 8 | | | 12 | 11 | 11 $\frac{79}{127}$ |
| 9 | | | 14 | 3 | 5 $\frac{73}{127}$ |

## Mesure de 128. Livres.

| PRIX DE LA MESURE. | | | A COMBIEN LE SAC DE 200. LIV. | | |
|---|---|---|---|---|---|
| *Liv.* | *Sols.* | *Den.* | *Liv.* | *Sols.* | *Den.* |
| | | 1 | | | $1\frac{9}{16}$ |
| | | 2 | | | $3\frac{1}{8}$ |
| | | 3 | | | $4\frac{11}{16}$ |
| | | 6 | | | $9\frac{3}{8}$ |
| | | 9 | | 1 | $2\frac{1}{16}$ |
| | | 11 | | 1 | $5\frac{3}{16}$ |
| | 1 | | | 1 | $6\frac{3}{4}$ |
| | 2 | | | 3 | $1\frac{1}{2}$ |
| | 3 | | | 4 | $8\frac{1}{4}$ |
| | 4 | | | 6 | 3 |
| | 5 | | | 7 | $9\frac{3}{4}$ |
| | 6 | | | 9 | $4\frac{1}{2}$ |
| | 10 | | | 15 | $7\frac{1}{2}$ |
| | 12 | | | 18 | 9 |
| | 15 | | 1 | 3 | $5\frac{1}{4}$ |
| | 19 | | 1 | 8 | $8\frac{1}{4}$ |
| 1 | | | 1 | 11 | 3 |
| 2 | | | 3 | 2 | 6 |
| 3 | | | 4 | 13 | 9 |
| 4 | | | 6 | 5 | |
| 5 | | | 7 | 16 | 3 |
| 6 | | | 9 | 7 | 6 |
| 7 | | | 10 | 18 | 9 |
| 8 | | | 12 | 10 | |
| 9 | | | 14 | 1 | 3 |

## Mesure de 129. Livres.

| PRIX DE LA MESURE. | | | A COMBIEN LE SAC DE 200. LIV. | | |
|---|---|---|---|---|---|
| *Liv.* | *Sols.* | *Den.* | *Liv.* | *Sols.* | *Den.* |
| | | 1 | | | $1\frac{71}{129}$ |
| | | 2 | | | $3\frac{13}{129}$ |
| | | 3 | | | $4\frac{28}{43}$ |
| | | 6 | | | $9\frac{13}{43}$ |
| | | 9 | | 1 | $1\frac{41}{43}$ |
| | | 11 | | 1 | $4\frac{7}{129}$ |
| | 1 | | | 1 | $6\frac{26}{43}$ |
| | 2 | | | 3 | $1\frac{9}{43}$ |
| | 3 | | | 4 | $7\frac{35}{43}$ |
| | 4 | | | 6 | $2\frac{18}{43}$ |
| | 5 | | | 7 | $9\frac{1}{43}$ |
| | 6 | | | 9 | $3\frac{27}{41}$ |
| | 10 | | | 15 | $6\frac{2}{43}$ |
| | 12 | | | 18 | $7\frac{11}{43}$ |
| | 15 | | 1 | 3 | $3\frac{3}{43}$ |
| | 19 | | 1 | 9 | $5\frac{21}{43}$ |
| 1 | | | 1 | 11 | $\frac{4}{43}$ |
| 2 | | | 3 | 2 | $\frac{8}{43}$ |
| 3 | | | 4 | 13 | $\frac{12}{43}$ |
| 4 | | | 6 | 4 | $\frac{16}{43}$ |
| 5 | | | 7 | 15 | $\frac{20}{43}$ |
| 6 | | | 9 | 6 | $\frac{24}{43}$ |
| 7 | | | 10 | 17 | $\frac{28}{43}$ |
| 8 | | | 12 | 8 | $\frac{32}{43}$ |
| 9 | | | 13 | 19 | $\frac{36}{43}$ |

## Mesure de 130. Livres.

| PRIX DE LA MESURE. | | | A COMBIEN LE SAC DE 200. LIV. | | |
|---|---|---|---|---|---|
| *Liv.* | *Sols.* | *Den.* | *Liv.* | *Sols.* | *Den.* |
| | | 1 | | | 1 $\frac{7}{13}$ |
| | | 2 | | | 3 $\frac{1}{13}$ |
| | | 3 | | | 4 $\frac{8}{13}$ |
| | | 6 | | | 9 $\frac{3}{13}$ |
| | | 9 | | 1 | 1 $\frac{11}{13}$ |
| | | 11 | | 1 | 4 $\frac{12}{13}$ |
| | 1 | . | | 1 | 6 $\frac{6}{13}$ |
| | 2 | . | | 3 | . $\frac{12}{13}$ |
| | 3 | . | | 4 | 7 $\frac{5}{13}$ |
| | 4 | . | | 6 | 1 $\frac{11}{13}$ |
| | 5 | . | | 7 | 8 $\frac{4}{13}$ |
| | 6 | . | | 9 | 2 $\frac{10}{13}$ |
| | 10 | . | | 15 | 4 $\frac{8}{13}$ |
| | 12 | . | | 18 | 5 $\frac{7}{13}$ |
| | 15 | . | 1 | 3 | . $\frac{12}{13}$ |
| | 19 | . | 1 | 9 | 2 $\frac{10}{13}$ |
| 1 | . | . | 1 | 10 | 9 $\frac{3}{13}$ |
| 2 | . | . | 3 | 1 | 6 $\frac{6}{13}$ |
| 3 | . | . | 4 | 12 | 3 $\frac{9}{13}$ |
| 4 | . | . | 6 | 3 | . $\frac{12}{13}$ |
| 5 | . | . | 7 | 13 | 10 $\frac{2}{13}$ |
| 6 | . | . | 9 | 4 | 7 $\frac{5}{13}$ |
| 7 | . | . | 10 | 15 | 4 $\frac{8}{13}$ |
| 8 | . | . | 12 | 6 | 1 $\frac{11}{13}$ |
| 9 | . | . | 13 | 16 | 11 $\frac{1}{13}$ |

## Mesure de 131. Livres.

| PRIX DE LA MESURE. | | | A COMBIEN LE SAC DE 200. LIV. | | |
|---|---|---|---|---|---|
| *Liv.* | *Sols.* | *Den.* | *Liv.* | *Sols.* | *Den.* |
| | | 1 | | | 1 $\frac{69}{131}$ |
| | | 2 | | | 3 $\frac{7}{131}$ |
| | | 3 | | | 4 $\frac{76}{131}$ |
| | | 6 | | | 9 $\frac{21}{131}$ |
| | | 9 | | 1 | 1 $\frac{97}{131}$ |
| | | 11 | | 1 | 4 $\frac{104}{131}$ |
| | 1 | . | | 1 | 6 $\frac{42}{131}$ |
| | 2 | . | | 3 | . $\frac{84}{131}$ |
| | 3 | . | | 4 | 6 $\frac{126}{131}$ |
| | 4 | . | | 6 | 1 $\frac{37}{131}$ |
| | 5 | . | | 7 | 7 $\frac{79}{131}$ |
| | 6 | . | | 9 | 1 $\frac{121}{131}$ |
| | 10 | . | | 15 | 3 $\frac{27}{131}$ |
| | 12 | . | | 18 | 3 $\frac{111}{131}$ |
| | 15 | . | 1 | 2 | 10 $\frac{106}{131}$ |
| | 19 | . | 1 | 9 | . $\frac{12}{131}$ |
| 1 | . | . | 1 | 10 | 6 $\frac{54}{131}$ |
| 2 | . | . | 3 | 1 | . $\frac{108}{131}$ |
| 3 | . | . | 4 | 11 | 7 $\frac{31}{131}$ |
| 4 | . | . | 6 | 2 | 1 $\frac{85}{131}$ |
| 5 | . | . | 7 | 12 | 8 $\frac{8}{131}$ |
| 6 | . | . | 9 | 3 | 2 $\frac{62}{131}$ |
| 7 | . | . | 10 | 13 | 8 $\frac{116}{131}$ |
| 8 | . | . | 12 | 4 | 3 $\frac{59}{131}$ |
| 9 | . | . | 13 | 14 | 9 $\frac{123}{131}$ |

## Mesure de 132. Livres.

| PRIX DE LA MESURE. | | | A COMBIEN LE SAC DE 200. LIV. | | |
|---|---|---|---|---|---|
| *Liv.* | *Sols.* | *Den.* | *Liv.* | *Sols.* | *Den.* |
| | | 1 . | | | 1 17/33 |
| | | 2 . | | | 3 1/33 |
| | | 3 . | | | 4 6/11 |
| | | 6 . | | | 9 1/11 |
| | | 9 . | | 1 . | 1 7/11 |
| | | 11 . | | 1 . | 4 22/33 |
| | 1 . | . . | | 1 . | 6 2/11 |
| | 2 . | . . | | 3 . | . 4/11 |
| | 3 . | . . | | 4 . | 6 6/11 |
| | 4 . | . . | | 6 . | . 8/11 |
| | 5 . | . . | | 7 . | 6 10/11 |
| | 10 . | . . | | 15 . | 1 9/11 |
| | 12 . | . . | | 18 . | 2 2/11 |
| | 15 . | . . | 1 . | 2 . | 8 8/11 |
| | 19 . | . . | 1 . | 8 . | 9 5/11 |
| 1 . | . . | . . | 1 . | 10 . | 3 7/11 |
| 2 . | . . | . . | 3 . | . . | 7 3/11 |
| 3 . | . . | . . | 4 . | 10 . | 10 10/11 |
| 4 . | . . | . . | 6 . | 1 . | 2 6/11 |
| 5 . | . . | . . | 7 . | 11 . | 6 2/11 |
| 6 . | . . | . . | 9 . | 1 . | 9 9/11 |
| 7 . | . . | . . | 10 . | 12 . | 1 5/11 |
| 8 . | . . | . . | 12 . | 2 . | 5 1/11 |
| 9 . | . . | . . | 13 . | 12 . | 8 8/11 |
| 10 . | . . | . . | 15 . | 3 . | . 4/11 |

## Mesure de 133. Livres.

| PRIX DE LA MESURE. | | | A COMBIEN LE SAC DE 200. LIV. | | |
|---|---|---|---|---|---|
| *Liv.* | *Sols.* | *Den.* | *Liv.* | *Sols.* | *Den.* |
| | | 1 . | | | 1 67/133 |
| | | 2 . | | | 3 1/133 |
| | | 3 . | | | 4 68/133 |
| | | 6 . | | | 9 1/[illegible] |
| | | 9 . | | 1 . | 1 71/133 |
| | | 11 . | | 1 . | 4 72/133 |
| | 1 . | . . | | 1 . | 6 6/133 |
| | 2 . | . . | | 3 . | . 12/133 |
| | 3 . | . . | | 4 . | 6 18/133 |
| | 4 . | . . | | 6 . | . 24/133 |
| | 5 . | . . | | 7 . | 6 30/133 |
| | 10 . | . . | | 15 . | . 60/133 |
| | 12 . | . . | | 18 . | . 72/133 |
| | 15 . | . . | 1 . | 2 . | 6 90/133 |
| | 19 . | . . | 1 . | 8 . | 6 114/133 |
| 1 . | . . | . . | 1 . | 10 . | . 120/133 |
| 2 . | . . | . . | 3 . | . . | 1 107/133 |
| 3 . | . . | . . | 4 . | 10 . | 2 94/133 |
| 4 . | . . | . . | 6 . | . . | 3 81/133 |
| 5 . | . . | . . | 7 . | 10 . | 4 68/133 |
| 6 . | . . | . . | 9 . | . . | 5 55/133 |
| 7 . | . . | . . | 10 . | 10 . | 6 42/133 |
| 8 . | . . | . . | 12 . | . . | 7 29/133 |
| 9 . | . . | . . | 13 . | 10 . | 8 16/133 |
| 10 . | . . | . . | 15 . | . . | 9 3/133 |

**Mesure de 134. Livres.**

| PRIX DE LA MESURE. Liv. | Sols. | Den. | A COMBIEN LE SAC DE 200. LIV. Liv. | Sols. | Den. |
|---|---|---|---|---|---|
| | | 1 | | | 1 $\frac{33}{67}$ |
| | | 2 | | | 2 $\frac{66}{67}$ |
| | | 3 | | | 4 $\frac{32}{67}$ |
| | | 6 | | | 8 $\frac{64}{67}$ |
| | | 9 | | 1 | 1 $\frac{29}{67}$ |
| | | 11 | | 1 | 4 $\frac{28}{67}$ |
| | 1 | | | 1 | 5 $\frac{61}{67}$ |
| | 2 | | | 2 | 11 $\frac{55}{67}$ |
| | 3 | | | 4 | 5 $\frac{49}{67}$ |
| | 4 | | | 5 | 11 $\frac{43}{67}$ |
| | 5 | | | 7 | 5 $\frac{37}{67}$ |
| | 10 | | | 14 | 11 $\frac{7}{67}$ |
| | 12 | | | 17 | 10 $\frac{62}{67}$ |
| | 15 | | 1 | 2 | 4 $\frac{44}{67}$ |
| | 19 | | 1 | 8 | 4 $\frac{20}{67}$ |
| 1 | | | 1 | 9 | 10 $\frac{14}{67}$ |
| 2 | | | 2 | 19 | 8 $\frac{28}{67}$ |
| 3 | | | 4 | 9 | 6 $\frac{42}{67}$ |
| 4 | | | 5 | 19 | 4 $\frac{56}{67}$ |
| 5 | | | 7 | 9 | 3 $\frac{3}{67}$ |
| 6 | | | 8 | 19 | 1 $\frac{17}{67}$ |
| 7 | | | 10 | 8 | 11 $\frac{31}{67}$ |
| 8 | | | 11 | 18 | 9 $\frac{45}{67}$ |
| 9 | | | 13 | 8 | 7 $\frac{59}{67}$ |
| 10 | | | 14 | 18 | 6 $\frac{6}{67}$ |

**Mesure de 135. Livres.**

| PRIX DE LA MESURE. Liv. | Sols. | Den. | A COMBIEN LE SAC DE 200. LIV. Liv. | Sols. | Den. |
|---|---|---|---|---|---|
| | | 1 | | | 1 $\frac{13}{27}$ |
| | | 2 | | | 2 $\frac{26}{27}$ |
| | | 3 | | | 4 $\frac{4}{9}$ |
| | | 6 | | | 8 $\frac{8}{9}$ |
| | | 9 | | 1 | 1 $\frac{3}{9}$ |
| | | 11 | | 1 | 4 $\frac{8}{27}$ |
| | 1 | | | 1 | 5 $\frac{7}{9}$ |
| | 2 | | | 2 | 11 $\frac{5}{9}$ |
| | 3 | | | 4 | 5 $\frac{3}{9}$ |
| | 4 | | | 5 | 11 $\frac{1}{9}$ |
| | 5 | | | 7 | 4 $\frac{8}{9}$ |
| | 10 | | | 14 | 9 $\frac{7}{9}$ |
| | 12 | | | 17 | 9 $\frac{3}{9}$ |
| | 15 | | 1 | 2 | 2 $\frac{6}{9}$ |
| | 19 | | 1 | 8 | 1 $\frac{7}{9}$ |
| 1 | | | 1 | 9 | 7 $\frac{5}{9}$ |
| 2 | | | 2 | 19 | 3 $\frac{1}{9}$ |
| 3 | | | 4 | 8 | 10 $\frac{6}{9}$ |
| 4 | | | 5 | 18 | 6 $\frac{2}{9}$ |
| 5 | | | 7 | 8 | 1 $\frac{7}{9}$ |
| 6 | | | 8 | 17 | 9 $\frac{3}{9}$ |
| 7 | | | 10 | 7 | 4 $\frac{8}{9}$ |
| 8 | | | 11 | 17 | $\frac{4}{9}$ |
| 9 | | | 13 | 6 | 8 |
| 10 | | | 14 | 16 | 3 $\frac{5}{9}$ |

## Mesure de 136. Livres.

| PRIX DE LA MESURE. Liv. | Sols. | Den. | A COMBIEN LE SAC DE 200. LIV. Liv. | Sols. | Den. |
|---|---|---|---|---|---|
| | | 1 | | | 1 8/17 |
| | | 2 | | | 2 16/17 |
| | | 3 | | | 4 7/17 |
| | | 6 | | | 8 14/17 |
| | | 9 | | 1 | 1 4/17 |
| | | 11 | | 1 | 4 3/17 |
| | 1 | | | 1 | 5 11/17 |
| | 2 | | | 2 | 11 5/17 |
| | 3 | | | 4 | 4 16/17 |
| | 4 | | | 5 | 10 10/17 |
| | 5 | | | 7 | 4 4/17 |
| | 10 | | | 14 | 8 8/17 |
| | 12 | | | 17 | 7 13/17 |
| | 15 | | 1 | 2 | 12/17 |
| | 19 | | 1 | 7 | 11 5/17 |
| 1 | | | 1 | 9 | 4 16/17 |
| 2 | | | 2 | 18 | 9 15/17 |
| 3 | | | 4 | 8 | 2 14/17 |
| 4 | | | 5 | 17 | 7 13/17 |
| 5 | | | 7 | 7 | 12/17 |
| 6 | | | 8 | 16 | 5 11/17 |
| 7 | | | 10 | 5 | 10 10/17 |
| 8 | | | 11 | 15 | 3 9/17 |
| 9 | | | 13 | 4 | 8 8/17 |
| 10 | | | 14 | 14 | 1 7/17 |

## Mesure de 137. Livres.

| PRIX DE LA MESURE. Liv. | Sols. | Den. | A COMBIEN LE SAC DE 200. LIV. Liv. | Sols. | Den. |
|---|---|---|---|---|---|
| | | 1 | | | 1 63/137 |
| | | 2 | | | 2 126/137 |
| | | 3 | | | 4 52/137 |
| | | 6 | | | 8 104/137 |
| | | 9 | | 1 | 1 19/137 |
| | | 11 | | 1 | 4 8/137 |
| | 1 | | | 1 | 5 71/137 |
| | 2 | | | 2 | 11 5/137 |
| | 3 | | | 4 | 4 76/137 |
| | 4 | | | 5 | 10 10/137 |
| | 5 | | | 7 | 3 81/137 |
| | 10 | | | 14 | 7 25/137 |
| | 12 | | | 17 | 6 30/137 |
| | 15 | | 1 | 1 | 10 106/137 |
| | 19 | | 1 | 7 | 8 116/137 |
| 1 | | | 1 | 9 | 2 50/137 |
| 2 | | | 2 | 18 | 4 100/137 |
| 3 | | | 4 | 7 | 7 13/137 |
| 4 | | | 5 | 16 | 9 63/137 |
| 5 | | | 7 | 5 | 11 113/137 |
| 6 | | | 8 | 15 | 2 26/137 |
| 7 | | | 10 | 4 | 4 76/137 |
| 8 | | | 11 | 13 | 6 126/137 |
| 9 | | | 13 | 2 | 9 39/137 |
| 10 | | | 14 | 11 | 11 89/137 |

## Mesure de 138. Livres.

| PRIX DE LA MESURE. | | | A COMBIEN LE SAC DE 200. LIV. | | |
|---|---|---|---|---|---|
| *Liv.* | *Sols.* | *Den.* | *Liv.* | *Sols.* | *Den.* |
| | | 1 | | | 1 $\frac{31}{69}$ |
| | | 2 | | | 2 $\frac{62}{69}$ |
| | | 3 | | | 4 $\frac{8}{23}$ |
| | | 6 | | | 8 $\frac{16}{23}$ |
| | | 9 | | 1 | 1 $\frac{1}{23}$ |
| | | 11 | | 1 | 3 $\frac{65}{69}$ |
| | 1 | | | 1 | 5 $\frac{9}{23}$ |
| | 2 | | | 2 | 10 $\frac{18}{23}$ |
| | 3 | | | 4 | 4 $\frac{4}{23}$ |
| | 4 | | | 5 | 9 $\frac{13}{23}$ |
| | 5 | | | 7 | 2 $\frac{22}{23}$ |
| | 10 | | | 14 | 5 $\frac{21}{23}$ |
| | 12 | | | 17 | 4 $\frac{6}{23}$ |
| | 15 | | 1 | 1 | 8 $\frac{20}{23}$ |
| | 19 | | 1 | 7 | 6 $\frac{10}{23}$ |
| 1 | | | 1 | 8 | 11 $\frac{19}{23}$ |
| 2 | | | 2 | 17 | 11 $\frac{15}{23}$ |
| 3 | | | 4 | 6 | 11 $\frac{11}{23}$ |
| 4 | | | 5 | 15 | 11 $\frac{7}{23}$ |
| 5 | | | 7 | 4 | 11 $\frac{3}{23}$ |
| 6 | | | 8 | 13 | 10 $\frac{22}{23}$ |
| 7 | | | 10 | 2 | 10 $\frac{18}{23}$ |
| 8 | | | 11 | 11 | 10 $\frac{14}{23}$ |
| 9 | | | 13 | | 10 $\frac{10}{23}$ |
| 10 | | | 14 | 9 | 10 $\frac{6}{23}$ |

## Mesure de 139. Livres.

| PRIX DE LA MESURE. | | | A COMBIEN LE SAC DE 200. LIV. | | |
|---|---|---|---|---|---|
| *Liv.* | *Sols.* | *Den.* | *Liv.* | *Sols.* | *Den.* |
| | | 1 | | | 1 $\frac{61}{139}$ |
| | | 2 | | | 2 $\frac{122}{139}$ |
| | | 3 | | | 4 $\frac{44}{139}$ |
| | | 6 | | | 8 $\frac{88}{139}$ |
| | | 9 | | 1 | $\frac{132}{139}$ |
| | | 11 | | 1 | 3 $\frac{115}{139}$ |
| | 1 | | | 1 | 5 $\frac{37}{139}$ |
| | 2 | | | 2 | 10 $\frac{74}{139}$ |
| | 3 | | | 4 | 3 $\frac{111}{139}$ |
| | 4 | | | 5 | 9 $\frac{9}{139}$ |
| | 5 | | | 7 | 2 $\frac{46}{139}$ |
| | 10 | | | 14 | 4 $\frac{92}{139}$ |
| | 12 | | | 19 | 3 $\frac{27}{139}$ |
| | 15 | | 1 | 1 | 6 $\frac{138}{139}$ |
| | 19 | | 1 | 7 | 4 $\frac{8}{139}$ |
| 1 | | | 1 | 8 | 9 $\frac{45}{139}$ |
| 2 | | | 2 | 17 | 6 $\frac{90}{139}$ |
| 3 | | | 4 | 6 | 3 $\frac{135}{139}$ |
| 4 | | | 5 | 15 | 1 $\frac{41}{139}$ |
| 5 | | | 7 | 3 | 10 $\frac{86}{139}$ |
| 6 | | | 8 | 12 | 7 $\frac{131}{139}$ |
| 7 | | | 10 | 1 | 5 $\frac{37}{139}$ |
| 8 | | | 11 | 10 | 2 $\frac{82}{139}$ |
| 9 | | | 12 | 18 | 11 $\frac{127}{139}$ |
| 10 | | | 14 | 7 | 9 $\frac{33}{139}$ |

## Mesure de 140. Livres.

| PRIX DE LA MESURE. | | | A COMBIEN LE SAC DE 200. LIV. | | |
|---|---|---|---|---|---|
| *Liv.* | *Sols.* | *Den.* | *Liv.* | *Sols.* | *Den.* |
| | | 1 | | | 1 $\frac{3}{7}$ |
| | | 2 | | | 2 $\frac{6}{7}$ |
| | | 3 | | | 4 $\frac{2}{7}$ |
| | | 6 | | | 8 $\frac{4}{7}$ |
| | | 9 | | 1 | $\frac{6}{7}$ |
| | | 11 | | 1 | 3 $\frac{5}{7}$ |
| | 1 | | | 1 | 5 $\frac{1}{7}$ |
| | 2 | | | 2 | 10 $\frac{2}{7}$ |
| | 3 | | | 4 | 3 $\frac{3}{7}$ |
| | 4 | | | 5 | 8 $\frac{4}{7}$ |
| | 5 | | | 7 | 1 $\frac{5}{7}$ |
| | 10 | | | 14 | 3 $\frac{3}{7}$ |
| | 12 | | | 17 | 1 $\frac{5}{7}$ |
| | 15 | | 1 | 1 | 5 $\frac{1}{7}$ |
| | 19 | | 1 | 7 | 1 $\frac{5}{7}$ |
| 1 | | | 1 | 8 | 6 $\frac{6}{7}$ |
| 2 | | | 2 | 17 | 1 $\frac{5}{7}$ |
| 3 | | | 4 | 5 | 8 $\frac{4}{7}$ |
| 4 | | | 5 | 14 | 3 $\frac{3}{7}$ |
| 5 | | | 7 | 2 | 10 $\frac{2}{7}$ |
| 6 | | | 8 | 11 | 5 $\frac{1}{7}$ |
| 7 | | | 10 | | |
| 8 | | | 11 | 8 | 6 $\frac{6}{7}$ |
| 9 | | | 12 | 17 | 1 $\frac{5}{7}$ |
| 10 | | | 14 | 5 | 8 $\frac{4}{7}$ |

## Mesure de 141. Livres.

| PRIX DE LA MESURE. | | | A COMBIEN LE SAC DE 200. LIV. | | |
|---|---|---|---|---|---|
| *Liv.* | *Sols.* | *Den.* | *Liv.* | *Sols.* | *Den.* |
| | | 1 | | | 1 $\frac{59}{141}$ |
| | | 2 | | | 2 $\frac{118}{141}$ |
| | | 3 | | | 4 $\frac{12}{47}$ |
| | | 6 | | | 8 $\frac{24}{47}$ |
| | | 9 | | 1 | $\frac{36}{47}$ |
| | | 11 | | 1 | 3 $\frac{85}{141}$ |
| | 1 | | | 1 | 5 $\frac{1}{47}$ |
| | 2 | | | 2 | 10 $\frac{2}{47}$ |
| | 3 | | | 4 | 3 $\frac{3}{47}$ |
| | 4 | | | 5 | 8 $\frac{4}{47}$ |
| | 5 | | | 7 | 1 $\frac{5}{47}$ |
| | 10 | | | 14 | 2 $\frac{10}{47}$ |
| | 12 | | | 17 | $\frac{12}{47}$ |
| | 15 | | 1 | 1 | 3 $\frac{15}{47}$ |
| | 19 | | 1 | 6 | 11 $\frac{19}{47}$ |
| 1 | | | 1 | 8 | 4 $\frac{20}{47}$ |
| 2 | | | 2 | 16 | 8 $\frac{40}{47}$ |
| 3 | | | 4 | 5 | 1 $\frac{13}{47}$ |
| 4 | | | 5 | 13 | 5 $\frac{33}{47}$ |
| 5 | | | 7 | 1 | 10 $\frac{6}{47}$ |
| 6 | | | 8 | 10 | 2 $\frac{26}{47}$ |
| 7 | | | 9 | 18 | 6 $\frac{46}{47}$ |
| 8 | | | 11 | 6 | 11 $\frac{19}{47}$ |
| 9 | | | 12 | 15 | 3 $\frac{39}{47}$ |
| 10 | | | 14 | 3 | 8 $\frac{12}{47}$ |

## Mesure de 142. Livres.

| PRIX DE LA MESURE. Liv. | Sols. | Den. | A COMBIEN LE SAC DE 200. LIV. Liv. | Sols. | Den. |
|---|---|---|---|---|---|
| | | 1 | | | $1\frac{29}{71}$ |
| | | 2 | | | $2\frac{58}{71}$ |
| | | 3 | | | $4\frac{16}{71}$ |
| | | 6 | | | $8\frac{32}{71}$ |
| | | 9 | | 1 | $\frac{48}{71}$ |
| | | 11 | | 1 | $3\frac{35}{71}$ |
| | 1 | | | 1 | $4\frac{64}{71}$ |
| | 2 | | | 2 | $9\frac{57}{71}$ |
| | 3 | | | 4 | $2\frac{50}{71}$ |
| | 4 | | | 5 | $7\frac{43}{71}$ |
| | 5 | | | 7 | $\frac{36}{71}$ |
| | 10 | | | 14 | $1\frac{1}{71}$ |
| | 12 | | | 16 | $10\frac{58}{71}$ |
| | 15 | | 1 | 1 | $1\frac{37}{71}$ |
| | 19 | | 1 | 6 | $9\frac{9}{71}$ |
| 1 | | | 1 | 8 | $2\frac{2}{71}$ |
| 2 | | | 2 | 16 | $4\frac{4}{71}$ |
| 3 | | | 4 | 4 | $6\frac{6}{71}$ |
| 4 | | | 5 | 12 | $8\frac{8}{71}$ |
| 5 | | | 7 | | $10\frac{10}{71}$ |
| 6 | | | 8 | 9 | $\frac{12}{71}$ |
| 7 | | | 9 | 17 | $2\frac{14}{71}$ |
| 8 | | | 11 | 5 | $4\frac{16}{71}$ |
| 9 | | | 12 | 13 | $6\frac{18}{71}$ |
| 10 | | | 14 | 1 | $8\frac{20}{71}$ |

## Mesure de 143. Livres.

| PRIX DE LA MESURE. Liv. | Sols. | Den. | A COMBIEN LE SAC DE 200. LIV. Liv. | Sols. | Den. |
|---|---|---|---|---|---|
| | | 1 | | | $1\frac{57}{143}$ |
| | | 2 | | | $2\frac{114}{143}$ |
| | | 3 | | | $4\frac{28}{143}$ |
| | | 6 | | | $8\frac{56}{143}$ |
| | | 9 | | 1 | $\frac{84}{143}$ |
| | | 11 | | 1 | $3\frac{55}{143}$ |
| | 1 | | | 1 | $4\frac{112}{143}$ |
| | 2 | | | 2 | $9\frac{81}{143}$ |
| | 3 | | | 4 | $2\frac{50}{143}$ |
| | 4 | | | 5 | $7\frac{19}{143}$ |
| | 5 | | | 6 | $11\frac{111}{143}$ |
| | 10 | | | 13 | $11\frac{119}{143}$ |
| | 12 | | | 16 | $9\frac{57}{143}$ |
| | 15 | | 1 | | $11\frac{107}{143}$ |
| | 19 | | 1 | 6 | $6\frac{126}{143}$ |
| 1 | | | 1 | 7 | $11\frac{95}{143}$ |
| 2 | | | 2 | 15 | $11\frac{47}{143}$ |
| 3 | | | 4 | 3 | $10\frac{142}{143}$ |
| 4 | | | 5 | 11 | $10\frac{94}{143}$ |
| 5 | | | 6 | 19 | $10\frac{46}{143}$ |
| 6 | | | 8 | 7 | $9\frac{141}{143}$ |
| 7 | | | 9 | 15 | $9\frac{93}{143}$ |
| 8 | | | 11 | 3 | $9\frac{45}{143}$ |
| 9 | | | 12 | 11 | $8\frac{140}{143}$ |
| 10 | | | 13 | 19 | $8\frac{92}{143}$ |

## Mesure de 144. Livres.

| Prix de la Mesure. Liv. | Sols. | Den. | A combien le sac de 200. liv. Liv. | Sols. | Den. |
|---|---|---|---|---|---|
| . | . | 1 | . | . | 1 $\frac{7}{18}$ |
| . | . | 2 | . | . | 2 $\frac{14}{18}$ |
| . | . | 3 | . | . | 4 $\frac{1}{6}$ |
| . | . | 6 | . | . | 8 $\frac{1}{3}$ |
| . | . | 9 | . | 1 | . $\frac{1}{2}$ |
| . | . | 11 | . | 1 | 3 $\frac{5}{18}$ |
| . | 1 | . | . | 1 | 4 $\frac{2}{3}$ |
| . | 2 | . | . | 2 | 9 $\frac{1}{3}$ |
| . | 3 | . | . | 4 | 2 |
| . | 4 | . | . | 5 | 6 $\frac{2}{3}$ |
| . | 5 | . | . | 6 | 11 $\frac{1}{3}$ |
| . | 10 | . | . | 13 | 10 $\frac{2}{3}$ |
| . | 12 | . | . | 16 | 9 |
| . | 15 | . | 1 | . | 10 |
| . | 19 | . | 1 | 6 | 4 $\frac{1}{3}$ |
| 1 | . | . | 1 | 7 | 9 $\frac{1}{3}$ |
| 2 | . | . | 2 | 15 | 6 $\frac{2}{3}$ |
| 3 | . | . | 4 | 3 | 4 |
| 4 | . | . | 5 | 11 | 1 $\frac{1}{3}$ |
| 5 | . | . | 6 | 18 | 10 $\frac{2}{3}$ |
| 6 | . | . | 8 | 6 | 8 |
| 7 | . | . | 9 | 14 | 5 $\frac{1}{3}$ |
| 8 | . | . | 11 | 2 | 2 $\frac{2}{3}$ |
| 9 | . | . | 12 | 10 | . |
| 10 | . | . | 13 | 17 | 9 $\frac{1}{3}$ |

## Mesure de 145. Livres.

| Prix de la Mesure. Liv. | Sols. | Den. | A combien le sac de 200. liv. Liv. | Sols. | Den. |
|---|---|---|---|---|---|
| . | . | 1 | . | . | 1 $\frac{11}{29}$ |
| . | . | 2 | . | . | 2 $\frac{22}{29}$ |
| . | . | 3 | . | . | 4 $\frac{4}{29}$ |
| . | . | 6 | . | . | 8 $\frac{8}{29}$ |
| . | . | 9 | . | 1 | . $\frac{12}{29}$ |
| . | . | 11 | . | 1 | 3 $\frac{5}{29}$ |
| . | 1 | . | . | 1 | 4 $\frac{16}{29}$ |
| . | 2 | . | . | 2 | 9 $\frac{3}{29}$ |
| . | 3 | . | . | 4 | 1 $\frac{19}{29}$ |
| . | 4 | . | . | 5 | 6 $\frac{6}{29}$ |
| . | 5 | . | . | 6 | 10 $\frac{22}{29}$ |
| . | 10 | . | . | 13 | 9 $\frac{15}{29}$ |
| . | 12 | . | . | 16 | 6 $\frac{18}{29}$ |
| . | 15 | . | 1 | . | 8 $\frac{8}{29}$ |
| . | 19 | . | 1 | 6 | 2 $\frac{14}{29}$ |
| 1 | . | . | 1 | 7 | 7 $\frac{1}{29}$ |
| 2 | . | . | 2 | 15 | 2 $\frac{2}{29}$ |
| 3 | . | . | 4 | 2 | 9 $\frac{3}{29}$ |
| 4 | . | . | 5 | 10 | 4 $\frac{4}{29}$ |
| 5 | . | . | 6 | 17 | 11 $\frac{5}{29}$ |
| 6 | . | . | 8 | 5 | 6 $\frac{6}{29}$ |
| 7 | . | . | 9 | 13 | 1 $\frac{7}{29}$ |
| 8 | . | . | 11 | . | 8 $\frac{8}{29}$ |
| 9 | . | . | 12 | 8 | 3 $\frac{9}{29}$ |
| 10 | . | . | 13 | 15 | 10 $\frac{10}{29}$ |

## Mesure de 146. Livres.

| PRIX DE LA MESURE. | | | A COMBIEN LE SAC DE 200. LIV. | | |
|---|---|---|---|---|---|
| Liv. | Sols. | Den. | Liv. | Sols. | Den. |
| | | 1 | | | 1 $\frac{27}{73}$ |
| | | 2 | | | 2 $\frac{54}{73}$ |
| | | 3 | | | 4 $\frac{8}{73}$ |
| | | 6 | | | 8 $\frac{16}{73}$ |
| | | 9 | | 1 | $\frac{24}{73}$ |
| | | 11 | | 1 | 3 $\frac{5}{73}$ |
| | 1 | | | 1 | 4 $\frac{32}{73}$ |
| | 2 | | | 2 | 8 $\frac{64}{73}$ |
| | 3 | | | 4 | 1 $\frac{23}{73}$ |
| | 4 | | | 5 | 5 $\frac{55}{73}$ |
| | 5 | | | 6 | 10 $\frac{14}{73}$ |
| | 10 | | | 13 | 8 $\frac{28}{73}$ |
| | 12 | | | 16 | 4 $\frac{19}{73}$ |
| | 15 | | 1 | | 6 $\frac{42}{73}$ |
| | 19 | | 1 | 6 | $\frac{34}{73}$ |
| 1 | | | 1 | 7 | 4 $\frac{56}{73}$ |
| 2 | | | 2 | 14 | 9 $\frac{39}{73}$ |
| 3 | | | 4 | 2 | 2 $\frac{22}{73}$ |
| 4 | | | 5 | 9 | 7 $\frac{5}{73}$ |
| 5 | | | 6 | 16 | 11 $\frac{61}{73}$ |
| 6 | | | 8 | 4 | 4 $\frac{44}{73}$ |
| 7 | | | 9 | 11 | 9 $\frac{27}{73}$ |
| 8 | | | 10 | 19 | 2 $\frac{10}{73}$ |
| 9 | | | 12 | 6 | 6 $\frac{66}{73}$ |
| 10 | | | 13 | 13 | 11 $\frac{49}{73}$ |

## Mesure de 147. Livres.

| PRIX DE LA MESURE. | | | A COMBIEN LE SAC DE 200. LIV. | | |
|---|---|---|---|---|---|
| Liv. | Sols. | Den. | Liv. | Sols. | Den. |
| | | 1 | | | 1 $\frac{53}{147}$ |
| | | 2 | | | 2 $\frac{106}{147}$ |
| | | 3 | | | 4 $\frac{4}{49}$ |
| | | 6 | | | 8 $\frac{8}{49}$ |
| | | 9 | | 1 | $\frac{12}{49}$ |
| | | 11 | | 1 | 2 $\frac{142}{147}$ |
| | 1 | | | 1 | 4 $\frac{16}{49}$ |
| | 2 | | | 2 | 8 $\frac{32}{49}$ |
| | 3 | | | 4 | $\frac{48}{49}$ |
| | 4 | | | 5 | 5 $\frac{15}{49}$ |
| | 5 | | | 6 | 9 $\frac{31}{49}$ |
| | 10 | | | 13 | 7 $\frac{13}{49}$ |
| | 12 | | | 16 | 3 $\frac{35}{49}$ |
| | 15 | | 1 | | 4 $\frac{44}{49}$ |
| | 19 | | 1 | 5 | 10 $\frac{10}{49}$ |
| 1 | | | 1 | 7 | 2 $\frac{26}{49}$ |
| 2 | | | 2 | 14 | 5 $\frac{3}{49}$ |
| 3 | | | 4 | 1 | 7 $\frac{29}{49}$ |
| 4 | | | 5 | 8 | 10 $\frac{6}{49}$ |
| 5 | | | 6 | 16 | $\frac{32}{49}$ |
| 6 | | | 8 | 3 | 3 $\frac{9}{49}$ |
| 7 | | | 9 | 10 | 5 $\frac{35}{49}$ |
| 8 | | | 10 | 17 | 8 $\frac{12}{49}$ |
| 9 | | | 12 | 4 | 10 $\frac{38}{49}$ |
| 10 | | | 13 | 12 | 1 $\frac{15}{49}$ |

## Mesure de 148. Livres.

| PRIX DE LA MESURE. | | | A COMBIEN LE SAC DE 200. LIV. | | |
|---|---|---|---|---|---|
| Liv. | Sols. | Den. | Liv. | Sols. | Den. |
| | | 1 | | | 1 $\frac{13}{37}$ |
| | | 2 | | | 2 $\frac{26}{37}$ |
| | | 3 | | | 4 $\frac{2}{37}$ |
| | | 6 | | | 8 $\frac{4}{37}$ |
| | | 9 | | 1 | $\frac{6}{37}$ |
| | | 11 | | 1 | 2 $\frac{32}{37}$ |
| | 1 | | | 1 | 4 $\frac{8}{37}$ |
| | 2 | | | 2 | 8 $\frac{16}{37}$ |
| | 3 | | | 4 | $\frac{24}{37}$ |
| | 4 | | | 5 | 4 $\frac{32}{37}$ |
| | 5 | | | 6 | 9 $\frac{3}{37}$ |
| | 10 | | | 13 | 6 $\frac{6}{37}$ |
| | 12 | | | 16 | 2 $\frac{22}{37}$ |
| | 15 | | 1 | | 3 $\frac{9}{37}$ |
| | 19 | | 1 | 5 | 8 $\frac{4}{37}$ |
| 1 | | | 1 | 7 | $\frac{12}{37}$ |
| 2 | | | 2 | 14 | $\frac{24}{37}$ |
| 3 | | | 4 | 1 | $\frac{36}{37}$ |
| 4 | | | 5 | 8 | 1 $\frac{11}{37}$ |
| 5 | | | 6 | 15 | 1 $\frac{23}{37}$ |
| 6 | | | 8 | 2 | 1 $\frac{35}{37}$ |
| 7 | | | 9 | 9 | 2 $\frac{10}{37}$ |
| 8 | | | 10 | 16 | 2 $\frac{22}{37}$ |
| 9 | | | 12 | 3 | 2 $\frac{34}{37}$ |
| 10 | | | 13 | 10 | 3 $\frac{9}{37}$ |

## Mesure de 149. Livres.

| PRIX DE LA MESURE. | | | A COMBIEN LE SAC DE 200. LIV. | | |
|---|---|---|---|---|---|
| Liv. | Sols. | Den. | Liv. | Sols. | Den. |
| | | 1 | | | 1 $\frac{51}{149}$ |
| | | 2 | | | 2 $\frac{102}{149}$ |
| | | 3 | | | 4 $\frac{4}{149}$ |
| | | 6 | | | 8 $\frac{8}{149}$ |
| | | 9 | | 1 | $\frac{12}{149}$ |
| | | 11 | | 1 | 2 $\frac{114}{149}$ |
| | 1 | | | 1 | 4 $\frac{16}{149}$ |
| | 2 | | | 2 | 8 $\frac{32}{149}$ |
| | 3 | | | 4 | $\frac{48}{149}$ |
| | 4 | | | 5 | 4 $\frac{64}{149}$ |
| | 5 | | | 6 | 8 $\frac{80}{149}$ |
| | 10 | | | 13 | 5 $\frac{11}{149}$ |
| | 12 | | | 16 | 1 $\frac{43}{149}$ |
| | 15 | | 1 | | 1 $\frac{91}{149}$ |
| | 19 | | 1 | 5 | 6 $\frac{6}{149}$ |
| 1 | | | 1 | 6 | 10 $\frac{22}{149}$ |
| 2 | | | 2 | 13 | 8 $\frac{44}{149}$ |
| 3 | | | 4 | | 6 $\frac{66}{149}$ |
| 4 | | | 5 | 7 | 4 $\frac{88}{149}$ |
| 5 | | | 6 | 14 | 2 $\frac{110}{149}$ |
| 6 | | | 8 | 1 | $\frac{132}{149}$ |
| 7 | | | 9 | 7 | 11 $\frac{5}{149}$ |
| 8 | | | 10 | 14 | 9 $\frac{27}{149}$ |
| 9 | | | 12 | 1 | 7 $\frac{49}{149}$ |
| 10 | | | 13 | 8 | 5 $\frac{71}{148}$ |

## Mesure de 150. Livres.

| PRIX DE LA MESURE. | | | A COMBIEN LE SAC DE 200. LIV. | | |
|---|---|---|---|---|---|
| Liv. | Sols. | Den. | Liv. | Sols. | Den. |
| | | 1 | | | $1\frac{1}{3}$ |
| | | 2 | | | $2\frac{2}{3}$ |
| | | 3 | | | 4 |
| | | 6 | | | 8 |
| | | 9 | | 1 | |
| | | 11 | | 1 | $2\frac{2}{3}$ |
| | 1 | | | 1 | 4 |
| | 2 | | | 2 | 8 |
| | 3 | | | 4 | |
| | 4 | | | 5 | 4 |
| | 5 | | | 6 | 8 |
| | 10 | | | 13 | 4 |
| | 12 | | | 16 | |
| | 15 | | 1 | | |
| | 19 | | 1 | 5 | 4 |
| 1 | | | 1 | 6 | 8 |
| 2 | | | 2 | 13 | 4 |
| 3 | | | 4 | | |
| 4 | | | 5 | 6 | 8 |
| 5 | | | 6 | 13 | 4 |
| 6 | | | 8 | | |
| 7 | | | 9 | 6 | 8 |
| 8 | | | 10 | 13 | 4 |
| 9 | | | 12 | | |
| 10 | | | 13 | 6 | 8 |

## Mesure de 151. Livres.

| PRIX DE LA MESURE. | | | A COMBIEN LE SAC DE 200. LIV. | | |
|---|---|---|---|---|---|
| Liv. | Sols. | Den. | Liv. | Sols. | Den. |
| | | 1 | | | $1\frac{49}{151}$ |
| | | 2 | | | $2\frac{98}{151}$ |
| | | 3 | | | $3\frac{147}{151}$ |
| | | 6 | | | $7\frac{141}{151}$ |
| | | 9 | | | $11\frac{139}{151}$ |
| | | 11 | | 1 | $2\frac{86}{151}$ |
| | 1 | | | 1 | $3\frac{135}{151}$ |
| | 2 | | | 2 | $7\frac{119}{151}$ |
| | 3 | | | 3 | $11\frac{103}{151}$ |
| | 4 | | | 5 | $3\frac{87}{151}$ |
| | 5 | | | 6 | $7\frac{71}{151}$ |
| | 10 | | | 13 | $2\frac{142}{151}$ |
| | 12 | | | 15 | $10\frac{110}{151}$ |
| | 15 | | | 19 | $10\frac{62}{151}$ |
| | 19 | | 1 | 5 | $1\frac{149}{151}$ |
| 1 | | | 1 | 6 | $5\frac{133}{151}$ |
| 2 | | | 2 | 12 | $11\frac{115}{151}$ |
| 3 | | | 3 | 19 | $5\frac{97}{151}$ |
| 4 | | | 5 | 5 | $11\frac{79}{151}$ |
| 5 | | | 6 | 12 | $5\frac{61}{151}$ |
| 6 | | | 7 | 18 | $11\frac{43}{151}$ |
| 7 | | | 9 | 5 | $5\frac{25}{151}$ |
| 8 | | | 10 | 11 | $11\frac{7}{151}$ |
| 9 | | | 11 | 18 | $4\frac{140}{151}$ |
| 10 | | | 13 | 4 | $10\frac{122}{151}$ |

## Mesure de 152. Livres.

| PRIX DE LA MESURE. | A COMBIEN LE SAC DE 200. LIV. |
|---|---|
| Liv. Sols. Den. | Liv. Sols. Den. |
| 1 . | $1\frac{6}{19}$ |
| 2 . | $2\frac{12}{19}$ |
| 3 . | $3\frac{18}{19}$ |
| 6 . | $7\frac{17}{19}$ |
| 9 . | $11\frac{16}{19}$ |
| 11 . | 1 . $2\frac{9}{19}$ |
| 1 . . . | 1 . $3\frac{15}{19}$ |
| 2 . . . | 2 . $7\frac{11}{19}$ |
| 3 . . . | 3 . $11\frac{7}{19}$ |
| 4 . . . | 5 . $3\frac{3}{19}$ |
| 5 . . . | 6 . $6\frac{18}{19}$ |
| 10 . . . | 13 . $1\frac{17}{19}$ |
| 12 . . . | 15 . $9\frac{9}{19}$ |
| 15 . . . | 19 . $8\frac{16}{19}$ |
| 19 . . . | 1 . 5 . . . |
| 1 . . . . . | 1 . 6 . $3\frac{15}{19}$ |
| 2 . . . . . | 2 . 12 . $7\frac{11}{19}$ |
| 3 . . . . . | 3 . 18 . $11\frac{7}{19}$ |
| 4 . . . . . | 5 . 5 . $3\frac{3}{19}$ |
| 5 . . . . . | 6 . 11 . $6\frac{18}{19}$ |
| 6 . . . . . | 7 . 17 . $10\frac{14}{19}$ |
| 7 . . . . . | 9 . 4 . $2\frac{10}{19}$ |
| 8 . . . . . | 10 . 10 . $6\frac{6}{19}$ |
| 9 . . . . . | 11 . 16 . $10\frac{2}{19}$ |
| 10 . . . . . | 13 . 3 . $1\frac{17}{19}$ |

## Mesure de 153. Livres.

| PRIX DE LA MESURE. | A COMBIEN LE SAC DE 200. LIV. |
|---|---|
| Liv. Sols. Den. | Liv. Sols. Den. |
| 1 . | $1\frac{47}{153}$ |
| 2 . | $2\frac{94}{153}$ |
| 3 . | $3\frac{47}{51}$ |
| 6 . | $7\frac{43}{51}$ |
| 9 . | $11\frac{39}{51}$ |
| 11 . | 1 . $2\frac{58}{153}$ |
| 1 . . . | 1 . $3\frac{35}{51}$ |
| 2 . . . | 2 . $7\frac{19}{51}$ |
| 3 . . . | 3 . $11\frac{3}{51}$ |
| 4 . . . | 5 . $2\frac{38}{51}$ |
| 5 . . . | 6 . $6\frac{22}{51}$ |
| 10 . . . | 13 . . $\frac{44}{51}$ |
| 12 . . . | 15 . $8\frac{12}{51}$ |
| 15 . . . | 19 . $7\frac{15}{51}$ |
| 19 . . . | 1 . 4 . $10\frac{6}{51}$ |
| 1 . . . . . | 1 . 6 . $1\frac{37}{51}$ |
| 2 . . . . . | 2 . 12 . $3\frac{23}{51}$ |
| 3 . . . . . | 3 . 18 . $5\frac{9}{51}$ |
| 4 . . . . . | 5 . 4 . $6\frac{46}{51}$ |
| 5 . . . . . | 6 . 10 . $8\frac{32}{51}$ |
| 6 . . . . . | 7 . 16 . $10\frac{18}{51}$ |
| 7 . . . . . | 9 . 3 . . $\frac{4}{51}$ |
| 8 . . . . . | 10 . 9 . $1\frac{41}{51}$ |
| 9 . . . . . | 11 . 15 . $3\frac{27}{51}$ |
| 10 . . . . . | 13 . 1 . $5\frac{13}{51}$ |

## Mesure de 154. Livres.

| PRIX DE LA MESURE. | | | A COMBIEN LE SAC DE 200. LIV. | | |
|---|---|---|---|---|---|
| *Liv.* | *Sols.* | *Den.* | *Liv.* | *Sols.* | *Den.* |
| | | 1 | | | 1 $\frac{23}{77}$ |
| | | 2 | | | 2 $\frac{46}{77}$ |
| | | 3 | | | 3 $\frac{69}{77}$ |
| | | 6 | | | 7 $\frac{61}{77}$ |
| | | 9 | | | 11 $\frac{53}{77}$ |
| | | 11 | | 1 | 2 $\frac{22}{77}$ |
| | 1 | | | 1 | 3 $\frac{45}{77}$ |
| | 2 | | | 2 | 7 $\frac{13}{77}$ |
| | 3 | | | 3 | 10 $\frac{58}{77}$ |
| | 4 | | | 5 | 2 $\frac{26}{77}$ |
| | 5 | | | 6 | 5 $\frac{71}{77}$ |
| | 10 | | | 12 | 11 $\frac{65}{77}$ |
| | 12 | | | 15 | 7 $\frac{1}{77}$ |
| | 15 | | | 19 | 5 $\frac{59}{77}$ |
| | 19 | | 1 | 4 | 8 $\frac{8}{77}$ |
| 1 | | | 1 | 5 | 11 $\frac{53}{77}$ |
| 2 | | | 2 | 11 | 11 $\frac{29}{77}$ |
| 3 | | | 3 | 17 | 11 $\frac{5}{77}$ |
| 4 | | | 5 | 3 | 10 $\frac{58}{77}$ |
| 5 | | | 6 | 9 | 10 $\frac{34}{77}$ |
| 6 | | | 7 | 15 | 10 $\frac{10}{77}$ |
| 7 | | | 9 | 1 | 9 $\frac{63}{77}$ |
| 8 | | | 10 | 7 | 9 $\frac{39}{77}$ |
| 9 | | | 11 | 13 | 9 $\frac{15}{77}$ |
| 10 | | | 12 | 19 | 8 $\frac{68}{77}$ |

## Mesure de 155. Livres.

| PRIX DE LA MESURE. | | | A COMBIEN LE SAC DE 200. LIV. | | |
|---|---|---|---|---|---|
| *Liv.* | *Sols.* | *Den.* | *Liv.* | *Sols.* | *Den.* |
| | | 1 | | | 1 $\frac{9}{31}$ |
| | | 2 | | | 2 $\frac{18}{31}$ |
| | | 3 | | | 3 $\frac{27}{31}$ |
| | | 6 | | | 7 $\frac{23}{31}$ |
| | | 9 | | | 11 $\frac{19}{31}$ |
| | | 11 | | 1 | 2 $\frac{6}{31}$ |
| | 1 | | | 1 | 3 $\frac{15}{31}$ |
| | 2 | | | 2 | 6 $\frac{30}{31}$ |
| | 3 | | | 3 | 10 $\frac{14}{31}$ |
| | 4 | | | 5 | 1 $\frac{29}{31}$ |
| | 5 | | | 6 | 5 $\frac{13}{31}$ |
| | 10 | | | 12 | 10 $\frac{26}{31}$ |
| | 12 | | | 15 | 5 $\frac{25}{31}$ |
| | 15 | | | 19 | 4 $\frac{8}{31}$ |
| | 19 | | 1 | 4 | 6 $\frac{6}{31}$ |
| 1 | | | 1 | 5 | 9 $\frac{21}{31}$ |
| 2 | | | 2 | 11 | 7 $\frac{11}{31}$ |
| 3 | | | 3 | 17 | 5 $\frac{1}{31}$ |
| 4 | | | 5 | 3 | 2 $\frac{22}{31}$ |
| 5 | | | 6 | 9 | $\frac{12}{31}$ |
| 6 | | | 7 | 14 | 10 $\frac{2}{31}$ |
| 7 | | | 9 | | 7 $\frac{23}{31}$ |
| 8 | | | 10 | 6 | 5 $\frac{13}{31}$ |
| 9 | | | 11 | 12 | 3 $\frac{3}{31}$ |
| 10 | | | 12 | 18 | $\frac{24}{31}$ |

## Mesure de 156. Livres.

| PRIX DE LA MESURE. | | | A COMBIEN LE SAC DE 200. LIV. | | |
|---|---|---|---|---|---|
| *Liv.* | *Sols.* | *Den.* | *Liv.* | *Sols.* | *Den.* |
| | | 1 | | | 1 $\frac{11}{39}$ |
| | | 2 | | | 2 $\frac{22}{39}$ |
| | | 3 | | | 3 $\frac{11}{13}$ |
| | | 6 | | | 7 $\frac{9}{13}$ |
| | | 9 | | | 11 $\frac{7}{13}$ |
| | | 11 | | 1 | 2 $\frac{4}{39}$ |
| | 1 | | | 1 | 3 $\frac{5}{13}$ |
| | 2 | | | 2 | 6 $\frac{10}{13}$ |
| | 3 | | | 3 | 10 $\frac{2}{13}$ |
| | 4 | | | 5 | 1 $\frac{7}{13}$ |
| | 5 | | | 6 | 4 $\frac{12}{13}$ |
| | 10 | | | 12 | 9 $\frac{11}{13}$ |
| | 15 | | | 19 | 2 $\frac{10}{13}$ |
| | 19 | | 1 | 4 | 4 $\frac{4}{13}$ |
| 1 | | | 1 | 5 | 7 $\frac{9}{13}$ |
| 2 | | | 2 | 11 | 3 $\frac{5}{13}$ |
| 3 | | | 3 | 16 | 11 $\frac{1}{13}$ |
| 4 | | | 5 | 2 | 6 $\frac{10}{13}$ |
| 5 | | | 6 | 8 | 2 $\frac{6}{13}$ |
| 6 | | | 7 | 13 | 10 $\frac{2}{13}$ |
| 7 | | | 8 | 19 | 5 $\frac{11}{13}$ |
| 8 | | | 10 | 5 | 1 $\frac{7}{13}$ |
| 9 | | | 11 | 10 | 9 $\frac{3}{13}$ |
| 10 | | | 12 | 16 | 4 $\frac{12}{13}$ |
| 11 | | | 14 | 2 | $\frac{8}{13}$ |

## Mesure de 157. Livres.

| PRIX DE LA MESURE. | | | A COMBIEN LE SAC DE 200. LIV. | | |
|---|---|---|---|---|---|
| *Liv.* | *Sols.* | *Den.* | *Liv.* | *Sols.* | *Den.* |
| | | 1 | | | 1 $\frac{43}{157}$ |
| | | 2 | | | 2 $\frac{86}{157}$ |
| | | 3 | | | 3 $\frac{129}{157}$ |
| | | 6 | | | 7 $\frac{101}{157}$ |
| | | 9 | | | 11 $\frac{73}{157}$ |
| | | 11 | | 1 | 2 $\frac{2}{157}$ |
| | 1 | | | 1 | 3 $\frac{45}{157}$ |
| | 2 | | | 2 | 6 $\frac{90}{157}$ |
| | 3 | | | 3 | 9 $\frac{125}{157}$ |
| | 4 | | | 5 | 1 $\frac{23}{157}$ |
| | 5 | | | 6 | 4 $\frac{68}{157}$ |
| | 10 | | | 12 | 8 $\frac{136}{157}$ |
| | 15 | | | 19 | 1 $\frac{47}{157}$ |
| | 19 | | 1 | 4 | 2 $\frac{70}{157}$ |
| 1 | | | 1 | 5 | 5 $\frac{115}{157}$ |
| 2 | | | 2 | 10 | 11 $\frac{73}{157}$ |
| 3 | | | 3 | 16 | 5 $\frac{31}{157}$ |
| 4 | | | 5 | 1 | 10 $\frac{146}{157}$ |
| 5 | | | 6 | 7 | 4 $\frac{104}{157}$ |
| 6 | | | 7 | 12 | 10 $\frac{62}{157}$ |
| 7 | | | 8 | 18 | 4 $\frac{20}{157}$ |
| 8 | | | 10 | 3 | 9 $\frac{135}{157}$ |
| 9 | | | 11 | 9 | 3 $\frac{93}{157}$ |
| 10 | | | 12 | 14 | 9 $\frac{51}{157}$ |
| 11 | | | 14 | | 3 $\frac{9}{157}$ |

## Mesure de 158. Livres.

| PRIX DE LA MESURE. | | | A COMBIEN LE SAC DE 200. LIV. | | |
|---|---|---|---|---|---|
| Liv. | Sols. | Den. | Liv. | Sols. | Den. |
| | | 1 | | | 1 $\frac{21}{79}$ |
| | | 2 | | | 2 $\frac{42}{79}$ |
| | | 3 | | | 3 $\frac{63}{79}$ |
| | | 6 | | | 7 $\frac{47}{79}$ |
| | | 9 | | | 11 $\frac{31}{79}$ |
| | | 11 | | 1 | 1 $\frac{73}{79}$ |
| | 1 | | | 1 | 3 $\frac{15}{79}$ |
| | 2 | | | 2 | 6 $\frac{30}{79}$ |
| | 3 | | | 3 | 9 $\frac{45}{79}$ |
| | 4 | | | 5 | $\frac{60}{79}$ |
| | 5 | | | 6 | 3 $\frac{75}{79}$ |
| | 10 | | | 12 | 7 $\frac{71}{79}$ |
| | 15 | | | 18 | 11 $\frac{67}{79}$ |
| | 19 | | 1 | 4 | $\frac{48}{79}$ |
| 1 | | | 1 | 5 | 3 $\frac{63}{79}$ |
| 2 | | | 2 | 10 | 7 $\frac{47}{79}$ |
| 3 | | | 3 | 15 | 11 $\frac{31}{79}$ |
| 4 | | | 5 | 1 | 3 $\frac{15}{79}$ |
| 5 | | | 6 | 6 | 6 $\frac{78}{79}$ |
| 6 | | | 7 | 11 | 10 $\frac{62}{79}$ |
| 7 | | | 8 | 17 | 2 $\frac{46}{79}$ |
| 8 | | | 10 | 2 | 6 $\frac{30}{79}$ |
| 9 | | | 11 | 7 | 10 $\frac{14}{79}$ |
| 10 | | | 12 | 13 | 1 $\frac{77}{79}$ |
| 11 | | | 13 | 18 | 5 $\frac{61}{79}$ |

## Mesure de 159. Livres.

| PRIX DE LA MESURE. | | | A COMBIEN LE SAC DE 200. LIV. | | |
|---|---|---|---|---|---|
| Liv. | Sols. | Den. | Liv. | Sols. | Den. |
| | | 1 | | | 1 $\frac{41}{159}$ |
| | | 2 | | | 2 $\frac{82}{159}$ |
| | | 3 | | | 3 $\frac{41}{53}$ |
| | | 6 | | | 7 $\frac{29}{53}$ |
| | | 9 | | | 11 $\frac{17}{53}$ |
| | | 11 | | 1 | 1 $\frac{133}{159}$ |
| | 1 | | | 1 | 3 $\frac{5}{53}$ |
| | 2 | | | 2 | 6 $\frac{10}{53}$ |
| | 3 | | | 3 | 9 $\frac{15}{53}$ |
| | 4 | | | 5 | $\frac{20}{53}$ |
| | 5 | | | 6 | 3 $\frac{25}{53}$ |
| | 10 | | | 12 | 6 $\frac{50}{53}$ |
| | 15 | | | 18 | 10 $\frac{22}{53}$ |
| | 19 | | 1 | 3 | 10 $\frac{42}{53}$ |
| 1 | | | 1 | 5 | 1 $\frac{47}{53}$ |
| 2 | | | 2 | 10 | 3 $\frac{41}{53}$ |
| 3 | | | 3 | 15 | 5 $\frac{35}{53}$ |
| 4 | | | 5 | | 7 $\frac{29}{53}$ |
| 5 | | | 6 | 5 | 9 $\frac{23}{53}$ |
| 6 | | | 7 | 10 | 11 $\frac{17}{53}$ |
| 7 | | | 8 | 16 | 1 $\frac{11}{53}$ |
| 8 | | | 10 | 1 | 3 $\frac{5}{53}$ |
| 9 | | | 11 | 6 | 4 $\frac{52}{53}$ |
| 10 | | | 12 | 11 | 6 $\frac{46}{53}$ |
| 11 | | | 13 | 16 | 8 $\frac{40}{53}$ |

## Mesure de 160. Livres.

| PRIX DE LA MESURE. | | | A COMBIEN LE SAC DE 200. LIV. | | |
|---|---|---|---|---|---|
| Liv. | Sols. | Den. | Liv. | Sols. | Den. |
| | | 1 . | | | 1 $\frac{1}{4}$ |
| | | 2 . | | | 2 $\frac{1}{2}$ |
| | | 3 . | | | 3 $\frac{3}{4}$ |
| | | 6 . | | | 7 $\frac{1}{2}$ |
| | | 9 . | | | 11 $\frac{1}{4}$ |
| | | 11 . | | 1 . | 1 $\frac{3}{4}$ |
| | 1 . | . . | | 1 . | 3 . |
| | 2 . | . . | | 2 . | 6 . |
| | 3 . | . . | | 3 . | 9 . |
| | 4 . | . . | | 5 . | . . |
| | 5 . | . . | | 6 . | 3 . |
| | 10 . | . . | | 12 . | 6 . |
| | 15 . | . . | | 18 . | 9 . |
| | 19 . | . . | 1 . | 3 . | 9 . |
| 1 . | . . | . . | 1 . | 5 . | . . |
| 2 . | . . | . . | 2 . | 10 . | . . |
| 3 . | . . | . . | 3 . | 15 . | . . |
| 4 . | . . | . . | 5 . | . . | . . |
| 5 . | . . | . . | 6 . | 5 . | . . |
| 6 . | . . | . . | 7 . | 10 . | . . |
| 7 . | . . | . . | 8 . | 15 . | . . |
| 8 . | . . | . . | 10 . | . . | . . |
| 9 . | . . | . . | 11 . | 5 . | . . |
| 10 . | . . | . . | 12 . | 10 . | . . |
| 11 . | . . | . . | 13 . | 15 . | . . |

## Mesure de 161. Livres.

| PRIX DE LA MESURE. | | | A COMBIEN LE SAC DE 200. LIV. | | |
|---|---|---|---|---|---|
| Liv. | Sols. | Den. | Liv. | Sols. | Den. |
| | | 1 . | | | 1 $\frac{39}{161}$ |
| | | 2 . | | | 2 $\frac{78}{161}$ |
| | | 3 . | | | 3 $\frac{117}{161}$ |
| | | 6 . | | | 7 $\frac{73}{161}$ |
| | | 9 . | | | 11 $\frac{29}{161}$ |
| | | 11 . | | 1 . | 1 $\frac{107}{161}$ |
| | 1 . | . . | | 1 . | 2 $\frac{146}{161}$ |
| | 2 . | . . | | 2 . | 5 $\frac{131}{161}$ |
| | 3 . | . . | | 3 . | 8 $\frac{116}{161}$ |
| | 4 . | . . | | 4 . | 11 $\frac{101}{161}$ |
| | 5 . | . . | | 6 . | 2 $\frac{86}{161}$ |
| | 10 . | . . | | 12 . | 5 $\frac{11}{161}$ |
| | 15 . | . . | | 18 . | 7 $\frac{97}{161}$ |
| | 19 . | . . | 1 . | 3 . | 7 $\frac{37}{161}$ |
| 1 . | . . | . . | 1 . | 4 . | 10 $\frac{22}{161}$ |
| 2 . | . . | . . | 2 . | 9 . | 8 $\frac{44}{161}$ |
| 3 . | . . | . . | 3 . | 14 . | 6 $\frac{66}{161}$ |
| 4 . | . . | . . | 4 . | 19 . | 4 $\frac{88}{161}$ |
| 5 . | . . | . . | 6 . | 4 . | 2 $\frac{110}{161}$ |
| 6 . | . . | . . | 7 . | 9 . | . $\frac{132}{161}$ |
| 7 . | . . | . . | 8 . | 13 . | 10 $\frac{154}{161}$ |
| 8 . | . . | . . | 9 . | 18 . | 9 $\frac{15}{161}$ |
| 9 . | . . | . . | 11 . | 3 . | 7 $\frac{37}{161}$ |
| 10 . | . . | . . | 12 . | 8 . | 5 $\frac{59}{161}$ |
| 11 . | . . | . . | 13 . | 13 . | 3 $\frac{81}{161}$ |

## Mesure de 162. Livres.

| PRIX DE LA MESURE. | | | A COMBIEN LE SAC DE 200. LIV. | | |
|---|---|---|---|---|---|
| *Liv.* | *Sols.* | *Den.* | *Liv.* | *Sols.* | *Den.* |
| | | 1 | | | 1 $\frac{19}{81}$ |
| | | 2 | | | 2 $\frac{28}{81}$ |
| | | 3 | | | 3 $\frac{19}{27}$ |
| | | 6 | | | 7 $\frac{11}{27}$ |
| | | 9 | | | 11 $\frac{3}{27}$ |
| | | 11 | | 1 | 1 $\frac{47}{81}$ |
| | 1 | | | 1 | 2 $\frac{22}{27}$ |
| | 2 | | | 2 | 5 $\frac{17}{27}$ |
| | 3 | | | 3 | 8 $\frac{12}{27}$ |
| | 4 | | | 4 | 11 $\frac{7}{27}$ |
| | 5 | | | 6 | 2 $\frac{2}{27}$ |
| | 10 | | | 12 | 4 $\frac{4}{27}$ |
| | 15 | | | 18 | 6 $\frac{6}{27}$ |
| | 19 | | 1 | 3 | 5 $\frac{13}{27}$ |
| 1 | | | 1 | 4 | 8 $\frac{8}{27}$ |
| 2 | | | 2 | 9 | 4 $\frac{16}{27}$ |
| 3 | | | 3 | 14 | $\frac{24}{27}$ |
| 4 | | | 4 | 18 | 9 $\frac{5}{27}$ |
| 5 | | | 6 | 3 | 5 $\frac{13}{27}$ |
| 6 | | | 7 | 8 | 1 $\frac{21}{27}$ |
| 7 | | | 8 | 12 | 10 $\frac{2}{27}$ |
| 8 | | | 9 | 17 | 6 $\frac{10}{27}$ |
| 9 | | | 11 | 3 | 2 $\frac{18}{27}$ |
| 10 | | | 12 | 6 | 10 $\frac{26}{27}$ |
| 11 | | | 13 | 11 | 7 $\frac{7}{27}$ |

## Mesure de 163. Livres.

| PRIX DE LA MESURE. | | | A COMBIEN LE SAC DE 200. LIV. | | |
|---|---|---|---|---|---|
| *Liv.* | *Sols.* | *Den.* | *Liv.* | *Sols.* | *Den.* |
| | | 1 | | | 1 $\frac{37}{163}$ |
| | | 2 | | | 2 $\frac{74}{163}$ |
| | | 3 | | | 3 $\frac{111}{163}$ |
| | | 6 | | | 7 $\frac{59}{163}$ |
| | | 9 | | | 11 $\frac{7}{163}$ |
| | | 11 | | 1 | 1 $\frac{81}{163}$ |
| | 1 | | | 1 | 2 $\frac{118}{163}$ |
| | 2 | | | 2 | 5 $\frac{73}{163}$ |
| | 3 | | | 3 | 8 $\frac{28}{163}$ |
| | 4 | | | 4 | 10 $\frac{146}{163}$ |
| | 5 | | | 6 | 1 $\frac{101}{163}$ |
| | 10 | | | 12 | 3 $\frac{39}{163}$ |
| | 15 | | | 18 | 4 $\frac{140}{163}$ |
| | 19 | | 1 | 3 | 3 $\frac{113}{163}$ |
| 1 | | | 1 | 4 | 6 $\frac{78}{163}$ |
| 2 | | | 2 | 9 | $\frac{156}{163}$ |
| 3 | | | 3 | 13 | 7 $\frac{71}{163}$ |
| 4 | | | 4 | 18 | 1 $\frac{149}{163}$ |
| 5 | | | 6 | 2 | 8 $\frac{64}{163}$ |
| 6 | | | 7 | 7 | 2 $\frac{142}{163}$ |
| 7 | | | 8 | 11 | 9 $\frac{57}{163}$ |
| 8 | | | 9 | 16 | 3 $\frac{135}{163}$ |
| 9 | | | 11 | | 10 $\frac{50}{163}$ |
| 10 | | | 12 | 5 | 4 $\frac{128}{163}$ |
| 11 | | | 13 | 9 | 11 $\frac{43}{163}$ |

## Mesure de 164. Livres.

| PRIX DE LA MESURE. | | | A COMBIEN LE SAC DE 200. LIV. | | |
|---|---|---|---|---|---|
| *Liv.* | *Sols.* | *Den.* | *Liv.* | *Sols.* | *Den.* |
| | | 1 | | | 1 $\frac{9}{41}$ |
| | | 2 | | | 2 $\frac{18}{41}$ |
| | | 3 | | | 3 $\frac{27}{41}$ |
| | | 6 | | | 7 $\frac{13}{41}$ |
| | | 9 | | | 10 $\frac{40}{41}$ |
| | | 11 | | 1 | 1 $\frac{17}{41}$ |
| | 1 | | | 1 | 2 $\frac{25}{41}$ |
| | 2 | | | 2 | 5 $\frac{11}{41}$ |
| | 3 | | | 3 | 7 $\frac{37}{41}$ |
| | 4 | | | 4 | 10 $\frac{22}{41}$ |
| | 5 | | | 6 | 1 $\frac{7}{41}$ |
| | 10 | | | 12 | 2 $\frac{14}{41}$ |
| | 15 | | | 18 | 3 $\frac{21}{41}$ |
| | 19 | | 1 | 3 | 2 $\frac{2}{41}$ |
| 1 | | | 1 | 4 | 4 $\frac{28}{41}$ |
| 2 | | | 2 | 8 | 9 $\frac{15}{41}$ |
| 3 | | | 3 | 13 | 2 $\frac{2}{41}$ |
| 4 | | | 4 | 17 | 6 $\frac{30}{41}$ |
| 5 | | | 6 | 1 | 11 $\frac{17}{41}$ |
| 6 | | | 7 | 6 | 4 $\frac{4}{41}$ |
| 7 | | | 8 | 10 | 8 $\frac{32}{41}$ |
| 8 | | | 9 | 15 | 1 $\frac{19}{41}$ |
| 9 | | | 10 | 19 | 6 $\frac{6}{41}$ |
| 10 | | | 12 | 3 | 10 $\frac{34}{41}$ |
| 11 | | | 13 | 8 | 3 $\frac{21}{41}$ |

## Mesure de 165. Livres.

| PRIX DE LA MESURE. | | | A COMBIEN LE SAC DE 200. LIV. | | |
|---|---|---|---|---|---|
| *Liv.* | *Sols.* | *Den.* | *Liv.* | *Sols.* | *Den.* |
| | | 1 | | | 1 $\frac{7}{33}$ |
| | | 2 | | | 2 $\frac{14}{33}$ |
| | | 3 | | | 3 $\frac{7}{11}$ |
| | | 6 | | | 7 $\frac{3}{11}$ |
| | | 9 | | | 10 $\frac{10}{11}$ |
| | | 11 | | 1 | 1 $\frac{11}{33}$ |
| | 1 | | | 1 | 2 $\frac{6}{11}$ |
| | 2 | | | 2 | 5 $\frac{1}{11}$ |
| | 3 | | | 3 | 7 $\frac{7}{11}$ |
| | 4 | | | 4 | 10 $\frac{2}{11}$ |
| | 5 | | | 6 | $\frac{8}{11}$ |
| | 10 | | | 12 | 1 $\frac{5}{11}$ |
| | 15 | | | 18 | 2 $\frac{2}{11}$ |
| | 19 | | 1 | 3 | $\frac{4}{11}$ |
| 1 | | | 1 | 4 | 2 $\frac{10}{11}$ |
| 2 | | | 2 | 8 | 5 $\frac{9}{11}$ |
| 3 | | | 3 | 12 | 8 $\frac{8}{11}$ |
| 4 | | | 4 | 16 | 11 $\frac{7}{11}$ |
| 5 | | | 6 | 1 | 2 $\frac{6}{11}$ |
| 6 | | | 7 | 5 | 5 $\frac{5}{11}$ |
| 7 | | | 8 | 9 | 8 $\frac{4}{11}$ |
| 8 | | | 9 | 13 | 11 $\frac{3}{11}$ |
| 9 | | | 10 | 18 | 2 $\frac{2}{11}$ |
| 10 | | | 12 | 2 | 5 $\frac{1}{11}$ |
| 11 | | | 13 | 6 | 8 |

Mesure de 166. Livres.

| PRIX DE LA MESURE. | | | A COMBIEN LE SAC DE 200. LIV. | | |
|---|---|---|---|---|---|
| *Liv.* | *Sols.* | *Den.* | *Liv.* | *Sols.* | *Den.* |
| | | 1 | | | 1 $\frac{17}{83}$ |
| | | 2 | | | 2 $\frac{34}{83}$ |
| | | 3 | | | 3 $\frac{51}{83}$ |
| | | 6 | | | 7 $\frac{19}{83}$ |
| | | 9 | | | 10 $\frac{70}{83}$ |
| | | 11 | | 1 | 1 $\frac{21}{83}$ |
| | 1 | | | 1 | 2 $\frac{38}{83}$ |
| | 2 | | | 2 | 4 $\frac{76}{83}$ |
| | 3 | | | 3 | 7 $\frac{31}{83}$ |
| | 4 | | | 4 | 9 $\frac{69}{83}$ |
| | 5 | | | 6 | $\frac{24}{83}$ |
| | 10 | | | 12 | $\frac{48}{83}$ |
| | 15 | | | 18 | $\frac{72}{83}$ |
| | 19 | | 1 | 2 | 10 $\frac{58}{83}$ |
| 1 | | | 1 | 4 | 1 $\frac{13}{83}$ |
| 2 | | | 2 | 8 | 2 $\frac{26}{83}$ |
| 3 | | | 3 | 12 | 3 $\frac{39}{83}$ |
| 4 | | | 4 | 16 | 4 $\frac{52}{83}$ |
| 5 | | | 6 | | 5 $\frac{65}{83}$ |
| 6 | | | 7 | 4 | 6 $\frac{78}{83}$ |
| 7 | | | 8 | 8 | 8 $\frac{8}{83}$ |
| 8 | | | 9 | 12 | 9 $\frac{21}{83}$ |
| 9 | | | 10 | 16 | 10 $\frac{34}{83}$ |
| 10 | | | 12 | | 11 $\frac{47}{83}$ |
| 11 | | | 13 | 5 | $\frac{60}{83}$ |

Mesure de 167. Livres.

| PRIX DE LA MESURE. | | | A COMBIEN LE SAC DE 200. LIV. | | |
|---|---|---|---|---|---|
| *Liv.* | *Sols.* | *Den.* | *Liv.* | *Sols.* | *Den.* |
| | | 1 | | | 1 $\frac{33}{167}$ |
| | | 2 | | | 2 $\frac{66}{167}$ |
| | | 3 | | | 3 $\frac{99}{167}$ |
| | | 6 | | | 7 $\frac{31}{167}$ |
| | | 9 | | | 10 $\frac{130}{167}$ |
| | | 11 | | 1 | 1 $\frac{29}{167}$ |
| | 1 | | | 1 | 2 $\frac{62}{167}$ |
| | 2 | | | 2 | 4 $\frac{124}{167}$ |
| | 3 | | | 3 | 7 $\frac{19}{167}$ |
| | 4 | | | 4 | 9 $\frac{81}{167}$ |
| | 5 | | | 5 | 11 $\frac{143}{167}$ |
| | 10 | | | 11 | 11 $\frac{119}{167}$ |
| | 15 | | | 17 | 11 $\frac{95}{167}$ |
| | 19 | | 1 | 2 | 9 $\frac{9}{167}$ |
| 1 | | | 1 | 3 | 11 $\frac{71}{167}$ |
| 2 | | | 2 | 7 | 10 $\frac{142}{167}$ |
| 3 | | | 3 | 11 | 10 $\frac{46}{167}$ |
| 4 | | | 4 | 15 | 9 $\frac{117}{167}$ |
| 5 | | | 5 | 19 | 9 $\frac{21}{167}$ |
| 6 | | | 7 | 3 | 8 $\frac{92}{167}$ |
| 7 | | | 8 | 7 | 7 $\frac{163}{167}$ |
| 8 | | | 9 | 11 | 7 $\frac{67}{167}$ |
| 9 | | | 10 | 15 | 6 $\frac{138}{167}$ |
| 10 | | | 11 | 19 | 6 $\frac{42}{167}$ |
| 11 | | | 13 | 3 | 5 $\frac{113}{167}$ |

## Mesure de 168. Livres.

| PRIX DE LA MESURE. | | | A COMBIEN LE SAC DE 200. LIV. | | |
|---|---|---|---|---|---|
| *Liv.* | *Sols.* | *Den.* | *Liv.* | *Sols.* | *Den.* |
| | | 1 . | | | 1 $\frac{4}{21}$ |
| | | 2 . | | | 2 $\frac{8}{21}$ |
| | | 3 . | | | 3 $\frac{4}{7}$ |
| | | 6 . | | | 7 $\frac{1}{7}$ |
| | | 9 . | | | 10 $\frac{5}{7}$ |
| | | 11 . | | 1 . | 1 $\frac{2}{21}$ |
| | 1 . . . | | | 1 . | 2 $\frac{2}{7}$ |
| | 2 . . . | | | 2 . | 4 $\frac{4}{7}$ |
| | 3 . . . | | | 3 . | 6 $\frac{6}{7}$ |
| | 4 . . . | | | 4 . | 9 $\frac{1}{7}$ |
| | 5 . . . | | | 5 . | 11 $\frac{3}{7}$ |
| | 10 . . . | | | 11 . | 10 $\frac{6}{7}$ |
| | 15 . . . | | | 17 . | 10 $\frac{2}{7}$ |
| | 19 . . . | | 1 . | 2 . | 7 $\frac{3}{7}$ |
| 1 . . . . . . | | | 1 . | 3 . | 9 $\frac{5}{7}$ |
| 2 . . . . . . | | | 2 . | 7 . | 7 $\frac{3}{7}$ |
| 3 . . . . . . | | | 3 . | 11 . | 5 $\frac{1}{7}$ |
| 4 . . . . . . | | | 4 . | 15 . | 2 $\frac{6}{7}$ |
| 5 . . . . . . | | | 5 . | 19 . | . $\frac{4}{7}$ |
| 6 . . . . . . | | | 7 . | 2 . | 10 $\frac{2}{7}$ |
| 7 . . . . . . | | | 8 . | 6 . | 8 . |
| 8 . . . . . . | | | 9 . | 10 . | 5 $\frac{5}{7}$ |
| 9 . . . . . . | | | 10 . | 14 . | 3 $\frac{3}{7}$ |
| 10 . . . . . . | | | 11 . | 18 . | 1 $\frac{1}{7}$ |
| 11 . . . . . . | | | 13 . | 1 . | 10 $\frac{6}{7}$ |

## Mesure de 169. Livres.

| PRIX DE LA MESURE. | | | A COMBIEN LE SAC DE 200. LIV. | | |
|---|---|---|---|---|---|
| *Liv.* | *Sols.* | *Den.* | *Liv.* | *Sols.* | *Den.* |
| | | 1 . | | | 1 $\frac{31}{169}$ |
| | | 2 . | | | 2 $\frac{62}{169}$ |
| | | 3 . | | | 3 $\frac{93}{169}$ |
| | | 6 . | | | 7 $\frac{17}{169}$ |
| | | 9 . | | | 10 $\frac{110}{169}$ |
| | | 11 . | | 1 . | 1 $\frac{3}{169}$ |
| | 1 . . . | | | 1 . | 2 $\frac{34}{169}$ |
| | 2 . . . | | | 2 . | 4 $\frac{68}{169}$ |
| | 3 . . . | | | 3 . | 6 $\frac{102}{169}$ |
| | 4 . . . | | | 4 . | 8 $\frac{136}{169}$ |
| | 5 . . . | | | 5 . | 11 $\frac{1}{169}$ |
| | 10 . . . | | | 11 . | 10 $\frac{2}{169}$ |
| | 15 . . . | | | 17 . | 9 $\frac{3}{169}$ |
| | 19 . . . | | 1 . | 2 . | 5 $\frac{139}{169}$ |
| 1 . . . . . . | | | 1 . | 3 . | 8 $\frac{4}{169}$ |
| 2 . . . . . . | | | 2 . | 7 . | 4 $\frac{8}{169}$ |
| 3 . . . . . . | | | 3 . | 11 . | . $\frac{12}{169}$ |
| 4 . . . . . . | | | 4 . | 14 . | 8 $\frac{16}{169}$ |
| 5 . . . . . . | | | 5 . | 18 . | 4 $\frac{20}{169}$ |
| 6 . . . . . . | | | 7 . | 2 . | . $\frac{24}{169}$ |
| 7 . . . . . . | | | 8 . | 5 . | 8 $\frac{28}{169}$ |
| 8 . . . . . . | | | 9 . | 9 . | 4 $\frac{32}{169}$ |
| 9 . . . . . . | | | 10 . | 13 . | . $\frac{36}{169}$ |
| 10 . . . . . . | | | 11 . | 16 . | 8 $\frac{40}{169}$ |
| 11 . . . . . . | | | 13 . | . . | 4 $\frac{44}{169}$ |

## Mesure de 170. Livres.

| PRIX DE LA MESURE. | | | A COMBIEN LE SAC DE 200. LIV. | | |
|---|---|---|---|---|---|
| *Liv.* | *Sols.* | *Den.* | *Liv.* | *Sols.* | *Den.* |
| | | 1 | | | 1 $\frac{3}{17}$ |
| | | 2 | | | 2 $\frac{6}{17}$ |
| | | 3 | | | 3 $\frac{9}{17}$ |
| | | 6 | | | 7 $\frac{2}{17}$ |
| | | 9 | | | 10 $\frac{10}{17}$ |
| | | 11 | | 1 | $\frac{16}{17}$ |
| | 1 | | | 1 | 2 $\frac{2}{17}$ |
| | 2 | | | 2 | 4 $\frac{4}{17}$ |
| | 3 | | | 3 | 6 $\frac{6}{17}$ |
| | 4 | | | 4 | 8 $\frac{8}{17}$ |
| | 5 | | | 5 | 10 $\frac{10}{17}$ |
| | 10 | | | 11 | 9 $\frac{3}{17}$ |
| | 15 | | | 17 | 7 $\frac{13}{17}$ |
| | 19 | | 1 | 2 | 4 $\frac{4}{17}$ |
| 1 | | | 1 | 3 | 6 $\frac{6}{17}$ |
| 2 | | | 2 | 7 | $\frac{12}{17}$ |
| 3 | | | 3 | 10 | 7 $\frac{1}{17}$ |
| 4 | | | 4 | 14 | 1 $\frac{7}{17}$ |
| 5 | | | 5 | 17 | 7 $\frac{13}{17}$ |
| 6 | | | 7 | 1 | 2 $\frac{2}{17}$ |
| 7 | | | 8 | 4 | 8 $\frac{8}{17}$ |
| 8 | | | 9 | 8 | 2 $\frac{14}{17}$ |
| 9 | | | 10 | 11 | 9 $\frac{3}{77}$ |
| 10 | | | 11 | 15 | 3 $\frac{9}{17}$ |
| 11 | | | 12 | 18 | 9 $\frac{15}{17}$ |

## Mesure de 171. Livres.

| PRIX DE LA MESURE. | | | A COMBIEN LE SAC DE 200. LIV. | | |
|---|---|---|---|---|---|
| *Liv.* | *Sols.* | *Den.* | *Liv.* | *Sols.* | *Den.* |
| | | 1 | | | 1 $\frac{29}{171}$ |
| | | 2 | | | 2 $\frac{58}{171}$ |
| | | 3 | | | 3 $\frac{29}{57}$ |
| | | 6 | | | 7 $\frac{1}{57}$ |
| | | 9 | | | 10 $\frac{30}{57}$ |
| | | 11 | | 1 | $\frac{148}{171}$ |
| | 1 | | | 1 | 2 $\frac{2}{57}$ |
| | 2 | | | 2 | 4 $\frac{4}{57}$ |
| | 3 | | | 3 | 6 $\frac{6}{57}$ |
| | 4 | | | 4 | 8 $\frac{8}{57}$ |
| | 5 | | | 5 | 10 $\frac{10}{57}$ |
| | 10 | | | 11 | 8 $\frac{20}{57}$ |
| | 15 | | | 17 | 6 $\frac{30}{57}$ |
| | 19 | | 1 | 2 | 2 $\frac{38}{57}$ |
| 1 | | | 1 | 3 | 4 $\frac{40}{57}$ |
| 2 | | | 2 | 6 | 9 $\frac{23}{57}$ |
| 3 | | | 3 | 10 | 2 $\frac{6}{57}$ |
| 4 | | | 4 | 13 | 6 $\frac{46}{57}$ |
| 5 | | | 5 | 16 | 11 $\frac{29}{57}$ |
| 6 | | | 7 | | 4 $\frac{12}{57}$ |
| 7 | | | 8 | 3 | 8 $\frac{52}{57}$ |
| 8 | | | 9 | 7 | 1 $\frac{35}{57}$ |
| 9 | | | 10 | 10 | 6 $\frac{18}{57}$ |
| 10 | | | 11 | 13 | 11 $\frac{1}{57}$ |
| 11 | | | 12 | 17 | 3 $\frac{41}{57}$ |

## Mesure de 172. Livres.

| PRIX DE LA MESURE. | | | A COMBIEN LE SAC DE 200. LIV. | | |
|---|---|---|---|---|---|
| *Liv.* | *Sols.* | *Den.* | *Liv.* | *Sols.* | *Den.* |
| | | 1 | | | 1 7/43 |
| | | 2 | | | 2 14/43 |
| | | 3 | | | 3 21/43 |
| | | 6 | | | 6 42/43 |
| | | 9 | | | 10 20/43 |
| | | 11 | | 1 | 34/43 |
| | 1 | | | 1 | 1 41/43 |
| | 2 | | | 2 | 3 39/43 |
| | 3 | | | 3 | 5 37/43 |
| | 4 | | | 4 | 7 35/43 |
| | 5 | | | 5 | 9 33/43 |
| | 10 | | | 11 | 7 23/43 |
| | 15 | | | 17 | 5 13/43 |
| | 19 | | 1 | 2 | 1 5/43 |
| 1 | | | 1 | 3 | 3 3/43 |
| 2 | | | 2 | 6 | 6 6/43 |
| 3 | | | 3 | 9 | 9 9/43 |
| 4 | | | 4 | 13 | 12/43 |
| 5 | | | 5 | 16 | 3 15/43 |
| 6 | | | 6 | 19 | 6 18/43 |
| 7 | | | 8 | 2 | 9 21/43 |
| 8 | | | 9 | 6 | 24/43 |
| 9 | | | 10 | 9 | 3 27/43 |
| 10 | | | 11 | 12 | 6 30/43 |
| 11 | | | 12 | 15 | 9 33/43 |

## Mesure de 173. Livres.

| PRIX DE LA MESURE. | | | A COMBIEN LE SAC DE 200. LIV. | | |
|---|---|---|---|---|---|
| *Liv.* | *Sols.* | *Den.* | *Liv.* | *Sols.* | *Den.* |
| | | 1 | | | 1 27/173 |
| | | 2 | | | 2 54/173 |
| | | 3 | | | 3 81/173 |
| | | 6 | | | 6 162/173 |
| | | 9 | | | 10 70/173 |
| | | 11 | | 1 | 124/173 |
| | 1 | | | 1 | 1 151/173 |
| | 2 | | | 2 | 3 129/173 |
| | 3 | | | 3 | 5 107/173 |
| | 4 | | | 4 | 7 85/173 |
| | 5 | | | 5 | 9 63/173 |
| | 10 | | | 11 | 6 126/173 |
| | 15 | | | 17 | 4 16/173 |
| | 19 | | 1 | 1 | 11 101/173 |
| 1 | | | 1 | 3 | 1 79/173 |
| 2 | | | 2 | 6 | 2 158/173 |
| 3 | | | 3 | 9 | 4 64/173 |
| 4 | | | 4 | 12 | 5 143/173 |
| 5 | | | 5 | 15 | 7 49/173 |
| 6 | | | 6 | 18 | 8 128/173 |
| 7 | | | 8 | 1 | 10 34/173 |
| 8 | | | 9 | 4 | 11 113/173 |
| 9 | | | 10 | 8 | 1 19/173 |
| 10 | | | 11 | 11 | 2 98/173 |
| 11 | | | 12 | 14 | 4 4/173 |

## Mesure de 174. Livres.

| PRIX DE LA MESURE. | | | A COMBIEN LE SAC DE 200. LIV. | | |
|---|---|---|---|---|---|
| *Liv.* | *Sols.* | *Den.* | *Liv.* | *Sols.* | *Den.* |
| | | 1 | | | 1 $\frac{13}{87}$ |
| | | 2 | | | 2 $\frac{26}{87}$ |
| | | 3 | | | 3 $\frac{13}{29}$ |
| | | 6 | | | 6 $\frac{26}{29}$ |
| | | 9 | | | 10 $\frac{10}{29}$ |
| | | 11 | | 1 | $\frac{56}{87}$ |
| | 1 | | | 1 | 1 $\frac{23}{29}$ |
| | 2 | | | 2 | 3 $\frac{17}{29}$ |
| | 3 | | | 3 | 5 $\frac{11}{29}$ |
| | 4 | | | 4 | 7 $\frac{5}{29}$ |
| | 5 | | | 5 | 8 $\frac{28}{29}$ |
| | 10 | | | 11 | 5 $\frac{27}{29}$ |
| | 15 | | | 17 | 2 $\frac{26}{29}$ |
| | 19 | | 1 | 1 | 10 $\frac{2}{29}$ |
| 1 | | | 1 | 2 | 11 $\frac{25}{29}$ |
| 2 | | | 2 | 5 | 11 $\frac{21}{29}$ |
| 3 | | | 3 | 8 | 11 $\frac{17}{29}$ |
| 4 | | | 4 | 11 | 11 $\frac{13}{29}$ |
| 5 | | | 5 | 14 | 11 $\frac{9}{29}$ |
| 6 | | | 6 | 17 | 11 $\frac{5}{29}$ |
| 7 | | | 8 | | 11 $\frac{1}{29}$ |
| 8 | | | 9 | 3 | 10 $\frac{26}{29}$ |
| 9 | | | 10 | 6 | 10 $\frac{22}{29}$ |
| 10 | | | 11 | 9 | 10 $\frac{18}{29}$ |
| 11 | | | 12 | 12 | 10 $\frac{14}{29}$ |

## Mesure de 175. Livres.

| PRIX DE LA MESURE. | | | A COMBIEN LE SAC DE 200. LIV. | | |
|---|---|---|---|---|---|
| *Liv.* | *Sols.* | *Den.* | *Liv.* | *Sols.* | *Den.* |
| | | 1 | | | 1 $\frac{1}{7}$ |
| | | 2 | | | 2 $\frac{2}{7}$ |
| | | 3 | | | 3 $\frac{3}{7}$ |
| | | 6 | | | 6 $\frac{6}{7}$ |
| | | 9 | | | 10 $\frac{2}{7}$ |
| | | 11 | | 1 | $\frac{4}{7}$ |
| | 1 | | | 1 | 1 $\frac{5}{7}$ |
| | 2 | | | 2 | 3 $\frac{3}{7}$ |
| | 3 | | | 3 | 5 $\frac{1}{7}$ |
| | 4 | | | 4 | 6 $\frac{6}{7}$ |
| | 5 | | | 5 | 8 $\frac{4}{7}$ |
| | 10 | | | 11 | 5 $\frac{1}{7}$ |
| | 15 | | | 17 | 1 $\frac{5}{7}$ |
| | 19 | | 1 | 1 | 8 $\frac{4}{7}$ |
| 1 | | | 1 | 2 | 10 $\frac{2}{7}$ |
| 2 | | | 2 | 5 | 8 $\frac{4}{7}$ |
| 3 | | | 3 | 8 | 6 $\frac{6}{7}$ |
| 4 | | | 4 | 11 | 5 $\frac{2}{7}$ |
| 5 | | | 5 | 14 | 3 $\frac{3}{7}$ |
| 6 | | | 6 | 17 | 1 $\frac{5}{7}$ |
| 7 | | | 8 | | |
| 8 | | | 9 | 2 | 10 $\frac{2}{7}$ |
| 9 | | | 10 | 5 | 8 $\frac{4}{7}$ |
| 10 | | | 11 | 8 | 6 $\frac{6}{7}$ |
| 11 | | | 12 | 11 | 5 $\frac{1}{7}$ |

## Mesure de 176. Livres.

| PRIX DE LA MESURE. | | | A COMBIEN LE SAC DE 200. LIV. | | |
|---|---|---|---|---|---|
| *Liv.* | *Sols.* | *Den.* | *Liv.* | *Sols.* | *Den.* |
| | | 1 | | | 1 $\frac{3}{22}$ |
| | | 2 | | | 2 $\frac{3}{11}$ |
| | | 3 | | | 3 $\frac{9}{22}$ |
| | | 6 | | | 6 $\frac{9}{11}$ |
| | | 9 | | | 10 $\frac{5}{22}$ |
| | | 11 | | 1 | $\frac{11}{22}$ |
| | 1 | | | 1 | 1 $\frac{7}{11}$ |
| | 2 | | | 2 | 3 $\frac{3}{11}$ |
| | 3 | | | 3 | 4 $\frac{10}{11}$ |
| | 4 | | | 4 | 6 $\frac{6}{11}$ |
| | 5 | | | 5 | 8 $\frac{2}{11}$ |
| | 10 | | | 11 | 4 $\frac{4}{11}$ |
| | 15 | | | 17 | $\frac{6}{11}$ |
| | 19 | | 1 | 1 | 7 $\frac{1}{11}$ |
| 1 | | | 1 | 2 | 8 $\frac{8}{11}$ |
| 2 | | | 2 | 5 | 5 $\frac{5}{11}$ |
| 3 | | | 3 | 8 | 2 $\frac{2}{11}$ |
| 4 | | | 4 | 10 | 10 $\frac{10}{11}$ |
| 5 | | | 5 | 13 | 7 $\frac{7}{11}$ |
| 6 | | | 6 | 16 | 4 $\frac{4}{11}$ |
| 7 | | | 7 | 19 | 1 $\frac{1}{11}$ |
| 8 | | | 9 | 1 | 9 $\frac{9}{11}$ |
| 9 | | | 10 | 4 | 6 $\frac{6}{11}$ |
| 10 | | | 11 | 7 | 3 $\frac{3}{11}$ |
| 11 | | | 12 | 10 | |

## Mesure de 177. Livres.

| PRIX DE LA MESURE. | | | A COMBIEN LE SAC DE 200. LIV. | | |
|---|---|---|---|---|---|
| *Liv.* | *Sols.* | *Den.* | *Liv.* | *Sols.* | *Den.* |
| | | 1 | | | 1 $\frac{23}{177}$ |
| | | 2 | | | 2 $\frac{46}{177}$ |
| | | 3 | | | 3 $\frac{23}{59}$ |
| | | 6 | | | 6 $\frac{46}{59}$ |
| | | 9 | | | 10 $\frac{10}{59}$ |
| | | 11 | | 1 | $\frac{76}{177}$ |
| | 1 | | | 1 | 1 $\frac{33}{59}$ |
| | 2 | | | 2 | 3 $\frac{7}{59}$ |
| | 3 | | | 3 | 4 $\frac{40}{59}$ |
| | 4 | | | 4 | 6 $\frac{14}{59}$ |
| | 5 | | | 5 | 7 $\frac{47}{59}$ |
| | 10 | | | 11 | 3 $\frac{35}{59}$ |
| | 15 | | | 16 | 11 $\frac{23}{59}$ |
| | 19 | | 1 | 1 | 5 $\frac{37}{59}$ |
| 1 | | | 1 | 2 | 7 $\frac{11}{59}$ |
| 2 | | | 2 | 5 | 2 $\frac{22}{59}$ |
| 3 | | | 3 | 7 | 9 $\frac{33}{59}$ |
| 4 | | | 4 | 10 | 4 $\frac{44}{59}$ |
| 5 | | | 5 | 12 | 11 $\frac{55}{59}$ |
| 6 | | | 6 | 15 | 7 $\frac{7}{59}$ |
| 7 | | | 7 | 18 | 2 $\frac{18}{59}$ |
| 8 | | | 9 | | 9 $\frac{25}{59}$ |
| 9 | | | 10 | 3 | 4 $\frac{40}{59}$ |
| 10 | | | 11 | 5 | 11 $\frac{51}{59}$ |
| 11 | | | 12 | 8 | 7 $\frac{3}{59}$ |

## Mesure de 178. Livres.

| PRIX DE LA MESURE. | | | A COMBIEN LE SAC DE 200. LIV. | | |
|---|---|---|---|---|---|
| Liv. | Sols. | Den. | Liv. | Sols. | Den. |
| | | 1 | | | 1 $\frac{11}{89}$ |
| | | 2 | | | 2 $\frac{22}{89}$ |
| | | 3 | | | 3 $\frac{33}{89}$ |
| | | 6 | | | 6 $\frac{66}{89}$ |
| | | 9 | | | 10 $\frac{10}{89}$ |
| | | 11 | | 1 | $\frac{32}{89}$ |
| | 1 | | | 1 | 1 $\frac{43}{89}$ |
| | 2 | | | 2 | 2 $\frac{86}{89}$ |
| | 3 | | | 3 | 4 $\frac{40}{89}$ |
| | 4 | | | 4 | 5 $\frac{83}{89}$ |
| | 5 | | | 5 | 7 $\frac{37}{89}$ |
| | 10 | | | 11 | 2 $\frac{74}{89}$ |
| | 15 | | | 16 | 10 $\frac{22}{89}$ |
| | 19 | | 1 | 1 | 4 $\frac{16}{89}$ |
| 1 | | | 1 | 2 | 5 $\frac{59}{89}$ |
| 2 | | | 2 | 4 | 11 $\frac{29}{89}$ |
| 3 | | | 3 | 7 | 4 $\frac{88}{89}$ |
| 4 | | | 4 | 9 | 10 $\frac{58}{89}$ |
| 5 | | | 5 | 12 | 4 $\frac{28}{89}$ |
| 6 | | | 6 | 14 | 9 $\frac{87}{89}$ |
| 7 | | | 7 | 17 | 3 $\frac{57}{89}$ |
| 8 | | | 8 | 19 | 9 $\frac{27}{89}$ |
| 9 | | | 10 | 2 | 2 $\frac{86}{89}$ |
| 10 | | | 11 | 4 | 8 $\frac{56}{89}$ |
| 11 | | | 12 | 7 | 2 $\frac{26}{89}$ |

## Mesure de 179. Livres.

| PRIX DE LA MESURE. | | | A COMBIEN LE SAC DE 200. LIV. | | |
|---|---|---|---|---|---|
| Liv. | Sols. | Den. | Liv. | Sols. | Den. |
| | | 1 | | | 1 $\frac{25}{179}$ |
| | | 2 | | | 2 $\frac{42}{179}$ |
| | | 3 | | | 3 $\frac{63}{179}$ |
| | | 6 | | | 6 $\frac{126}{179}$ |
| | | 9 | | | 10 $\frac{10}{179}$ |
| | | 11 | | 1 | $\frac{52}{179}$ |
| | 1 | | | 1 | 1 $\frac{73}{179}$ |
| | 2 | | | 2 | 2 $\frac{146}{179}$ |
| | 3 | | | 3 | 4 $\frac{40}{179}$ |
| | 4 | | | 4 | 5 $\frac{113}{179}$ |
| | 5 | | | 5 | 7 $\frac{7}{179}$ |
| | 10 | | | 11 | 2 $\frac{14}{179}$ |
| | 15 | | | 16 | 9 $\frac{21}{179}$ |
| | 19 | | 1 | 1 | 2 $\frac{114}{179}$ |
| 1 | | | 1 | 2 | 4 $\frac{28}{179}$ |
| 2 | | | 2 | 4 | 8 $\frac{56}{179}$ |
| 3 | | | 3 | 7 | $\frac{84}{179}$ |
| 4 | | | 4 | 9 | 4 $\frac{112}{179}$ |
| 5 | | | 5 | 11 | 8 $\frac{140}{179}$ |
| 6 | | | 6 | 14 | $\frac{168}{179}$ |
| 7 | | | 7 | 16 | 5 $\frac{17}{179}$ |
| 8 | | | 8 | 18 | 9 $\frac{45}{179}$ |
| 9 | | | 10 | 1 | 1 $\frac{73}{179}$ |
| 10 | | | 11 | 3 | 5 $\frac{101}{179}$ |
| 11 | | | 12 | 5 | 9 $\frac{129}{179}$ |

## Mesure de 180. Livres.

| PRIX DE LA MESURE. | | | A COMBIEN LE SAC DE 200. LIV. | | |
|---|---|---|---|---|---|
| *Liv.* | *Sols.* | *Den.* | *Liv.* | *Sols.* | *Den.* |
| | | 1 | | | $1\frac{1}{9}$ |
| | | 2 | | | $2\frac{2}{9}$ |
| | | 3 | | | $3\frac{1}{3}$ |
| | | 6 | | | $6\frac{2}{3}$ |
| | | 9 | | | 10 |
| | 1 | | | 1 | $1\frac{1}{3}$ |
| | 2 | | | 2 | $2\frac{2}{3}$ |
| | 3 | | | 3 | 4 |
| | 4 | | | 4 | $5\frac{1}{3}$ |
| | 5 | | | 5 | $6\frac{2}{3}$ |
| | 10 | | | 11 | $1\frac{1}{3}$ |
| | 15 | | | 16 | 8 |
| | 19 | | 1 | 1 | $1\frac{1}{3}$ |
| 1 | | | 1 | 2 | $2\frac{2}{3}$ |
| 2 | | | 2 | 4 | $5\frac{1}{3}$ |
| 3 | | | 3 | 6 | 8 |
| 4 | | | 4 | 8 | $10\frac{2}{3}$ |
| 5 | | | 5 | 11 | $1\frac{1}{3}$ |
| 6 | | | 6 | 13 | 4 |
| 7 | | | 7 | 15 | $6\frac{2}{3}$ |
| 8 | | | 8 | 17 | $9\frac{1}{3}$ |
| 9 | | | 10 | | |
| 10 | | | 11 | 2 | $2\frac{2}{3}$ |
| 11 | | | 12 | 4 | $5\frac{1}{3}$ |
| 12 | | | 13 | 6 | 8 |

## Mesure de 181. Livres.

| PRIX DE LA MESURE. | | | A COMBIEN LE SAC DE 200. LIV. | | |
|---|---|---|---|---|---|
| *Liv.* | *Sols.* | *Den.* | *Liv.* | *Sols.* | *Den.* |
| | | 1 | | | $1\frac{19}{181}$ |
| | | 2 | | | $2\frac{38}{181}$ |
| | | 3 | | | $3\frac{57}{181}$ |
| | | 6 | | | $6\frac{114}{181}$ |
| | | 9 | | | $9\frac{171}{181}$ |
| | 1 | | | 1 | $1\frac{47}{181}$ |
| | 2 | | | 2 | $2\frac{94}{181}$ |
| | 3 | | | 3 | $3\frac{141}{181}$ |
| | 4 | | | 4 | $5\frac{7}{181}$ |
| | 5 | | | 5 | $6\frac{54}{181}$ |
| | 10 | | | 11 | $\frac{108}{181}$ |
| | 15 | | | 16 | $6\frac{162}{181}$ |
| | 19 | | 1 | | $11\frac{169}{181}$ |
| 1 | | | 1 | 2 | $1\frac{35}{181}$ |
| 2 | | | 2 | 4 | $2\frac{70}{181}$ |
| 3 | | | 3 | 6 | $3\frac{105}{181}$ |
| 4 | | | 4 | 8 | $4\frac{140}{181}$ |
| 5 | | | 5 | 10 | $5\frac{175}{181}$ |
| 6 | | | 6 | 12 | $7\frac{29}{181}$ |
| 7 | | | 7 | 14 | $8\frac{64}{181}$ |
| 8 | | | 8 | 16 | $9\frac{99}{181}$ |
| 9 | | | 9 | 18 | $10\frac{134}{181}$ |
| 10 | | | 11 | | $11\frac{169}{181}$ |
| 11 | | | 12 | 3 | $1\frac{23}{181}$ |
| 12 | | | 13 | 5 | $2\frac{58}{181}$ |

## Mesure de 182. Livres.

| PRIX DE LA MESURE. | | | A COMBIEN LE SAC DE 200. LIV. | | |
|---|---|---|---|---|---|
| *Liv.* | *Sols.* | *Den.* | *Liv.* | *Sols.* | *Den.* |
| | | 1 | | | 1 $\frac{9}{91}$ |
| | | 2 | | | 2 $\frac{18}{91}$ |
| | | 3 | | | 3 $\frac{27}{91}$ |
| | | 6 | | | 6 $\frac{54}{91}$ |
| | | 9 | | | 9 $\frac{81}{91}$ |
| | 1 | | | 1 | 1 $\frac{17}{91}$ |
| | 2 | | | 2 | 2 $\frac{34}{91}$ |
| | 3 | | | 3 | 3 $\frac{51}{91}$ |
| | 4 | | | 4 | 4 $\frac{68}{91}$ |
| | 5 | | | 5 | 5 $\frac{85}{91}$ |
| | 10 | | | 10 | 11 $\frac{79}{91}$ |
| | 15 | | | 16 | 5 $\frac{73}{91}$ |
| | 19 | | 1 | | 10 $\frac{50}{91}$ |
| 1 | | | 1 | 1 | 11 $\frac{67}{91}$ |
| 2 | | | 2 | 3 | 11 $\frac{43}{91}$ |
| 3 | | | 3 | 5 | 11 $\frac{19}{91}$ |
| 4 | | | 4 | 7 | 10 $\frac{86}{91}$ |
| 5 | | | 5 | 9 | 10 $\frac{62}{91}$ |
| 6 | | | 6 | 11 | 10 $\frac{38}{91}$ |
| 7 | | | 7 | 13 | 10 $\frac{14}{91}$ |
| 8 | | | 8 | 15 | 9 $\frac{81}{91}$ |
| 9 | | | 9 | 17 | 9 $\frac{57}{91}$ |
| 10 | | | 10 | 19 | 9 $\frac{33}{91}$ |
| 11 | | | 12 | 1 | 9 $\frac{9}{91}$ |
| 12 | | | 13 | 3 | 8 $\frac{76}{91}$ |

## Mesure de 183. Livres.

| PRIX DE LA MESURE. | | | A COMBIEN LE SAC DE 200. LIV. | | |
|---|---|---|---|---|---|
| *Liv.* | *Sols.* | *Den.* | *Liv.* | *Sols.* | *Den.* |
| | | 1 | | | 1 $\frac{17}{183}$ |
| | | 2 | | | 2 $\frac{34}{183}$ |
| | | 3 | | | 3 $\frac{17}{61}$ |
| | | 6 | | | 6 $\frac{34}{61}$ |
| | | 9 | | | 9 $\frac{51}{61}$ |
| | 1 | | | 1 | 1 $\frac{7}{61}$ |
| | 2 | | | 2 | 2 $\frac{14}{61}$ |
| | 3 | | | 3 | 3 $\frac{21}{61}$ |
| | 4 | | | 4 | 4 $\frac{28}{61}$ |
| | 5 | | | 5 | 5 $\frac{35}{61}$ |
| | 10 | | | 10 | 11 $\frac{9}{61}$ |
| | 15 | | | 16 | 4 $\frac{44}{61}$ |
| | 19 | | 1 | | 9 $\frac{11}{61}$ |
| 1 | | | 1 | 1 | 10 $\frac{18}{61}$ |
| 2 | | | 2 | 3 | 8 $\frac{36}{61}$ |
| 3 | | | 3 | 5 | 6 $\frac{54}{61}$ |
| 4 | | | 4 | 7 | 5 $\frac{11}{61}$ |
| 5 | | | 5 | 9 | 3 $\frac{29}{61}$ |
| 6 | | | 6 | 11 | 1 $\frac{47}{61}$ |
| 7 | | | 7 | 13 | $\frac{4}{61}$ |
| 8 | | | 8 | 14 | 10 $\frac{22}{61}$ |
| 9 | | | 9 | 16 | 8 $\frac{40}{61}$ |
| 10 | | | 10 | 18 | 6 $\frac{58}{61}$ |
| 11 | | | 12 | | 5 $\frac{45}{61}$ |
| 12 | | | 13 | 2 | 3 $\frac{33}{61}$ |

## Mesure de 184. Livres.

| PRIX DE LA MESURE. | | | A COMBIEN LE SAC DE 200. LIV. | | |
|---|---|---|---|---|---|
| *Liv.* | *Sols.* | *Den.* | *Liv.* | *Sols.* | *Den.* |
| | | 1 | | | $1\frac{2}{23}$ |
| | | 2 | | | $2\frac{4}{23}$ |
| | | 3 | | | $3\frac{6}{23}$ |
| | | 6 | | | $6\frac{12}{23}$ |
| | | 9 | | | $9\frac{18}{23}$ |
| | 1 | | | 1 | $1\frac{1}{23}$ |
| | 2 | | | 2 | $2\frac{2}{23}$ |
| | 3 | | | 3 | $3\frac{3}{23}$ |
| | 4 | | | 4 | $4\frac{4}{23}$ |
| | 5 | | | 5 | $5\frac{5}{23}$ |
| | 10 | | | 10 | $10\frac{10}{23}$ |
| | 15 | | | 16 | $3\frac{15}{23}$ |
| | 19 | | 1 | | $7\frac{19}{23}$ |
| 1 | | | 1 | 1 | $8\frac{20}{23}$ |
| 2 | | | 2 | 3 | $5\frac{17}{23}$ |
| 3 | | | 3 | 5 | $2\frac{14}{23}$ |
| 4 | | | 4 | 6 | $11\frac{11}{23}$ |
| 5 | | | 5 | 8 | $8\frac{8}{23}$ |
| 6 | | | 6 | 10 | $5\frac{5}{23}$ |
| 7 | | | 7 | 12 | $2\frac{2}{23}$ |
| 8 | | | 8 | 13 | $10\frac{22}{23}$ |
| 9 | | | 9 | 15 | $7\frac{19}{23}$ |
| 10 | | | 10 | 17 | $4\frac{16}{23}$ |
| 11 | | | 11 | 19 | $1\frac{13}{23}$ |
| 12 | | | 13 | | $10\frac{10}{23}$ |

## Mesure de 185. Livres.

| PRIX DE LA MESURE. | | | A COMBIEN LE SAC DE 200. LIV. | | |
|---|---|---|---|---|---|
| *Liv.* | *Sols.* | *Den.* | *Liv.* | *Sols.* | *Den.* |
| | | 1 | | | $1\frac{3}{37}$ |
| | | 2 | | | $2\frac{6}{37}$ |
| | | 3 | | | $3\frac{9}{37}$ |
| | | 6 | | | $6\frac{18}{37}$ |
| | | 9 | | | $9\frac{27}{37}$ |
| | 1 | | | 1 | $\frac{36}{37}$ |
| | 2 | | | 2 | $1\frac{35}{37}$ |
| | 3 | | | 3 | $2\frac{34}{37}$ |
| | 4 | | | 4 | $3\frac{33}{37}$ |
| | 5 | | | 5 | $4\frac{32}{37}$ |
| | 10 | | | 10 | $9\frac{27}{37}$ |
| | 15 | | | 16 | $2\frac{22}{37}$ |
| | 19 | | 1 | | $6\frac{18}{37}$ |
| 1 | | | 1 | 1 | $7\frac{17}{37}$ |
| 2 | | | 2 | 3 | $2\frac{34}{37}$ |
| 3 | | | 3 | 4 | $10\frac{14}{37}$ |
| 4 | | | 4 | 6 | $5\frac{31}{37}$ |
| 5 | | | 5 | 8 | $1\frac{11}{37}$ |
| 6 | | | 6 | 9 | $8\frac{28}{37}$ |
| 7 | | | 7 | 11 | $4\frac{8}{37}$ |
| 8 | | | 8 | 12 | $11\frac{25}{37}$ |
| 9 | | | 9 | 14 | $7\frac{5}{37}$ |
| 10 | | | 10 | 16 | $2\frac{22}{37}$ |
| 11 | | | 11 | 17 | $10\frac{2}{37}$ |
| 12 | | | 12 | 19 | $5\frac{19}{37}$ |

## Mesure de 186. Livres.

| PRIX DE LA MESURE. | | | A COMBIEN LE SAC DE 200. LIV. | | |
|---|---|---|---|---|---|
| Liv. | Sols. | Den. | Liv. | Sols. | Den. |
| | | 1 | | | 1 7/93 |
| | | 2 | | | 2 14/93 |
| | | 3 | | | 3 7/31 |
| | | 6 | | | 6 14/31 |
| | | 9 | | | 9 21/31 |
| | 1 | | | 1 | 28/31 |
| | 2 | | | 2 | 1 25/31 |
| | 3 | | | 3 | 2 22/31 |
| | 4 | | | 4 | 3 19/31 |
| | 5 | | | 5 | 4 16/31 |
| | 10 | | | 10 | 9 1/31 |
| | 15 | | | 16 | 1 17/31 |
| | 19 | | 1 | | 5 5/31 |
| 1 | | | 1 | 1 | 6 2/31 |
| 2 | | | 2 | 3 | 4/31 |
| 3 | | | 3 | 4 | 6 6/31 |
| 4 | | | 4 | 6 | 8/31 |
| 5 | | | 5 | 7 | 6 10/31 |
| 6 | | | 6 | 9 | 12/31 |
| 7 | | | 7 | 10 | 6 14/31 |
| 8 | | | 8 | 12 | 16/31 |
| 9 | | | 9 | 13 | 6 18/31 |
| 10 | | | 10 | 15 | 20/31 |
| 11 | | | 11 | 16 | 6 22/31 |
| 12 | | | 12 | 18 | 24/31 |

## Mesure de 187. Livres.

| PRIX DE LA MESURE. | | | A COMBIEN LE SAC DE 200. LIV. | | |
|---|---|---|---|---|---|
| Liv. | Sols. | Den. | Liv. | Sols. | Den. |
| | | 1 | | | 1 13/187 |
| | | 2 | | | 2 26/187 |
| | | 3 | | | 3 39/187 |
| | | 6 | | | 6 78/187 |
| | | 9 | | | 9 117/187 |
| | 1 | | | 1 | 156/187 |
| | 2 | | | 2 | 1 125/187 |
| | 3 | | | 3 | 2 94/187 |
| | 4 | | | 4 | 3 63/187 |
| | 5 | | | 5 | 4 32/187 |
| | 10 | | | 10 | 8 64/187 |
| | 15 | | | 16 | 96/187 |
| | 19 | | 1 | | 3 159/187 |
| 1 | | | 1 | 1 | 4 128/187 |
| 2 | | | 2 | 2 | 9 69/187 |
| 3 | | | 3 | 4 | 2 10/187 |
| 4 | | | 4 | 5 | 6 138/187 |
| 5 | | | 5 | 6 | 11 79/187 |
| 6 | | | 6 | 8 | 4 20/187 |
| 7 | | | 7 | 9 | 8 148/187 |
| 8 | | | 8 | 11 | 1 89/187 |
| 9 | | | 9 | 12 | 6 30/187 |
| 10 | | | 10 | 13 | 10 158/187 |
| 11 | | | 11 | 15 | 3 99/187 |
| 12 | | | 12 | 16 | 8 40/187 |

## Mesure de 188. Livres.

| PRIX DE LA MESURE. Liv. | Sols. | Den. | A COMBIEN LE SAC DE 200. LIV. Liv. | Sols. | Den. |
|---|---|---|---|---|---|
| | | 1 | | | $1\frac{3}{47}$ |
| | | 2 | | | $2\frac{6}{47}$ |
| | | 3 | | | $3\frac{9}{47}$ |
| | | 6 | | | $6\frac{18}{47}$ |
| | | 9 | | | $9\frac{27}{47}$ |
| | 1 | | | 1 | $\frac{36}{47}$ |
| | 2 | | | 2 | $1\frac{25}{47}$ |
| | 3 | | | 3 | $2\frac{14}{47}$ |
| | 4 | | | 4 | $3\frac{3}{47}$ |
| | 5 | | | 5 | $3\frac{39}{47}$ |
| | 10 | | | 10 | $7\frac{31}{47}$ |
| | 15 | | | 15 | $11\frac{23}{47}$ |
| | 19 | | 1 | | $2\frac{26}{47}$ |
| 1 | | | 1 | 1 | $3\frac{15}{47}$ |
| 2 | | | 2 | 2 | $6\frac{30}{47}$ |
| 3 | | | 3 | 3 | $9\frac{45}{47}$ |
| 4 | | | 4 | 5 | $1\frac{13}{47}$ |
| 5 | | | 5 | 6 | $4\frac{28}{47}$ |
| 6 | | | 6 | 7 | $7\frac{43}{47}$ |
| 7 | | | 7 | 8 | $11\frac{11}{47}$ |
| 8 | | | 8 | 10 | $2\frac{26}{47}$ |
| 9 | | | 9 | 11 | $5\frac{41}{47}$ |
| 10 | | | 10 | 12 | $9\frac{9}{47}$ |
| 11 | | | 11 | 14 | $\frac{24}{47}$ |
| 12 | | | 12 | 15 | $3\frac{39}{47}$ |

## Mesure de 189. Livres.

| PRIX DE LA MESURE. Liv. | Sols. | Den. | A COMBIEN LE SAC DE 200. LIV. Liv. | Sols. | Den. |
|---|---|---|---|---|---|
| | | 1 | | | $1\frac{11}{189}$ |
| | | 2 | | | $2\frac{22}{189}$ |
| | | 3 | | | $3\frac{11}{63}$ |
| | | 6 | | | $6\frac{22}{63}$ |
| | | 9 | | | $9\frac{33}{63}$ |
| | 1 | | | 1 | $\frac{44}{63}$ |
| | 2 | | | 2 | $1\frac{25}{63}$ |
| | 3 | | | 3 | $2\frac{6}{63}$ |
| | 4 | | | 4 | $2\frac{50}{63}$ |
| | 5 | | | 5 | $3\frac{31}{63}$ |
| | 10 | | | 10 | $6\frac{62}{63}$ |
| | 15 | | | 15 | $10\frac{30}{63}$ |
| | 19 | | 1 | | $1\frac{17}{63}$ |
| 1 | | | 1 | 1 | $1\frac{61}{63}$ |
| 2 | | | 2 | 2 | $3\frac{59}{63}$ |
| 3 | | | 3 | 3 | $5\frac{57}{63}$ |
| 4 | | | 4 | 4 | $7\frac{55}{63}$ |
| 5 | | | 5 | 5 | $9\frac{53}{63}$ |
| 6 | | | 6 | 6 | $11\frac{51}{63}$ |
| 7 | | | 7 | 8 | $1\frac{49}{63}$ |
| 8 | | | 8 | 9 | $3\frac{47}{63}$ |
| 9 | | | 9 | 10 | $5\frac{45}{63}$ |
| 10 | | | 10 | 11 | $7\frac{43}{63}$ |
| 11 | | | 11 | 12 | $9\frac{41}{63}$ |
| 12 | | | 12 | 13 | $11\frac{39}{63}$ |

## Mesure de 190. Livres.

| PRIX DE LA MESURE. | | | A COMBIEN LE SAÇ DE 200. LIV. | | |
|---|---|---|---|---|---|
| *Liv.* | *Sols.* | *Den.* | *Liv.* | *Sols.* | *Den.* |
| | | 1 | | | $1\frac{1}{19}$ |
| | | 2 | | | $2\frac{2}{19}$ |
| | | 3 | | | $3\frac{3}{19}$ |
| | | 6 | | | $6\frac{6}{19}$ |
| | | 9 | | | $9\frac{9}{19}$ |
| | 1 | | | 1 | $\frac{12}{19}$ |
| | 2 | | | 2 | $1\frac{5}{19}$ |
| | 3 | | | 3 | $1\frac{17}{19}$ |
| | 4 | | | 4 | $2\frac{10}{19}$ |
| | 5 | | | 5 | $3\frac{3}{19}$ |
| | 10 | | | 10 | $6\frac{6}{19}$ |
| | 15 | | | 15 | $9\frac{9}{19}$ |
| | 19 | | 1 | | |
| 1 | | | 1 | 1 | $\frac{12}{19}$ |
| 2 | | | 2 | 2 | $1\frac{5}{19}$ |
| 3 | | | 3 | 3 | $1\frac{17}{19}$ |
| 4 | | | 4 | 4 | $2\frac{10}{19}$ |
| 5 | | | 5 | 5 | $3\frac{3}{19}$ |
| 6 | | | 6 | 6 | $3\frac{15}{19}$ |
| 7 | | | 7 | 7 | $4\frac{8}{19}$ |
| 8 | | | 8 | 8 | $5\frac{1}{19}$ |
| 9 | | | 9 | 9 | $5\frac{13}{19}$ |
| 10 | | | 10 | 10 | $6\frac{6}{19}$ |
| 11 | | | 11 | 11 | $6\frac{18}{19}$ |
| 12 | | | 12 | 12 | $7\frac{11}{19}$ |

## Mesure de 191. Livres.

| PRIX DE LA MESURE. | | | A COMBIEN LE SAC DE 200. LIV. | | |
|---|---|---|---|---|---|
| *Liv.* | *Sols.* | *Den.* | *Liv.* | *Sols.* | *Den.* |
| | | 1 | | | $1\frac{9}{191}$ |
| | | 2 | | | $2\frac{18}{191}$ |
| | | 3 | | | $3\frac{27}{191}$ |
| | | 6 | | | $6\frac{54}{191}$ |
| | | 9 | | | $9\frac{81}{191}$ |
| | 1 | | | 1 | $\frac{108}{191}$ |
| | 2 | | | 2 | $1\frac{25}{191}$ |
| | 3 | | | 3 | $1\frac{133}{191}$ |
| | 4 | | | 4 | $2\frac{50}{191}$ |
| | 5 | | | 5 | $2\frac{158}{191}$ |
| | 10 | | | 10 | $5\frac{125}{191}$ |
| | 15 | | | 15 | $8\frac{92}{191}$ |
| | 19 | | | 19 | $10\frac{142}{191}$ |
| 1 | | | 1 | | $11\frac{59}{191}$ |
| 2 | | | 2 | 1 | $10\frac{118}{191}$ |
| 3 | | | 3 | 2 | $9\frac{177}{191}$ |
| 4 | | | 4 | 3 | $9\frac{45}{191}$ |
| 5 | | | 5 | 4 | $8\frac{104}{191}$ |
| 6 | | | 6 | 5 | $7\frac{163}{191}$ |
| 7 | | | 7 | 6 | $7\frac{31}{191}$ |
| 8 | | | 8 | 7 | $6\frac{90}{191}$ |
| 9 | | | 9 | 8 | $5\frac{149}{191}$ |
| 10 | | | 10 | 9 | $5\frac{17}{191}$ |
| 11 | | | 11 | 10 | $4\frac{76}{191}$ |
| 12 | | | 12 | 11 | $3\frac{135}{191}$ |

## Mesure de 192. Livres.

| PRIX DE LA MESURE. | | | A COMBIEN LE SAC DE 200. LIV. | | |
|---|---|---|---|---|---|
| Liv. | Sols. | Den. | Liv. | Sols. | Den. |
| | | 1 | | | $1 \frac{1}{24}$ |
| | | 2 | | | $2 \frac{1}{12}$ |
| | | 3 | | | $3 \frac{1}{8}$ |
| | | 6 | | | $6 \frac{1}{4}$ |
| | | 9 | | | $9 \frac{3}{8}$ |
| | 1 | | | 1 | $\frac{1}{2}$ |
| | 2 | | | 2 | 1 |
| | 3 | | | 3 | $1 \frac{1}{2}$ |
| | 4 | | | 4 | 2 |
| | 5 | | | 5 | $2 \frac{1}{2}$ |
| | 10 | | | 10 | 5 |
| | 15 | | | 15 | $7 \frac{1}{2}$ |
| | 19 | | | 19 | $9 \frac{1}{2}$ |
| 1 | | | 1 | | 10 |
| 2 | | | 2 | 1 | 8 |
| 3 | | | 3 | 2 | 6 |
| 4 | | | 4 | 3 | 4 |
| 5 | | | 5 | 4 | 2 |
| 6 | | | 6 | 5 | |
| 7 | | | 7 | 5 | 10 |
| 8 | | | 8 | 6 | 8 |
| 9 | | | 9 | 7 | 6 |
| 10 | | | 10 | 8 | 4 |
| 11 | | | 11 | 9 | 2 |
| 12 | | | 12 | 10 | |

## Mesure de 193. Livres.

| PRIX DE LA MESURE. | | | A COMBIEN LE SAC DE 200. LIV. | | |
|---|---|---|---|---|---|
| Liv. | Sols. | Den. | Liv. | Sols. | Den. |
| | | 1 | | | $1 \frac{7}{193}$ |
| | | 2 | | | $2 \frac{14}{193}$ |
| | | 3 | | | $3 \frac{21}{193}$ |
| | | 6 | | | $6 \frac{42}{193}$ |
| | | 9 | | | $9 \frac{63}{193}$ |
| | 1 | | | 1 | $\frac{84}{193}$ |
| | 2 | | | 2 | $\frac{168}{193}$ |
| | 3 | | | 3 | $1 \frac{59}{193}$ |
| | 4 | | | 4 | $1 \frac{143}{193}$ |
| | 5 | | | 5 | $2 \frac{34}{193}$ |
| | 10 | | | 10 | $4 \frac{68}{193}$ |
| | 15 | | | 15 | $6 \frac{102}{193}$ |
| | 19 | | | 19 | $8 \frac{52}{193}$ |
| 1 | | | 1 | | $8 \frac{136}{193}$ |
| 2 | | | 2 | 1 | $5 \frac{79}{193}$ |
| 3 | | | 3 | 2 | $2 \frac{22}{193}$ |
| 4 | | | 4 | 2 | $10 \frac{158}{193}$ |
| 5 | | | 5 | 3 | $7 \frac{101}{193}$ |
| 6 | | | 6 | 4 | $4 \frac{44}{193}$ |
| 7 | | | 7 | 5 | $\frac{180}{193}$ |
| 8 | | | 8 | 5 | $9 \frac{123}{193}$ |
| 9 | | | 9 | 6 | $6 \frac{66}{193}$ |
| 10 | | | 10 | 7 | $3 \frac{9}{193}$ |
| 11 | | | 11 | 7 | $11 \frac{145}{193}$ |
| 12 | | | 12 | 8 | $8 \frac{88}{193}$ |

## Mesure de 194. Livres.

| PRIX DE LA MESURE. | | | A COMBIEN LE SAC DE 200. LIV. | | |
|---|---|---|---|---|---|
| *Liv.* | *Sols.* | *Den.* | *Liv.* | *Sols.* | *Den.* |
| | | 1 | | | 1 $\frac{3}{97}$ |
| | | 2 | | | 2 $\frac{6}{97}$ |
| | | 3 | | | 3 $\frac{9}{97}$ |
| | | 6 | | | 6 $\frac{18}{97}$ |
| | | 9 | | | 9 $\frac{27}{97}$ |
| | 1 | | | 1 | $\frac{36}{97}$ |
| | 2 | | | 2 | $\frac{72}{97}$ |
| | 3 | | | 3 | 1 $\frac{11}{97}$ |
| | 4 | | | 4 | 1 $\frac{47}{97}$ |
| | 5 | | | 5 | 1 $\frac{83}{97}$ |
| | 10 | | | 10 | 3 $\frac{69}{97}$ |
| | 15 | | | 15 | 5 $\frac{55}{97}$ |
| | 19 | | | 19 | 7 $\frac{5}{97}$ |
| 1 | | | 1 | | 7 $\frac{41}{97}$ |
| 2 | | | 2 | 1 | 2 $\frac{82}{97}$ |
| 3 | | | 3 | 1 | 10 $\frac{26}{97}$ |
| 4 | | | 4 | 2 | 5 $\frac{67}{97}$ |
| 5 | | | 5 | 3 | 1 $\frac{11}{97}$ |
| 6 | | | 6 | 3 | 8 $\frac{52}{97}$ |
| 7 | | | 7 | 4 | 3 $\frac{93}{97}$ |
| 8 | | | 8 | 4 | 11 $\frac{37}{97}$ |
| 9 | | | 9 | 5 | 6 $\frac{78}{97}$ |
| 10 | | | 10 | 6 | 2 $\frac{22}{97}$ |
| 11 | | | 11 | 6 | 9 $\frac{63}{97}$ |
| 12 | | | 12 | 7 | 5 $\frac{7}{97}$ |

## Mesure de 195. Livres.

| PRIX DE LA MESURE. | | | A COMBIEN LE SAC DE 200. LIV. | | |
|---|---|---|---|---|---|
| *Liv.* | *Sols.* | *Den.* | *Liv.* | *Sols.* | *Den.* |
| | | 1 | | | 1 $\frac{1}{39}$ |
| | | 2 | | | 2 $\frac{2}{39}$ |
| | | 3 | | | 3 $\frac{1}{13}$ |
| | | 6 | | | 6 $\frac{2}{13}$ |
| | | 9 | | | 9 $\frac{3}{13}$ |
| | 1 | | | 1 | $\frac{4}{13}$ |
| | 2 | | | 2 | $\frac{8}{13}$ |
| | 3 | | | 3 | $\frac{12}{13}$ |
| | 4 | | | 4 | 1 $\frac{3}{13}$ |
| | 5 | | | 5 | 1 $\frac{7}{13}$ |
| | 10 | | | 10 | 3 $\frac{1}{13}$ |
| | 15 | | | 15 | 4 $\frac{8}{13}$ |
| | 19 | | | 19 | 5 $\frac{11}{13}$ |
| 1 | | | 1 | | 6 $\frac{2}{13}$ |
| 2 | | | 2 | 1 | $\frac{4}{13}$ |
| 3 | | | 3 | 1 | 6 $\frac{6}{13}$ |
| 4 | | | 4 | 2 | $\frac{8}{13}$ |
| 5 | | | 5 | 2 | 6 $\frac{10}{13}$ |
| 6 | | | 6 | 3 | $\frac{12}{13}$ |
| 7 | | | 7 | 3 | 7 $\frac{1}{13}$ |
| 8 | | | 8 | 4 | 1 $\frac{3}{13}$ |
| 9 | | | 9 | 4 | 7 $\frac{5}{13}$ |
| 10 | | | 10 | 5 | 1 $\frac{7}{13}$ |
| 11 | | | 11 | 5 | 7 $\frac{9}{13}$ |
| 12 | | | 12 | 6 | 1 $\frac{11}{13}$ |

## Mesure de 196. Livres.

| PRIX DE LA MESURE. | | | A COMBIEN LE SAC DE 200. LIV. | | |
|---|---|---|---|---|---|
| *Liv.* | *Sols.* | *Den.* | *Liv.* | *Sols.* | *Den.* |
| | | 1 | | | 1 1/49 |
| | | 2 | | | 2 2/49 |
| | | 3 | | | 3 3/49 |
| | | 6 | | | 6 6/49 |
| | | 9 | | | 9 9/49 |
| | 1 | | | 1 | 12/49 |
| | 2 | | | 2 | 24/49 |
| | 3 | | | 3 | 36/49 |
| | 4 | | | 4 | 48/49 |
| | 5 | | | 5 | 1 11/49 |
| | 10 | | | 10 | 2 22/49 |
| | 15 | | | 15 | 3 33/49 |
| | 19 | | | 19 | 4 32/49 |
| 1 | | | 1 | | 4 44/49 |
| 2 | | | 2 | | 9 39/49 |
| 3 | | | 3 | 1 | 2 34/49 |
| 4 | | | 4 | 1 | 7 29/49 |
| 5 | | | 5 | 2 | 24/49 |
| 6 | | | 6 | 2 | 5 19/49 |
| 7 | | | 7 | 2 | 10 14/49 |
| 8 | | | 8 | 3 | 3 9/49 |
| 9 | | | 9 | 3 | 8 4/49 |
| 10 | | | 10 | 4 | 48/49 |
| 11 | | | 11 | 4 | 5 43/49 |
| 12 | | | 12 | 4 | 10 38/49 |

## Mesure de 197. Livres.

| PRIX DE LA MESURE. | | | A COMBIEN LE SAC DE 200. LIV. | | |
|---|---|---|---|---|---|
| *Liv.* | *Sols.* | *Den.* | *Liv.* | *Sols.* | *Den.* |
| | | 1 | | | 1 3/197 |
| | | 2 | | | 2 6/197 |
| | | 3 | | | 3 9/197 |
| | | 6 | | | 6 18/197 |
| | | 9 | | | 9 27/197 |
| | 1 | | | 1 | 36/197 |
| | 2 | | | 2 | 72/197 |
| | 3 | | | 3 | 108/197 |
| | 4 | | | 4 | 144/197 |
| | 5 | | | 5 | 18/197 |
| | 10 | | | 10 | 1 163/197 |
| | 15 | | | 15 | 2 146/197 |
| | 19 | | | 19 | 3 93/197 |
| 1 | | | 1 | | 3 129/197 |
| 2 | | | 2 | | 7 61/197 |
| 3 | | | 3 | | 10 190/197 |
| 4 | | | 4 | 1 | 2 122/197 |
| 5 | | | 5 | 1 | 6 54/197 |
| 6 | | | 6 | 1 | 9 183/197 |
| 7 | | | 7 | 2 | 1 115/197 |
| 8 | | | 8 | 2 | 5 47/197 |
| 9 | | | 9 | 2 | 8 176/197 |
| 10 | | | 10 | 3 | 108/197 |
| 11 | | | 11 | 3 | 4 40/197 |
| 12 | | | 12 | 3 | 7 169/197 |

## Mesure de 198. Livres.

| PRIX DE LA MESURE. | | | A COMBIEN LE SAC DE 200. LIV. | | |
|---|---|---|---|---|---|
| *Liv.* | *Sols.* | *Den.* | *Liv.* | *Sols.* | *Den.* |
| | | 1 | | | 1 $\frac{1}{99}$ |
| | | 2 | | | 2 $\frac{2}{99}$ |
| | | 3 | | | 3 $\frac{1}{33}$ |
| | | 6 | | | 6 $\frac{2}{33}$ |
| | | 9 | | | 9 $\frac{3}{33}$ |
| | 1 | | | 1 | $\frac{4}{33}$ |
| | 2 | | | 2 | $\frac{8}{33}$ |
| | 3 | | | 3 | $\frac{12}{33}$ |
| | 4 | | | 4 | $\frac{16}{33}$ |
| | 5 | | | 5 | $\frac{20}{33}$ |
| | 10 | | | 10 | 1 $\frac{7}{33}$ |
| | 15 | | | 15 | 1 $\frac{27}{33}$ |
| | 19 | | | 19 | 2 $\frac{10}{33}$ |
| 1 | | | 1 | | 2 $\frac{14}{33}$ |
| 2 | | | 2 | | 4 $\frac{28}{33}$ |
| 3 | | | 3 | | 7 $\frac{9}{33}$ |
| 4 | | | 4 | | 9 $\frac{23}{33}$ |
| 5 | | | 5 | 1 | $\frac{4}{33}$ |
| 6 | | | 6 | 1 | 2 $\frac{18}{33}$ |
| 7 | | | 7 | 1 | 4 $\frac{32}{33}$ |
| 8 | | | 8 | 1 | 7 $\frac{13}{33}$ |
| 9 | | | 9 | 1 | 9 $\frac{27}{33}$ |
| 10 | | | 10 | 2 | $\frac{8}{33}$ |
| 11 | | | 11 | 2 | 2 $\frac{22}{33}$ |
| 12 | | | 12 | 2 | 5 $\frac{3}{33}$ |

## Mesure de 199. Livres.

| PRIX DE LA MESURE. | | | A COMBIEN LE SAC DE 200. LIV. | | |
|---|---|---|---|---|---|
| *Liv.* | *Sols.* | *Den.* | *Liv.* | *Sols.* | *Den.* |
| | | 1 | | | 1 $\frac{1}{199}$ |
| | | 2 | | | 2 $\frac{2}{199}$ |
| | | 3 | | | 3 $\frac{3}{199}$ |
| | | 6 | | | 6 $\frac{6}{199}$ |
| | | 9 | | | 9 $\frac{9}{199}$ |
| | 1 | | | 1 | $\frac{12}{199}$ |
| | 2 | | | 2 | $\frac{24}{199}$ |
| | 3 | | | 3 | $\frac{36}{199}$ |
| | 4 | | | 4 | $\frac{48}{199}$ |
| | 5 | | | 5 | $\frac{60}{199}$ |
| | 10 | | | 10 | $\frac{120}{199}$ |
| | 15 | | | 15 | $\frac{180}{199}$ |
| | 19 | | | 19 | 1 $\frac{29}{199}$ |
| 1 | | | 1 | | 1 $\frac{41}{199}$ |
| 2 | | | 2 | | 2 $\frac{82}{199}$ |
| 3 | | | 3 | | 3 $\frac{123}{199}$ |
| 4 | | | 4 | | 4 $\frac{164}{199}$ |
| 5 | | | 5 | | 6 $\frac{6}{199}$ |
| 6 | | | 6 | | 7 $\frac{47}{199}$ |
| 7 | | | 7 | | 8 $\frac{88}{199}$ |
| 8 | | | 8 | | 9 $\frac{129}{199}$ |
| 9 | | | 9 | | 10 $\frac{170}{199}$ |
| 10 | | | 10 | 1 | $\frac{12}{199}$ |
| 11 | | | 11 | 1 | 1 $\frac{53}{199}$ |
| 12 | | | 12 | 1 | 2 $\frac{94}{199}$ |

## Meſure de 200. Livres.

| PRIX DE LA MESURE. | | | A COMBIEN LE SAC DE 200. LIV. | | |
|---|---|---|---|---|---|
| *Liv.* | *Sols.* | *Den.* | *Liv.* | *Sols.* | *Den.* |
| | | 1 | | | 1 |
| | | 2 | | | 2 |
| | | 3 | | | 3 |
| | | 6 | | | 6 |
| | | 9 | | | 9 |
| | 1 | | | 1 | |
| | 2 | | | 2 | |
| | 3 | | | 3 | |
| | 4 | | | 4 | |
| | 5 | | | 5 | |
| | 10 | | | 10 | |
| | 15 | | | 15 | |
| | 19 | | | 19 | |
| 1 | | | 1 | | |
| 2 | | | 2 | | |
| 3 | | | 3 | | |
| 4 | | | 4 | | |
| 5 | | | 5 | | |
| 6 | | | 6 | | |
| 7 | | | 7 | | |
| 8 | | | 8 | | |
| 9 | | | 9 | | |
| 10 | | | 10 | | |
| 11 | | | 11 | | |
| 12 | | | 12 | | |

## Meſure de 201. Livres.

| PRIX DE LA MESURE. | | | A COMBIEN LE SAC DE 200. LIV. | | |
|---|---|---|---|---|---|
| *Liv.* | *Sols.* | *Den.* | *Liv.* | *Sols.* | *Den.* |
| | | 1 | | | $\frac{200}{201}$ |
| | | 2 | | | 1 $\frac{199}{201}$ |
| | | 3 | | | 2 $\frac{198}{201}$ |
| | | 6 | | | 5 $\frac{195}{201}$ |
| | | 9 | | | 8 $\frac{192}{201}$ |
| | 1 | | | 11 | $\frac{189}{201}$ |
| | 2 | | 1 | 11 | $\frac{177}{201}$ |
| | 3 | | 2 | 11 | $\frac{165}{201}$ |
| | 4 | | 3 | 11 | $\frac{153}{201}$ |
| | 5 | | 4 | 11 | $\frac{141}{201}$ |
| | 10 | | 9 | 11 | $\frac{81}{201}$ |
| | 15 | | 14 | 11 | $\frac{21}{201}$ |
| | 19 | | 18 | 10 | $\frac{174}{201}$ |
| 1 | | | | 19 | 10 $\frac{162}{201}$ |
| 2 | | | 1 | 19 | 9 $\frac{123}{201}$ |
| 3 | | | 2 | 19 | 8 $\frac{84}{201}$ |
| 4 | | | 3 | 19 | 7 $\frac{45}{201}$ |
| 5 | | | 4 | 19 | 6 $\frac{6}{201}$ |
| 6 | | | 5 | 19 | 4 $\frac{168}{201}$ |
| 7 | | | 6 | 19 | 3 $\frac{129}{201}$ |
| 8 | | | 7 | 19 | 2 $\frac{90}{201}$ |
| 9 | | | 8 | 19 | 1 $\frac{51}{201}$ |
| 10 | | | 9 | 19 | $\frac{12}{201}$ |
| 11 | | | 10 | 18 | 10 $\frac{174}{201}$ |
| 12 | | | 11 | 18 | 9 $\frac{135}{201}$ |

## Mesure de 202. Livres.

| PRIX DE LA MESURE. | | | A COMBIEN LE SAC DE 200. LIV. | | |
|---|---|---|---|---|---|
| *Liv.* | *Sols.* | *Den.* | *Liv.* | *Sols.* | *Den.* |
| | | 1 | | | $\frac{100}{101}$ |
| | | 2 | | | 1 $\frac{99}{101}$ |
| | | 3 | | | 2 $\frac{98}{101}$ |
| | | 6 | | | 5 $\frac{95}{101}$ |
| | | 9 | | | 8 $\frac{92}{101}$ |
| | 1 | | | | 11 $\frac{89}{101}$ |
| | 2 | | | 1 | 11 $\frac{77}{101}$ |
| | 3 | | | 2 | 11 $\frac{65}{101}$ |
| | 4 | | | 3 | 11 $\frac{53}{101}$ |
| | 5 | | | 4 | 11 $\frac{41}{101}$ |
| | 10 | | | 9 | 10 $\frac{82}{101}$ |
| | 15 | | | 14 | 10 $\frac{22}{101}$ |
| | 19 | | | 18 | 9 $\frac{75}{101}$ |
| 1 | | | | 19 | 9 $\frac{63}{101}$ |
| 2 | | | 1 | 19 | 7 $\frac{25}{101}$ |
| 3 | | | 2 | 19 | 4 $\frac{88}{101}$ |
| 4 | | | 3 | 19 | 2 $\frac{50}{101}$ |
| 5 | | | 4 | 19 | $\frac{12}{101}$ |
| 6 | | | 5 | 18 | 9 $\frac{75}{101}$ |
| 7 | | | 6 | 18 | 7 $\frac{37}{101}$ |
| 8 | | | 7 | 18 | 4 $\frac{100}{101}$ |
| 9 | | | 8 | 18 | 2 $\frac{62}{101}$ |
| 10 | | | 9 | 18 | $\frac{24}{101}$ |
| 11 | | | 10 | 17 | 9 $\frac{27}{101}$ |
| 12 | | | 11 | 17 | 7 $\frac{49}{101}$ |

## Mesure de 203. Livres.

| PRIX DE LA MESURE. | | | A COMBIEN LE SAC DE 200. LIV. | | |
|---|---|---|---|---|---|
| *Liv.* | *Sols.* | *Den.* | *Liv.* | *Sols.* | *Den.* |
| | | 1 | | | $\frac{200}{203}$ |
| | | 2 | | | 1 $\frac{197}{203}$ |
| | | 3 | | | 2 $\frac{194}{203}$ |
| | | 6 | | | 5 $\frac{185}{203}$ |
| | | 9 | | | 8 $\frac{176}{203}$ |
| | 1 | | | | 11 $\frac{167}{203}$ |
| | 2 | | | 1 | 11 $\frac{131}{203}$ |
| | 3 | | | 2 | 11 $\frac{95}{203}$ |
| | 4 | | | 3 | 11 $\frac{59}{203}$ |
| | 5 | | | 4 | 11 $\frac{23}{203}$ |
| | 10 | | | 9 | 10 $\frac{46}{203}$ |
| | 15 | | | 14 | 9 $\frac{69}{203}$ |
| | 19 | | | 18 | 8 $\frac{128}{203}$ |
| 1 | | | | 19 | 8 $\frac{92}{203}$ |
| 2 | | | 1 | 19 | 4 $\frac{184}{203}$ |
| 3 | | | 2 | 19 | 1 $\frac{73}{203}$ |
| 4 | | | 3 | 18 | 9 $\frac{165}{203}$ |
| 5 | | | 4 | 18 | 6 $\frac{54}{203}$ |
| 6 | | | 5 | 18 | 2 $\frac{156}{203}$ |
| 7 | | | 6 | 17 | 11 $\frac{45}{203}$ |
| 8 | | | 7 | 17 | 7 $\frac{137}{203}$ |
| 9 | | | 8 | 17 | 4 $\frac{16}{203}$ |
| 10 | | | 9 | 17 | $\frac{108}{203}$ |
| 11 | | | 10 | 16 | 8 $\frac{200}{203}$ |
| 12 | | | 11 | 16 | 5 $\frac{89}{203}$ |

## Mesure de 204. Livres.

| PRIX DE LA MESURE. | | | A COMBIEN LE SAC DE 200. LIV. | | |
|---|---|---|---|---|---|
| Liv. | Sols. | Den. | Liv. | Sols. | Den. |
| | | 1 . | | | . $\frac{50}{51}$ |
| | | 2 . | | | 1 $\frac{49}{51}$ |
| | | 3 . | | | 2 $\frac{16}{17}$ |
| | | 6 . | | | 5 $\frac{15}{17}$ |
| | | 9 . | | | 8 $\frac{14}{17}$ |
| | 1 | . . . | | . | 11 $\frac{13}{17}$ |
| | 2 | . . . | | 1 . | 11 $\frac{9}{17}$ |
| | 3 | . . . | | 2 . | 11 $\frac{5}{17}$ |
| | 4 | . . . | | 3 . | 11 $\frac{1}{17}$ |
| | 5 | . . . | | 4 . | 10 $\frac{14}{17}$ |
| | 10 | . . . | | 9 . | 9 $\frac{11}{17}$ |
| | 15 | . . . | | 14 . | 8 $\frac{8}{17}$ |
| | 19 | . . . | | 18 . | 7 $\frac{9}{17}$ |
| 1 . | . . . | . . . | . | 19 . | 7 $\frac{5}{17}$ |
| 2 . | . . . | . . . | 1 . | 19 . | 2 $\frac{10}{17}$ |
| 3 . | . . . | . . . | 2 . | 18 . | 9 $\frac{15}{17}$ |
| 4 . | . . . | . . . | 3 . | 13 . | 5 $\frac{3}{17}$ |
| 5 . | . . . | . . . | 4 . | 18 . | . $\frac{8}{17}$ |
| 6 . | . . . | . . . | 5 . | 17 . | 7 $\frac{13}{17}$ |
| 7 . | . . . | . . . | 6 . | 17 . | 3 $\frac{1}{17}$ |
| 8 . | . . . | . . . | 7 . | 16 . | 10 $\frac{6}{17}$ |
| 9 . | . . . | . . . | 8 . | 16 . | 5 $\frac{11}{17}$ |
| 10 . | . . . | . . . | 9 . | 16 . | . $\frac{16}{17}$ |
| 11 . | . . . | . . . | 10 . | 15 . | 8 $\frac{4}{17}$ |
| 12 . | . . . | . . . | 11 . | 15 . | 3 $\frac{9}{17}$ |

## Mesure de 205. Livres.

| PRIX DE LA MESURE. | | | A COMBIEN LE SAC DE 200. LIV. | | |
|---|---|---|---|---|---|
| Liv. | Sols. | Den. | Liv. | Sols. | Den. |
| | | 1 . | | | . $\frac{40}{41}$ |
| | | 2 . | | | 1 $\frac{39}{41}$ |
| | | 3 . | | | 2 $\frac{38}{41}$ |
| | | 6 . | | | 5 $\frac{15}{41}$ |
| | | 9 . | | | 8 $\frac{32}{41}$ |
| | 1 | . . . | | . | 11 $\frac{29}{41}$ |
| | 2 | . . . | | 1 . | 11 $\frac{17}{41}$ |
| | 3 | . . . | | 2 . | 11 $\frac{5}{41}$ |
| | 4 | . . . | | 3 . | 10 $\frac{34}{41}$ |
| | 5 | . . . | | 4 . | 10 $\frac{22}{41}$ |
| | 10 | . . . | | 9 . | 9 $\frac{3}{41}$ |
| | 15 | . . . | | 14 . | 7 $\frac{25}{41}$ |
| | 19 | . . . | | 18 . | 6 $\frac{18}{41}$ |
| 1 . | . . . | . . . | . | 19 . | 6 $\frac{6}{41}$ |
| 2 . | . . . | . . . | 1 . | 19 . | . $\frac{12}{41}$ |
| 3 . | . . . | . . . | 2 . | 18 . | 6 $\frac{18}{41}$ |
| 4 . | . . . | . . . | 3 . | 18 . | . $\frac{24}{41}$ |
| 5 . | . . . | . . . | 4 . | 17 . | 6 $\frac{30}{41}$ |
| 6 . | . . . | . . . | 5 . | 17 . | . $\frac{36}{41}$ |
| 7 . | . . . | . . . | 6 . | 16 . | 7 $\frac{1}{41}$ |
| 8 . | . . . | . . . | 7 . | 16 . | 1 $\frac{7}{41}$ |
| 9 . | . . . | . . . | 8 . | 15 . | 7 $\frac{13}{41}$ |
| 10 . | . . . | . . . | 9 . | 15 . | 1 $\frac{19}{41}$ |
| 11 . | . . . | . . . | 10 . | 14 . | 7 $\frac{25}{41}$ |
| 12 . | . . . | . . . | 11 . | 14 . | 1 $\frac{31}{41}$ |

## Mesure de 206. Livres.

| PRIX DE LA MESURE. | | | A COMBIEN LE SAC DE 200. LIV. | | |
|---|---|---|---|---|---|
| *Liv.* | *Sols.* | *Den.* | *Liv.* | *Sols.* | *Den.* |
| | | 1 | | | $\frac{100}{103}$ |
| | | 2 | | | 1 $\frac{97}{103}$ |
| | | 3 | | | 2 $\frac{94}{103}$ |
| | | 6 | | | 5 $\frac{85}{103}$ |
| | | 9 | | | 8 $\frac{76}{103}$ |
| | 1 | | | | 11 $\frac{67}{103}$ |
| | 2 | | | 1 | 11 $\frac{31}{103}$ |
| | 3 | | | 2 | 10 $\frac{98}{103}$ |
| | 4 | | | 3 | 10 $\frac{62}{103}$ |
| | 5 | | | 4 | 10 $\frac{26}{103}$ |
| | 10 | | | 9 | 8 $\frac{52}{103}$ |
| | 15 | | | 14 | 6 $\frac{78}{103}$ |
| | 19 | | | 18 | 5 $\frac{37}{103}$ |
| 1 | | | | 19 | 5 $\frac{1}{103}$ |
| 2 | | | 1 | 18 | 10 $\frac{2}{103}$ |
| 3 | | | 2 | 18 | 3 $\frac{3}{103}$ |
| 4 | | | 3 | 17 | 8 $\frac{4}{103}$ |
| 5 | | | 4 | 17 | 1 $\frac{5}{103}$ |
| 6 | | | 5 | 16 | 6 $\frac{6}{103}$ |
| 7 | | | 6 | 15 | 11 $\frac{7}{103}$ |
| 8 | | | 7 | 15 | 4 $\frac{8}{103}$ |
| 9 | | | 8 | 14 | 9 $\frac{9}{103}$ |
| 10 | | | 9 | 14 | 2 $\frac{10}{103}$ |
| 11 | | | 10 | 13 | 7 $\frac{11}{103}$ |
| 12 | | | 11 | 13 | $\frac{12}{103}$ |

## Mesure de 207. Livres.

| PRIX DE LA MESURE. | | | A COMBIEN LE SAC DE 200. LIV. | | |
|---|---|---|---|---|---|
| *Liv.* | *Sols.* | *Den.* | *Liv.* | *Sols.* | *Den.* |
| | | 1 | | | $\frac{200}{207}$ |
| | | 2 | | | 1 $\frac{193}{207}$ |
| | | 3 | | | 2 $\frac{62}{69}$ |
| | | 6 | | | 5 $\frac{55}{69}$ |
| | | 9 | | | 8 $\frac{48}{69}$ |
| | 1 | | | | 11 $\frac{41}{69}$ |
| | 2 | | | 1 | 11 $\frac{13}{69}$ |
| | 3 | | | 2 | 10 $\frac{54}{69}$ |
| | 4 | | | 3 | 10 $\frac{26}{69}$ |
| | 5 | | | 4 | 9 $\frac{67}{69}$ |
| | 10 | | | 9 | 7 $\frac{65}{69}$ |
| | 15 | | | 14 | 5 $\frac{63}{69}$ |
| | 19 | | | 18 | 4 $\frac{20}{69}$ |
| 1 | | | | 19 | 3 $\frac{61}{69}$ |
| 2 | | | 1 | 18 | 7 $\frac{53}{69}$ |
| 3 | | | 2 | 17 | 11 $\frac{45}{69}$ |
| 4 | | | 3 | 17 | 3 $\frac{37}{69}$ |
| 5 | | | 4 | 16 | 7 $\frac{29}{69}$ |
| 6 | | | 5 | 15 | 11 $\frac{21}{69}$ |
| 7 | | | 6 | 15 | 3 $\frac{13}{69}$ |
| 8 | | | 7 | 14 | 7 $\frac{5}{69}$ |
| 9 | | | 8 | 13 | 10 $\frac{66}{69}$ |
| 10 | | | 9 | 13 | 2 $\frac{58}{69}$ |
| 11 | | | 10 | 12 | 6 $\frac{50}{69}$ |
| 12 | | | 11 | 11 | 10 $\frac{42}{69}$ |

## Mesure de 208. Livres.

| PRIX DE LA MESURE. | | | A COMBIEN LE SAC DE 200. LIV. | | |
|---|---|---|---|---|---|
| *Liv.* | *Sols.* | *Den.* | *Liv.* | *Sols.* | *Den.* |
| | | 1 | | | . $\frac{25}{26}$ |
| | | 2 | | | 1 $\frac{12}{13}$ |
| | | 3 | | | 2 $\frac{23}{26}$ |
| | | 6 | | | 5 $\frac{10}{13}$ |
| | | 9 | | | 8 $\frac{17}{26}$ |
| | 1 | . | | . | 11 $\frac{7}{13}$ |
| | 2 | . | | 1 | 11 $\frac{1}{13}$ |
| | 3 | . | | 2 | 10 $\frac{8}{13}$ |
| | 4 | . | | 3 | 10 $\frac{2}{13}$ |
| | 5 | . | | 4 | 9 $\frac{9}{13}$ |
| | 10 | . | | 9 | 7 $\frac{5}{13}$ |
| | 15 | . | | 14 | 5 $\frac{1}{13}$ |
| | 19 | . | | 18 | 3 $\frac{3}{13}$ |
| 1 | . | . | . | 19 | 2 $\frac{10}{13}$ |
| 2 | . | . | 1 | 18 | 5 $\frac{7}{13}$ |
| 3 | . | . | 2 | 17 | 8 $\frac{4}{13}$ |
| 4 | . | . | 3 | 16 | 11 $\frac{1}{13}$ |
| 5 | . | . | 4 | 16 | 1 $\frac{11}{13}$ |
| 6 | . | . | 5 | 15 | 4 $\frac{8}{13}$ |
| 7 | . | . | 6 | 14 | 7 $\frac{5}{13}$ |
| 8 | . | . | 7 | 13 | 10 $\frac{2}{13}$ |
| 9 | . | . | 8 | 13 | . $\frac{12}{13}$ |
| 10 | . | . | 9 | 12 | 3 $\frac{9}{13}$ |
| 11 | . | . | 10 | 11 | 6 $\frac{6}{13}$ |
| 12 | . | . | 11 | 10 | 9 $\frac{3}{13}$ |

## Mesure de 209. Livres.

| PRIX DE LA MESURE. | | | A COMBIEN LE SAC DE 200. LIV. | | |
|---|---|---|---|---|---|
| *Liv.* | *Sols.* | *Den.* | *Liv.* | *Sols.* | *Den.* |
| | | 1 | | | . $\frac{200}{209}$ |
| | | 2 | | | 1 $\frac{191}{209}$ |
| | | 3 | | | 2 $\frac{182}{209}$ |
| | | 6 | | | 5 $\frac{155}{209}$ |
| | | 9 | | | 8 $\frac{128}{209}$ |
| | 1 | . | | . | 11 $\frac{101}{209}$ |
| | 2 | . | | 1 | 10 $\frac{202}{209}$ |
| | 3 | . | | 2 | 10 $\frac{94}{209}$ |
| | 4 | . | | 3 | 9 $\frac{195}{209}$ |
| | 5 | . | | 4 | 9 $\frac{87}{209}$ |
| | 10 | . | | 9 | 6 $\frac{174}{209}$ |
| | 15 | . | | 14 | 4 $\frac{52}{209}$ |
| | 19 | . | | 18 | 2 $\frac{38}{209}$ |
| 1 | . | . | . | 19 | 1 $\frac{139}{209}$ |
| 2 | . | . | 1 | 8 | 3 $\frac{69}{209}$ |
| 3 | . | . | 2 | 17 | 4 $\frac{208}{209}$ |
| 4 | . | . | 3 | 16 | 6 $\frac{138}{209}$ |
| 5 | . | . | 4 | 15 | 8 $\frac{68}{209}$ |
| 6 | . | . | 5 | 14 | 9 $\frac{207}{209}$ |
| 7 | . | . | 6 | 13 | 11 $\frac{137}{209}$ |
| 8 | . | . | 7 | 13 | 1 $\frac{67}{209}$ |
| 9 | . | . | 8 | 12 | 2 $\frac{206}{209}$ |
| 10 | . | . | 9 | 11 | 4 $\frac{136}{209}$ |
| 11 | . | . | 10 | 10 | 6 $\frac{66}{209}$ |
| 12 | . | . | 11 | 9 | 7 $\frac{205}{209}$ |

## Mesure de 210. Livres.

| PRIX DE LA MESURE. Liv. | Sols. | Den. | A COMBIEN LE SAC DE 200. LIV. Liv. | Sols. | Den. |
|---|---|---|---|---|---|
| | | 1 . | | | . $\frac{20}{21}$ |
| | | 2 . | | | 1 $\frac{19}{21}$ |
| | | 3 . | | | 2 $\frac{6}{7}$ |
| | | 6 . | | | 5 $\frac{5}{7}$ |
| | | 9 . | | | 8 $\frac{4}{7}$ |
| | 1 . | . . | | . | 11 $\frac{3}{7}$ |
| | 2 . | . . | | 1 . | 10 $\frac{6}{7}$ |
| | 3 . | . . | | 2 . | 10 $\frac{2}{7}$ |
| | 4 . | . . | | 3 . | 9 $\frac{5}{7}$ |
| | 5 . | . . | | 4 . | 9 $\frac{1}{7}$ |
| | 10 . | . . | | 9 . | 6 $\frac{2}{7}$ |
| | 15 . | . . | | 14 . | 3 $\frac{3}{7}$ |
| | 19 . | . . | | 18 . | 1 $\frac{1}{7}$ |
| 1 . | . . | . . | . | 19 . | . $\frac{4}{7}$ |
| 2 . | . . | . . | 1 . | 18 . | 1 $\frac{1}{7}$ |
| 3 . | . . | . . | 2 . | 17 . | 1 $\frac{5}{7}$ |
| 4 . | . . | . . | 3 . | 16 . | 2 $\frac{2}{7}$ |
| 5 . | . . | . . | 4 . | 15 . | 2 $\frac{6}{7}$ |
| 6 . | . . | . . | 5 . | 14 . | 3 $\frac{3}{7}$ |
| 7 . | . . | . . | 6 . | 13 . | 4 . |
| 8 . | . . | . . | 7 . | 12 . | 4 $\frac{4}{7}$ |
| 9 . | . . | . . | 8 . | 11 . | 5 $\frac{1}{7}$ |
| 10 . | . . | . . | 9 . | 10 . | 5 $\frac{5}{7}$ |
| 11 . | . . | . . | 10 . | 9 . | 6 $\frac{2}{7}$ |
| 12 . | . . | . . | 11 . | 8 . | 6 $\frac{6}{7}$ |

## Mesure de 211. Livres.

| PRIX DE LA MESURE. Liv. | Sols. | Den. | A COMBIEN LE SAC DE 200. LIV. Liv. | Sols. | Den. |
|---|---|---|---|---|---|
| | | 1 . | | | . $\frac{200}{211}$ |
| | | 2 . | | | 1 $\frac{189}{211}$ |
| | | 3 . | | | 2 $\frac{178}{211}$ |
| | | 6 . | | | 5 $\frac{145}{211}$ |
| | | 9 . | | | 8 $\frac{112}{211}$ |
| | 1 . | . . | | . | 11 $\frac{79}{211}$ |
| | 2 . | . . | | 1 . | 10 $\frac{158}{211}$ |
| | 3 . | . . | | 2 . | 10 $\frac{26}{211}$ |
| | 4 . | . . | | 3 . | 9 $\frac{105}{211}$ |
| | 5 . | . . | | 4 . | 8 $\frac{184}{211}$ |
| | 10 . | . . | | 9 . | 5 $\frac{157}{211}$ |
| | 15 . | . . | | 14 . | 2 $\frac{130}{211}$ |
| | 19 . | . . | | 18 . | . $\frac{24}{211}$ |
| 1 . | . . | . . | . | 18 . | 11 $\frac{103}{211}$ |
| 2 . | . . | . . | 1 . | 17 . | 10 $\frac{206}{211}$ |
| 3 . | . . | . . | 2 . | 16 . | 10 $\frac{98}{211}$ |
| 4 . | . . | . . | 3 . | 15 . | 9 $\frac{201}{211}$ |
| 5 . | . . | . . | 4 . | 14 . | 9 $\frac{93}{211}$ |
| 6 . | . . | . . | 5 . | 13 . | 8 $\frac{196}{211}$ |
| 7 . | . . | . . | 6 . | 12 . | 8 $\frac{88}{211}$ |
| 8 . | . . | . . | 7 . | 11 . | 7 $\frac{191}{211}$ |
| 9 . | . . | . . | 8 . | 10 . | 7 $\frac{83}{211}$ |
| 10 . | . . | . . | 9 . | 9 . | 6 $\frac{186}{211}$ |
| 11 . | . . | . . | 10 . | 8 . | 6 $\frac{78}{211}$ |
| 12 . | . . | . . | 11 . | 7 . | 5 $\frac{181}{211}$ |

## Mesure de 212. Livres.

| PRIX DE LA MESURE. | | | A COMBIEN LE SAC DE 200. LIV. | | |
|---|---|---|---|---|---|
| *Liv.* | *Sols.* | *Den.* | *Liv.* | *Sols.* | *Den.* |
| | | 1 | | | 50/53 |
| | | 2 | | | 1 47/53 |
| | | 3 | | | 2 44/53 |
| | | 6 | | | 5 35/53 |
| | | 9 | | | 8 26/53 |
| | 1 | | | | 11 17/53 |
| | 2 | | | 1 | 10 34/53 |
| | 3 | | | 2 | 9 51/17 |
| | 4 | | | 3 | 9 15/53 |
| | 5 | | | 4 | 8 32/53 |
| | 10 | | | 9 | 5 11/53 |
| | 15 | | | 14 | 1 43/53 |
| | 19 | | | 17 | 11 5/53 |
| 1 | | | | 18 | 10 22/53 |
| 2 | | | 1 | 17 | 8 44/53 |
| 3 | | | 2 | 16 | 7 13/53 |
| 4 | | | 3 | 15 | 5 35/53 |
| 5 | | | 4 | 14 | 4 4/53 |
| 6 | | | 5 | 13 | 2 26/53 |
| 7 | | | 6 | 12 | 48/53 |
| 8 | | | 7 | 10 | 11 17/53 |
| 9 | | | 8 | 9 | 9 39/53 |
| 10 | | | 9 | 8 | 8 8/53 |
| 11 | | | 10 | 7 | 6 30/53 |
| 12 | | | 11 | 6 | 4 52/53 |

## Mesure de 213. Livres.

| PRIX DE LA MESURE. | | | A COMBIEN LE SAC DE 200. LIV. | | |
|---|---|---|---|---|---|
| *Liv.* | *Sols.* | *Den.* | *Liv.* | *Sols.* | *Den.* |
| | | 1 | | | 200/213 |
| | | 2 | | | 1 187/213 |
| | | 3 | | | 2 58/71 |
| | | 6 | | | 5 45/71 |
| | | 9 | | | 8 32/71 |
| | 1 | | | | 11 19/71 |
| | 2 | | | 1 | 10 38/71 |
| | 3 | | | 2 | 9 57/71 |
| | 4 | | | 3 | 9 5/71 |
| | 5 | | | 4 | 8 24/71 |
| | 10 | | | 9 | 4 48/71 |
| | 15 | | | 14 | 1 1/71 |
| | 19 | | | 17 | 10 6/71 |
| 1 | | | | 18 | 9 25/71 |
| 2 | | | 1 | 17 | 6 50/71 |
| 3 | | | 2 | 16 | 4 4/71 |
| 4 | | | 3 | 15 | 1 29/71 |
| 5 | | | 4 | 13 | 10 54/71 |
| 6 | | | 5 | 12 | 8 8/71 |
| 7 | | | 6 | 11 | 5 33/71 |
| 8 | | | 7 | 10 | 2 58/71 |
| 9 | | | 8 | 9 | 12/71 |
| 10 | | | 9 | 7 | 9 37/71 |
| 11 | | | 10 | 6 | 6 62/71 |
| 12 | | | 11 | 5 | 4 16/71 |

## Mesure de 214. Livres.

| PRIX DE LA MESURE. | | | A COMBIEN LE SAC DE 200. LIV. | | |
|---|---|---|---|---|---|
| Liv. | Sols. | Den. | Liv. | Sols. | Den. |
| | | 1 | | | $\frac{100}{107}$ |
| | | 2 | | | $1\frac{93}{107}$ |
| | | 3 | | | $2\frac{86}{107}$ |
| | | 6 | | | $5\frac{65}{107}$ |
| | | 9 | | | $8\frac{44}{107}$ |
| | 1 | | | | $11\frac{23}{107}$ |
| | 2 | | | 1 | $10\frac{46}{107}$ |
| | 3 | | | 2 | $9\frac{69}{107}$ |
| | 4 | | | 3 | $8\frac{92}{107}$ |
| | 5 | | | 4 | $8\frac{8}{107}$ |
| | 10 | | | 9 | $4\frac{16}{107}$ |
| | 15 | | | 14 | $\frac{24}{107}$ |
| | 19 | | | 17 | $9\frac{9}{107}$ |
| 1 | | | | 18 | $8\frac{32}{107}$ |
| 2 | | | 1 | 17 | $4\frac{64}{107}$ |
| 3 | | | 2 | 16 | $\frac{96}{107}$ |
| 4 | | | 3 | 14 | $9\frac{21}{107}$ |
| 5 | | | 4 | 13 | $5\frac{53}{107}$ |
| 6 | | | 5 | 12 | $1\frac{85}{107}$ |
| 7 | | | 6 | 10 | $10\frac{10}{107}$ |
| 8 | | | 7 | 9 | $6\frac{42}{107}$ |
| 9 | | | 8 | 8 | $2\frac{74}{107}$ |
| 10 | | | 9 | 6 | $10\frac{106}{107}$ |
| 11 | | | 10 | 5 | $7\frac{31}{107}$ |
| 12 | | | 11 | 4 | $3\frac{63}{107}$ |

## Mesure de 215. Livres.

| PRIX DE LA MESURE. | | | A COMBIEN LE SAC DE 200. LIV. | | |
|---|---|---|---|---|---|
| Liv. | Sols. | Den. | Liv. | Sols. | Den. |
| | | 1 | | | $\frac{40}{43}$ |
| | | 2 | | | $1\frac{37}{43}$ |
| | | 3 | | | $2\frac{34}{43}$ |
| | | 6 | | | $5\frac{25}{43}$ |
| | | 9 | | | $8\frac{16}{43}$ |
| | 1 | | | | $11\frac{7}{43}$ |
| | 2 | | | 1 | $10\frac{14}{43}$ |
| | 3 | | | 2 | $9\frac{21}{43}$ |
| | 4 | | | 3 | $8\frac{28}{43}$ |
| | 5 | | | 4 | $7\frac{35}{43}$ |
| | 10 | | | 9 | $3\frac{27}{43}$ |
| | 15 | | | 13 | $11\frac{19}{43}$ |
| | 19 | | | 17 | $8\frac{4}{43}$ |
| 1 | | | | 18 | $7\frac{11}{43}$ |
| 2 | | | 1 | 17 | $2\frac{22}{43}$ |
| 3 | | | 2 | 15 | $9\frac{33}{43}$ |
| 4 | | | 3 | 14 | $5\frac{1}{43}$ |
| 5 | | | 4 | 13 | $\frac{12}{43}$ |
| 6 | | | 5 | 11 | $7\frac{23}{43}$ |
| 7 | | | 6 | 10 | $2\frac{34}{43}$ |
| 8 | | | 7 | 8 | $10\frac{2}{43}$ |
| 9 | | | 8 | 7 | $5\frac{13}{43}$ |
| 10 | | | 9 | 6 | $\frac{24}{43}$ |
| 11 | | | 10 | 4 | $7\frac{35}{43}$ |
| 12 | | | 11 | 3 | $3\frac{3}{43}$ |

## Mesure de 216. Livres.

| PRIX DE LA MESURE. | | | A COMBIEN LE SAC DE 200. LIV. | | |
|---|---|---|---|---|---|
| *Liv.* | *Sols.* | *Den.* | *Liv.* | *Sols.* | *Den.* |
| | | 1 | | | . 25/27 |
| | | 2 | | | 1 23/27 |
| | | 3 | | | 2 7/9 |
| | | 6 | | | 5 5/9 |
| | | 9 | | | 8 3/9 |
| | 1 | . | | . | 11 1/9 |
| | 2 | . | | 1 | 10 2/9 |
| | 3 | . | | 2 | 9 3/9 |
| | 4 | . | | 3 | 8 4/9 |
| | 5 | . | | 4 | 7 5/9 |
| | 10 | . | | 9 | 3 1/9 |
| | 15 | . | | 13 | 10 6/9 |
| | 19 | . | | 17 | 7 1/9 |
| 1 | . | . | . | 18 | 6 2/9 |
| 2 | . | . | 1 | 17 | . 4/9 |
| 3 | . | . | 2 | 15 | 6 6/9 |
| 4 | . | . | 3 | 14 | . 8/9 |
| 5 | . | . | 4 | 12 | 7 1/9 |
| 6 | . | . | 5 | 11 | 1 3/9 |
| 7 | . | . | 6 | 9 | 7 5/9 |
| 8 | . | . | 7 | 8 | 1 7/9 |
| 9 | . | . | 8 | 6 | 8 |
| 10 | . | . | 9 | 5 | 2 2/9 |
| 11 | . | . | 10 | 3 | 8 4/9 |
| 12 | . | . | 11 | 2 | 2 6/9 |

## Mesure de 217. Livres.

| PRIX DE LA MESURE. | | | A COMBIEN LE SAC DE 200. LIV. | | |
|---|---|---|---|---|---|
| *Liv.* | *Sols.* | *Den.* | *Liv.* | *Sols.* | *Den.* |
| | | 1 | | | . 200/217 |
| | | 2 | | | 1 183/217 |
| | | 3 | | | 2 166/217 |
| | | 6 | | | 5 115/217 |
| | | 9 | | | 8 64/217 |
| | 1 | . | | . | 11 13/217 |
| | 2 | . | | 1 | 10 26/217 |
| | 3 | . | | 2 | 9 39/217 |
| | 4 | . | | 3 | 8 52/217 |
| | 5 | . | | 4 | 7 65/217 |
| | 10 | . | | 9 | 2 130/217 |
| | 15 | . | | 13 | 9 195/217 |
| | 19 | . | | 17 | 6 30/217 |
| 1 | . | . | . | 18 | 5 43/217 |
| 2 | . | . | 1 | 16 | 10 86/217 |
| 3 | . | . | 2 | 15 | 3 129/217 |
| 4 | . | . | 3 | 13 | 8 172/217 |
| 5 | . | . | 4 | 12 | 1 215/217 |
| 6 | . | . | 5 | 10 | 7 41/217 |
| 7 | . | . | 6 | 9 | . 84/217 |
| 8 | . | . | 7 | 7 | 5 127/217 |
| 9 | . | . | 8 | 5 | 10 170/217 |
| 10 | . | . | 9 | 4 | 3 213/217 |
| 11 | . | . | 10 | 2 | 9 39/217 |
| 12 | . | . | 11 | 1 | 2 82/217 |

## Mesure de 218. Livres.

| PRIX DE LA MESURE. | | | A COMBIEN LE SAC DE 200. LIV. | | |
|---|---|---|---|---|---|
| *Liv.* | *Sols.* | *Den.* | *Liv.* | *Sols.* | *Den.* |
| | | 1 | | | . 100/109 |
| | | 2 | | | 1 91/109 |
| | | 3 | | | 2 82/109 |
| | | 6 | | | 5 55/109 |
| | | 9 | | | 8 28/109 |
| | 1 | . | | . | 11 1/109 |
| | 2 | . | | 1 | 10 2/109 |
| | 3 | . | | 2 | 9 3/109 |
| | 4 | . | | 3 | 8 4/109 |
| | 5 | . | | 4 | 7 5/109 |
| | 10 | . | | 9 | 2 10/109 |
| | 15 | . | | 13 | 9 15/109 |
| | 19 | . | | 17 | 5 19/109 |
| 1 | . | . | . | 18 | 4 20/109 |
| 2 | . | . | 1 | 16 | 8 40/109 |
| 3 | . | . | 2 | 15 | . 60/109 |
| 4 | . | . | 3 | 13 | 4 80/109 |
| 5 | . | . | 4 | 11 | 8 100/109 |
| 6 | . | . | 5 | 10 | 1 11/109 |
| 7 | . | . | 6 | 8 | 5 31/109 |
| 8 | . | . | 7 | 6 | 9 54/109 |
| 9 | . | . | 8 | 5 | 1 73/109 |
| 10 | . | . | 9 | 3 | 5 91/109 |
| 11 | . | . | 10 | 1 | 10 2/109 |
| 12 | . | . | 11 | . | 2 22/109 |

## Mesure de 219. Livres.

| PRIX DE LA MESURE. | | | A COMBIEN LE SAC DE 200. LIV. | | |
|---|---|---|---|---|---|
| *Liv.* | *Sols.* | *Den.* | *Liv.* | *Sols.* | *Den.* |
| | | 1 | | | . 200/219 |
| | | 2 | | | 1 181/219 |
| | | 3 | | | 2 54/73 |
| | | 6 | | | 5 35/73 |
| | | 9 | | | 8 16/73 |
| | 1 | . | | . | 10 70/73 |
| | 2 | . | | 1 | 9 67/73 |
| | 3 | . | | 2 | 8 64/73 |
| | 4 | . | | 3 | 7 6/73 |
| | 5 | . | | 4 | 6 58/73 |
| | 10 | . | | 9 | 1 43/73 |
| | 15 | . | | 13 | 8 28/73 |
| | 19 | . | | 17 | 4 16/73 |
| 1 | . | . | . | 18 | 3 13/73 |
| 2 | . | . | 1 | 16 | 6 26/73 |
| 3 | . | . | 2 | 14 | 9 39/73 |
| 4 | . | . | 3 | 13 | . 52/73 |
| 5 | . | . | 4 | 11 | 3 65/73 |
| 6 | . | . | 5 | 9 | 7 5/73 |
| 7 | . | . | 6 | 7 | 10 18/73 |
| 8 | . | . | 7 | 6 | 1 31/73 |
| 9 | . | . | 8 | 4 | 4 44/73 |
| 10 | . | . | 9 | 2 | 7 57/73 |
| 11 | . | . | 10 | . | 10 70/73 |
| 12 | . | . | 10 | 19 | 2 10/73 |

## Mesure de 220. Livres.

| PRIX DE LA MESURE. | | | A COMBIEN LE SAC DE 200. LIV. | | |
|---|---|---|---|---|---|
| *Liv.* | *Sols.* | *Den.* | *Liv.* | *Sols.* | *Den.* |
| | | 1 | | | $\frac{10}{11}$ |
| | | 2 | | | 1 $\frac{9}{11}$ |
| | | 3 | | | 2 $\frac{8}{11}$ |
| | | 6 | | | 5 $\frac{5}{11}$ |
| | | 9 | | | 8 $\frac{2}{11}$ |
| | 1 | | | | 10 $\frac{10}{11}$ |
| | 2 | | | 1 | 9 $\frac{9}{11}$ |
| | 3 | | | 2 | 8 $\frac{8}{11}$ |
| | 4 | | | 3 | 7 $\frac{7}{11}$ |
| | 5 | | | 4 | 6 $\frac{6}{11}$ |
| | 10 | | | 9 | 1 $\frac{1}{11}$ |
| | 15 | | | 13 | 7 $\frac{7}{11}$ |
| | 19 | | | 17 | 3 $\frac{3}{11}$ |
| 1 | | | | 18 | 2 $\frac{2}{11}$ |
| 2 | | | 1 | 16 | 4 $\frac{4}{11}$ |
| 3 | | | 2 | 14 | 6 $\frac{6}{11}$ |
| 4 | | | 3 | 12 | 8 $\frac{8}{11}$ |
| 5 | | | 4 | 10 | 10 $\frac{10}{11}$ |
| 6 | | | 5 | 9 | 1 $\frac{1}{11}$ |
| 7 | | | 6 | 7 | 3 $\frac{3}{11}$ |
| 8 | | | 7 | 5 | 5 $\frac{5}{11}$ |
| 9 | | | 8 | 3 | 7 $\frac{7}{11}$ |
| 10 | | | 9 | 1 | 9 $\frac{9}{11}$ |
| 11 | | | 10 | | |
| 12 | | | 10 | 18 | 11 $\frac{2}{11}$ |

## Mesure de 221. Livres.

| PRIX DE LA MESURE. | | | A COMBIEN LE SAC DE 200. LIV. | | |
|---|---|---|---|---|---|
| *Liv.* | *Sols.* | *Den.* | *Liv.* | *Sols.* | *Den.* |
| | | 1 | | | $\frac{200}{221}$ |
| | | 2 | | | 1 $\frac{179}{221}$ |
| | | 3 | | | 2 $\frac{158}{221}$ |
| | | 6 | | | 5 $\frac{95}{221}$ |
| | | 9 | | | 8 $\frac{32}{221}$ |
| | 1 | | | | 10 $\frac{190}{221}$ |
| | 2 | | | 1 | 9 $\frac{159}{221}$ |
| | 3 | | | 2 | 8 $\frac{128}{221}$ |
| | 4 | | | 3 | 7 $\frac{97}{221}$ |
| | 5 | | | 4 | 6 $\frac{66}{221}$ |
| | 10 | | | 9 | $\frac{132}{221}$ |
| | 15 | | | 13 | 6 $\frac{198}{221}$ |
| | 19 | | | 17 | 2 $\frac{74}{221}$ |
| 1 | | | | 18 | 1 $\frac{43}{221}$ |
| 2 | | | 1 | 16 | 2 $\frac{86}{221}$ |
| 3 | | | 2 | 14 | 3 $\frac{129}{221}$ |
| 4 | | | 3 | 12 | 4 $\frac{172}{221}$ |
| 5 | | | 4 | 10 | 5 $\frac{215}{221}$ |
| 6 | | | 5 | 8 | 7 $\frac{37}{221}$ |
| 7 | | | 6 | 6 | 8 $\frac{80}{221}$ |
| 8 | | | 7 | 4 | 9 $\frac{123}{221}$ |
| 9 | | | 8 | 2 | 10 $\frac{166}{221}$ |
| 10 | | | 9 | | 11 $\frac{209}{221}$ |
| 11 | | | 9 | 19 | 1 $\frac{31}{221}$ |
| 12 | | | 10 | 17 | 2 $\frac{74}{221}$ |

## Mesure de 222. Livres.

| PRIX DE LA MESURE. Liv. | Sols. | Den. | A COMBIEN LE SAC DE 200. LIV. Liv. | Sols. | Den. |
|---|---|---|---|---|---|
| | | 1 | | | $\frac{100}{111}$ |
| | | 2 | | | 1 $\frac{89}{111}$ |
| | | 3 | | | 2 $\frac{26}{37}$ |
| | | 6 | | | 5 $\frac{15}{37}$ |
| | | 9 | | | 8 $\frac{4}{37}$ |
| | 1 | | | | 10 $\frac{30}{37}$ |
| | 2 | | | 1 | 9 $\frac{23}{37}$ |
| | 3 | | | 2 | 8 $\frac{16}{37}$ |
| | 4 | | | 3 | 7 $\frac{9}{37}$ |
| | 5 | | | 4 | 6 $\frac{2}{37}$ |
| | 10 | | | 9 | $\frac{4}{37}$ |
| | 15 | | | 13 | 6 $\frac{6}{37}$ |
| | 19 | | | 17 | 1 $\frac{15}{37}$ |
| 1 | | | | 18 | $\frac{8}{37}$ |
| 2 | | | 1 | 16 | $\frac{16}{37}$ |
| 3 | | | 2 | 14 | $\frac{24}{37}$ |
| 4 | | | 3 | 12 | $\frac{32}{37}$ |
| 5 | | | 4 | 10 | 1 $\frac{3}{37}$ |
| 6 | | | 5 | 8 | 1 $\frac{11}{37}$ |
| 7 | | | 6 | 6 | 1 $\frac{19}{37}$ |
| 8 | | | 7 | 4 | 1 $\frac{27}{37}$ |
| 9 | | | 8 | 2 | 1 $\frac{35}{39}$ |
| 10 | | | 9 | | 2 $\frac{6}{37}$ |
| 11 | | | 9 | 18 | 2 $\frac{14}{37}$ |
| 12 | | | 10 | 16 | 2 $\frac{22}{37}$ |

## Mesure de 223. Livres.

| PRIX DE LA MESURE. Liv. | Sols. | Den. | A COMBIEN LE SAC DE 200. LIV. Liv. | Sols. | Den. |
|---|---|---|---|---|---|
| | | 1 | | | $\frac{200}{223}$ |
| | | 2 | | | 1 $\frac{177}{223}$ |
| | | 3 | | | 2 $\frac{154}{223}$ |
| | | 6 | | | 5 $\frac{85}{223}$ |
| | | 9 | | | 8 $\frac{16}{223}$ |
| | 1 | | | | 10 $\frac{170}{223}$ |
| | 2 | | | 1 | 9 $\frac{117}{223}$ |
| | 3 | | | 2 | 8 $\frac{64}{223}$ |
| | 4 | | | 3 | 7 $\frac{11}{223}$ |
| | 5 | | | 4 | 5 $\frac{181}{223}$ |
| | 10 | | | 8 | 11 $\frac{139}{223}$ |
| | 15 | | | 13 | 5 $\frac{97}{223}$ |
| | 19 | | | 17 | $\frac{108}{223}$ |
| 1 | | | | 17 | 11 $\frac{55}{223}$ |
| 2 | | | 1 | 15 | 10 $\frac{110}{223}$ |
| 3 | | | 2 | 13 | 9 $\frac{165}{223}$ |
| 4 | | | 3 | 11 | 8 $\frac{220}{223}$ |
| 5 | | | 4 | 9 | 8 $\frac{52}{223}$ |
| 6 | | | 5 | 7 | 7 $\frac{107}{223}$ |
| 7 | | | 6 | 5 | 6 $\frac{162}{223}$ |
| 8 | | | 7 | 3 | 5 $\frac{217}{223}$ |
| 9 | | | 8 | 1 | 5 $\frac{49}{223}$ |
| 10 | | | 8 | 19 | 4 $\frac{104}{223}$ |
| 11 | | | 9 | 17 | 3 $\frac{159}{223}$ |
| 12 | | | 10 | 15 | 2 $\frac{214}{223}$ |

## Mesure de 224. Livres.

| PRIX DE LA MESURE. | | | A COMBIEN LE SAC DE 200. LIV. | | |
|---|---|---|---|---|---|
| *Liv.* | *Sols.* | *Den.* | *Liv.* | *Sols.* | *Den.* |
| | | 1 | | | $\frac{25}{28}$ |
| | | 2 | | | 1 $\frac{11}{14}$ |
| | | 3 | | | 2 $\frac{19}{28}$ |
| | | 6 | | | 5 $\frac{5}{14}$ |
| | | 9 | | | 8 $\frac{1}{28}$ |
| | 1 | | | | 10 $\frac{5}{7}$ |
| | 2 | | | 1 | 9 $\frac{3}{7}$ |
| | 3 | | | 2 | 8 $\frac{1}{7}$ |
| | 4 | | | 3 | 6 $\frac{6}{7}$ |
| | 5 | | | 4 | 5 $\frac{4}{7}$ |
| | 10 | | | 8 | 11 $\frac{1}{7}$ |
| | 15 | | | 13 | 4 $\frac{5}{7}$ |
| | 19 | | | 16 | 11 $\frac{4}{7}$ |
| 1 | | | | 17 | 10 $\frac{2}{7}$ |
| 2 | | | 1 | 15 | 8 $\frac{4}{7}$ |
| 3 | | | 2 | 13 | 6 $\frac{6}{7}$ |
| 4 | | | 3 | 11 | 5 $\frac{1}{7}$ |
| 5 | | | 4 | 9 | 3 $\frac{3}{7}$ |
| 6 | | | 5 | 7 | 1 $\frac{5}{7}$ |
| 7 | | | 6 | 5 | |
| 8 | | | 7 | 2 | 10 $\frac{2}{7}$ |
| 9 | | | 8 | | 8 $\frac{4}{7}$ |
| 10 | | | 8 | 18 | 6 $\frac{6}{7}$ |
| 11 | | | 9 | 16 | 5 $\frac{1}{7}$ |
| 12 | | | 10 | 14 | 3 $\frac{3}{7}$ |

## Mesure de 225. Livres.

| PRIX DE LA MESURE. | | | A COMBIEN LE SAC DE 200. LIV. | | |
|---|---|---|---|---|---|
| *Liv.* | *Sols.* | *Den.* | *Liv.* | *Sols.* | *Den.* |
| | | 1 | | | $\frac{8}{9}$ |
| | | 2 | | | 1 $\frac{7}{9}$ |
| | | 3 | | | 2 $\frac{2}{3}$ |
| | | 6 | | | 5 $\frac{1}{3}$ |
| | | 9 | | | 8 |
| | 1 | | | | 10 $\frac{2}{3}$ |
| | 2 | | | 1 | 9 $\frac{1}{3}$ |
| | 3 | | | 2 | 8 |
| | 4 | | | 3 | 6 $\frac{2}{3}$ |
| | 5 | | | 4 | 5 $\frac{1}{3}$ |
| | 10 | | | 8 | 10 $\frac{2}{3}$ |
| | 15 | | | 13 | 4 |
| | 19 | | | 16 | 10 $\frac{2}{3}$ |
| 1 | | | | 17 | 9 $\frac{1}{3}$ |
| 2 | | | 1 | 15 | 6 $\frac{2}{3}$ |
| 3 | | | 2 | 13 | 4 |
| 4 | | | 3 | 11 | 1 $\frac{1}{3}$ |
| 5 | | | 4 | 8 | 10 $\frac{2}{3}$ |
| 6 | | | 5 | 6 | 8 |
| 7 | | | 6 | 4 | 5 $\frac{1}{3}$ |
| 8 | | | 7 | 2 | 2 $\frac{2}{3}$ |
| 9 | | | 8 | | |
| 10 | | | 8 | 17 | 9 $\frac{1}{3}$ |
| 11 | | | 9 | 15 | 6 $\frac{2}{3}$ |
| 12 | | | 10 | 13 | 4 |

## Mesure de 225. Livres.

| PRIX DE LA MESURE. | | | A COMBIEN LE SAC DE 200. LIV. | | |
|---|---|---|---|---|---|
| *Liv.* | *Sols.* | *Den.* | *Liv.* | *Sols.* | *Den.* |
| | | 1 | | | $\frac{8}{9}$ |
| | | 2 | | | 1 $\frac{7}{9}$ |
| | | 3 | | | 2 $\frac{2}{3}$ |
| | | 6 | | | 5 $\frac{1}{3}$ |
| | | 9 | | | 8 |
| | 1 | | | | 10 $\frac{2}{3}$ |
| | 2 | | | 1 | 9 $\frac{1}{3}$ |
| | 3 | | | 2 | 8 |
| | 4 | | | 3 | 6 $\frac{2}{3}$ |
| | 5 | | | 4 | 5 $\frac{1}{3}$ |
| | 10 | | | 8 | 10 $\frac{2}{3}$ |
| | 15 | | | 13 | 4 |
| | 19 | | | 16 | 10 $\frac{2}{3}$ |
| 1 | | | | 17 | 9 $\frac{1}{3}$ |
| 2 | | | 1 | 15 | 6 $\frac{2}{3}$ |
| 3 | | | 2 | 13 | 4 |
| 4 | | | 3 | 11 | 1 $\frac{1}{3}$ |
| 5 | | | 4 | 8 | 10 $\frac{2}{3}$ |
| 6 | | | 5 | 6 | 8 |
| 7 | | | 6 | 4 | 5 $\frac{1}{3}$ |
| 8 | | | 7 | 2 | 2 $\frac{2}{3}$ |
| 9 | | | 8 | | |
| 10 | | | 8 | 17 | 9 $\frac{1}{3}$ |
| 11 | | | 9 | 15 | 6 $\frac{2}{3}$ |
| 12 | | | 10 | 13 | 4 |
| 13 | | | 11 | 11 | 1 $\frac{1}{3}$ |

## Mesure de 226. Livres.

| PRIX DE LA MESURE. | | | A COMBIEN LE SAC DE 200. LIV. | | |
|---|---|---|---|---|---|
| *Liv.* | *Sols.* | *Den.* | *Liv.* | *Sols.* | *Den.* |
| | | 1 | | | $\frac{100}{113}$ |
| | | 2 | | | 1 $\frac{87}{113}$ |
| | | 3 | | | 2 $\frac{74}{113}$ |
| | | 6 | | | 5 $\frac{35}{113}$ |
| | | 9 | | | 7 $\frac{109}{113}$ |
| | 1 | | | | 10 $\frac{70}{113}$ |
| | 2 | | | 1 | 9 $\frac{27}{113}$ |
| | 3 | | | 2 | 7 $\frac{97}{113}$ |
| | 4 | | | 3 | 6 $\frac{54}{113}$ |
| | 5 | | | 4 | 5 $\frac{11}{113}$ |
| | 10 | | | 8 | 10 $\frac{22}{113}$ |
| | 15 | | | 13 | 3 $\frac{33}{113}$ |
| | 19 | | | 16 | 9 $\frac{87}{113}$ |
| 1 | | | | 17 | 8 $\frac{44}{113}$ |
| 2 | | | 1 | 15 | 4 $\frac{88}{113}$ |
| 3 | | | 2 | 13 | 1 $\frac{19}{113}$ |
| 4 | | | 3 | 10 | 9 $\frac{63}{113}$ |
| 5 | | | 4 | 8 | 5 $\frac{107}{113}$ |
| 6 | | | 5 | 6 | 2 $\frac{38}{113}$ |
| 7 | | | 6 | 3 | 10 $\frac{82}{113}$ |
| 8 | | | 7 | 1 | 7 $\frac{13}{113}$ |
| 9 | | | 7 | 19 | 3 $\frac{57}{113}$ |
| 10 | | | 8 | 16 | 11 $\frac{101}{113}$ |
| 11 | | | 9 | 14 | 8 $\frac{68}{113}$ |
| 12 | | | 10 | 12 | 4 $\frac{112}{113}$ |
| 13 | | | 11 | 10 | 1 $\frac{43}{113}$ |

## Mesure de 227. Livres.

| PRIX DE LA MESURE. | | | A COMBIEN LE SAC DE 200. LIV. | | |
|---|---|---|---|---|---|
| *Liv.* | *Sols.* | *Den.* | *Liv.* | *Sols.* | *Den.* |
| | | 1 | | | $\frac{200}{227}$ |
| | | 2 | | | 1 $\frac{173}{227}$ |
| | | 3 | | | 2 $\frac{146}{227}$ |
| | | 6 | | | 5 $\frac{65}{227}$ |
| | | 9 | | | 7 $\frac{211}{227}$ |
| | 1 | | | | 10 $\frac{130}{227}$ |
| | 2 | | | 1 | 9 $\frac{33}{227}$ |
| | 3 | | | 2 | 7 $\frac{163}{227}$ |
| | 4 | | | 3 | 6 $\frac{66}{227}$ |
| | 5 | | | 4 | 4 $\frac{196}{227}$ |
| | 10 | | | 8 | 9 $\frac{165}{227}$ |
| | 15 | | | 13 | 2 $\frac{134}{227}$ |
| | 19 | | | 16 | 8 $\frac{200}{227}$ |
| 1 | | | | 17 | 7 $\frac{103}{227}$ |
| 2 | | | 1 | 15 | 2 $\frac{206}{227}$ |
| 3 | | | 2 | 12 | 10 $\frac{82}{227}$ |
| 4 | | | 3 | 10 | 5 $\frac{185}{227}$ |
| 5 | | | 4 | 8 | 1 $\frac{61}{227}$ |
| 6 | | | 5 | 5 | 8 $\frac{164}{227}$ |
| 7 | | | 6 | 3 | 4 $\frac{40}{227}$ |
| 8 | | | 7 | | 11 $\frac{143}{227}$ |
| 9 | | | 7 | 18 | 7 $\frac{19}{227}$ |
| 10 | | | 8 | 16 | 2 $\frac{122}{227}$ |
| 11 | | | 9 | 13 | 9 $\frac{225}{227}$ |
| 12 | | | 10 | 11 | 5 $\frac{101}{227}$ |
| 13 | | | 11 | 9 | $\frac{204}{227}$ |

## Mesure de 228. Livres.

| PRIX DE LA MESURE. | | | A COMBIEN LE SAC DE 200. LIV. | | |
|---|---|---|---|---|---|
| *Liv.* | *Sols.* | *Den.* | *Liv.* | *Sols.* | *Den.* |
| | | 1 | | | $\frac{50}{57}$ |
| | | 2 | | | 1 $\frac{43}{57}$ |
| | | 3 | | | 2 $\frac{12}{19}$ |
| | | 6 | | | 5 $\frac{5}{19}$ |
| | | 9 | | | 7 $\frac{17}{19}$ |
| | 1 | | | | 10 $\frac{10}{19}$ |
| | 2 | | | 1 | 9 $\frac{1}{19}$ |
| | 3 | | | 2 | 7 $\frac{11}{19}$ |
| | 4 | | | 3 | 6 $\frac{2}{19}$ |
| | 5 | | | 4 | 4 $\frac{12}{19}$ |
| | 10 | | | 8 | 9 $\frac{5}{19}$ |
| | 15 | | | 13 | 1 $\frac{17}{19}$ |
| | 19 | | | 16 | 8 |
| 1 | | | | 17 | 6 $\frac{10}{19}$ |
| 2 | | | 1 | 15 | 1 $\frac{1}{19}$ |
| 3 | | | 2 | 12 | 7 $\frac{11}{19}$ |
| 4 | | | 3 | 10 | 2 $\frac{2}{19}$ |
| 5 | | | 4 | 7 | 8 $\frac{12}{19}$ |
| 6 | | | 5 | 5 | 3 $\frac{3}{19}$ |
| 7 | | | 6 | 2 | 9 $\frac{13}{19}$ |
| 8 | | | 7 | | 4 $\frac{9}{19}$ |
| 9 | | | 7 | 17 | 10 $\frac{14}{19}$ |
| 10 | | | 8 | 15 | 5 $\frac{5}{19}$ |
| 11 | | | 9 | 12 | 11 $\frac{15}{19}$ |
| 12 | | | 10 | 10 | 6 $\frac{6}{19}$ |
| 13 | | | 11 | 8 | $\frac{16}{19}$ |

## Mesure de 229. Livres.

| PRIX DE LA MESURE. | | | A COMBIEN LE SAC DE 200. LIV. | | |
|---|---|---|---|---|---|
| Liv. | Sols. | Den. | Liv. | Sols. | Den. |
| | | 1 | | | . $\frac{200}{229}$ |
| | | 2 | | | 1 $\frac{171}{229}$ |
| | | 3 | | | 2 $\frac{142}{229}$ |
| | | 6 | | | 5 $\frac{55}{229}$ |
| | | 9 | | | 7 $\frac{197}{229}$ |
| | 1 | . | | . | 10 $\frac{110}{229}$ |
| | 2 | . | | 1 | 8 $\frac{220}{229}$ |
| | 3 | . | | 2 | 7 $\frac{101}{229}$ |
| | 4 | . | | 3 | 5 $\frac{211}{229}$ |
| | 5 | . | | 4 | 4 $\frac{92}{229}$ |
| | 10 | . | | 8 | 8 $\frac{184}{229}$ |
| | 15 | . | | 13 | 1 $\frac{47}{229}$ |
| | 19 | . | | 16 | 7 $\frac{29}{229}$ |
| 1 | . | . | . | 17 | 5 $\frac{139}{229}$ |
| 2 | . | . | 1 | 14 | 11 $\frac{49}{229}$ |
| 3 | . | . | 2 | 12 | 4 $\frac{182}{229}$ |
| 4 | . | . | 3 | 9 | 10 $\frac{98}{229}$ |
| 5 | . | . | 4 | 7 | 4 $\frac{8}{229}$ |
| 6 | . | . | 5 | 4 | 9 $\frac{147}{229}$ |
| 7 | . | . | 6 | 2 | 3 $\frac{57}{229}$ |
| 8 | . | . | 6 | 19 | 8 $\frac{196}{229}$ |
| 9 | . | . | 7 | 17 | 2 $\frac{105}{229}$ |
| 10 | . | . | 8 | 14 | 8 $\frac{16}{229}$ |
| 11 | . | . | 9 | 12 | 1 $\frac{155}{229}$ |
| 12 | . | . | 10 | 9 | 7 $\frac{65}{229}$ |
| 13 | . | . | 11 | 7 | . $\frac{204}{229}$ |

## Mesure de 230. Livres.

| PRIX DE LA MESURE. | | | A COMBIEN LE SAC DE 200. LIV. | | |
|---|---|---|---|---|---|
| Liv. | Sols. | Den. | Liv. | Sols. | Den. |
| | | 1 | | | . $\frac{20}{23}$ |
| | | 2 | | | 1 $\frac{17}{23}$ |
| | | 3 | | | 2 $\frac{14}{23}$ |
| | | 6 | | | 5 $\frac{5}{23}$ |
| | | 9 | | | 7 $\frac{19}{23}$ |
| | 1 | . | | . | 10 $\frac{10}{23}$ |
| | 2 | . | | 1 | 8 $\frac{20}{23}$ |
| | 3 | . | | 2 | 7 $\frac{7}{23}$ |
| | 4 | . | | 3 | 5 $\frac{17}{23}$ |
| | 5 | . | | 4 | 4 $\frac{4}{23}$ |
| | 10 | . | | 8 | 8 $\frac{8}{23}$ |
| | 15 | . | | 13 | . $\frac{12}{23}$ |
| | 19 | . | | 16 | 6 $\frac{6}{23}$ |
| 1 | . | . | . | 17 | 4 $\frac{16}{23}$ |
| 2 | . | . | 1 | 14 | 9 $\frac{9}{23}$ |
| 3 | . | . | 2 | 12 | 2 $\frac{2}{23}$ |
| 4 | . | . | 3 | 9 | 6 $\frac{18}{23}$ |
| 5 | . | . | 4 | 6 | 11 $\frac{11}{23}$ |
| 6 | . | . | 5 | 4 | 4 $\frac{4}{23}$ |
| 7 | . | . | 6 | 1 | 8 $\frac{20}{23}$ |
| 8 | . | . | 6 | 19 | 1 $\frac{13}{23}$ |
| 9 | . | . | 7 | 16 | 6 $\frac{6}{23}$ |
| 10 | . | . | 8 | 13 | 10 $\frac{22}{23}$ |
| 11 | . | . | 9 | 11 | 3 $\frac{15}{23}$ |
| 12 | . | . | 10 | 8 | 8 $\frac{8}{23}$ |
| 13 | . | . | 11 | 6 | 1 $\frac{1}{23}$ |

Meſure de Livres.

| PRIX DE LA MESURE. | | | A COMBIEN LE SAC DE 200. LIV. | | |
|---|---|---|---|---|---|
| Liv. | Sols. | Den. | Liv. | Sols. | Den. |
| | | 1 . | | | |
| | | 2 . | | | |
| | | 3 . | | | |
| | | 6 . | | | |
| | | 9 . | | | |
| | 1 . | . . | | | |
| | 2 . | . . | | | |
| | 3 . | . . | | | |
| | 4 . | . . | | | |
| | 5 . | . . | | | |
| | 10 . | . . | | | |
| | 15 . | . . | | | |
| | 19 . | . . | | | |
| 1 . . | . . | . . | | | |
| 2 . . | . . | . . | | | |
| 3 . . | . . | . . | | | |
| 4 . . | . . | . . | | | |
| 5 . . | . . | . . | | | |
| 6 . . | . . | . . | | | |
| 7 . . | . . | . . | | | |
| 8 . . | . . | . . | | | |
| 9 . . | . . | . . | | | |
| 10 . . | . . | . . | | | |
| 11 . . | . . | . . | | | |
| 12 . . | . . | . . | | | |
| 13 . . | . . | . . | | | |

Meſure de Livres.

| PRIX DE LA MESURE. | | | A COMBIEN LE SAC DE 200. LIV. | | |
|---|---|---|---|---|---|
| Liv. | Sols. | Den. | Liv. | Sols. | Den. |
| | | 1 . | | | |
| | | 2 . | | | |
| | | 3 . | | | |
| | | 6 . | | | |
| | | 9 . | | | |
| | 1 . | . . | | | |
| | 2 . | . . | | | |
| | 3 . | . . | | | |
| | 4 . | . . | | | |
| | 5 . | . . | | | |
| | 10 . | . . | | | |
| | 15 . | . . | | | |
| | 19 . | . . | | | |
| 1 . . | . . | . . | | | |
| 2 . . | . . | . . | | | |
| 3 . . | . . | . . | | | |
| 4 . . | . . | . . | | | |
| 5 . . | . . | . . | | | |
| 6 . . | . . | . . | | | |
| 7 . . | . . | . . | | | |
| 8 . . | . . | . . | | | |
| 9 . . | . . | . . | | | |
| 10 . . | . . | . . | | | |
| 11 . . | . . | . . | | | |
| 12 . . | . . | . . | | | |
| 13 . . | . . | . . | | | |

Mesure de Livres.

| PRIX DE LA MESURE. | | | A COMBIEN LE SAC DE 200. LIV. | | |
|---|---|---|---|---|---|
| Liv. | Sols. | Den. | Liv. | Sols. | Den. |
| | | 1 . | | | |
| | | 2 . | | | |
| | | 3 . | | | |
| | | 6 . | | | |
| | | 9 . | | | |
| | 1 . . . | . | | | |
| | 2 . . . | . | | | |
| | 3 . . . | . | | | |
| | 4 . . . | . | | | |
| | 5 . . . | . | | | |
| | 10 . . . | . | | | |
| | 15 . . . | . | | | |
| | 19 . . . | . | | | |
| 1 . . . | . . | . | | | |
| 2 . . . | . . | . | | | |
| 3 . . . | . . | . | | | |
| 4 . . . | . . | . | | | |
| 5 . . . | . . | . | | | |
| 6 . . . | . . | . | | | |
| 7 . . . | . . | . | | | |
| 8 . . . | . . | . | | | |
| 9 . . . | . . | . | | | |
| 10 . . . | . . | . | | | |
| 11 . . . | . . | . | | | |
| 12 . . . | . . | . | | | |
| 13 . . . | . . | . | | | |

Mesure de Livres.

| PRIX DE LA MESURE. | | | A COMBIEN LE SAC DE 200. LIV. | | |
|---|---|---|---|---|---|
| Liv. | Sols. | Den. | Liv. | Sols. | Den. |
| | | 1 . | | | |
| | | 2 . | | | |
| | | 3 . | | | |
| | | 6 . | | | |
| | | 9 . | | | |
| | 1 . . . | . | | | |
| | 2 . . . | . | | | |
| | 3 . . . | . | | | |
| | 4 . . . | . | | | |
| | 5 . . . | . | | | |
| | 10 . . . | . | | | |
| | 15 . . . | . | | | |
| | 19 . . . | . | | | |
| 1 . . . | . . | . | | | |
| 2 . . . | . . | . | | | |
| 3 . . . | . . | . | | | |
| 4 . . . | . . | . | | | |
| 5 . . . | . . | . | | | |
| 6 . . . | . . | . | | | |
| 7 . . . | . . | . | | | |
| 8 . . . | . . | . | | | |
| 9 . . . | . . | . | | | |
| 10 . . . | . . | . | | | |
| 11 . . . | . . | . | | | |
| 12 . . . | . . | . | | | |
| 13 . . . | . . | . | | | |

Mesure de Livres.

| PRIX DE LA MESURE. | | | A COMBIEN LE SAC DE 200. LIV. | | |
|---|---|---|---|---|---|
| *Liv.* | *Sols.* | *Den.* | *Liv.* | *Sols.* | *Den.* |
| | | 1 | | | |
| | | 2 | | | |
| | | 3 | | | |
| | | 6 | | | |
| | | 9 | | | |
| | 1 | | | | |
| | 2 | | | | |
| | 3 | | | | |
| | 4 | | | | |
| | 5 | | | | |
| | 10 | | | | |
| | 15 | | | | |
| | 19 | | | | |
| 1 | | | | | |
| 2 | | | | | |
| 3 | | | | | |
| 4 | | | | | |
| 5 | | | | | |
| 6 | | | | | |
| 7 | | | | | |
| 8 | | | | | |
| 9 | | | | | |
| 10 | | | | | |
| 11 | | | | | |
| 12 | | | | | |
| 13 | | | | | |

Mesure de Livres.

| PRIX DE LA MESURE. | | | A COMBIEN LE SAC DE 200. LIV. | | |
|---|---|---|---|---|---|
| *Liv.* | *Sols.* | *Den.* | *Liv.* | *Sols.* | *Den.* |
| | | 1 | | | |
| | | 2 | | | |
| | | 3 | | | |
| | | 6 | | | |
| | | 9 | | | |
| | 1 | | | | |
| | 2 | | | | |
| | 3 | | | | |
| | 4 | | | | |
| | 5 | | | | |
| | 10 | | | | |
| | 15 | | | | |
| | 19 | | | | |
| 1 | | | | | |
| 2 | | | | | |
| 3 | | | | | |
| 4 | | | | | |
| 5 | | | | | |
| 6 | | | | | |
| 7 | | | | | |
| 8 | | | | | |
| 9 | | | | | |
| 10 | | | | | |
| 11 | | | | | |
| 12 | | | | | |
| 13 | | | | | |

Mesure de Livres.

| PRIX DE LA MESURE. | | | A COMBIEN LE SAC DE 200. LIV. | | |
|---|---|---|---|---|---|
| *Liv.* | *Sols.* | *Den.* | *Liv.* | *Sols.* | *Den.* |
| | | 1 | | | |
| | | 2 | | | |
| | | 3 | | | |
| | | 6 | | | |
| | | 9 | | | |
| | 1 | | | | |
| | 2 | | | | |
| | 3 | | | | |
| | 4 | | | | |
| | 5 | | | | |
| | 10 | | | | |
| | 15 | | | | |
| | 19 | | | | |
| 1 | | | | | |
| 2 | | | | | |
| 3 | | | | | |
| 4 | | | | | |
| 5 | | | | | |
| 6 | | | | | |
| 7 | | | | | |
| 8 | | | | | |
| 9 | | | | | |
| 10 | | | | | |
| 11 | | | | | |
| 12 | | | | | |
| 13 | | | | | |

Mesure de Livres.

| PRIX DE LA MESURE. | | | A COMBIEN LE SAC DE 200. LIV. | | |
|---|---|---|---|---|---|
| *Liv.* | *Sols.* | *Den.* | *Liv.* | *Sols.* | *Den.* |
| | | 1 | | | |
| | | 2 | | | |
| | | 3 | | | |
| | | 6 | | | |
| | | 9 | | | |
| | 1 | | | | |
| | 2 | | | | |
| | 3 | | | | |
| | 4 | | | | |
| | 5 | | | | |
| | 10 | | | | |
| | 15 | | | | |
| | 19 | | | | |
| 1 | | | | | |
| 2 | | | | | |
| 3 | | | | | |
| 4 | | | | | |
| 5 | | | | | |
| 6 | | | | | |
| 7 | | | | | |
| 8 | | | | | |
| 9 | | | | | |
| 10 | | | | | |
| 11 | | | | | |
| 12 | | | | | |
| 13 | | | | | |

## Mesure de 1. Boisseau.

| PRIX DE LA MESURE. | | | A combien le Setier de 12. Boisseaux. | | |
|---|---|---|---|---|---|
| *Liv.* | *Sols.* | *Den.* | *Liv.* | *Sols.* | *Den.* |
| | | 1 | | 1 | |
| | | 2 | | 2 | |
| | | 3 | | 3 | |
| | | 6 | | 6 | |
| | | 9 | | 9 | |
| | | 11 | | 11 | |
| | 1 | | | 12 | |
| | 2 | | 1 | 4 | |
| | 3 | | 1 | 16 | |
| | 4 | | 2 | 8 | |
| | 5 | | 3 | | |
| | 6 | | 3 | 12 | |
| | 7 | | 4 | 4 | |
| | 8 | | 4 | 16 | |
| | 9 | | 5 | 8 | |
| | 10 | | 6 | | |
| | 11 | | 6 | 12 | |
| | 12 | | 7 | 4 | |
| | 13 | | 7 | 16 | |
| | 14 | | 8 | 8 | |
| | 15 | | 9 | | |
| | 16 | | 9 | 12 | |
| | 19 | | 11 | 8 | |
| 1 | | | 12 | | |
| 2 | | | 24 | | |
| 3 | | | 36 | | |

## Mesure de 1. Boisseau $\frac{3}{4}$.

| PRIX DE LA MESURE. | | | A combien le Setier de 12. Boisseaux. | | |
|---|---|---|---|---|---|
| *Liv.* | *Sols.* | *Den.* | *Liv.* | *Sols.* | *Den.* |
| | | 1 | | | $6\frac{6}{7}$ |
| | | 2 | | 1 | $1\frac{5}{7}$ |
| | | 3 | | 1 | $8\frac{4}{7}$ |
| | | 6 | | 3 | $5\frac{1}{7}$ |
| | | 9 | | 5 | $1\frac{5}{7}$ |
| | | 11 | | 6 | $3\frac{3}{7}$ |
| | 1 | | | 6 | $10\frac{2}{7}$ |
| | 2 | | | 13 | $8\frac{4}{7}$ |
| | 3 | | 1 | | $6\frac{6}{7}$ |
| | 4 | | 1 | 7 | $5\frac{1}{7}$ |
| | 5 | | 1 | 14 | $3\frac{3}{7}$ |
| | 6 | | 2 | 1 | $1\frac{5}{7}$ |
| | 7 | | 2 | 8 | |
| | 8 | | 2 | 14 | $10\frac{2}{7}$ |
| | 9 | | 3 | 1 | $8\frac{4}{7}$ |
| | 10 | | 3 | 8 | $6\frac{6}{7}$ |
| | 11 | | 3 | 15 | $5\frac{1}{7}$ |
| | 12 | | 4 | 2 | $3\frac{3}{7}$ |
| | 13 | | 4 | 9 | $1\frac{5}{7}$ |
| | 14 | | 4 | 16 | |
| | 15 | | 5 | 2 | $10\frac{2}{7}$ |
| | 16 | | 5 | 9 | $8\frac{4}{7}$ |
| | 19 | | 6 | 10 | $3\frac{3}{7}$ |
| 1 | | | 6 | 17 | $1\frac{5}{7}$ |
| 2 | | | 13 | 14 | $3\frac{3}{7}$ |
| 3 | | | 20 | 11 | $5\frac{1}{7}$ |

## Mesure de I. Boisseau $\frac{1}{2}$.

| Prix de la Mesure. | | | A combien le Setier de 12. Boisseaux | | |
|---|---|---|---|---|---|
| Liv. | Sols. | Den. | Liv. | Sols. | Den. |
| | | 1 | | | 8 |
| | | 2 | | 1 | 4 |
| | | 3 | | 2 | |
| | | 6 | | 4 | |
| | | 9 | | 6 | |
| | | 11 | | 7 | 4 |
| | 1 | | | 8 | |
| | 2 | | | 16 | |
| | 3 | | 1 | 4 | |
| | 4 | | 1 | 12 | |
| | 5 | | 2 | | |
| | 6 | | 2 | 8 | |
| | 7 | | 2 | 16 | |
| | 8 | | 3 | 4 | |
| | 9 | | 3 | 12 | |
| | 10 | | 4 | | |
| | 11 | | 4 | 8 | |
| | 12 | | 4 | 16 | |
| | 13 | | 5 | 4 | |
| | 14 | | 5 | 12 | |
| | 15 | | 6 | | |
| | 16 | | 6 | 8 | |
| | 19 | | 7 | 12 | |
| 1 | | | 8 | | |
| 2 | | | 16 | | |
| 3 | | | 24 | | |

## Mesure de I. Boisseau $\frac{1}{4}$.

| Prix de la Mesure. | | | A combien le Setier de 12. Boisseaux | | |
|---|---|---|---|---|---|
| Liv. | Sols. | Den. | Liv. | Sols. | Den. |
| | | 1 | | | $9\frac{3}{5}$ |
| | | 2 | | 1 | $7\frac{1}{5}$ |
| | | 3 | | 2 | $4\frac{4}{5}$ |
| | | 6 | | 4 | $9\frac{3}{5}$ |
| | | 9 | | 7 | $2\frac{2}{5}$ |
| | | 11 | | 8 | $9\frac{3}{5}$ |
| | 1 | | | 9 | $7\frac{1}{5}$ |
| | 2 | | | 19 | $2\frac{2}{5}$ |
| | 3 | | 1 | 8 | $9\frac{3}{5}$ |
| | 4 | | 1 | 18 | $4\frac{4}{5}$ |
| | 5 | | 2 | 8 | |
| | 6 | | 2 | 17 | $7\frac{1}{5}$ |
| | 7 | | 3 | 7 | $2\frac{2}{5}$ |
| | 8 | | 3 | 16 | $9\frac{3}{5}$ |
| | 9 | | 4 | 6 | $4\frac{4}{5}$ |
| | 10 | | 4 | 16 | |
| | 11 | | 5 | 5 | $7\frac{1}{5}$ |
| | 12 | | 5 | 15 | $2\frac{2}{5}$ |
| | 13 | | 6 | 4 | $9\frac{3}{5}$ |
| | 14 | | 6 | 14 | $4\frac{4}{5}$ |
| | 15 | | 7 | 4 | |
| | 16 | | 7 | 13 | $7\frac{1}{5}$ |
| | 19 | | 9 | 2 | $4\frac{4}{5}$ |
| 1 | | | 9 | 12 | |
| 2 | | | 19 | 4 | |
| 3 | | | 28 | 16 | |

MESURE DE I. BOISSEAU 1/8.

| PRIX DE LA MESURE. | | | A combien le Setier de 12. Boiſſeaux. | | |
|---|---|---|---|---|---|
| *Liv.* | *Sols.* | *Den.* | *Liv.* | *Sols.* | *Den.* |
| | | 1 | | | 10 2/3 |
| | | 2 | | 1 | 9 1/3 |
| | | 3 | | 2 | 8 |
| | | 6 | | 5 | 4 |
| | | 9 | | 8 | |
| | | 11 | | 9 | 9 1/3 |
| | 1 | | | 10 | 8 |
| | 2 | | 1 | 1 | 4 |
| | 3 | | 1 | 12 | |
| | 4 | | 2 | 2 | 8 |
| | 5 | | 2 | 13 | 4 |
| | 6 | | 3 | 4 | |
| | 7 | | 3 | 14 | 8 |
| | 8 | | 4 | 5 | 4 |
| | 9 | | 4 | 16 | |
| | 10 | | 5 | 6 | 8 |
| | 11 | | 5 | 17 | 4 |
| | 12 | | 6 | 8 | |
| | 13 | | 6 | 18 | 8 |
| | 14 | | 7 | 9 | 4 |
| | 15 | | 8 | | |
| | 16 | | 8 | 10 | 8 |
| | 19 | | 10 | 2 | 8 |
| 1 | | | 10 | 13 | 4 |
| 2 | | | 21 | 6 | 8 |
| 3 | | | 32 | | |

MESURE DE I. BOISSEAU 1/16.

| PRIX DE LA MESURE. | | | A combien le Setier de 12. Boiſſeaux. | | |
|---|---|---|---|---|---|
| *Liv.* | *Sols.* | *Den.* | *Liv.* | *Sols.* | *Den.* |
| | | 1 | | | 11 5/17 |
| | | 2 | | 1 | 10 10/17 |
| | | 3 | | 2 | 9 15/17 |
| | | 6 | | 5 | 7 13/17 |
| | | 9 | | 8 | 5 11/17 |
| | | 11 | | 10 | 4 4/17 |
| | 1 | | | 11 | 3 9/17 |
| | 2 | | 1 | 2 | 7 1/17 |
| | 3 | | 1 | 13 | 10 10/17 |
| | 4 | | 2 | 5 | 2 2/17 |
| | 5 | | 2 | 16 | 5 11/17 |
| | 6 | | 3 | 7 | 9 3/17 |
| | 7 | | 3 | 19 | 12/17 |
| | 8 | | 4 | 10 | 4 4/17 |
| | 9 | | 5 | 1 | 7 13/17 |
| | 10 | | 5 | 12 | 11 5/17 |
| | 11 | | 6 | 4 | 2 14/17 |
| | 12 | | 6 | 15 | 6 6/17 |
| | 13 | | 7 | 6 | 9 15/17 |
| | 14 | | 7 | 18 | 1 7/17 |
| | 15 | | 8 | 9 | 4 16/17 |
| | 16 | | 9 | | 8 8/17 |
| | 19 | | 10 | 14 | 7 1/17 |
| 1 | | | 11 | 5 | 10 10/17 |
| 2 | | | 22 | 11 | 9 3/17 |
| 3 | | | 33 | 17 | 7 11/17 |

## Mesure de 1. Boisseau $\frac{2}{3}$.

| Prix de la Mesure. | | | A combien le Setier de 12. Boiſſeaux. | | |
|---|---|---|---|---|---|
| Liv. | Sols. | Den. | Liv. | Sols. | Den. |
| | | 1 . | | | 7 $\frac{1}{5}$ |
| | | 2 . | | 1 . | 2 $\frac{2}{5}$ |
| | | 3 . | | 1 . | 9 $\frac{3}{5}$ |
| | | 6 . | | 3 . | 7 $\frac{1}{5}$ |
| | | 9 . | | 5 . | 4 $\frac{4}{5}$ |
| | | 11 . | | 6 . | 7 $\frac{1}{5}$ |
| | 1 . | . . | | 7 . | 2 $\frac{2}{5}$ |
| | 2 . | . . | | 14 . | 4 $\frac{4}{5}$ |
| | 3 . | . . | 1 . | 1 . | 7 $\frac{1}{5}$ |
| | 4 . | . . | 1 . | 8 . | 9 $\frac{3}{5}$ |
| | 5 . | . . | 1 . | 16 . | . . |
| | 6 . | . . | 2 . | 3 . | 2 $\frac{2}{5}$ |
| | 7 . | . . | 2 . | 10 . | 4 $\frac{4}{5}$ |
| | 8 . | . . | 2 . | 17 . | 7 $\frac{1}{5}$ |
| | 9 . | . . | 3 . | 4 . | 9 $\frac{3}{5}$ |
| | 10 . | . . | 3 . | 12 . | . . |
| | 11 . | . . | 3 . | 19 . | 2 $\frac{2}{5}$ |
| | 12 . | . . | 4 . | 6 . | 4 $\frac{4}{5}$ |
| | 13 . | . . | 4 . | 13 . | 7 $\frac{1}{5}$ |
| | 14 . | . . | 5 . | . . | 9 $\frac{3}{5}$ |
| | 15 . | . . | 5 . | 8 . | . . |
| | 16 . | . . | 5 . | 15 . | 2 $\frac{2}{5}$ |
| | 19 . | . . | 6 . | 16 . | 9 $\frac{3}{5}$ |
| 1 . | . . | . . | 7 . | 4 . | . . |
| 2 . | . . | . . | 14 . | 8 . | . . |
| 3 . | . . | . . | 21 . | 12 . | . . |

## Mesure de 1. Boisseau $\frac{1}{3}$.

| Prix de la Mesure. | | | A combien le Setier de 12. Boiſſeaux. | | |
|---|---|---|---|---|---|
| Liv. | Sols. | Den. | Liv. | Sols. | Den. |
| | | 1 . | | | 9 . |
| | | 2 . | | 1 . | 6 . |
| | | 3 . | | 2 . | 3 . |
| | | 6 . | | 4 . | 6 . |
| | | 9 . | | 6 . | 9 . |
| | | 11 . | | 8 . | 3 . |
| | 1 . | . . | | 9 . | . . |
| | 2 . | . . | | 18 . | . . |
| | 3 . | . . | 1 . | 7 . | . . |
| | 4 . | . . | 1 . | 16 . | . . |
| | 5 . | . . | 2 . | 5 . | . . |
| | 6 . | . . | 2 . | 14 . | . . |
| | 7 . | . . | 3 . | 3 . | . . |
| | 8 . | . . | 3 . | 12 . | . . |
| | 9 . | . . | 4 . | 1 . | . . |
| | 10 . | . . | 4 . | 10 . | . . |
| | 11 . | . . | 4 . | 19 . | . . |
| | 12 . | . . | 5 . | 8 . | . . |
| | 13 . | . . | 5 . | 17 . | . . |
| | 14 . | . . | 6 . | 6 . | . . |
| | 15 . | . . | 6 . | 15 . | . . |
| | 16 . | . . | 7 . | 4 . | . . |
| | 19 . | . . | 8 . | 11 . | . . |
| 1 . | . . | . . | 9 . | . . | . . |
| 2 . | . . | . . | 18 . | . . | . . |
| 3 . | . . | . . | 27 . | . . | . . |

## MESURE DE 1. BOISSEAU $\frac{1}{6}$.

| PRIX DE LA MESURE. | | | A combien le Setier de 12. Boiſſeaux. | | |
|---|---|---|---|---|---|
| *Liv.* | *Sols.* | *Den.* | *Liv.* | *Sols.* | *Den.* |
| | | 1 | | | 10 $\frac{2}{7}$ |
| | | 2 | | 1 | 8 $\frac{4}{7}$ |
| | | 3 | | 2 | 6 $\frac{6}{7}$ |
| | | 6 | | 5 | 1 $\frac{5}{7}$ |
| | | 9 | | 7 | 8 $\frac{4}{7}$ |
| | | 11 | | 9 | 5 $\frac{1}{7}$ |
| | 1 | | | 10 | 3 $\frac{3}{7}$ |
| | 2 | | 1 | | 6 $\frac{6}{7}$ |
| | 3 | | 1 | 10 | 10 $\frac{2}{7}$ |
| | 4 | | 2 | 1 | 1 $\frac{5}{7}$ |
| | 5 | | 2 | 11 | 5 $\frac{1}{7}$ |
| | 6 | | 3 | 1 | 8 $\frac{4}{7}$ |
| | 7 | | 3 | 12 | |
| | 8 | | 4 | 2 | 3 $\frac{3}{7}$ |
| | 9 | | 4 | 12 | 6 $\frac{6}{7}$ |
| | 10 | | 5 | 2 | 10 $\frac{2}{7}$ |
| | 11 | | 5 | 13 | 1 $\frac{5}{7}$ |
| | 12 | | 6 | 3 | 5 $\frac{1}{7}$ |
| | 13 | | 6 | 13 | 8 $\frac{4}{7}$ |
| | 14 | | 7 | 4 | |
| | 15 | | 7 | 14 | 3 $\frac{3}{7}$ |
| | 16 | | 8 | 4 | 6 $\frac{6}{7}$ |
| | 19 | | 9 | 15 | 5 $\frac{1}{7}$ |
| 1 | | | 10 | 5 | 8 $\frac{4}{7}$ |
| 2 | | | 20 | 11 | 5 $\frac{1}{7}$ |
| 3 | | | 30 | 17 | 1 $\frac{5}{7}$ |

## MESURE DE 1. BOISSEAU $\frac{1}{12}$.

| PRIX DE LA MESURE. | | | A combien le Setier de 12. Boiſſeaux. | | |
|---|---|---|---|---|---|
| *Liv.* | *Sols.* | *Den.* | *Liv.* | *Sols.* | *Den.* |
| | | 1 | | | 11 $\frac{1}{13}$ |
| | | 2 | | 1 | 10 $\frac{2}{13}$ |
| | | 3 | | 2 | 9 $\frac{3}{13}$ |
| | | 6 | | 5 | 6 $\frac{6}{13}$ |
| | | 9 | | 8 | 3 $\frac{9}{13}$ |
| | | 11 | | 10 | 1 $\frac{11}{13}$ |
| | 1 | | | 11 | $\frac{12}{13}$ |
| | 2 | | 1 | 2 | 1 $\frac{11}{13}$ |
| | 3 | | 1 | 13 | 2 $\frac{10}{13}$ |
| | 4 | | 2 | 4 | 3 $\frac{9}{13}$ |
| | 5 | | 2 | 15 | 4 $\frac{8}{13}$ |
| | 6 | | 3 | 6 | 5 $\frac{7}{13}$ |
| | 7 | | 3 | 17 | 6 $\frac{6}{13}$ |
| | 8 | | 4 | 8 | 7 $\frac{5}{13}$ |
| | 9 | | 4 | 19 | 8 $\frac{4}{13}$ |
| | 10 | | 5 | 10 | 9 $\frac{3}{13}$ |
| | 11 | | 6 | 1 | 10 $\frac{2}{13}$ |
| | 12 | | 6 | 12 | 11 $\frac{1}{13}$ |
| | 13 | | 7 | 4 | |
| | 14 | | 7 | 15 | $\frac{12}{13}$ |
| | 15 | | 8 | 6 | 1 $\frac{11}{13}$ |
| | 16 | | 8 | 17 | 2 $\frac{10}{13}$ |
| | 19 | | 10 | 10 | 5 $\frac{7}{13}$ |
| 1 | | | 11 | 1 | 6 $\frac{6}{13}$ |
| 2 | | | 22 | 3 | $\frac{12}{13}$ |
| 3 | | | 33 | 4 | 7 $\frac{5}{13}$ |

## Mesure de 1. Boisseau $\frac{4}{5}$.

| Prix de la Mesure. Liv. | Sols. | Den. | A combien le Setier de 12. Boisseaux. Liv. | Sols. | Den. |
|---|---|---|---|---|---|
| | | 1 | | | 6 $\frac{2}{3}$ |
| | | 2 | | 1 | 1 $\frac{1}{3}$ |
| | | 3 | | 1 | 8 |
| | | 6 | | 3 | 4 |
| | | 9 | | 5 | |
| | | 11 | | 6 | 1 $\frac{1}{3}$ |
| | 1 | | | 6 | 8 |
| | 2 | | | 13 | 4 |
| | 3 | | 1 | | |
| | 4 | | 1 | 6 | 8 |
| | 5 | | 1 | 13 | 4 |
| | 6 | | 2 | | |
| | 7 | | 2 | 6 | 8 |
| | 8 | | 2 | 13 | 4 |
| | 9 | | 3 | | |
| | 10 | | 3 | 6 | 8 |
| | 11 | | 3 | 13 | 4 |
| | 12 | | 4 | | |
| | 13 | | 4 | 6 | 8 |
| | 14 | | 4 | 13 | 4 |
| | 15 | | 5 | | |
| | 16 | | 5 | 6 | 8 |
| | 19 | | 6 | 6 | 8 |
| 1 | | | 6 | 13 | 4 |
| 2 | | | 13 | 6 | 8 |
| 3 | | | 20 | | |

## Mesure de 1. Boisseau $\frac{1}{5}$.

| Prix de la Mesure. Liv. | Sols. | Den. | A combien le Setier de 12. Boisseaux. Liv. | Sols. | Den. |
|---|---|---|---|---|---|
| | | 1 | | | 7 $\frac{1}{2}$ |
| | | 2 | | 1 | 3 |
| | | 3 | | 1 | 10 $\frac{1}{2}$ |
| | | 6 | | 3 | 9 |
| | | 9 | | 5 | 7 $\frac{1}{2}$ |
| | | 11 | | 6 | 10 $\frac{1}{2}$ |
| | 1 | | | 7 | 6 |
| | 2 | | | 15 | |
| | 3 | | 1 | 2 | 6 |
| | 4 | | 1 | 10 | |
| | 5 | | 1 | 17 | 6 |
| | 6 | | 2 | 5 | |
| | 7 | | 2 | 12 | 6 |
| | 8 | | 3 | | |
| | 9 | | 3 | 7 | 6 |
| | 10 | | 3 | 15 | |
| | 11 | | 4 | 2 | 6 |
| | 12 | | 4 | 10 | |
| | 13 | | 4 | 17 | 6 |
| | 14 | | 5 | 5 | |
| | 15 | | 5 | 12 | 6 |
| | 16 | | 6 | | |
| | 19 | | 7 | 2 | 6 |
| 1 | | | 7 | 10 | |
| 2 | | | 15 | | |
| 3 | | | 22 | 10 | |

MESURE DE 1. BOISSEAU $\frac{2}{5}$.

| PRIX DE LA MESURE. | | | A combien le Setier de 12. Boiſſeaux. | | |
|---|---|---|---|---|---|
| Liv. | Sols. | Den. | Liv. | Sols. | Den. |
| | | 1 | | | 8 $\frac{4}{7}$ |
| | | 2 | | 1 | 5 $\frac{1}{7}$ |
| | | 3 | | 2 | 1 $\frac{5}{7}$ |
| | | 6 | | 4 | 3 $\frac{3}{7}$ |
| | | 9 | | 6 | 5 $\frac{1}{7}$ |
| | | 11 | | 7 | 10 $\frac{2}{7}$ |
| | 1 | | | 8 | 6 $\frac{6}{7}$ |
| | 2 | | | 17 | 1 $\frac{5}{7}$ |
| | 3 | | 1 | 5 | 8 $\frac{4}{7}$ |
| | 4 | | 1 | 14 | 3 $\frac{3}{7}$ |
| | 5 | | 2 | 2 | 10 $\frac{2}{7}$ |
| | 6 | | 2 | 11 | 5 $\frac{1}{7}$ |
| | 7 | | 3 | | |
| | 8 | | 3 | 8 | 6 $\frac{6}{7}$ |
| | 9 | | 3 | 17 | 1 $\frac{5}{7}$ |
| | 10 | | 4 | 5 | 8 $\frac{4}{7}$ |
| | 11 | | 4 | 14 | 3 $\frac{3}{7}$ |
| | 12 | | 5 | 2 | 10 $\frac{2}{7}$ |
| | 13 | | 5 | 11 | 5 $\frac{1}{7}$ |
| | 14 | | 6 | | |
| | 15 | | 6 | 8 | 6 $\frac{6}{7}$ |
| | 16 | | 6 | 17 | 1 $\frac{5}{7}$ |
| | 19 | | 8 | 2 | 10 $\frac{2}{7}$ |
| 1 | | | 8 | 11 | 5 $\frac{1}{7}$ |
| 2 | | | 17 | 2 | 10 $\frac{2}{7}$ |
| 3 | | | 25 | 14 | 3 $\frac{3}{7}$ |

MESURE DE 1. BOISSEAU $\frac{1}{5}$.

| PRIX DE LA MESURE. | | | A combien le Setier de 12. Boiſſeaux. | | |
|---|---|---|---|---|---|
| Liv. | Sols. | Den. | Liv. | Sols. | Den. |
| | | 1 | | | 10 |
| | | 2 | | 1 | 8 |
| | | 3 | | 2 | 6 |
| | | 6 | | 5 | 4 |
| | | 9 | | 7 | 6 |
| | | 11 | | 9 | 2 |
| | 1 | | | 10 | |
| | 2 | | 1 | | |
| | 3 | | 1 | 10 | |
| | 4 | | 2 | | |
| | 5 | | 2 | 10 | |
| | 6 | | 3 | | |
| | 7 | | 3 | 10 | |
| | 8 | | 4 | | |
| | 9 | | 4 | 10 | |
| | 10 | | 5 | | |
| | 11 | | 5 | 10 | |
| | 12 | | 6 | | |
| | 13 | | 6 | 10 | |
| | 14 | | 7 | | |
| | 15 | | 7 | 10 | |
| | 16 | | 8 | | |
| | 19 | | 9 | 10 | |
| 1 | | | 10 | | |
| 2 | | | 20 | | |
| 3 | | | 30 | | |

## Mesure de 1. Boisseau 1/10.

| PRIX DE LA MESURE. Liv. | Sols. | Den. | A combien le Setier de 12. Boisseaux. Liv. | Sols. | Den. |
|---|---|---|---|---|---|
| | | 1 . | | | 10 10/11 |
| | | 2 . | | 1 . | 9 9/11 |
| | | 3 . | | 2 . | 8 8/11 |
| | | 6 . | | 5 . | 5 5/11 |
| | | 9 . | | 8 . | 2 2/11 |
| | | 11 . | | 10 . | . . |
| | 1 . . . | | | 10 . | 10 10/11 |
| | 2 . . . | | 1 . | 1 . | 9 9/11 |
| | 3 . . . | | 1 . | 12 . | 8 8/11 |
| | 4 . . . | | 2 . | 3 . | 7 7/11 |
| | 5 . . . | | 2 . | 14 . | 6 6/11 |
| | 6 . . . | | 3 . | 5 . | 5 5/11 |
| | 7 . . . | | 3 . | 16 . | 4 4/11 |
| | 8 . . . | | 4 . | 7 . | 3 3/11 |
| | 9 . . . | | 4 . | 18 . | 2 2/11 |
| | 10 . . . | | 5 . | 9 . | 1 1/11 |
| | 11 . . . | | 6 . | . . | . . |
| | 12 . . . | | 6 . | 10 . | 10 10/11 |
| | 13 . . . | | 7 . | 1 . | 9 9/11 |
| | 14 . . . | | 7 . | 12 . | 8 8/11 |
| | 15 . . . | | 8 . | 3 . | 7 7/11 |
| | 16 . . . | | 8 . | 14 . | 6 6/11 |
| | 19 . . . | | 10 . | 7 . | 3 3/11 |
| 1 . . . . . | | | 10 . | 18 . | 2 2/11 |
| 2 . . . . . | | | 21 . | 16 . | 4 4/11 |
| 3 . . . . . | | | 32 . | 14 . | 6 6/11 |

## Mesure de 1. Boisseau 1/20.

| PRIX DE LA MESURE. Liv. | Sols. | Den. | A combien le Setier de 12. Boisseaux. Liv. | Sols. | Den. |
|---|---|---|---|---|---|
| | | 1 . | | | 11 3/7 |
| | | 2 . | | 1 . | 10 6/7 |
| | | 3 . | | 2 . | 10 2/7 |
| | | 6 . | | 5 . | 8 4/7 |
| | | 9 . | | 8 . | 6 6/7 |
| | | 11 . | | 10 . | 5 5/7 |
| | 1 . . . | | | 11 . | 5 1/7 |
| | 2 . . . | | 1 . | 2 . | 10 2/7 |
| | 3 . . . | | 1 . | 14 . | 3 3/7 |
| | 4 . . . | | 2 . | 5 . | 8 4/7 |
| | 5 . . . | | 2 . | 17 . | 1 5/7 |
| | 6 . . . | | 3 . | 8 . | 6 6/7 |
| | 7 . . . | | 4 . | . . | . . |
| | 8 . . . | | 4 . | 11 . | 5 1/7 |
| | 9 . . . | | 5 . | 2 . | 10 2/7 |
| | 10 . . . | | 5 . | 14 . | 3 3/7 |
| | 11 . . . | | 6 . | 5 . | 8 4/7 |
| | 12 . . . | | 6 . | 17 . | 1 5/7 |
| | 13 . . . | | 7 . | 8 . | 6 6/7 |
| | 14 . . . | | 8 . | . . | . . |
| | 15 . . . | | 8 . | 11 . | 5 1/7 |
| | 16 . . . | | 9 . | 2 . | 10 2/7 |
| | 19 . . . | | 10 . | 17 . | 1 5/7 |
| 1 . . . . . | | | 11 . | 8 . | 6 6/7 |
| 2 . . . . . | | | 22 . | 17 . | 1 5/7 |
| 3 . . . . . | | | 34 . | 5 . | 8 4/7 |

# TARIF QUI FACILITE LES OPÉRATIONS A FAIRE, POUR TROUVER

*la valeur des Rations complettes de Passage & de Garnison;* La premiere *composée d'un Boisseau d'Avoine mesure de Paris, & de 20 livres de Foin;* La seconde, *de 18 livres de Foin & des ⅔ dudit Boisseau, eu égard au prix du Quintal de Foin, & du Sac de 12 Boisseaux d'Avoine.*

## AVOINE.

| PRIX DU SAC DE 12 Boisseaux. Liv. Sols. | A COMBIEN LA RATION DE PASSAGE DE 1 Boisseau. Sols. Den. | A COMBIEN LA RATION DE GARNISON DES ⅔ du Boisseau. Sols. Den. |
|---|---|---|
| 2 . 5 . | 3 . 9 . . | 2 . 6 . . |
| 2 . 6 . | 3 . 10 . . | 2 . 6 . 40/60 |
| 2 . 7 . | 3 . 11 . . | 2 . 7 . 20/60 |
| 2 . 8 . | 4 . . . . | 2 . 8 . . |
| 2 . 9 . | 4 . 1 . . | 2 . 8 . 40/60 |
| 2 . 10 . | 4 . 2 . . | 2 . 9 . 20/60 |
| 2 . 11 . | 4 . 3 . . | 2 . 10 . . |
| 2 . 12 . | 4 . 4 . . | 2 . 10 . 40/60 |
| 2 . 13 . | 4 . 5 . . | 2 . 11 . 20/60 |
| 2 . 14 . | 4 . 6 . . | 3 . . . . |
| 2 . 15 . | 4 . 7 . . | 3 . . . 40/60 |
| 2 . 16 . | 4 . 8 . . | 3 . 1 . 20/60 |
| 2 . 17 . | 4 . 9 . . | 3 . 2 . . |
| 2 . 18 . | 4 . 10 . . | 3 . 2 . 40/60 |
| 2 . 19 . | 4 . 11 . . | 3 . 3 . 20/60 |
| 3 . . . | 5 . . . . | 3 . 4 . . |
| 3 . 1 . | 5 . 1 . . | 3 . 4 . 40/60 |
| 3 . 2 . | 5 . 2 . . | 3 . 5 . 20/60 |
| 3 . 3 . | 5 . 3 . . | 3 . 6 . . |
| 3 . 4 . | 5 . 4 . . | 3 . 6 . 40/60 |
| 3 . 5 . | 5 . 5 . . | 3 . 7 . 20/60 |
| 3 . 6 . | 5 . 6 . . | 3 . 8 . . |
| 3 . 7 . | 5 . 7 . . | 3 . 8 . 40/60 |
| 3 . 8 . | 5 . 8 . . | 3 . 9 . 20/60 |
| 3 . 9 . | 5 . 9 . . | 3 . 10 . . |
| 3 . 10 . | 5 . 10 . . | 3 . 10 . 40/60 |
| 3 . 11 . | 5 . 11 . . | 3 . 11 . 20/60 |
| 3 . 12 . | 6 . . . . | 4 . . . . |
| 3 . 13 . | 6 . 1 . . | 4 . . . 40/60 |
| 3 . 14 . | 6 . 2 . . | 4 . 1 . 20/60 |
| 3 . 15 . | 6 . 3 . . | 4 . 2 . . |
| 3 . 16 . | 6 . 4 . . | 4 . 2 . 40/60 |
| 3 . 17 . | 6 . 5 . . | 4 . 3 . 20/60 |
| 3 . 18 . | 6 . 6 . . | 4 . 4 . . |
| 3 . 19 . | 6 . 7 . . | 4 . 4 . 40/60 |
| 4 . . . | 6 . 8 . . | 4 . 5 . 20/60 |
| 4 . 1 . | 6 . 9 . . | 4 . 6 . . |
| 4 . 2 . | 6 . 10 . . | 4 . 6 . 40/60 |
| 4 . 3 . | 6 . 11 . . | 4 . 7 . 20/60 |
| 4 . 4 . | 7 . . . . | 4 . 8 . . |
| 4 . 5 . | 7 . 1 . . | 4 . 8 . 40/60 |
| 4 . 6 . | 7 . 2 . . | 4 . 9 . 20/60 |
| 4 . 7 . | 7 . 3 . . | 4 . 10 . . |
| 4 . 8 . | 7 . 4 . . | 4 . 10 . 40/60 |
| 4 . 9 . | 7 . 5 . . | 4 . 11 . 20/60 |
| 4 . 10 . | 7 . 6 . . | 5 . . . . |
| 4 . 11 . | 7 . 7 . . | 5 . . . 40/60 |
| 4 . 12 . | 7 . 8 . . | 5 . 1 . 20/60 |

| PRIX DU SAC DE 12 Boisseaux. Liv. Sols. | A COMBIEN LA RATION DE PASSAGE DE 1 Boisseau. Sols. Den. | A COMBIEN LA RATION DE GARNISON DES ⅔ du Boisseau. Sols. Den. |
|---|---|---|
| 4 . 13 . | 7 . 9 . . | 5 . 2 . . |
| 4 . 14 . | 7 . 10 . . | 5 . 2 . 40/60 |
| 4 . 15 . | 7 . 11 . . | 5 . 3 . 20/60 |
| 4 . 16 . | 8 . . . . | 5 . 4 . . |
| 4 . 17 . | 8 . 1 . . | 5 . 4 . 40/60 |
| 4 . 18 . | 8 . 2 . . | 5 . 5 . 20/60 |
| 4 . 19 . | 8 . 3 . . | 5 . 6 . . |
| 5 . . . | 8 . 4 . . | 5 . 6 . 40/60 |
| 5 . 1 . | 8 . 5 . . | 5 . 7 . 20/60 |
| 5 . 2 . | 8 . 6 . . | 5 . 8 . . |
| 5 . 3 . | 8 . 7 . . | 5 . 8 . 40/60 |
| 5 . 4 . | 8 . 8 . . | 5 . 9 . 20/60 |
| 5 . 5 . | 8 . 9 . . | 5 . 10 . . |
| 5 . 6 . | 8 . 10 . . | 5 . 10 . 40/60 |
| 5 . 7 . | 8 . 11 . . | 5 . 11 . 20/60 |
| 5 . 8 . | 9 . . . . | 6 . . . . |
| 5 . 9 . | 9 . 1 . . | 6 . . . 40/60 |
| 5 . 10 . | 9 . 2 . . | 6 . 1 . 20/60 |
| 5 . 11 . | 9 . 3 . . | 6 . 2 . . |
| 5 . 12 . | 9 . 4 . . | 6 . 2 . 40/60 |
| 5 . 13 . | 9 . 5 . . | 6 . 3 . 20/60 |
| 5 . 14 . | 9 . 6 . . | 6 . 4 . . |
| 5 . 15 . | 9 . 7 . . | 6 . 4 . 40/60 |
| 5 . 16 . | 9 . 8 . . | 6 . 5 . 20/60 |
| 5 . 17 . | 9 . 9 . . | 6 . 6 . . |
| 5 . 18 . | 9 . 10 . . | 6 . 6 . 40/60 |
| 5 . 19 . | 9 . 11 . . | 6 . 7 . 20/60 |
| 6 . . . | 10 . . . . | 6 . 8 . . |
| 6 . 1 . | 10 . 1 . . | 6 . 8 . 40/60 |
| 6 . 2 . | 10 . 2 . . | 6 . 9 . 20/60 |
| 6 . 3 . | 10 . 3 . . | 6 . 10 . . |
| 6 . 4 . | 10 . 4 . . | 6 . 10 . 40/60 |
| 6 . 5 . | 10 . 5 . . | 6 . 11 . 20/60 |
| 6 . 6 . | 10 . 6 . . | 7 . . . . |

### DENIERS.

| Den. | Sols. Den. | Sols. Den. |
|---|---|---|
| . 1 . | . . . 5/60 | . . 3/60 1/3 |
| . 2 . | . . . 10/60 | . . 6/60 2/3 |
| . 3 . | . . . 15/60 | . . 10/60 . |
| . 4 . | . . . 20/60 | . . 13/60 1/3 |
| . 5 . | . . . 25/60 | . . 16/60 2/3 |
| . 6 . | . . . 30/60 | . . 20/60 . |
| . 7 . | . . . 35/60 | . . 23/60 1/3 |
| . 8 . | . . . 40/60 | . . 26/60 2/3 |
| . 9 . | . . . 45/60 | . . 30/60 . |
| . 10 . | . . . 50/60 | . . 33/60 1/3 |
| . 11 . | . . . 55/60 | . . 36/60 2/3 |

## FOIN.

| PRIX DU QUINTAL. Liv. Sols. | A COMBIEN LA RATION DE PASSAGE DE 20 liv. de Foin. Sols. Den. | A COMBIEN LA RATION DE GARNISON DE 18 liv. de Foin. Sols. Den. |
|---|---|---|
| 5 . | 1 . . . . | 10 . 48/60 . |
| 6 . | 1 . 2 . 24/60 | 1 . . . 57/60 3/5 |
| 7 . | 1 . 4 . 48/60 | 1 . 3 . 7/60 1/5 |
| 8 . | 1 . 7 . 12/60 | 1 . 5 . 16/60 4/5 |
| 9 . | 1 . 9 . 36/60 | 1 . 7 . 26/60 2/5 |
| 10 . | 2 . . . . | 1 . 9 . 36/60 . |
| 11 . | 2 . 2 . 24/60 | 1 . 11 . 45/60 3/5 |
| 12 . | 2 . 4 . 48/60 | 2 . 1 . 55/60 1/5 |
| 13 . | 2 . 7 . 12/60 | 2 . 4 . 4/60 4/5 |
| 14 . | 2 . 9 . 36/60 | 2 . 6 . 14/60 2/5 |
| 15 . | 3 . . . . | 2 . 8 . 24/60 . |
| 16 . | 3 . 2 . 24/60 | 2 . 10 . 33/60 3/5 |
| 17 . | 3 . 4 . 48/60 | 3 . . . 43/60 1/5 |
| 18 . | 3 . 7 . 12/60 | 3 . 2 . 52/60 4/5 |
| 19 . | 3 . 9 . 36/60 | 3 . 5 . 2/60 2/5 |
| 1 . . . | 4 . . . . | 3 . 7 . 12/60 . |
| 1 . 1 . | 4 . 2 . 24/60 | 3 . 9 . 21/60 3/5 |
| 1 . 2 . | 4 . 4 . 48/60 | 3 . 11 . 31/60 1/5 |
| 1 . 3 . | 4 . 7 . 12/60 | 4 . 1 . 40/60 4/5 |
| 1 . 4 . | 4 . 9 . 36/60 | 4 . 3 . 50/60 2/5 |
| 1 . 5 . | 5 . . . . | 4 . 6 . . . |
| 1 . 6 . | 5 . 2 . 24/60 | 4 . 8 . 9/60 3/5 |
| 1 . 7 . | 5 . 4 . 48/60 | 4 . 10 . 19/60 1/5 |
| 1 . 8 . | 5 . 7 . 12/60 | 5 . . . 28/60 4/5 |
| 1 . 9 . | 5 . 9 . 36/60 | 5 . 2 . 38/60 2/5 |
| 1 . 10 . | 6 . . . . | 5 . 4 . 48/60 . |
| 1 . 11 . | 6 . 2 . 24/60 | 5 . 6 . 57/60 3/5 |
| 1 . 12 . | 6 . 4 . 48/60 | 5 . 9 . 7/60 1/5 |
| 1 . 13 . | 6 . 7 . 12/60 | 5 . 11 . 16/60 4/5 |
| 1 . 14 . | 6 . 9 . 36/60 | 6 . 1 . 26/60 2/5 |
| 1 . 15 . | 7 . . . . | 6 . 3 . 36/60 . |
| 1 . 16 . | 7 . 2 . 24/60 | 6 . 5 . 45/60 3/5 |
| 1 . 17 . | 7 . 4 . 48/60 | 6 . 7 . 55/60 1/5 |
| 1 . 18 . | 7 . 7 . 12/60 | 6 . 10 . 4/60 4/5 |
| 1 . 19 . | 7 . 9 . 36/60 | 7 . . . 14/60 2/5 |
| 2 . . . | 8 . . . . | 7 . 2 . 24/60 . |
| 2 . 1 . | 8 . 2 . 24/60 | 7 . 4 . 33/60 3/5 |
| 2 . 2 . | 8 . 4 . 48/60 | 7 . 6 . 43/60 1/5 |
| 2 . 3 . | 8 . 7 . 12/60 | 7 . 8 . 52/60 4/5 |
| 2 . 4 . | 8 . 9 . 36/60 | 7 . 11 . 2/60 2/5 |
| 2 . 5 . | 9 . . . . | 8 . 1 . 12/60 . |
| 2 . 6 . | 9 . 2 . 24/60 | 8 . 3 . 21/60 3/5 |
| 2 . 7 . | 9 . 4 . 48/60 | 8 . 5 . 31/60 1/5 |
| 2 . 8 . | 9 . 7 . 12/60 | 8 . 7 . 40/60 4/5 |
| 2 . 9 . | 9 . 9 . 36/60 | 8 . 9 . 50/60 2/5 |
| 2 . 10 . | 10 . . . . | 9 . . . . . |
| 2 . 11 . | 10 . 2 . 24/60 | 9 . 2 . 9/60 3/5 |
| 2 . 12 . | 10 . 4 . 48/60 | 9 . 4 . 19/60 1/5 |

| PRIX DU QUINTAL. Liv. Sols. | A COMBIEN LA RATION DE PASSAGE DE 20 liv. de Foin. Sols. Den. | A COMBIEN LA RATION DE GARNISON DE 18 liv. de Foin. Sols. Den. |
|---|---|---|
| 2 . 13 . | 10 . 7 . 12/60 | 9 . 6 . 28/60 4/5 |
| 2 . 14 . | 10 . 9 . 36/60 | 9 . 8 . 38/60 2/5 |
| 2 . 15 . | 11 . . . . | 9 . 10 . 48/60 . |
| 2 . 16 . | 11 . 2 . 24/60 | 10 . . . 57/60 3/5 |
| 2 . 17 . | 11 . 4 . 48/60 | 10 . 3 . 7/60 1/5 |
| 2 . 18 . | 11 . 7 . 12/60 | 10 . 5 . 16/60 4/5 |
| 2 . 19 . | 11 . 9 . 36/60 | 10 . 7 . 26/60 2/5 |
| 3 . . . | 12 . . . . | 10 . 9 . 36/60 . |
| 3 . 1 . | 12 . 2 . 24/60 | 10 . 11 . 45/60 3/5 |
| 3 . 2 . | 12 . 4 . 48/60 | 11 . 1 . 55/60 1/5 |
| 3 . 3 . | 12 . 7 . 12/60 | 11 . 4 . 4/60 4/5 |
| 3 . 4 . | 12 . 9 . 36/60 | 11 . 6 . 14/60 2/5 |
| 3 . 5 . | 13 . . . . | 11 . 8 . 24/60 . |
| 3 . 6 . | 13 . 2 . 24/60 | 11 . 10 . 33/60 3/5 |
| 3 . 7 . | 13 . 4 . 48/60 | 12 . . . 43/60 1/5 |
| 3 . 8 . | 13 . 7 . 12/60 | 12 . 2 . 52/60 4/5 |
| 3 . 9 . | 13 . 9 . 36/60 | 12 . 5 . 2/60 2/5 |
| 3 . 10 . | 14 . . . . | 12 . 7 . 12/60 . |
| 3 . 11 . | 14 . 2 . 24/60 | 12 . 9 . 21/60 3/5 |
| 3 . 12 . | 14 . 4 . 48/60 | 12 . 11 . 31/60 1/5 |
| 2 . 13 . | 14 . 7 . 12/60 | 13 . 1 . 40/60 4/5 |
| 3 . 14 . | 14 . 9 . 36/60 | 13 . 3 . 50/60 2/5 |
| 3 . 15 . | 15 . . . . | 13 . 6 . . . |
| 3 . 16 . | 15 . 2 . 24/60 | 13 . 8 . 9/60 3/5 |
| 3 . 17 . | 15 . 4 . 48/60 | 13 . 10 . 19/60 1/5 |
| 3 . 18 . | 15 . 7 . 12/60 | 14 . . . 28/60 4/5 |
| 3 . 19 . | 15 . 9 . 36/60 | 14 . 2 . 38/60 2/5 |
| 4 . . . | 16 . . . . | 14 . 4 . 48/60 . |
| 4 . 1 . | 16 . 2 . 24/60 | 14 . 6 . 57/60 3/5 |
| 4 . 2 . | 16 . 4 . 48/60 | 14 . 9 . 7/60 1/5 |
| 4 . 3 . | 16 . 7 . 12/60 | 14 . 11 . 16/60 4/5 |
| 4 . 4 . | 16 . 9 . 36/60 | 15 . 1 . 26/60 2/5 |
| 4 . 5 . | 17 . . . . | 15 . 3 . 36/60 . |
| 4 . 6 . | 17 . 2 . 24/60 | 15 . 5 . 45/60 3/5 |

### DENIERS.

| Den. | Sols. Den. | Sols. Den. |
|---|---|---|
| . 1 . | . . . 12/60 | . . . 10/60 4/5 |
| . 2 . | . . . 24/60 | . . . 21/60 3/5 |
| . 3 . | . . . 36/60 | . . . 32/60 2/5 |
| . 4 . | . . . 48/60 | . . . 43/60 1/5 |
| . 5 . | . 1 . . | . . . 54/60 . |
| . 6 . | . 1 . 12/60 | . 1 . 4/60 4/5 |
| . 7 . | . 1 . 24/60 | . 1 . 15/60 3/5 |
| . 8 . | . 1 . 36/60 | . 1 . 26/60 2/5 |
| . 9 . | . 1 . 48/60 | . 1 . 37/60 1/5 |
| . 10 . | . 2 . . | . 1 . 48/60 . |
| . 11 . | . 2 . 12/60 | . 1 . 58/60 4/5 |

# TARIFS

*POUR FACILITER LA FORMATION*

# DES ÉTATS

*DE PRIX*

## DES GRAINS, FOURAGES ET DENREÉS.



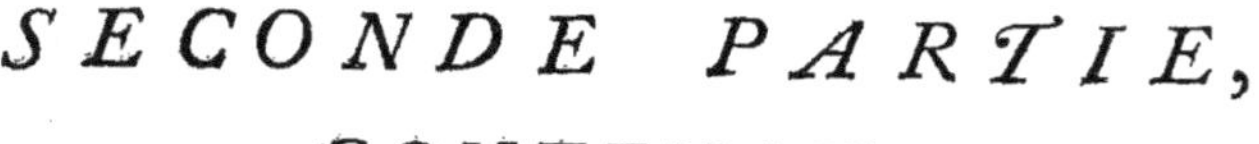

*SECONDE PARTIE,*

CONTENANT

*En 118 Pages la Réduction des Mesures au Setier de Paris de 12 Boisseaux.*

## Mesure de 2. Boisseaux.

| Prix de la Mesure. Liv. | Sols. | Den. | A combien le Setier de 12. Boisseaux. Liv. | Sols. | Den. |
|---|---|---|---|---|---|
| | | 1 | | | 6 |
| | | 2 | | 1 | |
| | | 3 | | 1 | 6 |
| | | 6 | | 3 | |
| | | 9 | | 4 | 6 |
| | | 11 | | 5 | 6 |
| | 1 | | | 6 | |
| | 2 | | | 12 | |
| | 3 | | | 18 | |
| | 4 | | 1 | 4 | |
| | 5 | | 1 | 10 | |
| | 6 | | 1 | 16 | |
| | 7 | | 2 | 2 | |
| | 8 | | 2 | 8 | |
| | 9 | | 2 | 14 | |
| | 10 | | 3 | | |
| | 11 | | 3 | 6 | |
| | 12 | | 3 | 12 | |
| | 13 | | 3 | 18 | |
| | 14 | | 4 | 4 | |
| | 15 | | 4 | 10 | |
| | 16 | | 4 | 16 | |
| | 19 | | 5 | 14 | |
| 1 | | | 6 | | |
| 2 | | | 12 | | |
| 3 | | | 18 | | |

## Mesure de 2. Boisseaux ¾.

| Prix de la Mesure. Liv. | Sols. | Den. | A combien le Setier de 12. Boisseaux. Liv. | Sols. | Den. |
|---|---|---|---|---|---|
| | | 1 | | | 4 $\frac{4}{11}$ |
| | | 2 | | | 8 $\frac{8}{11}$ |
| | | 3 | | 1 | 1 $\frac{1}{11}$ |
| | | 6 | | 2 | 2 $\frac{2}{11}$ |
| | | 9 | | 3 | 3 $\frac{3}{11}$ |
| | | 11 | | 4 | |
| | 1 | | | 4 | 4 $\frac{4}{11}$ |
| | 2 | | | 8 | 8 $\frac{8}{11}$ |
| | 3 | | | 13 | 1 $\frac{1}{11}$ |
| | 4 | | | 17 | 5 $\frac{5}{11}$ |
| | 5 | | 1 | 1 | 9 $\frac{9}{11}$ |
| | 6 | | 1 | 6 | 2 $\frac{2}{11}$ |
| | 7 | | 1 | 10 | 6 $\frac{6}{11}$ |
| | 8 | | 1 | 14 | 10 $\frac{10}{11}$ |
| | 9 | | 1 | 19 | 3 $\frac{3}{11}$ |
| | 10 | | 2 | 3 | 7 $\frac{7}{11}$ |
| | 11 | | 2 | 8 | |
| | 12 | | 2 | 12 | 4 $\frac{4}{11}$ |
| | 13 | | 2 | 16 | 8 $\frac{8}{11}$ |
| | 14 | | 3 | 1 | 1 $\frac{1}{11}$ |
| | 15 | | 3 | 5 | 5 $\frac{5}{11}$ |
| | 16 | | 3 | 9 | 9 $\frac{9}{11}$ |
| | 19 | | 4 | 2 | 10 $\frac{10}{11}$ |
| 1 | | | 4 | 7 | 3 $\frac{3}{11}$ |
| 2 | | | 8 | 14 | 6 $\frac{6}{11}$ |
| 3 | | | 13 | 1 | 9 $\frac{9}{11}$ |

## MESURE DE 2. BOISSEAUX $\frac{1}{2}$.

| PRIX DE LA MESURE. | | | A combien le Setier de 12. Boisseaux. | | |
|---|---|---|---|---|---|
| *Liv.* | *Sols.* | *Den.* | *Liv.* | *Sols.* | *Den.* |
| | | 1 | | | 4 $\frac{4}{5}$ |
| | | 2 | | | 9 $\frac{3}{5}$ |
| | | 3 | | 1 | 2 $\frac{2}{5}$ |
| | | 6 | | 2 | 4 $\frac{4}{5}$ |
| | | 9 | | 3 | 7 $\frac{1}{5}$ |
| | | 11 | | 4 | 4 $\frac{4}{5}$ |
| | 1 | | | 4 | 9 $\frac{3}{5}$ |
| | 2 | | | 9 | 7 $\frac{1}{5}$ |
| | 3 | | | 14 | 4 $\frac{4}{5}$ |
| | 4 | | | 19 | 2 $\frac{2}{5}$ |
| | 5 | | 1 | 4 | |
| | 6 | | 1 | 8 | 9 $\frac{3}{5}$ |
| | 7 | | 1 | 13 | 7 $\frac{1}{5}$ |
| | 8 | | 1 | 18 | 4 $\frac{4}{5}$ |
| | 9 | | 2 | 3 | 2 $\frac{2}{5}$ |
| | 10 | | 2 | 8 | |
| | 11 | | 2 | 12 | 9 $\frac{3}{5}$ |
| | 12 | | 2 | 17 | 7 $\frac{1}{5}$ |
| | 13 | | 3 | 2 | 4 $\frac{4}{5}$ |
| | 14 | | 3 | 7 | 2 $\frac{2}{5}$ |
| | 15 | | 3 | 12 | |
| | 16 | | 3 | 16 | 9 $\frac{3}{5}$ |
| | 19 | | 4 | 11 | 2 $\frac{2}{5}$ |
| 1 | | | 4 | 16 | |
| 2 | | | 9 | 12 | |
| 3 | | | 14 | 8 | |

## MESURE DE 2. BOISSEAUX $\frac{1}{4}$.

| PRIX DE LA MESURE. | | | A combien le Setier de 12. Boisseaux. | | |
|---|---|---|---|---|---|
| *Liv.* | *Sols.* | *Den.* | *Liv.* | *Sols.* | *Den.* |
| | | 1 | | | 5 $\frac{1}{3}$ |
| | | 2 | | | 10 $\frac{2}{3}$ |
| | | 3 | | 1 | 4 |
| | | 6 | | 2 | 8 |
| | | 9 | | 4 | |
| | | 11 | | 4 | 10 $\frac{2}{3}$ |
| | 1 | | | 5 | 4 |
| | 2 | | | 10 | 8 |
| | 3 | | | 16 | |
| | 4 | | 1 | 1 | 4 |
| | 5 | | 1 | 6 | 8 |
| | 6 | | 1 | 12 | |
| | 7 | | 1 | 17 | 4 |
| | 8 | | 2 | 2 | 8 |
| | 9 | | 2 | 8 | |
| | 10 | | 2 | 13 | 4 |
| | 11 | | 2 | 18 | 8 |
| | 12 | | 3 | 4 | |
| | 13 | | 3 | 9 | 4 |
| | 14 | | 3 | 14 | 8 |
| | 15 | | 4 | | |
| | 16 | | 4 | 5 | 4 |
| | 19 | | 5 | 1 | 4 |
| 1 | | | 5 | 6 | 8 |
| 2 | | | 10 | 13 | 4 |
| 3 | | | 16 | | |

## Mesure de 2. Boisseaux $\frac{1}{8}$.

| PRIX DE LA MESURE. Liv. | Sols. | Den. | A combien le Setier de 12. Boisseaux. Liv. | Sols. | Den. |
|---|---|---|---|---|---|
| | | 1 . | | | 5 $\frac{11}{17}$ |
| | | 2 . | | | 11 $\frac{5}{17}$ |
| | | 3 . | | 1 . | 4 $\frac{16}{17}$ |
| | | 6 . | | 2 . | 9 $\frac{15}{17}$ |
| | | 9 . | | 4 . | 2 $\frac{14}{17}$ |
| | | 11 . | | 5 . | 2 $\frac{2}{17}$ |
| | 1 . | . . | | 5 . | 7 $\frac{13}{17}$ |
| | 2 . | . . | | 11 . | 3 $\frac{9}{17}$ |
| | 3 . | . . | | 16 . | 11 $\frac{5}{17}$ |
| | 4 . | . . | 1 . | 2 . | 7 $\frac{1}{17}$ |
| | 5 . | . . | 1 . | 8 . | 2 $\frac{14}{17}$ |
| | 6 . | . . | 1 . | 13 . | 10 $\frac{10}{17}$ |
| | 7 . | . . | 1 . | 19 . | 6 $\frac{6}{17}$ |
| | 8 . | . . | 2 . | 5 . | 2 $\frac{2}{17}$ |
| | 9 . | . . | 2 . | 10 . | 9 $\frac{15}{17}$ |
| | 10 . | . . | 2 . | 16 . | 5 $\frac{11}{17}$ |
| | 11 . | . . | 3 . | 2 . | 1 $\frac{7}{17}$ |
| | 12 . | . . | 3 . | 7 . | 9 $\frac{3}{17}$ |
| | 13 . | . . | 3 . | 13 . | 4 $\frac{16}{17}$ |
| | 14 . | . . | 3 . | 19 . | . $\frac{12}{17}$ |
| | 15 . | . . | 4 . | 4 . | 8 $\frac{8}{17}$ |
| | 16 . | . . | 4 . | 10 . | 4 $\frac{4}{17}$ |
| | 19 . | . . | 5 . | 7 . | 3 $\frac{9}{17}$ |
| 1 . | . . | . . | 5 . | 12 . | 11 $\frac{5}{17}$ |
| 2 . | . . | . . | 11 . | 5 . | 10 $\frac{10}{17}$ |
| 3 . | . . | . . | 16 . | 18 . | 9 $\frac{15}{17}$ |

## Mesure de 2. Boisseaux $\frac{1}{16}$.

| PRIX DE LA MESURE. Liv. | Sols. | Den. | A combien le Setier de 12. Boisseaux. Liv. | Sols. | Den. |
|---|---|---|---|---|---|
| | | 1 . | | | 5 $\frac{9}{11}$ |
| | | 2 . | | | 11 $\frac{7}{11}$ |
| | | 3 . | | 1 . | 5 $\frac{5}{11}$ |
| | | 6 . | | 2 . | 10 $\frac{10}{11}$ |
| | | 9 . | | 4 . | 4 $\frac{4}{11}$ |
| | | 11 . | | 5 . | 4 . |
| | 1 . | . . | | 5 . | 9 $\frac{9}{11}$ |
| | 2 . | . . | | 11 . | 7 $\frac{7}{11}$ |
| | 3 . | . . | | 17 . | 5 $\frac{5}{11}$ |
| | 4 . | . . | 1 . | 3 . | 3 $\frac{3}{11}$ |
| | 5 . | . . | 1 . | 9 . | 1 $\frac{1}{11}$ |
| | 6 . | . . | 1 . | 14 . | 10 $\frac{10}{11}$ |
| | 7 . | . . | 2 . | . . | 8 $\frac{8}{11}$ |
| | 8 . | . . | 2 . | 6 . | 6 $\frac{6}{11}$ |
| | 9 . | . . | 2 . | 12 . | 4 $\frac{4}{11}$ |
| | 10 . | . . | 2 . | 18 . | 2 $\frac{2}{11}$ |
| | 11 . | . . | 3 . | 4 . | . . |
| | 12 . | . . | 3 . | 9 . | 9 $\frac{9}{11}$ |
| | 13 . | . . | 3 . | 15 . | 7 $\frac{7}{11}$ |
| | 14 . | . . | 4 . | 1 . | 5 $\frac{5}{11}$ |
| | 15 . | . . | 4 . | 7 . | 3 $\frac{3}{11}$ |
| | 16 . | . . | 4 . | 13 . | 1 $\frac{1}{11}$ |
| | 19 . | . . | 5 . | 10 . | 6 $\frac{6}{11}$ |
| 1 . | . . | . . | 5 . | 16 . | 4 $\frac{4}{11}$ |
| 2 . | . . | . . | 11 . | 12 . | 8 $\frac{8}{11}$ |
| 3 . | . . | . . | 17 . | 9 . | 1 $\frac{1}{11}$ |

## Mesure de 2. Boisseaux $\frac{2}{3}$.

| Prix de la Mesure. Liv. | Sols. | Den. | A combien le Setier de 12. Boisseaux. Liv. | Sols. | Den. |
|---|---|---|---|---|---|
| | | 1 | | | 4 $\frac{1}{2}$ |
| | | 2 | | | 9 |
| | | 3 | | 1 | 1 $\frac{1}{2}$ |
| | | 6 | | 2 | 3 |
| | | 9 | | 3 | 4 $\frac{1}{2}$ |
| | | 11 | | 4 | 1 $\frac{1}{2}$ |
| | 1 | | | 4 | 6 |
| | 2 | | | 9 | |
| | 3 | | | 13 | 6 |
| | 4 | | | 18 | |
| | 5 | | 1 | 2 | 6 |
| | 6 | | 1 | 7 | |
| | 7 | | 1 | 11 | 6 |
| | 8 | | 1 | 16 | |
| | 9 | | 2 | | 6 |
| | 10 | | 2 | 5 | |
| | 11 | | 2 | 9 | 6 |
| | 12 | | 2 | 14 | |
| | 13 | | 2 | 18 | 6 |
| | 14 | | 3 | 3 | |
| | 15 | | 3 | 7 | 6 |
| | 16 | | 3 | 12 | |
| | 19 | | 4 | 5 | 6 |
| 1 | | | 4 | 10 | |
| 2 | | | 9 | | |
| 3 | | | 13 | 10 | |

## Mesure de 2. Boisseaux $\frac{1}{3}$.

| Prix de la Mesure. Liv. | Sols. | Den. | A combien le Setier de 12. Boisseaux. Liv. | Sols. | Den. |
|---|---|---|---|---|---|
| | | 1 | | | 5 $\frac{1}{7}$ |
| | | 2 | | | 10 $\frac{2}{7}$ |
| | | 3 | | 1 | 3 $\frac{3}{7}$ |
| | | 6 | | 2 | 6 $\frac{6}{7}$ |
| | | 9 | | 3 | 10 $\frac{2}{7}$ |
| | | 11 | | 4 | 8 $\frac{4}{7}$ |
| | 1 | | | 5 | 1 $\frac{5}{7}$ |
| | 2 | | | 10 | 3 $\frac{3}{7}$ |
| | 3 | | | 15 | 5 $\frac{1}{7}$ |
| | 4 | | 1 | | 6 $\frac{6}{7}$ |
| | 5 | | 1 | 5 | 8 $\frac{4}{7}$ |
| | 6 | | 1 | 10 | 10 $\frac{2}{7}$ |
| | 7 | | 1 | 16 | |
| | 8 | | 2 | 1 | 1 $\frac{5}{7}$ |
| | 9 | | 2 | 6 | 3 $\frac{3}{7}$ |
| | 10 | | 2 | 11 | 5 $\frac{1}{7}$ |
| | 11 | | 2 | 16 | 6 $\frac{6}{7}$ |
| | 12 | | 3 | 1 | 8 $\frac{4}{7}$ |
| | 13 | | 3 | 6 | 10 $\frac{2}{7}$ |
| | 14 | | 3 | 12 | |
| | 15 | | 3 | 17 | 1 $\frac{5}{7}$ |
| | 16 | | 4 | 2 | 3 $\frac{3}{7}$ |
| | 19 | | 4 | 17 | 8 $\frac{4}{7}$ |
| 1 | | | 5 | 2 | 10 $\frac{2}{7}$ |
| 2 | | | 10 | 5 | 8 $\frac{4}{7}$ |
| 3 | | | 15 | 8 | 6 $\frac{6}{7}$ |

## MESURE DE 2. BOISSEAUX $\frac{1}{6}$.

| PRIX DE LA MESURE. | | | A combien le Setier de 12. Boisseaux. | | |
|---|---|---|---|---|---|
| *Liv.* | *Sols.* | *Den.* | *Liv.* | *Sols.* | *Den.* |
| | | 1 | | | 5 $\frac{7}{13}$ |
| | | 2 | | | 11 $\frac{1}{13}$ |
| | | 3 | | 1 | 4 $\frac{8}{13}$ |
| | | 6 | | 2 | 9 $\frac{3}{13}$ |
| | | 9 | | 4 | 1 $\frac{11}{13}$ |
| | | 11 | | 5 | $\frac{12}{13}$ |
| | 1 | | | 5 | 6 $\frac{6}{13}$ |
| | 2 | | | 11 | $\frac{12}{13}$ |
| | 3 | | | 16 | 7 $\frac{5}{13}$ |
| | 4 | | 1 | 2 | 1 $\frac{11}{13}$ |
| | 5 | | 1 | 7 | 8 $\frac{4}{13}$ |
| | 6 | | 1 | 13 | 2 $\frac{10}{13}$ |
| | 7 | | 1 | 18 | 9 $\frac{3}{13}$ |
| | 8 | | 2 | 4 | 3 $\frac{9}{13}$ |
| | 9 | | 2 | 9 | 10 $\frac{2}{13}$ |
| | 10 | | 2 | 15 | 4 $\frac{8}{13}$ |
| | 11 | | 3 | | 11 $\frac{1}{13}$ |
| | 12 | | 3 | 6 | 5 $\frac{7}{13}$ |
| | 13 | | 3 | 12 | |
| | 14 | | 3 | 17 | 6 $\frac{6}{13}$ |
| | 15 | | 4 | 3 | $\frac{12}{13}$ |
| | 16 | | 4 | 8 | 7 $\frac{5}{13}$ |
| | 19 | | 5 | 5 | 2 $\frac{11}{13}$ |
| 1 | | | 5 | 10 | 9 $\frac{3}{13}$ |
| 2 | | | 11 | 1 | 6 $\frac{6}{13}$ |
| 3 | | | 16 | 12 | 3 $\frac{9}{13}$ |

## MESURE DE 2. BOISSEAUX $\frac{1}{12}$.

| PRIX DE LA MESURE. | | | A combien le Setier de 12. Boisseaux. | | |
|---|---|---|---|---|---|
| *Liv.* | *Sols.* | *Den.* | *Liv.* | *Sols.* | *Den.* |
| | | 1 | | | 5 $\frac{19}{25}$ |
| | | 2 | | | 11 $\frac{13}{25}$ |
| | | 3 | | 1 | 5 $\frac{7}{25}$ |
| | | 6 | | 2 | 10 $\frac{14}{25}$ |
| | | 9 | | 4 | 3 $\frac{21}{25}$ |
| | | 11 | | 5 | 3 $\frac{9}{25}$ |
| | 1 | | | 5 | 9 $\frac{3}{25}$ |
| | 2 | | | 11 | 6 $\frac{6}{25}$ |
| | 3 | | | 17 | 3 $\frac{9}{25}$ |
| | 4 | | 1 | 3 | $\frac{12}{25}$ |
| | 5 | | 1 | 8 | 9 $\frac{15}{25}$ |
| | 6 | | 1 | 14 | 6 $\frac{18}{25}$ |
| | 7 | | 2 | | 3 $\frac{21}{25}$ |
| | 8 | | 2 | 6 | $\frac{24}{25}$ |
| | 9 | | 2 | 11 | 10 $\frac{2}{25}$ |
| | 10 | | 2 | 17 | 7 $\frac{5}{25}$ |
| | 11 | | 3 | 3 | 4 $\frac{8}{25}$ |
| | 12 | | 3 | 9 | 1 $\frac{11}{25}$ |
| | 13 | | 3 | 14 | 10 $\frac{14}{25}$ |
| | 14 | | 4 | | 7 $\frac{17}{25}$ |
| | 15 | | 4 | 6 | 4 [illegible] |
| | 16 | | 4 | 12 | 1 $\frac{23}{25}$ |
| | 19 | | 5 | 9 | 5 $\frac{7}{25}$ |
| 1 | | | 5 | 15 | 2 $\frac{10}{25}$ |
| 2 | | | 11 | 10 | 4 [illegible] |
| 3 | | | 17 | 5 | 7 [illegible] |

## MESURE DE 2. BOISSEAUX $\frac{4}{5}$.

| PRIX DE LA MESURE. | | | A combien le Setier de 12. Boisseaux. | | |
|---|---|---|---|---|---|
| *Liv.* | *Sols.* | *Den.* | *Liv.* | *Sols.* | *Den.* |
| | | 1 | | | $4\frac{2}{7}$ |
| | | 2 | | | $8\frac{4}{7}$ |
| | | 3 | | 1 | $\frac{6}{7}$ |
| | | 6 | | 2 | $1\frac{5}{7}$ |
| | | 9 | | 3 | $2\frac{4}{7}$ |
| | | 11 | | 3 | $11\frac{1}{7}$ |
| | 1 | | | 4 | $3\frac{3}{7}$ |
| | 2 | | | 8 | $6\frac{6}{7}$ |
| | 3 | | | 12 | $10\frac{2}{7}$ |
| | 4 | | | 17 | $1\frac{5}{7}$ |
| | 5 | | 1 | 1 | $5\frac{1}{7}$ |
| | 6 | | 1 | 5 | $8\frac{4}{7}$ |
| | 7 | | 1 | 10 | |
| | 8 | | 1 | 14 | $3\frac{3}{7}$ |
| | 9 | | 1 | 18 | $6\frac{6}{7}$ |
| | 10 | | 2 | 2 | $10\frac{2}{7}$ |
| | 11 | | 2 | 7 | $1\frac{5}{7}$ |
| | 12 | | 2 | 11 | $5\frac{1}{7}$ |
| | 13 | | 2 | 15 | $8\frac{4}{7}$ |
| | 14 | | 3 | | |
| | 15 | | 3 | 4 | $3\frac{3}{7}$ |
| | 16 | | 3 | 8 | $6\frac{6}{7}$ |
| | 19 | | 4 | 1 | $5\frac{1}{7}$ |
| 1 | | | 4 | 5 | $8\frac{4}{7}$ |
| 2 | | | 8 | 11 | $5\frac{1}{7}$ |
| 3 | | | 12 | 17 | $1\frac{5}{7}$ |

## MESURE DE 2. BOISSEAUX $\frac{2}{5}$.

| PRIX DE LA MESURE. | | | A combien le Setier de 12. Boisseaux. | | |
|---|---|---|---|---|---|
| *Liv.* | *Sols.* | *Den.* | *Liv.* | *Sols.* | *Den.* |
| | | 1 | | | $4\frac{8}{13}$ |
| | | 2 | | | $9\frac{3}{13}$ |
| | | 3 | | 1 | $1\frac{11}{13}$ |
| | | 6 | | 2 | $3\frac{9}{13}$ |
| | | 9 | | 3 | $5\frac{5}{13}$ |
| | | 11 | | 4 | $2\frac{8}{13}$ |
| | 1 | | | 4 | $7\frac{5}{13}$ |
| | 2 | | | 9 | $2\frac{10}{13}$ |
| | 3 | | | 13 | $10\frac{2}{13}$ |
| | 4 | | | 18 | $5\frac{7}{13}$ |
| | 5 | | 1 | 3 | $\frac{12}{13}$ |
| | 6 | | 1 | 7 | $8\frac{4}{13}$ |
| | 7 | | 1 | 12 | $3\frac{9}{13}$ |
| | 8 | | 1 | 16 | $11\frac{1}{13}$ |
| | 9 | | 2 | 1 | $6\frac{6}{13}$ |
| | 10 | | 2 | 6 | $1\frac{11}{13}$ |
| | 11 | | 2 | 10 | $9\frac{3}{13}$ |
| | 12 | | 2 | 15 | $4\frac{8}{13}$ |
| | 13 | | 3 | | |
| | 14 | | 3 | 4 | $7\frac{5}{13}$ |
| | 15 | | 3 | 9 | $2\frac{10}{13}$ |
| | 16 | | 3 | 13 | $10\frac{2}{13}$ |
| | 19 | | 4 | 7 | $8\frac{4}{13}$ |
| 1 | | | 4 | 12 | $3\frac{9}{13}$ |
| 2 | | | 9 | 4 | $7\frac{5}{13}$ |
| 3 | | | 13 | 16 | $11\frac{1}{13}$ |

## Mesure de 2. Boisseaux $\frac{2}{5}$.

| PRIX DE LA MESURE. | | | A combien le Setier de 12. Boisseaux. | | |
|---|---|---|---|---|---|
| *Liv.* | *Sols.* | *Den.* | *Liv.* | *Sols.* | *Den.* |
| | | 1 | | | 5 |
| | | 2 | | | 10 |
| | | 3 | | 1 | 3 |
| | | 6 | | 2 | 6 |
| | | 9 | | 3 | 9 |
| | | 11 | | 4 | 7 |
| | 1 | | | 5 | |
| | 2 | | | 10 | |
| | 3 | | | 15 | |
| | 4 | | 1 | | |
| | 5 | | 1 | 5 | |
| | 6 | | 1 | 10 | |
| | 7 | | 1 | 15 | |
| | 8 | | 2 | | |
| | 9 | | 2 | 5 | |
| | 10 | | 2 | 10 | |
| | 11 | | 2 | 15 | |
| | 12 | | 3 | | |
| | 13 | | 3 | 5 | |
| | 14 | | 3 | 10 | |
| | 15 | | 3 | 15 | |
| | 16 | | 4 | | |
| | 19 | | 4 | 15 | |
| 1 | | | 5 | | |
| 2 | | | 10 | | |
| 3 | | | 15 | | |

## Mesure de 2. Boisseaux $\frac{1}{5}$.

| PRIX DE LA MESURE. | | | A combien le Setier de 12. Boisseaux. | | |
|---|---|---|---|---|---|
| *Liv.* | *Sols.* | *Den.* | *Liv.* | *Sols.* | *Den.* |
| | | 1 | | | $5 \frac{5}{11}$ |
| | | 2 | | | $10 \frac{10}{11}$ |
| | | 3 | | 1 | $4 \frac{4}{11}$ |
| | | 6 | | 2 | $8 \frac{8}{11}$ |
| | | 9 | | 4 | $1 \frac{1}{11}$ |
| | | 11 | | 5 | |
| | 1 | | | 5 | $5 \frac{5}{11}$ |
| | 2 | | | 10 | $10 \frac{10}{11}$ |
| | 3 | | | 16 | $4 \frac{4}{11}$ |
| | 4 | | 1 | 1 | $9 \frac{9}{11}$ |
| | 5 | | 1 | 7 | $3 \frac{3}{11}$ |
| | 6 | | 1 | 12 | $8 \frac{8}{11}$ |
| | 7 | | 1 | 18 | $2 \frac{2}{11}$ |
| | 8 | | 2 | 3 | $7 \frac{7}{11}$ |
| | 9 | | 2 | 9 | $1 \frac{1}{11}$ |
| | 10 | | 2 | 14 | $6 \frac{6}{11}$ |
| | 11 | | 3 | | |
| | 12 | | 3 | 5 | $5 \frac{5}{11}$ |
| | 13 | | 3 | 10 | $10 \frac{10}{11}$ |
| | 14 | | 3 | 16 | $4 \frac{4}{11}$ |
| | 15 | | 4 | 1 | $9 \frac{9}{11}$ |
| | 16 | | 4 | 7 | $3 \frac{3}{11}$ |
| | 19 | | 5 | 3 | $7 \frac{7}{11}$ |
| 1 | | | 5 | 9 | $1 \frac{1}{11}$ |
| 2 | | | 10 | 18 | $2 \frac{2}{11}$ |
| 3 | | | 16 | 7 | $3 \frac{3}{11}$ |

## MESURE DE 2. BOISSEAUX $\frac{1}{10}$.

| PRIX DE LA MESURE. Liv. | Sols. | Den. | A combien le Setier de 12. Boiſſeaux. Liv. | Sols. | Den. |
|---|---|---|---|---|---|
| | | 1 | | | 5 $\frac{5}{7}$ |
| | | 2 | | | 11 $\frac{3}{7}$ |
| | | 3 | | 1 | 5 $\frac{1}{7}$ |
| | | 6 | | 2 | 10 $\frac{2}{7}$ |
| | | 9 | | 4 | 3 $\frac{3}{7}$ |
| | | 11 | | 5 | 2 $\frac{6}{7}$ |
| | 1 | | | 5 | 8 $\frac{4}{7}$ |
| | 2 | | | 11 | 5 $\frac{1}{7}$ |
| | 3 | | | 17 | 1 $\frac{5}{7}$ |
| | 4 | | 1 | 2 | 10 $\frac{2}{7}$ |
| | 5 | | 1 | 8 | 6 $\frac{6}{7}$ |
| | 6 | | 1 | 14 | 3 $\frac{3}{7}$ |
| | 7 | | 2 | | |
| | 8 | | 2 | 5 | 8 $\frac{4}{7}$ |
| | 9 | | 2 | 11 | 5 $\frac{1}{7}$ |
| | 10 | | 2 | 17 | 1 $\frac{5}{7}$ |
| | 11 | | 3 | 2 | 10 $\frac{2}{7}$ |
| | 12 | | 3 | 8 | 6 $\frac{6}{7}$ |
| | 13 | | 3 | 14 | 3 $\frac{3}{7}$ |
| | 14 | | 4 | | |
| | 15 | | 4 | 5 | 8 $\frac{4}{7}$ |
| | 16 | | 4 | 11 | 5 $\frac{1}{7}$ |
| | 19 | | 5 | 8 | 6 $\frac{6}{7}$ |
| 1 | | | 5 | 14 | 3 $\frac{3}{7}$ |
| 2 | | | 11 | 8 | 6 $\frac{6}{7}$ |
| 3 | | | 17 | 2 | 10 $\frac{2}{7}$ |

## MESURE DE 2. BOISSEAUX $\frac{1}{20}$.

| PRIX DE LA MESURE. Liv. | Sols. | Den. | A combien le Setier de 12. Boiſſeaux. Liv. | Sols. | Den. |
|---|---|---|---|---|---|
| | | 1 | | | 5 $\frac{35}{41}$ |
| | | 2 | | | 11 $\frac{29}{41}$ |
| | | 3 | | 1 | 5 $\frac{23}{41}$ |
| | | 6 | | 2 | 11 $\frac{5}{41}$ |
| | | 9 | | 4 | 4 $\frac{28}{41}$ |
| | | 11 | | 5 | 4 $\frac{16}{41}$ |
| | 1 | | | 5 | 10 $\frac{10}{41}$ |
| | 2 | | | 11 | 8 $\frac{20}{41}$ |
| | 3 | | | 17 | 6 $\frac{30}{41}$ |
| | 4 | | 1 | 3 | 4 $\frac{40}{41}$ |
| | 5 | | 1 | 9 | 3 $\frac{9}{41}$ |
| | 6 | | 1 | 15 | 1 $\frac{19}{41}$ |
| | 7 | | 2 | | 11 $\frac{29}{41}$ |
| | 8 | | 2 | 6 | 9 $\frac{39}{41}$ |
| | 9 | | 2 | 12 | 8 $\frac{8}{41}$ |
| | 10 | | 2 | 18 | 6 $\frac{18}{41}$ |
| | 11 | | 3 | 4 | 4 $\frac{28}{41}$ |
| | 12 | | 3 | 10 | 2 $\frac{38}{41}$ |
| | 13 | | 3 | 16 | 1 $\frac{7}{41}$ |
| | 14 | | 4 | 1 | 11 $\frac{17}{41}$ |
| | 15 | | 4 | 7 | 9 $\frac{27}{41}$ |
| | 16 | | 4 | 13 | 7 $\frac{37}{41}$ |
| | 19 | | 4 | 11 | 2 $\frac{26}{41}$ |
| 1 | | | 5 | 17 | $\frac{36}{41}$ |
| 2 | | | 11 | 14 | 1 $\frac{31}{41}$ |
| 3 | | | 17 | 11 | 2 $\frac{26}{41}$ |

MESURE DE 3. BOISSEAUX.

| PRIX DE LA MESURE. | | | A combien le Setier de 12. Boisseaux | | |
|---|---|---|---|---|---|
| *Liv.* | *Sols.* | *Den.* | *Liv.* | *Sols.* | *Den.* |
| | | 1 | | | 4 |
| | | 2 | | | 8 |
| | | 3 | | 1 | |
| | | 6 | | 2 | |
| | | 9 | | 3 | |
| | | 11 | | 3 | 8 |
| | 1 | | | 4 | |
| | 2 | | | 8 | |
| | 3 | | | 12 | |
| | 4 | | | 16 | |
| | 5 | | 1 | | |
| | 6 | | 1 | 4 | |
| | 7 | | 1 | 8 | |
| | 8 | | 1 | 12 | |
| | 9 | | 1 | 16 | |
| | 10 | | 2 | | |
| | 11 | | 2 | 4 | |
| | 12 | | 2 | 8 | |
| | 13 | | 2 | 12 | |
| | 14 | | 2 | 16 | |
| | 15 | | 3 | | |
| | 19 | | 3 | 16 | |
| 1 | | | 4 | | |
| 2 | | | 8 | | |
| 3 | | | 12 | | |
| 4 | | | 16 | | |

MESURE DE 3. BOISSEAUX $\frac{3}{4}$.

| PRIX DE LA MESURE. | | | A combien le Setier de 12. Boisseaux | | |
|---|---|---|---|---|---|
| *Liv.* | *Sols.* | *Den.* | *Liv.* | *Sols.* | *Den.* |
| | | 1 | | | $3\frac{1}{5}$ |
| | | 2 | | | $6\frac{2}{5}$ |
| | | 3 | | | $9\frac{3}{5}$ |
| | | 6 | | 1 | $7\frac{1}{5}$ |
| | | 9 | | 2 | $4\frac{4}{5}$ |
| | | 11 | | 2 | $11\frac{1}{5}$ |
| | 1 | | | 3 | $2\frac{2}{5}$ |
| | 2 | | | 6 | $4\frac{4}{5}$ |
| | 3 | | | 9 | $7\frac{1}{5}$ |
| | 4 | | | 12 | $9\frac{3}{5}$ |
| | 5 | | | 16 | |
| | 6 | | | 19 | $2\frac{2}{5}$ |
| | 7 | | 1 | 2 | $4\frac{4}{5}$ |
| | 8 | | 1 | 5 | $7\frac{1}{5}$ |
| | 9 | | 1 | 8 | $9\frac{3}{5}$ |
| | 10 | | 1 | 12 | |
| | 11 | | 1 | 15 | $2\frac{2}{5}$ |
| | 12 | | 1 | 18 | $4\frac{4}{5}$ |
| | 13 | | 2 | 1 | $7\frac{1}{5}$ |
| | 14 | | 2 | 4 | $9\frac{3}{5}$ |
| | 15 | | 2 | 8 | |
| | 19 | | 3 | | $9\frac{3}{5}$ |
| 1 | | | 3 | 4 | |
| 2 | | | 6 | 8 | |
| 3 | | | 9 | 12 | |
| 4 | | | 12 | 16 | |

## MESURE DE 3. BOISSEAUX $\frac{1}{2}$.

| PRIX DE LA MESURE. | | | A combien le Setier de 12. Boisseaux. | | |
|---|---|---|---|---|---|
| *Liv.* | *Sols.* | *Den.* | *Liv.* | *Sols.* | *Den.* |
| | | 1 | | | $3\frac{3}{7}$ |
| | | 2 | | | $6\frac{6}{7}$ |
| | | 3 | | | $10\frac{2}{7}$ |
| | | 6 | | 1 | $8\frac{4}{7}$ |
| | | 9 | | 2 | $6\frac{6}{7}$ |
| | | 11 | | 3 | $1\frac{5}{7}$ |
| | 1 | | | 3 | $5\frac{1}{7}$ |
| | 2 | | | 6 | $10\frac{2}{7}$ |
| | 3 | | | 10 | $3\frac{3}{7}$ |
| | 4 | | | 13 | $8\frac{4}{7}$ |
| | 5 | | | 17 | $1\frac{5}{7}$ |
| | 6 | | 1 | | $6\frac{6}{7}$ |
| | 7 | | 1 | 4 | |
| | 8 | | 1 | 7 | $5\frac{1}{7}$ |
| | 9 | | 1 | 10 | $10\frac{2}{7}$ |
| | 10 | | 1 | 14 | $3\frac{3}{7}$ |
| | 11 | | 1 | 17 | $8\frac{4}{7}$ |
| | 12 | | 2 | 1 | $1\frac{5}{7}$ |
| | 13 | | 2 | 4 | $6\frac{6}{7}$ |
| | 14 | | 2 | 8 | |
| | 15 | | 2 | 11 | $5\frac{1}{7}$ |
| | 19 | | 3 | 5 | $1\frac{5}{7}$ |
| 1 | | | 3 | 8 | $6\frac{6}{7}$ |
| 2 | | | 3 | 17 | $1\frac{5}{7}$ |
| 3 | | | 10 | 5 | $8\frac{4}{7}$ |
| 4 | | | 13 | 14 | $3\frac{3}{7}$ |

## MESURE DE 3. BOISSEAUX $\frac{1}{4}$.

| PRIX DE LA MESURE. | | | A combien le Setier de 12. Boisseaux. | | |
|---|---|---|---|---|---|
| *Liv.* | *Sols.* | *Den.* | *Liv.* | *Sols.* | *Den.* |
| | | 1 | | | $3\frac{9}{13}$ |
| | | 2 | | | $7\frac{5}{13}$ |
| | | 3 | | | $11\frac{1}{13}$ |
| | | 6 | | 1 | $10\frac{2}{13}$ |
| | | 9 | | 2 | $9\frac{3}{13}$ |
| | | 11 | | 3 | $4\frac{8}{13}$ |
| | 1 | | | 3 | $8\frac{4}{13}$ |
| | 2 | | | 7 | $4\frac{8}{13}$ |
| | 3 | | | 11 | $\frac{12}{13}$ |
| | 4 | | | 14 | $9\frac{3}{13}$ |
| | 5 | | | 18 | $5\frac{7}{13}$ |
| | 6 | | 1 | 2 | $1\frac{11}{13}$ |
| | 7 | | 1 | 5 | $10\frac{2}{13}$ |
| | 8 | | 1 | 9 | $6\frac{6}{13}$ |
| | 9 | | 1 | 13 | $2\frac{10}{13}$ |
| | 10 | | 1 | 16 | $11\frac{1}{13}$ |
| | 11 | | 2 | | $7\frac{5}{13}$ |
| | 12 | | 2 | 4 | $3\frac{9}{13}$ |
| | 13 | | 2 | 8 | |
| | 14 | | 2 | 11 | $8\frac{4}{13}$ |
| | 15 | | 2 | 15 | $4\frac{8}{13}$ |
| | 19 | | 3 | 10 | $1\frac{11}{13}$ |
| 1 | | | 3 | 13 | $10\frac{2}{13}$ |
| 2 | | | 7 | 7 | $8\frac{4}{13}$ |
| 3 | | | 11 | 1 | $6\frac{6}{13}$ |
| 4 | | | 14 | 15 | $4\frac{8}{13}$ |

## MESURE DE 3. BOISSEAUX $\frac{1}{8}$.

| PRIX DE LA MESURE. | | | A combien le Setier de 12. Boiſſeaux. | | |
|---|---|---|---|---|---|
| *Liv.* | *Sols.* | *Den.* | *Liv.* | *Sols.* | *Den.* |
| | | 1 . | | | 3 $\frac{21}{25}$ |
| | | 2 . | | | 7 $\frac{17}{25}$ |
| | | 3 . | | | 11 $\frac{13}{25}$ |
| | | 6 . | | 1 . | 11 $\frac{1}{25}$ |
| | | 9 . | | 2 . | 10 $\frac{14}{25}$ |
| | | 11 . | | 3 . | 6 $\frac{6}{25}$ |
| | 1 . . . | | | 3 . | 10 $\frac{2}{25}$ |
| | 2 . . . | | | 7 . | 8 $\frac{4}{25}$ |
| | 3 . . . | | | 11 . | 6 $\frac{6}{25}$ |
| | 4 . . . | | | 15 . | 4 $\frac{8}{25}$ |
| | 5 . . . | | | 19 . | 2 $\frac{10}{25}$ |
| | 6 . . . | | 1 . | 3 . | . $\frac{22}{25}$ |
| | 7 . . . | | 1 . | 6 . | 10 $\frac{14}{25}$ |
| | 8 . . . | | 1 . | 10 . | 8 $\frac{16}{25}$ |
| | 9 . . . | | 1 . | 14 . | 6 $\frac{18}{25}$ |
| | 10 . . . | | 1 . | 18 . | 4 $\frac{20}{25}$ |
| | 11 . . . | | 2 . | 2 . | 2 $\frac{22}{25}$ |
| | 12 . . . | | 2 . | 6 . | . $\frac{24}{25}$ |
| | 13 . . . | | 2 . | 9 . | 11 $\frac{1}{25}$ |
| | 14 . . . | | 2 . | 13 . | 9 $\frac{3}{25}$ |
| | 15 . . . | | 2 . | 17 . | 7 $\frac{5}{25}$ |
| | 19 . . . | | 2 . | 12 . | 11 $\frac{13}{25}$ |
| 1 . . . . . | | | 3 . | 16 . | 9 $\frac{15}{25}$ |
| 2 . . . . . | | | 7 . | 13 . | 7 $\frac{5}{25}$ |
| 3 . . . . . | | | 11 . | 10 . | 4 $\frac{20}{25}$ |
| 4 . . . . . | | | 15 . | 7 . | 2 $\frac{10}{25}$ |

## MESURE DE 3. BOISSEAUX $\frac{1}{16}$.

| PRIX DE LA MESURE. | | | A combien le Setier de 12. Boiſſeaux. | | |
|---|---|---|---|---|---|
| *Liv.* | *Sols.* | *Den.* | *Liv.* | *Sols.* | *Den.* |
| | | 1 . | | | 3 $\frac{45}{49}$ |
| | | 2 . | | | 7 $\frac{41}{49}$ |
| | | 3 . | | | 11 $\frac{37}{49}$ |
| | | 6 . | | 1 . | 11 $\frac{25}{49}$ |
| | | 9 . | | 2 . | 11 $\frac{13}{49}$ |
| | | 11 . | | 3 . | 7 $\frac{5}{49}$ |
| | 1 . . . | | | 3 . | 11 $\frac{1}{49}$ |
| | 2 . . . | | | 7 . | 10 $\frac{2}{49}$ |
| | 3 . . . | | | 11 . | 9 $\frac{3}{49}$ |
| | 4 . . . | | | 15 . | 8 $\frac{4}{49}$ |
| | 5 . . . | | | 19 . | 7 $\frac{5}{49}$ |
| | 6 . . . | | 1 . | 3 . | 6 $\frac{6}{49}$ |
| | 7 . . . | | 1 . | 7 . | 5 $\frac{7}{49}$ |
| | 8 . . . | | 1 . | 11 . | 4 $\frac{8}{49}$ |
| | 9 . . . | | 1 . | 15 . | 3 $\frac{9}{49}$ |
| | 10 . . . | | 1 . | 19 . | 2 $\frac{10}{49}$ |
| | 11 . . . | | 2 . | 3 . | 1 $\frac{11}{49}$ |
| | 12 . . . | | 2 . | 7 . | . $\frac{12}{49}$ |
| | 13 . . . | | 2 . | 10 . | 11 $\frac{13}{49}$ |
| | 14 . . . | | 2 . | 14 . | 10 $\frac{14}{49}$ |
| | 15 . . . | | 2 . | 18 . | 9 $\frac{15}{49}$ |
| | 19 . . . | | 3 . | 14 . | 5 $\frac{19}{49}$ |
| 1 . . . . . . | | | 3 . | 18 . | 4 $\frac{20}{49}$ |
| 2 . . . . . . | | | 7 . | 16 . | 8 $\frac{40}{49}$ |
| 3 . . . . . . | | | 11 . | 15 . | 1 $\frac{11}{49}$ |
| 4 . . . . . . | | | 15 . | 13 . | 5 $\frac{31}{49}$ |

## MESURE DE 3. BOISSEAUX $\frac{2}{3}$.

| PRIX DE LA MESURE. | | | A combien le Setier de 12 Boisseaux. | | |
|---|---|---|---|---|---|
| *Liv.* | *Sols.* | *Den.* | *Liv.* | *Sols.* | *Den.* |
| | | 1 | | | $3\frac{3}{11}$ |
| | | 2 | | | $6\frac{6}{11}$ |
| | | 3 | | | $9\frac{9}{11}$ |
| | | 6 | | 1 | $7\frac{7}{11}$ |
| | | 9 | | 2 | $5\frac{5}{11}$ |
| | | 11 | | 3 | |
| | 1 | | | 3 | $3\frac{3}{11}$ |
| | 2 | | | 6 | $6\frac{6}{11}$ |
| | 3 | | | 9 | $9\frac{9}{11}$ |
| | 4 | | | 13 | $1\frac{1}{11}$ |
| | 5 | | | 16 | $4\frac{4}{11}$ |
| | 6 | | | 19 | $7\frac{7}{11}$ |
| | 7 | | 1 | 2 | $10\frac{10}{11}$ |
| | 8 | | 1 | 6 | $2\frac{2}{11}$ |
| | 9 | | 1 | 9 | $5\frac{5}{11}$ |
| | 10 | | 1 | 12 | $8\frac{8}{11}$ |
| | 11 | | 1 | 16 | |
| | 12 | | 1 | 19 | $3\frac{3}{11}$ |
| | 13 | | 2 | 2 | $6\frac{6}{11}$ |
| | 14 | | 2 | 5 | $9\frac{9}{11}$ |
| | 15 | | 2 | 9 | $1\frac{1}{11}$ |
| | 19 | | 3 | 2 | $2\frac{2}{11}$ |
| 1 | | | 3 | 5 | $5\frac{5}{11}$ |
| 2 | | | 6 | 10 | $10\frac{10}{11}$ |
| 3 | | | 9 | 16 | $4\frac{4}{11}$ |
| 4 | | | 13 | 1 | $9\frac{9}{11}$ |

## MESURE DE 3. BOISSEAUX $\frac{1}{3}$.

| PRIX DE LA MESURE. | | | A combien le Setier de 12. Boisseaux. | | |
|---|---|---|---|---|---|
| *Liv.* | *Sols.* | *Den.* | *Liv.* | *Sols.* | *Den.* |
| | | 1 | | | $3\frac{3}{5}$ |
| | | 2 | | | $7\frac{1}{5}$ |
| | | 3 | | | $10\frac{4}{5}$ |
| | | 6 | | 1 | $9\frac{3}{5}$ |
| | | 9 | | 2 | $8\frac{2}{5}$ |
| | | 11 | | 3 | $3\frac{3}{5}$ |
| | 1 | | | 3 | $7\frac{1}{5}$ |
| | 2 | | | 7 | $2\frac{2}{5}$ |
| | 3 | | | 10 | $9\frac{3}{5}$ |
| | 4 | | | 14 | $4\frac{4}{5}$ |
| | 5 | | | 18 | |
| | 6 | | 1 | 1 | $7\frac{1}{5}$ |
| | 7 | | 1 | 5 | $2\frac{2}{5}$ |
| | 8 | | 1 | 8 | $9\frac{3}{5}$ |
| | 9 | | 1 | 12 | $4\frac{4}{5}$ |
| | 10 | | 1 | 16 | |
| | 11 | | 1 | 19 | $7\frac{1}{5}$ |
| | 12 | | 2 | 3 | $2\frac{2}{5}$ |
| | 13 | | 2 | 6 | $9\frac{3}{5}$ |
| | 14 | | 2 | 10 | $4\frac{4}{5}$ |
| | 15 | | 2 | 14 | |
| | 19 | | 3 | 8 | $4\frac{4}{5}$ |
| 1 | | | 3 | 12 | |
| 2 | | | 7 | 4 | |
| 3 | | | 10 | 16 | |
| 4 | | | 14 | 8 | |

## Mesure de 3. Boisseaux $\frac{1}{6}$.

| Prix de la Mesure. | | | A combien le Setier de 12. Boiffeaux. | | |
|---|---|---|---|---|---|
| *Liv.* | *Sols.* | *Den.* | *Liv.* | *Sols.* | *Den.* |
| | | 1 | | | $3\frac{15}{19}$ |
| | | 2 | | | $7\frac{11}{19}$ |
| | | 3 | | | $11\frac{7}{19}$ |
| | | 6 | | 1 | $10\frac{14}{19}$ |
| | | 9 | | 2 | $10\frac{2}{19}$ |
| | | 11 | | 3 | $5\frac{13}{19}$ |
| | 1 | | | 3 | $9\frac{9}{19}$ |
| | 2 | | | 7 | $6\frac{18}{19}$ |
| | 3 | | | 11 | $4\frac{8}{19}$ |
| | 4 | | | 15 | $1\frac{17}{19}$ |
| | 5 | | | 18 | $11\frac{7}{19}$ |
| | 6 | | 1 | 2 | $8\frac{16}{19}$ |
| | 7 | | 1 | 6 | $6\frac{6}{19}$ |
| | 8 | | 1 | 10 | $3\frac{15}{19}$ |
| | 9 | | 1 | 14 | $1\frac{5}{19}$ |
| | 10 | | 1 | 17 | $10\frac{14}{19}$ |
| | 11 | | 2 | 1 | $8\frac{4}{19}$ |
| | 12 | | 2 | 5 | $5\frac{13}{19}$ |
| | 13 | | 2 | 9 | $3\frac{3}{19}$ |
| | 14 | | 2 | 13 | $\frac{12}{19}$ |
| | 15 | | 2 | 16 | $10\frac{2}{19}$ |
| | 19 | | 3 | 12 | |
| 1 | | | 3 | 15 | $9\frac{9}{19}$ |
| 2 | | | 7 | 11 | $6\frac{18}{19}$ |
| 3 | | | 11 | 7 | $4\frac{8}{19}$ |
| 4 | | | 15 | 3 | $1\frac{17}{19}$ |

## Mesure de 3. Boisseaux $\frac{1}{12}$.

| Prix de la Mesure. | | | A combien le Setier de 12. Boiffeaux. | | |
|---|---|---|---|---|---|
| *Liv.* | *Sols.* | *Den.* | *Liv.* | *Sols.* | *Den.* |
| | | 1 | | | $3\frac{33}{37}$ |
| | | 2 | | | $7\frac{29}{37}$ |
| | | 3 | | | $11\frac{25}{37}$ |
| | | 6 | | 1 | $11\frac{13}{37}$ |
| | | 9 | | 2 | $11\frac{1}{37}$ |
| | | 11 | | 3 | $6\frac{30}{37}$ |
| | 1 | | | 3 | $10\frac{26}{37}$ |
| | 2 | | | 7 | $9\frac{15}{37}$ |
| | 3 | | | 11 | $8\frac{4}{37}$ |
| | 4 | | | 15 | $6\frac{30}{37}$ |
| | 5 | | | 19 | $5\frac{19}{37}$ |
| | 6 | | 1 | 3 | $4\frac{8}{37}$ |
| | 7 | | 1 | 7 | $2\frac{34}{37}$ |
| | 8 | | 1 | 11 | $1\frac{23}{37}$ |
| | 9 | | 1 | 15 | $\frac{12}{37}$ |
| | 10 | | 1 | 18 | $11\frac{1}{37}$ |
| | 11 | | 2 | 2 | $9\frac{27}{37}$ |
| | 12 | | 2 | 6 | $8\frac{16}{37}$ |
| | 13 | | 2 | 10 | $7\frac{5}{37}$ |
| | 14 | | 2 | 14 | $5\frac{31}{37}$ |
| | 15 | | 2 | 18 | $4\frac{20}{37}$ |
| | 19 | | 3 | 13 | $11\frac{13}{37}$ |
| 1 | | | 3 | 17 | $10\frac{2}{37}$ |
| 2 | | | 7 | 15 | $8\frac{4}{37}$ |
| 3 | | | 11 | 13 | $6\frac{6}{37}$ |
| 4 | | | 15 | 11 | $4\frac{8}{37}$ |

## Mesure de 3. Boisseaux $\frac{4}{5}$.

| Prix de la Mesure. Liv. | Sols. | Den. | A combien le Setier de 12. Boiſſeaux. Liv. | Sols. | Den. |
|---|---|---|---|---|---|
| | | 1 | | | 3 $\frac{3}{19}$ |
| | | 2 | | | 6 $\frac{6}{19}$ |
| | | 3 | | | 9 $\frac{9}{19}$ |
| | | 6 | | 1 | 6 $\frac{18}{19}$ |
| | | 9 | | 2 | 4 $\frac{8}{19}$ |
| | | 11 | | 2 | 10 $\frac{14}{19}$ |
| | 1 | | | 3 | 1 $\frac{17}{19}$ |
| | 2 | | | 6 | 3 $\frac{15}{19}$ |
| | 3 | | | 9 | 5 $\frac{13}{19}$ |
| | 4 | | | 12 | 7 $\frac{11}{19}$ |
| | 5 | | | 15 | 9 $\frac{9}{19}$ |
| | 6 | | | 18 | 11 $\frac{7}{19}$ |
| | 7 | | 1 | 2 | 1 $\frac{5}{19}$ |
| | 8 | | 1 | 5 | 3 $\frac{3}{19}$ |
| | 9 | | 1 | 8 | 5 $\frac{1}{19}$ |
| | 10 | | 1 | 11 | 6 $\frac{18}{19}$ |
| | 11 | | 1 | 14 | 8 $\frac{16}{19}$ |
| | 12 | | 1 | 17 | 10 $\frac{14}{19}$ |
| | 13 | | 2 | 1 | $\frac{12}{19}$ |
| | 14 | | 2 | 4 | 2 $\frac{10}{13}$ |
| | 15 | | 2 | 7 | 4 $\frac{8}{19}$ |
| | 19 | | 3 | | |
| 1 | | | 3 | 3 | 1 $\frac{17}{19}$ |
| 2 | | | 6 | 6 | 3 $\frac{15}{19}$ |
| 3 | | | 9 | 9 | 5 $\frac{13}{19}$ |
| 4 | | | 12 | 12 | 7 $\frac{11}{19}$ |

## Mesure de 3. Boisseaux $\frac{3}{5}$.

| Prix de la Mesure. Liv. | Sols. | Den. | A combien le Setier de 12. Boiſſeaux. Liv. | Sols. | Den. |
|---|---|---|---|---|---|
| | | 1 | | | 3 $\frac{1}{3}$ |
| | | 2 | | | 6 $\frac{2}{3}$ |
| | | 3 | | | 10 |
| | | 6 | | 1 | 8 |
| | | 9 | | 2 | 6 |
| | | 11 | | 3 | $\frac{2}{3}$ |
| | 1 | | | 3 | 4 |
| | 2 | | | 6 | 8 |
| | 3 | | | 10 | |
| | 4 | | | 13 | 4 |
| | 5 | | | 16 | 8 |
| | 6 | | 1 | | |
| | 7 | | 1 | 3 | 4 |
| | 8 | | 1 | 6 | 8 |
| | 9 | | 1 | 10 | |
| | 10 | | 1 | 13 | 4 |
| | 11 | | 1 | 16 | 8 |
| | 12 | | 2 | | |
| | 13 | | 2 | 3 | 4 |
| | 14 | | 2 | 6 | 8 |
| | 15 | | 2 | 10 | |
| | 19 | | 3 | 3 | 4 |
| 1 | | | 3 | 6 | 8 |
| 2 | | | 6 | 13 | 4 |
| 3 | | | 10 | | |
| 4 | | | 13 | 6 | 8 |

## MESURE DE 3. BOISSEAUX $\frac{2}{5}$.

| PRIX DE LA MESURE. | | | A combien le Setier de 12. Boisseaux. | | |
|---|---|---|---|---|---|
| *Liv.* | *Sols.* | *Den.* | *Liv.* | *Sols.* | *Den.* |
| | | 1 | | | 3 $\frac{9}{17}$ |
| | | 2 | | | 7 $\frac{1}{17}$ |
| | | 3 | | | 10 $\frac{10}{17}$ |
| | | 6 | | 1 | 9 $\frac{3}{17}$ |
| | | 9 | | 2 | 7 $\frac{13}{17}$ |
| | | 11 | | 3 | 2 $\frac{14}{17}$ |
| | 1 | | | 3 | 6 $\frac{6}{17}$ |
| | 2 | | | 7 | $\frac{12}{17}$ |
| | 3 | | | 10 | 7 $\frac{1}{17}$ |
| | 4 | | | 14 | 1 $\frac{7}{17}$ |
| | 5 | | | 17 | 7 $\frac{13}{17}$ |
| | 6 | | 1 | 1 | 2 $\frac{2}{17}$ |
| | 7 | | 1 | 4 | 8 $\frac{8}{17}$ |
| | 8 | | 1 | 8 | 2 $\frac{14}{17}$ |
| | 9 | | 1 | 11 | 9 $\frac{3}{17}$ |
| | 10 | | 1 | 15 | 3 $\frac{9}{17}$ |
| | 11 | | 1 | 19 | 9 $\frac{15}{17}$ |
| | 12 | | 2 | 2 | 4 $\frac{4}{17}$ |
| | 13 | | 2 | 5 | 10 $\frac{10}{17}$ |
| | 14 | | 2 | 9 | 4 $\frac{16}{17}$ |
| | 15 | | 2 | 12 | 11 $\frac{5}{17}$ |
| | 19 | | 3 | 7 | $\frac{12}{17}$ |
| 1 | | | 3 | 10 | 7 $\frac{1}{17}$ |
| 2 | | | 7 | 1 | 2 $\frac{2}{17}$ |
| 3 | | | 10 | 11 | 9 $\frac{3}{17}$ |
| 4 | | | 14 | 2 | 4 $\frac{4}{17}$ |

## MESURE DE 3. BOISSEAUX $\frac{1}{5}$.

| PRIX DE LA MESURE. | | | A combien le Setier de 12. Boisseaux. | | |
|---|---|---|---|---|---|
| *Liv.* | *Sols.* | *Den.* | *Liv.* | *Sols.* | *Den.* |
| | | 1 | | | 3 $\frac{3}{4}$ |
| | | 2 | | | 7 $\frac{1}{2}$ |
| | | 3 | | | 11 $\frac{1}{4}$ |
| | | 6 | | 1 | 10 $\frac{1}{2}$ |
| | | 9 | | 2 | 9 $\frac{3}{4}$ |
| | | 11 | | 3 | 5 $\frac{1}{4}$ |
| | 1 | | | 3 | 9 |
| | 2 | | | 7 | 6 |
| | 3 | | | 11 | 3 |
| | 4 | | | 15 | |
| | 5 | | | 18 | 9 |
| | 6 | | 1 | 2 | 6 |
| | 7 | | 1 | 6 | 3 |
| | 8 | | 1 | 10 | |
| | 9 | | 1 | 13 | 9 |
| | 10 | | 1 | 17 | 6 |
| | 11 | | 2 | 1 | 3 |
| | 12 | | 2 | 5 | |
| | 13 | | 2 | 8 | 9 |
| | 14 | | 2 | 12 | 6 |
| | 15 | | 2 | 16 | 3 |
| | 19 | | 3 | 11 | 3 |
| 1 | | | 3 | 15 | |
| 2 | | | 7 | 10 | |
| 3 | | | 11 | 5 | |
| 4 | | | 15 | | |

MESURE DE 3. BOISSEAUX $\frac{1}{10}$.

| PRIX DE LA MESURE. | | | A combien le Setier de 12. Boisseaux. | | |
|---|---|---|---|---|---|
| Liv. | Sols. | Den. | Liv. | Sols. | Den. |
| | | 1. | | | 3 $\frac{27}{31}$ |
| | | 2. | | | 7 $\frac{23}{31}$ |
| | | 3. | | | 11 $\frac{19}{31}$ |
| | | 6. | | 1. | 11 $\frac{7}{31}$ |
| | | 9. | | 2. | 10 $\frac{26}{31}$ |
| | | 11. | | 3. | 6 $\frac{18}{31}$ |
| | 1... | | | 3. | 10 $\frac{14}{31}$ |
| | 2... | | | 7. | 8 $\frac{28}{31}$ |
| | 3... | | | 11. | 7 $\frac{11}{31}$ |
| | 4... | | | 15. | 5 $\frac{25}{31}$ |
| | 5... | | | 19. | 4 $\frac{8}{31}$ |
| | 6... | | 1. | 3. | 2 $\frac{22}{31}$ |
| | 7... | | 1. | 7. | 1 $\frac{5}{31}$ |
| | 8... | | 1. | 10. | 11 $\frac{19}{31}$ |
| | 9... | | 1. | 14. | 10 $\frac{2}{31}$ |
| | 10... | | 1. | 18. | 8 $\frac{16}{31}$ |
| | 11... | | 2. | 2. | 6 $\frac{30}{31}$ |
| | 12... | | 2. | 6. | 5 $\frac{13}{31}$ |
| | 13... | | 2. | 10. | 3 $\frac{27}{31}$ |
| | 14... | | 2. | 14. | 2 $\frac{10}{31}$ |
| | 15... | | 2. | 18. | . $\frac{24}{31}$ |
| | 19... | | 3. | 13. | 6 $\frac{18}{31}$ |
| 1...... | | | 3. | 17. | 5 $\frac{1}{31}$ |
| 2...... | | | 7. | 14. | 10 $\frac{2}{31}$ |
| 3...... | | | 11. | 12. | 3 $\frac{3}{31}$ |
| 4...... | | | 15. | 9. | 8 $\frac{4}{31}$ |

MESURE DE 3. BOISSEAUX $\frac{1}{20}$.

| PRIX DE LA MESURE. | | | A combien le Setier de 12. Boisseaux. | | |
|---|---|---|---|---|---|
| Liv. | Sols. | Den. | Liv. | Sols. | Den. |
| | | 1. | | | 3 $\frac{57}{61}$ |
| | | 2. | | | 7 $\frac{53}{61}$ |
| | | 3. | | | 11 $\frac{49}{61}$ |
| | | 6. | | 1. | 11 $\frac{37}{61}$ |
| | | 9. | | 2. | 11 $\frac{25}{61}$ |
| | | 11. | | 3. | 7 $\frac{27}{61}$ |
| | 1... | | | 3. | 11 $\frac{13}{61}$ |
| | 2... | | | 7. | 10 $\frac{26}{61}$ |
| | 3... | | | 11. | 9 $\frac{39}{61}$ |
| | 4... | | | 15. | 8 $\frac{52}{61}$ |
| | 5... | | | 19. | 8 $\frac{4}{61}$ |
| | 6... | | 1. | 3. | 7 $\frac{17}{61}$ |
| | 7... | | 1. | 7. | 6 $\frac{30}{61}$ |
| | 8... | | 1. | 11. | 5 $\frac{43}{61}$ |
| | 9... | | 1. | 15. | 4 $\frac{56}{61}$ |
| | 10... | | 1. | 19. | 4 $\frac{8}{61}$ |
| | 11... | | 2. | 3. | 3 $\frac{21}{61}$ |
| | 12... | | 2. | 7. | 2 $\frac{34}{61}$ |
| | 13... | | 2. | 11. | 1 $\frac{47}{61}$ |
| | 14... | | 2. | 15. | . $\frac{60}{61}$ |
| | 15... | | 2. | 19. | . $\frac{12}{61}$ |
| | 19... | | 3. | 14. | 9 $\frac{3}{61}$ |
| 1...... | | | 3. | 18. | 8 $\frac{16}{61}$ |
| 2...... | | | 7. | 17. | 4 $\frac{32}{61}$ |
| 3...... | | | 11. | 16. | . $\frac{48}{61}$ |
| 4...... | | | 15. | 14. | 9 $\frac{3}{61}$ |

## Mesure de 4. Boisseaux.

| Prix de la Mesure. Liv. | Sols. | Den. | A combien le Setier de 12. Boiſſeaux Liv. | Sols. | Den. |
|---|---|---|---|---|---|
| | | 1 | | | 3 |
| | | 2 | | | 6 |
| | | 3 | | | 9 |
| | | 6 | | 1 | 6 |
| | | 9 | | 2 | 3 |
| | | 11 | | 2 | 9 |
| | 1 | | | 3 | |
| | 2 | | | 6 | |
| | 3 | | | 9 | |
| | 4 | | | 12 | |
| | 5 | | | 15 | |
| | 6 | | | 18 | |
| | 7 | | 1 | 1 | |
| | 8 | | 1 | 4 | |
| | 9 | | 1 | 7 | |
| | 10 | | 1 | 10 | |
| | 12 | | 1 | 16 | |
| | 13 | | 1 | 19 | |
| | 14 | | 2 | 2 | |
| | 15 | | 2 | 5 | |
| | 19 | | 2 | 17 | |
| 1 | | | 3 | | |
| 2 | | | 6 | | |
| 3 | | | 9 | | |
| 4 | | | 12 | | |
| 5 | | | 15 | | |

## Mesure de 4. Boisseaux.

| Prix de la Mesure. Liv. | Sols. | Den. | A combien le Setier de 12. Boiſſeaux. Liv. | Sols. | Den. |
|---|---|---|---|---|---|
| | | 1 | | | $2\frac{10}{19}$ |
| | | 2 | | | $5\frac{1}{19}$ |
| | | 3 | | | $7\frac{11}{19}$ |
| | | 6 | | 1 | $3\frac{3}{19}$ |
| | | 9 | | 1 | $10\frac{14}{19}$ |
| | | 11 | | 2 | $3\frac{15}{19}$ |
| | 1 | | | 2 | $6\frac{6}{19}$ |
| | 2 | | | 5 | $\frac{12}{19}$ |
| | 3 | | | 7 | $6\frac{18}{19}$ |
| | 4 | | | 10 | $1\frac{5}{19}$ |
| | 5 | | | 12 | $7\frac{11}{19}$ |
| | 6 | | | 15 | $1\frac{17}{19}$ |
| | 7 | | | 17 | $8\frac{4}{19}$ |
| | 8 | | 1 | | $2\frac{10}{19}$ |
| | 9 | | 1 | 2 | $8\frac{16}{19}$ |
| | 10 | | 1 | 5 | $3\frac{3}{19}$ |
| | 12 | | 1 | 10 | $3\frac{15}{19}$ |
| | 13 | | 1 | 12 | $10\frac{2}{19}$ |
| | 14 | | 1 | 15 | $4\frac{8}{19}$ |
| | 15 | | 1 | 17 | $10\frac{14}{19}$ |
| | 19 | | 2 | 8 | |
| 1 | | | 2 | 10 | $6\frac{6}{19}$ |
| 2 | | | 5 | 1 | $\frac{12}{19}$ |
| 3 | | | 7 | 11 | $6\frac{18}{19}$ |
| 4 | | | 10 | 2 | $1\frac{5}{19}$ |
| 5 | | | 12 | 12 | $7\frac{11}{19}$ |

### Mesure de 4. Boisseaux $\frac{1}{2}$.

| Prix de la Mesure. Liv. | Sols. | Den. | A combien le Setier de 12. Boiſſeaux. Liv. | Sols. | Den. |
|---|---|---|---|---|---|
| | | 1 | | | 2 $\frac{2}{3}$ |
| | | 2 | | | 5 $\frac{1}{3}$ |
| | | 3 | | | 8 |
| | | 6 | | 1 | 4 |
| | | 9 | | 2 | |
| | | 11 | | 2 | 5 $\frac{1}{3}$ |
| | 1 | | | 2 | 8 |
| | 2 | | | 5 | 4 |
| | 3 | | | 8 | |
| | 4 | | | 10 | 8 |
| | 5 | | | 13 | 4 |
| | 6 | | | 16 | |
| | 7 | | | 18 | 8 |
| | 8 | | 1 | 1 | 4 |
| | 9 | | 1 | 4 | |
| | 10 | | 1 | 10 | 8 |
| | 12 | | 1 | 12 | |
| | 13 | | 1 | 14 | 8 |
| | 14 | | 1 | 17 | 4 |
| | 15 | | 2 | | |
| | 19 | | 2 | 10 | 8 |
| 1 | | | 2 | 13 | 4 |
| 2 | | | 5 | 6 | 8 |
| 3 | | | 8 | | |
| 4 | | | 10 | 13 | 4 |
| 5 | | | 13 | 6 | 8 |

### Mesure de 4. Boisseaux $\frac{1}{4}$.

| Prix de la Mesure. Liv. | Sols. | Den. | A combien le Setier de 12. Boiſſeaux. Liv. | Sols. | Den. |
|---|---|---|---|---|---|
| | | 1 | | | 2 $\frac{14}{17}$ |
| | | 2 | | | 5 $\frac{11}{17}$ |
| | | 3 | | | 8 $\frac{8}{17}$ |
| | | 6 | | 1 | 4 $\frac{16}{17}$ |
| | | 9 | | 2 | 1 $\frac{7}{17}$ |
| | | 11 | | 2 | 7 $\frac{1}{17}$ |
| | 1 | | | 2 | 9 $\frac{15}{17}$ |
| | 2 | | | 5 | 7 $\frac{13}{17}$ |
| | 3 | | | 8 | 5 $\frac{11}{17}$ |
| | 4 | | | 11 | 3 $\frac{9}{17}$ |
| | 5 | | | 14 | 1 $\frac{7}{17}$ |
| | 6 | | | 16 | 11 $\frac{5}{17}$ |
| | 7 | | | 19 | 9 $\frac{3}{17}$ |
| | 8 | | 1 | 2 | 7 $\frac{1}{17}$ |
| | 9 | | 1 | 5 | 4 $\frac{16}{17}$ |
| | 10 | | 1 | 8 | 2 $\frac{14}{17}$ |
| | 12 | | 1 | 13 | 10 $\frac{10}{17}$ |
| | 13 | | 1 | 16 | 8 $\frac{8}{17}$ |
| | 14 | | 1 | 19 | 6 $\frac{6}{17}$ |
| | 15 | | 2 | 2 | 4 $\frac{4}{17}$ |
| | 19 | | 2 | 13 | 7 $\frac{15}{17}$ |
| 1 | | | 2 | 16 | 5 $\frac{11}{17}$ |
| 2 | | | 5 | 12 | 11 $\frac{5}{17}$ |
| 3 | | | 8 | 9 | 4 $\frac{16}{17}$ |
| 4 | | | 11 | 5 | 10 $\frac{10}{17}$ |
| 5 | | | 14 | 2 | 4 $\frac{4}{17}$ |

## MESURE DE 4. BOISSEAUX $\frac{1}{8}$.

| PRIX DE LA MESURE. | | | A combien le Setier de 12. Boisseaux. | | |
|---|---|---|---|---|---|
| *Liv.* | *Sols.* | *Den.* | *Liv.* | *Sols.* | *Den.* |
| | | 1 | | | 2 $\frac{10}{11}$ |
| | | 2 | | | 5 $\frac{9}{11}$ |
| | | 3 | | | 8 $\frac{8}{11}$ |
| | | 6 | | 1 | 5 $\frac{5}{11}$ |
| | | 9 | | 2 | 2 $\frac{2}{11}$ |
| | | 11 | | 2 | 8 |
| | 1 | | | 2 | 10 $\frac{10}{11}$ |
| | 2 | | | 5 | 9 $\frac{9}{11}$ |
| | 3 | | | 8 | 8 $\frac{8}{11}$ |
| | 4 | | | 11 | 7 $\frac{7}{11}$ |
| | 5 | | | 14 | 6 $\frac{6}{11}$ |
| | 6 | | | 17 | 5 $\frac{5}{11}$ |
| | 7 | | 1 | | 4 $\frac{4}{11}$ |
| | 8 | | 1 | 3 | 3 $\frac{3}{11}$ |
| | 9 | | 1 | 6 | 2 $\frac{2}{11}$ |
| | 10 | | 1 | 9 | 1 $\frac{1}{11}$ |
| | 12 | | 1 | 14 | 10 $\frac{10}{11}$ |
| | 13 | | 1 | 17 | 9 $\frac{9}{11}$ |
| | 14 | | 2 | | 8 $\frac{8}{11}$ |
| | 15 | | 2 | 3 | 7 $\frac{7}{11}$ |
| | 19 | | 2 | 15 | 3 $\frac{3}{11}$ |
| 1 | | | 2 | 18 | 2 $\frac{2}{11}$ |
| 2 | | | 5 | 16 | 4 $\frac{4}{11}$ |
| 3 | | | 8 | 14 | 6 $\frac{6}{11}$ |
| 4 | | | 11 | 12 | 8 $\frac{8}{11}$ |
| 5 | | | 14 | 10 | 10 $\frac{10}{11}$ |

## MESURE DE 4. BOISSEAUX $\frac{1}{16}$.

| PRIX DE LA MESURE. | | | A combien le Setier de 12. Boisseaux. | | |
|---|---|---|---|---|---|
| *Liv.* | *Sols.* | *Den.* | *Liv.* | *Sols.* | *Den.* |
| | | 1 | | | 2 $\frac{62}{65}$ |
| | | 2 | | | 5 $\frac{59}{65}$ |
| | | 3 | | | 8 $\frac{56}{65}$ |
| | | 6 | | 1 | 5 $\frac{47}{65}$ |
| | | 9 | | 2 | 2 $\frac{38}{65}$ |
| | | 11 | | 2 | 8 $\frac{32}{65}$ |
| | 1 | | | 2 | 11 $\frac{29}{65}$ |
| | 2 | | | 5 | 10 $\frac{58}{65}$ |
| | 3 | | | 8 | 10 $\frac{22}{65}$ |
| | 4 | | | 11 | 9 $\frac{51}{65}$ |
| | 5 | | | 14 | 9 $\frac{15}{65}$ |
| | 6 | | | 17 | 8 $\frac{44}{65}$ |
| | 7 | | 1 | | 8 $\frac{8}{65}$ |
| | 8 | | 1 | 3 | 7 $\frac{37}{65}$ |
| | 9 | | 1 | 6 | 7 $\frac{1}{65}$ |
| | 10 | | 1 | 9 | 6 $\frac{30}{65}$ |
| | 12 | | 1 | 15 | 5 $\frac{23}{65}$ |
| | 13 | | 1 | 18 | 4 $\frac{52}{65}$ |
| | 14 | | 2 | 1 | 4 $\frac{16}{65}$ |
| | 15 | | 2 | 4 | 3 $\frac{45}{65}$ |
| | 19 | | 2 | 16 | 1 $\frac{31}{65}$ |
| 1 | | | 2 | 19 | $\frac{60}{65}$ |
| 2 | | | 5 | 18 | 1 $\frac{55}{65}$ |
| 3 | | | 8 | 17 | 2 $\frac{50}{65}$ |
| 4 | | | 11 | 16 | 3 $\frac{45}{65}$ |
| 5 | | | 14 | 15 | 4 $\frac{40}{65}$ |

## MESURE DE 4. BOISSEAUX $\frac{2}{3}$.

| PRIX DE LA MESURE. | | | A combien le Setier de 12. Boisseaux. | | |
|---|---|---|---|---|---|
| *Liv.* | *Sols.* | *Den.* | *Liv.* | *Sols.* | *Den.* |
| | | 1 | | | 2 $\frac{4}{7}$ |
| | | 2 | | | 5 $\frac{1}{7}$ |
| | | 3 | | | 7 $\frac{5}{7}$ |
| | | 6 | | 1 | 3 $\frac{3}{7}$ |
| | | 9 | | 1 | 11 $\frac{1}{7}$ |
| | | 11 | | 2 | 4 $\frac{2}{7}$ |
| | 1 | | | 2 | 6 $\frac{6}{7}$ |
| | 2 | | | 5 | 1 $\frac{5}{7}$ |
| | 3 | | | 7 | 8 $\frac{4}{7}$ |
| | 4 | | | 10 | 3 $\frac{3}{7}$ |
| | 5 | | | 12 | 10 $\frac{2}{7}$ |
| | 6 | | | 15 | 5 $\frac{1}{7}$ |
| | 7 | | | 18 | |
| | 8 | | 1 | | 6 $\frac{6}{7}$ |
| | 9 | | 1 | 3 | 1 $\frac{5}{7}$ |
| | 10 | | 1 | 5 | 8 $\frac{4}{7}$ |
| | 12 | | 1 | 10 | 10 $\frac{2}{7}$ |
| | 13 | | 1 | 13 | 5 $\frac{1}{7}$ |
| | 14 | | 1 | 16 | |
| | 15 | | 1 | 18 | 6 $\frac{6}{7}$ |
| | 19 | | 2 | 8 | 10 $\frac{2}{7}$ |
| 1 | | | 2 | 11 | 5 $\frac{1}{7}$ |
| 2 | | | 5 | 2 | 10 $\frac{2}{7}$ |
| 3 | | | 7 | 14 | 3 $\frac{3}{7}$ |
| 4 | | | 10 | 5 | 8 $\frac{4}{7}$ |
| 5 | | | 12 | 17 | 1 $\frac{5}{7}$ |

## MESURE DE 4. BOISSEAUX $\frac{1}{3}$.

| PRIX DE LA MESURE. | | | A combien le Setier de 12. Boisseaux. | | |
|---|---|---|---|---|---|
| *Liv.* | *Sols.* | *Den.* | *Liv.* | *Sols.* | *Den.* |
| | | 1 | | | 2 $\frac{10}{13}$ |
| | | 2 | | | 5 $\frac{7}{13}$ |
| | | 3 | | | 8 $\frac{4}{13}$ |
| | | 6 | | 1 | 4 $\frac{8}{13}$ |
| | | 9 | | 2 | $\frac{12}{13}$ |
| | | 11 | | 2 | 6 $\frac{6}{13}$ |
| | 1 | | | 2 | 9 $\frac{3}{13}$ |
| | 2 | | | 5 | 6 $\frac{6}{13}$ |
| | 3 | | | 8 | 3 $\frac{9}{13}$ |
| | 4 | | | 11 | $\frac{12}{13}$ |
| | 5 | | | 13 | 10 $\frac{2}{1}$ |
| | 6 | | | 16 | 7 $\frac{5}{13}$ |
| | 7 | | | 19 | 4 $\frac{8}{13}$ |
| | 8 | | 1 | 2 | 1 $\frac{11}{13}$ |
| | 9 | | 1 | 4 | 11 $\frac{1}{13}$ |
| | 10 | | 1 | 7 | 8 $\frac{4}{13}$ |
| | 12 | | 1 | 13 | 2 $\frac{10}{13}$ |
| | 13 | | 1 | 16 | |
| | 14 | | 1 | 18 | 9 $\frac{3}{13}$ |
| | 15 | | 2 | 1 | 6 $\frac{6}{13}$ |
| | 19 | | 2 | 12 | 7 $\frac{5}{13}$ |
| 1 | | | 2 | 15 | 4 $\frac{8}{13}$ |
| 2 | | | 5 | 10 | 9 $\frac{3}{13}$ |
| 3 | | | 8 | 6 | 1 $\frac{11}{13}$ |
| 4 | | | 11 | 1 | 6 $\frac{6}{13}$ |
| 5 | | | 13 | 16 | 11 $\frac{1}{13}$ |

## Mesure de 4. Boisseaux $\frac{1}{6}$.

| PRIX DE LA MESURE. Liv. | Sols. | Den. | A combien le Setier de 12. Boisseaux Liv. | Sols. | Den. |
|---|---|---|---|---|---|
| | | 1 | | | $2\frac{22}{25}$ |
| | | 2 | | | $5\frac{19}{25}$ |
| | | 3 | | | $8\frac{16}{25}$ |
| | | 6 | | 1 | $5\frac{7}{25}$ |
| | | 9 | | 2 | $1\frac{23}{25}$ |
| | | 11 | | 2 | $7\frac{17}{25}$ |
| | 1 | | | 2 | $10\frac{14}{25}$ |
| | 2 | | | 5 | $9\frac{3}{25}$ |
| | 3 | | | 8 | $7\frac{17}{25}$ |
| | 4 | | | 11 | $6\frac{6}{25}$ |
| | 5 | | | 14 | $4\frac{20}{25}$ |
| | 6 | | | 17 | $3\frac{9}{25}$ |
| | 7 | | 1 | | $1\frac{23}{25}$ |
| | 8 | | 1 | 3 | $\frac{12}{25}$ |
| | 9 | | 1 | 5 | $11\frac{1}{25}$ |
| | 10 | | 1 | 8 | $9\frac{15}{25}$ |
| | 12 | | 1 | 14 | $6\frac{18}{25}$ |
| | 13 | | 1 | 17 | $5\frac{7}{25}$ |
| | 14 | | 2 | | $3\frac{21}{25}$ |
| | 15 | | 2 | 3 | $2\frac{10}{25}$ |
| | 19 | | 2 | 14 | $8\frac{16}{25}$ |
| 1 | | | 2 | 17 | $7\frac{5}{25}$ |
| 2 | | | 5 | 15 | $2\frac{10}{25}$ |
| 3 | | | 8 | 12 | $9\frac{15}{25}$ |
| 4 | | | 11 | 10 | $4\frac{20}{25}$ |
| 5 | | | 14 | 8 | |

## Mesure de 4. Boisseaux $\frac{1}{12}$.

| PRIX DE LA MESURE. Liv. | Sols. | Den. | A combien le Setier de 12. Boisseaux. Liv. | Sols. | Den. |
|---|---|---|---|---|---|
| | | 1 | | | $2\frac{46}{49}$ |
| | | 2 | | | $5\frac{43}{49}$ |
| | | 3 | | | $8\frac{40}{49}$ |
| | | 6 | | 1 | $5\frac{31}{49}$ |
| | | 9 | | 2 | $2\frac{22}{49}$ |
| | | 11 | | 2 | $8\frac{16}{49}$ |
| | 1 | | | 2 | $11\frac{13}{49}$ |
| | 2 | | | 5 | $10\frac{26}{49}$ |
| | 3 | | | 8 | $9\frac{39}{49}$ |
| | 4 | | | 11 | $9\frac{3}{49}$ |
| | 5 | | | 14 | $8\frac{16}{49}$ |
| | 6 | | | 17 | $7\frac{29}{49}$ |
| | 7 | | 1 | | $6\frac{42}{49}$ |
| | 8 | | 1 | 3 | $6\frac{6}{49}$ |
| | 9 | | 1 | 6 | $5\frac{19}{49}$ |
| | 10 | | 1 | 9 | $4\frac{32}{49}$ |
| | 12 | | 1 | 15 | $3\frac{9}{49}$ |
| | 13 | | 1 | 18 | $2\frac{22}{49}$ |
| | 14 | | 2 | 1 | $1\frac{35}{49}$ |
| | 15 | | 2 | 4 | $\frac{48}{49}$ |
| | 19 | | 2 | 15 | $10\frac{2}{49}$ |
| 1 | | | 2 | 18 | $9\frac{15}{49}$ |
| 2 | | | 5 | 17 | $6\frac{10}{49}$ |
| 3 | | | 8 | 16 | $3\frac{45}{49}$ |
| 4 | | | 11 | 15 | $1\frac{11}{49}$ |
| 5 | | | 14 | 13 | $10\frac{26}{49}$ |

MESURE DE 4. BOISSEAUX $\frac{4}{5}$.

| PRIX DE LA MESURE. | | | A combien le Setier de 12. Boisseaux. | | |
|---|---|---|---|---|---|
| *Liv.* | *Sols.* | *Den.* | *Liv.* | *Sols.* | *Den.* |
| | | 1 | | | $2\frac{1}{2}$ |
| | | 2 | | | 5 |
| | | 3 | | | $7\frac{1}{2}$ |
| | | 6 | | 1 | 3 |
| | | 9 | | 1 | $10\frac{1}{2}$ |
| | | 11 | | 2 | $3\frac{1}{2}$ |
| | 1 | | | 2 | 6 |
| | 2 | | | 5 | |
| | 3 | | | 7 | 6 |
| | 4 | | | 10 | |
| | 5 | | | 12 | 6 |
| | 6 | | | 15 | |
| | 7 | | | 17 | 6 |
| | 8 | | 1 | | |
| | 9 | | 1 | 2 | 6 |
| | 10 | | 1 | 5 | |
| | 12 | | 1 | 10 | |
| | 13 | | 1 | 12 | 6 |
| | 14 | | 1 | 15 | |
| | 15 | | 1 | 17 | 6 |
| | 19 | | 2 | 7 | 6 |
| 1 | | | 2 | 10 | |
| 2 | | | 5 | | |
| 3 | | | 7 | 10 | |
| 4 | | | 10 | | |
| 5 | | | 12 | 10 | |

MESURE DE 4. BOISSEAUX $\frac{3}{5}$.

| PRIX DE LA MESURE. | | | A combien le Setier de 12. Boisseaux. | | |
|---|---|---|---|---|---|
| *Liv.* | *Sols.* | *Den.* | *Liv.* | *Sols.* | *Den.* |
| | | 1 | | | $2\frac{14}{23}$ |
| | | 2 | | | $5\frac{5}{23}$ |
| | | 3 | | | $7\frac{19}{23}$ |
| | | 6 | | 1 | $3\frac{15}{23}$ |
| | | 9 | | 1 | $11\frac{11}{23}$ |
| | | 11 | | 2 | $4\frac{16}{23}$ |
| | 1 | | | 2 | $7\frac{7}{23}$ |
| | 2 | | | 5 | $2\frac{14}{23}$ |
| | 3 | | | 7 | $9\frac{21}{23}$ |
| | 4 | | | 10 | $5\frac{5}{23}$ |
| | 5 | | | 13 | $\frac{12}{23}$ |
| | 6 | | | 15 | $7\frac{19}{23}$ |
| | 7 | | | 18 | $3\frac{3}{23}$ |
| | 8 | | 1 | | $10\frac{10}{23}$ |
| | 9 | | 1 | 3 | $5\frac{17}{23}$ |
| | 10 | | 1 | 6 | $1\frac{1}{23}$ |
| | 12 | | 1 | 11 | $3\frac{15}{23}$ |
| | 13 | | 1 | 13 | $10\frac{22}{23}$ |
| | 14 | | 1 | 16 | $6\frac{6}{23}$ |
| | 15 | | 1 | 19 | $1\frac{13}{23}$ |
| | 19 | | 2 | 9 | $6\frac{18}{23}$ |
| 1 | | | 1 | 12 | $2\frac{2}{23}$ |
| 2 | | | 5 | 4 | $4\frac{4}{23}$ |
| 3 | | | 7 | 16 | $6\frac{6}{23}$ |
| 4 | | | 10 | 8 | $8\frac{8}{23}$ |
| 5 | | | 13 | | $10\frac{10}{23}$ |

MESURE DE 4. BOISSEAUX $\frac{2}{5}$.

| PRIX DE LA MESURE. | | | A combien le Setier de 12. Boisseaux. | | |
|---|---|---|---|---|---|
| *Liv.* | *Sols.* | *Den.* | *Liv.* | *Sols.* | *Den.* |
| | | 1 . | | | 2 $\frac{8}{11}$ |
| | | 2 . | | | 5 $\frac{5}{11}$ |
| | | 3 . | | | 8 $\frac{2}{11}$ |
| | | 6 . | | 1 . | 4 $\frac{4}{11}$ |
| | | 9 . | | 2 . | . $\frac{6}{11}$ |
| | | 11 . | | 2 . | 6 . |
| | 1 . | . . | | 2 . | 8 $\frac{2}{11}$ |
| | 2 . | . . | | 5 . | 5 $\frac{5}{11}$ |
| | 3 . | . . | | 8 . | 2 $\frac{2}{11}$ |
| | 4 . | . . | | 10 . | 10 $\frac{10}{11}$ |
| | 5 . | . . | | 13 . | 7 $\frac{7}{11}$ |
| | 6 . | . . | | 16 . | 4 $\frac{4}{11}$ |
| | 7 . | . . | | 19 . | 1 $\frac{1}{11}$ |
| | 8 . | . . | 1 . | 1 . | 9 $\frac{9}{11}$ |
| | 9 . | . . | 1 . | 4 . | 6 $\frac{6}{11}$ |
| | 10 . | . . | 1 . | 7 . | 3 $\frac{3}{11}$ |
| | 12 . | . . | 1 . | 12 . | 8 $\frac{8}{11}$ |
| | 13 . | . . | 1 . | 15 . | 5 $\frac{5}{11}$ |
| | 14 . | . . | 1 . | 18 . | 2 $\frac{2}{11}$ |
| | 15 . | . . | 2 . | . . | 10 $\frac{10}{11}$ |
| | 19 . | . . | 2 . | 11 . | 9 $\frac{9}{11}$ |
| 1 . | . . | . . | 2 . | 14 . | 6 $\frac{6}{11}$ |
| 2 . | . . | . . | 5 . | 9 . | 1 $\frac{1}{11}$ |
| 3 . | . . | . . | 8 . | 3 . | 7 $\frac{7}{11}$ |
| 4 . | . . | . . | 10 . | 18 . | 2 $\frac{2}{11}$ |
| 5 . | . . | . . | 13 . | 12 . | 8 $\frac{8}{11}$ |

MESURE DE 4. BOISSEAUX $\frac{1}{5}$.

| PRIX DE LA MESURE. | | | A combien le Setier de 12. Boisseaux. | | |
|---|---|---|---|---|---|
| *Liv.* | *Sols.* | *Den.* | *Liv.* | *Sols.* | *Den.* |
| | | 1 . | | | 2 $\frac{6}{7}$ |
| | | 2 . | | | 5 $\frac{5}{7}$ |
| | | 3 . | | | 8 $\frac{4}{7}$ |
| | | 6 . | | 1 . | 5 $\frac{1}{7}$ |
| | | 9 . | | 2 . | 1 $\frac{5}{7}$ |
| | | 11 . | | 2 . | 7 $\frac{3}{7}$ |
| | 1 . | . . | | 2 . | 10 $\frac{2}{7}$ |
| | 2 . | . . | | 5 . | 8 $\frac{4}{7}$ |
| | 3 . | . . | | 8 . | 6 $\frac{6}{7}$ |
| | 4 . | . . | | 11 . | 5 $\frac{1}{7}$ |
| | 5 . | . . | | 14 . | 3 $\frac{3}{7}$ |
| | 6 . | . . | | 17 . | 1 $\frac{5}{7}$ |
| | 7 . | . . | 1 . | . . | . . |
| | 8 . | . . | 1 . | 2 . | 10 $\frac{2}{7}$ |
| | 9 . | . . | 1 . | 5 . | 8 $\frac{4}{7}$ |
| | 10 . | . . | 1 . | 8 . | 6 $\frac{6}{7}$ |
| | 12 . | . . | 1 . | 14 . | 3 $\frac{3}{7}$ |
| | 13 . | . . | 1 . | 17 . | 1 $\frac{5}{7}$ |
| | 14 . | . . | 2 . | . . | . . |
| | 15 . | . . | 2 . | 2 . | 10 $\frac{2}{7}$ |
| | 19 . | . . | 2 . | 14 . | 3 $\frac{3}{7}$ |
| 1 . | . . | . . | 2 . | 17 . | 1 $\frac{5}{7}$ |
| 2 . | . . | . . | 5 . | 14 . | 3 $\frac{3}{7}$ |
| 3 . | . . | . . | 8 . | 11 . | 5 $\frac{1}{7}$ |
| 4 . | . . | . . | 11 . | 8 . | 6 $\frac{6}{7}$ |
| 5 . | . . | . . | 14 . | 5 . | 8 $\frac{4}{7}$ |

## MESURE DE 4. BOISSEAUX $\frac{1}{10}$.

| PRIX DE LA MESURE. | | | A combien le Setier de 12 Boiſſeaux. | | |
|---|---|---|---|---|---|
| *Liv.* | *Sols.* | *Den.* | *Liv.* | *Sols.* | *Den.* |
| | | 1 | | | 2 $\frac{38}{41}$ |
| | | 2 | | | 5 $\frac{35}{41}$ |
| | | 3 | | | 8 $\frac{32}{41}$ |
| | | 6 | | 1 | 5 $\frac{23}{41}$ |
| | | 9 | | 2 | 2 $\frac{14}{41}$ |
| | | 11 | | 2 | 8 $\frac{8}{41}$ |
| | 1 | | | 2 | 11 $\frac{5}{41}$ |
| | 2 | | | 5 | 10 $\frac{10}{41}$ |
| | 3 | | | 8 | 9 $\frac{15}{41}$ |
| | 4 | | | 11 | 8 $\frac{20}{41}$ |
| | 5 | | | 14 | 7 $\frac{25}{41}$ |
| | 6 | | | 17 | 6 $\frac{30}{41}$ |
| | 7 | | 1 | | 5 $\frac{35}{41}$ |
| | 8 | | 1 | 3 | 4 $\frac{40}{41}$ |
| | 9 | | 1 | 6 | 4 $\frac{4}{41}$ |
| | 10 | | 1 | 9 | 3 $\frac{9}{41}$ |
| | 12 | | 1 | 15 | 1 $\frac{19}{41}$ |
| | 13 | | 1 | 18 | $\frac{24}{41}$ |
| | 14 | | 2 | | 11 $\frac{29}{41}$ |
| | 15 | | 2 | 3 | 10 $\frac{34}{41}$ |
| | 19 | | 2 | 15 | 7 $\frac{13}{41}$ |
| 1 | | | 2 | 18 | 6 $\frac{18}{41}$ |
| 2 | | | 5 | 17 | $\frac{36}{41}$ |
| 3 | | | 8 | 15 | 7 $\frac{13}{41}$ |
| 4 | | | 11 | 14 | 1 $\frac{31}{41}$ |
| 5 | | | 14 | 12 | 8 $\frac{8}{41}$ |

## MESURE DE 4. BOISSEAUX $\frac{1}{20}$.

| PRIX DE LA MESURE. | | | A combien le Setier de 12. Boiſſeaux. | | |
|---|---|---|---|---|---|
| *Liv.* | *Sols.* | *Den.* | *Liv.* | *Sols.* | *Den.* |
| | | 1 | | | 2 $\frac{26}{27}$ |
| | | 2 | | | 5 $\frac{25}{27}$ |
| | | 3 | | | 8 $\frac{8}{9}$ |
| | | 6 | | 1 | 5 $\frac{7}{9}$ |
| | | 9 | | 2 | 2 $\frac{6}{9}$ |
| | | 11 | | 2 | 8 $\frac{16}{27}$ |
| | 1 | | | 2 | 11 $\frac{5}{9}$ |
| | 2 | | | 5 | 11 $\frac{1}{9}$ |
| | 3 | | | 8 | 10 $\frac{6}{9}$ |
| | 4 | | | 11 | 10 $\frac{3}{9}$ |
| | 5 | | | 14 | 9 $\frac{7}{9}$ |
| | 6 | | | 17 | 9 $\frac{3}{9}$ |
| | 7 | | 1 | | 8 $\frac{8}{9}$ |
| | 8 | | 1 | 3 | 8 $\frac{4}{9}$ |
| | 9 | | 1 | 6 | 8 |
| | 10 | | 1 | 9 | 7 $\frac{5}{9}$ |
| | 12 | | 1 | 15 | 6 $\frac{6}{9}$ |
| | 13 | | 1 | 18 | 6 $\frac{2}{9}$ |
| | 14 | | 2 | 1 | 5 $\frac{7}{9}$ |
| | 15 | | 2 | 4 | 5 $\frac{3}{9}$ |
| | 19 | | 2 | 16 | 3 $\frac{5}{9}$ |
| 1 | | | 2 | 19 | 3 $\frac{1}{9}$ |
| 2 | | | 5 | 18 | 6 $\frac{2}{9}$ |
| 3 | | | 8 | 17 | 9 $\frac{3}{9}$ |
| 4 | | | 11 | 17 | $\frac{4}{9}$ |
| 5 | | | 14 | 16 | 3 $\frac{5}{9}$ |

## MESURE DE 5. BOISSEAUX.

| PRIX DE LA MESURE. | | | A combien le Setier de 12. Boiſſeaux | | |
|---|---|---|---|---|---|
| *Liv.* | *Sols.* | *Den.* | *Liv.* | *Sols.* | *Den.* |
| | | 1 | | | 2 $\frac{2}{5}$ |
| | | 2 | | | 4 $\frac{4}{5}$ |
| | | 3 | | | 7 $\frac{1}{5}$ |
| | | 6 | | 1 | 2 $\frac{2}{5}$ |
| | | 9 | | 1 | 9 $\frac{3}{5}$ |
| | | 11 | | 2 | 2 $\frac{2}{5}$ |
| | 1 | | | 2 | 4 $\frac{4}{5}$ |
| | 2 | | | 4 | 9 $\frac{3}{5}$ |
| | 3 | | | 7 | 2 $\frac{2}{5}$ |
| | 4 | | | 9 | 7 $\frac{1}{5}$ |
| | 5 | | | 12 | |
| | 6 | | | 14 | 4 $\frac{4}{5}$ |
| | 7 | | | 16 | 9 $\frac{3}{5}$ |
| | 8 | | | 19 | 2 $\frac{2}{5}$ |
| | 9 | | 1 | 1 | 7 $\frac{1}{5}$ |
| | 10 | | 1 | 4 | |
| | 12 | | 1 | 8 | 9 $\frac{3}{5}$ |
| | 14 | | 1 | 13 | 7 $\frac{1}{5}$ |
| | 15 | | 1 | 16 | |
| | 19 | | 2 | 5 | 7 $\frac{1}{5}$ |
| 1 | | | 2 | 8 | |
| 2 | | | 4 | 16 | |
| 3 | | | 7 | 4 | |
| 4 | | | 9 | 12 | |
| 5 | | | 12 | | |
| 6 | | | 14 | 8 | |

## MESURE DE 5. BOISSEAUX $\frac{3}{4}$.

| PRIX DE LA MESURE. | | | A combien le Setier de 12. Boiſſeaux. | | |
|---|---|---|---|---|---|
| *Liv.* | *Sols.* | *Den.* | *Liv.* | *Sols.* | *Den.* |
| | | 1 | | | 2 $\frac{2}{23}$ |
| | | 2 | | | 4 $\frac{4}{23}$ |
| | | 3 | | | 6 $\frac{6}{23}$ |
| | | 6 | | 1 | $\frac{12}{23}$ |
| | | 9 | | 1 | 6 $\frac{18}{23}$ |
| | | 11 | | 1 | 10 $\frac{22}{23}$ |
| | 1 | | | 2 | 1 $\frac{1}{23}$ |
| | 2 | | | 4 | 2 $\frac{2}{23}$ |
| | 3 | | | 6 | 3 $\frac{3}{23}$ |
| | 4 | | | 8 | 4 $\frac{4}{23}$ |
| | 5 | | | 10 | 5 $\frac{5}{23}$ |
| | 6 | | | 12 | 6 $\frac{6}{23}$ |
| | 7 | | | 14 | 7 $\frac{7}{23}$ |
| | 8 | | | 16 | 8 $\frac{8}{23}$ |
| | 9 | | | 18 | 9 $\frac{9}{23}$ |
| | 10 | | 1 | | 10 $\frac{10}{23}$ |
| | 12 | | 1 | 5 | $\frac{12}{23}$ |
| | 14 | | 1 | 9 | 2 $\frac{14}{23}$ |
| | 15 | | 1 | 11 | 3 $\frac{15}{23}$ |
| | 19 | | 1 | 19 | 7 $\frac{19}{23}$ |
| 1 | | | 2 | 1 | 8 $\frac{20}{23}$ |
| 2 | | | 4 | 3 | 5 $\frac{17}{23}$ |
| 3 | | | 6 | 5 | 2 $\frac{14}{23}$ |
| 4 | | | 8 | 6 | 11 $\frac{11}{23}$ |
| 5 | | | 10 | 8 | 8 $\frac{8}{23}$ |
| 6 | | | 12 | 10 | 5 $\frac{5}{23}$ |

MESURE DE 5. BOISSEAUX $\frac{1}{2}$.

| PRIX DE LA MESURE. | | | A combien le Setier de 12. Boisseaux. | | |
|---|---|---|---|---|---|
| *Liv.* | *Sols.* | *Den.* | *Liv.* | *Sols.* | *Den.* |
| | | 1 . | | | 2 $\frac{2}{11}$ |
| | | 2 . | | | 4 $\frac{4}{11}$ |
| | | 3 . | | | 6 $\frac{6}{11}$ |
| | | 6 . | | 1 . | 1 $\frac{1}{11}$ |
| | | 9 . | | 1 . | 7 $\frac{7}{11}$ |
| | | 11 . | | 2 . | . . |
| | 1 . | . . | | 2 . | 2 $\frac{2}{11}$ |
| | 2 . | . . | | 4 . | 4 $\frac{4}{11}$ |
| | 3 . | . . | | 6 . | 6 $\frac{6}{11}$ |
| | 4 . | . . | | 8 . | 8 $\frac{8}{11}$ |
| | 5 . | . . | | 10 . | 10 $\frac{10}{11}$ |
| | 6 . | . . | | 13 . | 1 $\frac{1}{11}$ |
| | 7 . | . . | | 15 . | 3 $\frac{3}{11}$ |
| | 8 . | . . | | 17 . | 5 $\frac{5}{11}$ |
| | 9 . | . . | | 19 . | 7 $\frac{7}{11}$ |
| | 10 . | . . | 1 . | 1 . | 9 $\frac{9}{11}$ |
| | 12 . | . . | 1 . | 6 . | 2 $\frac{2}{11}$ |
| | 14 . | . . | 1 . | 10 . | 6 $\frac{6}{11}$ |
| | 15 . | . . | 1 . | 12 . | 8 $\frac{8}{11}$ |
| | 19 . | . . | 2 . | 1 . | 5 $\frac{5}{11}$ |
| 1 . | . . | . . | 2 . | 3 . | 7 $\frac{7}{11}$ |
| 2 . | . . | . . | 4 . | 7 . | 3 $\frac{3}{11}$ |
| 3 . | . . | . . | 6 . | 10 . | 10 $\frac{10}{11}$ |
| 4 . | . . | . . | 8 . | 14 . | 6 $\frac{6}{11}$ |
| 5 . | . . | . . | 10 . | 18 . | 2 $\frac{2}{11}$ |
| 6 . | . . | . . | 13 . | 1 . | 9 $\frac{9}{11}$ |

MESURE DE 5. BOISSEAUX $\frac{1}{4}$.

| PRIX DE LA MESURE. | | | A combien le Setier de 12. Boisseaux. | | |
|---|---|---|---|---|---|
| *Liv.* | *Sols.* | *Den.* | *Liv.* | *Sols.* | *Den.* |
| | | 1 . | | | 2 $\frac{2}{7}$ |
| | | 2 . | | | 4 $\frac{4}{7}$ |
| | | 3 . | | | 6 $\frac{6}{7}$ |
| | | 6 . | | 1 . | 1 $\frac{5}{7}$ |
| | | 9 . | | 1 . | 8 $\frac{4}{7}$ |
| | | 11 . | | 2 . | 1 $\frac{1}{7}$ |
| | 1 . | . . | | 2 . | 3 $\frac{3}{7}$ |
| | 2 . | . . | | 4 . | 6 $\frac{6}{7}$ |
| | 3 . | . . | | 6 . | 10 $\frac{2}{7}$ |
| | 4 . | . . | | 9 . | 1 $\frac{5}{7}$ |
| | 5 . | . . | | 11 . | 5 $\frac{1}{7}$ |
| | 6 . | . . | | 13 . | 8 $\frac{4}{7}$ |
| | 7 . | . . | | 16 . | . . |
| | 8 . | . . | | 18 . | 3 $\frac{3}{7}$ |
| | 9 . | . . | 1 . | . . | 6 $\frac{6}{7}$ |
| | 10 . | . . | 1 . | 2 . | 10 $\frac{2}{7}$ |
| | 12 . | . . | 1 . | 7 . | 5 $\frac{1}{7}$ |
| | 14 . | . . | 1 . | 12 . | . . |
| | 15 . | . . | 1 . | 14 . | 3 $\frac{3}{7}$ |
| | 19 . | . . | 2 . | 3 . | 5 $\frac{1}{7}$ |
| 1 . | . . | . . | 2 . | 5 . | 8 $\frac{4}{7}$ |
| 2 . | . . | . . | 4 . | 11 . | 5 $\frac{1}{7}$ |
| 3 . | . . | . . | 6 . | 17 . | 1 $\frac{5}{7}$ |
| 4 . | . . | . . | 9 . | 2 . | 10 $\frac{2}{7}$ |
| 5 . | . . | . . | 11 . | 8 . | 6 $\frac{6}{7}$ |
| 6 . | . . | . . | 13 . | 14 . | 3 $\frac{3}{7}$ |

MESURE DE 5. BOISSEAUX $\frac{1}{8}$.

| PRIX DE LA MESURE. | | | A combien le Setier de 12. Boisseaux. | | |
|---|---|---|---|---|---|
| *Liv.* | *Sols.* | *Den.* | *Liv.* | *Sols.* | *Den.* |
| | | 1 . | | | 2 $\frac{14}{41}$ |
| | | 2 . | | | 4 $\frac{28}{41}$ |
| | | 3 . | | | 7 $\frac{1}{41}$ |
| | | 6 . | | 1 . | 2 $\frac{2}{41}$ |
| | | 9 . | | 1 . | 9 $\frac{3}{41}$ |
| | | 11 . | | 2 . | 1 $\frac{31}{41}$ |
| | 1 . | . . | | 2 . | 4 $\frac{4}{41}$ |
| | 2 . | . . | | 4 . | 8 $\frac{8}{41}$ |
| | 3 . | . . | | 7 . | . $\frac{12}{41}$ |
| | 4 . | . . | | 9 . | 4 $\frac{16}{41}$ |
| | 5 . | . . | | 11 . | 8 $\frac{20}{41}$ |
| | 6 . | . . | | 14 . | . $\frac{24}{41}$ |
| | 7 . | . . | | 16 . | 4 $\frac{28}{41}$ |
| | 8 . | . . | | 18 . | 8 $\frac{32}{41}$ |
| | 9 . | . . | 1 . | 1 . | . $\frac{36}{41}$ |
| | 10 . | . . | 1 . | 3 . | 4 $\frac{40}{41}$ |
| | 12 . | . . | 1 . | 8 . | 1 $\frac{7}{41}$ |
| | 14 . | . . | 1 . | 12 . | 9 $\frac{15}{41}$ |
| | 15 . | . . | 1 . | 15 . | 1 $\frac{19}{41}$ |
| | 19 . | . . | 2 . | 4 . | 5 $\frac{35}{41}$ |
| 1 . | . . | . . | 2 . | 6 . | 9 $\frac{39}{41}$ |
| 2 . | . . | . . | 4 . | 13 . | 7 $\frac{37}{41}$ |
| 3 . | . . | . . | 7 . | . . | 5 $\frac{35}{41}$ |
| 4 . | . . | . . | 9 . | 7 . | 3 $\frac{33}{41}$ |
| 5 . | . . | . . | 11 . | 14 . | 1 $\frac{31}{41}$ |
| 6 . | . . | . . | 14 . | . . | 11 $\frac{29}{41}$ |

MESURE DE 5. BOISSEAUX $\frac{1}{16}$.

| PRIX DE LA MESURE. | | | A combien le Setier de 12. Boisseaux | | |
|---|---|---|---|---|---|
| *Liv.* | *Sols.* | *Den.* | *Liv.* | *Sols.* | *Den.* |
| | | 1 . | | | 2 $\frac{10}{27}$ |
| | | 2 . | | | 4 $\frac{20}{27}$ |
| | | 3 . | | | 7 $\frac{1}{9}$ |
| | | 6 . | | 1 . | 2 $\frac{2}{9}$ |
| | | 9 . | | 1 . | 9 $\frac{3}{9}$ |
| | | 11 . | | 2 . | 2 $\frac{2}{27}$ |
| | 1 . | . . | | 2 . | 4 $\frac{4}{9}$ |
| | 2 . | . . | | 4 . | 8 $\frac{8}{9}$ |
| | 3 . | . . | | 7 . | 1 $\frac{3}{9}$ |
| | 4 . | . . | | 9 . | 5 $\frac{7}{9}$ |
| | 5 . | . . | | 11 . | 10 $\frac{2}{9}$ |
| | 6 . | . . | | 14 . | 2 $\frac{6}{9}$ |
| | 7 . | . . | | 16 . | 7 $\frac{1}{9}$ |
| | 8 . | . . | | 18 . | 11 $\frac{5}{9}$ |
| | 9 . | . . | 1 . | 1 . | 4 . |
| | 10 . | . . | 1 . | 3 . | 8 $\frac{4}{9}$ |
| | 12 . | . . | 1 . | 8 . | 5 $\frac{3}{9}$ |
| | 14 . | . . | 1 . | 13 . | 2 $\frac{2}{9}$ |
| | 15 . | . . | 1 . | 15 . | 6 $\frac{6}{9}$ |
| | 19 . | . . | 2 . | 5 . | . $\frac{4}{9}$ |
| 1 . | . . | . . | 2 . | 7 . | 4 $\frac{8}{9}$ |
| 2 . | . . | . . | 4 . | 14 . | 9 $\frac{7}{9}$ |
| 3 . | . . | . . | 7 . | 2 . | 2 $\frac{6}{9}$ |
| 4 . | . . | . . | 9 . | 9 . | 7 $\frac{5}{9}$ |
| 5 . | . . | . . | 11 . | 17 . | . $\frac{4}{9}$ |
| 6 . | . . | . . | 14 . | 4 . | 5 $\frac{3}{9}$ |

## Mesure de 5. Boisseaux $\frac{2}{3}$.

| Prix de la Mesure. Liv. | Sols. | Den. | A combien le Setier de 12. Boisseaux. Liv. | Sols. | Den. |
|---|---|---|---|---|---|
| | | 1 | | | 2 $\frac{2}{17}$ |
| | | 2 | | | 4 $\frac{4}{17}$ |
| | | 3 | | | 6 $\frac{6}{17}$ |
| | | 6 | | 1 | $\frac{12}{17}$ |
| | | 9 | | 1 | 7 $\frac{1}{17}$ |
| | | 11 | | 1 | 11 $\frac{5}{17}$ |
| | 1 | | | 2 | 1 $\frac{7}{17}$ |
| | 2 | | | 4 | 2 $\frac{14}{17}$ |
| | 3 | | | 6 | 4 $\frac{4}{17}$ |
| | 4 | | | 8 | 5 $\frac{11}{17}$ |
| | 5 | | | 10 | 7 $\frac{1}{17}$ |
| | 6 | | | 12 | 8 $\frac{8}{17}$ |
| | 7 | | | 14 | 9 $\frac{15}{17}$ |
| | 8 | | | 16 | 11 $\frac{5}{17}$ |
| | 9 | | | 19 | $\frac{12}{17}$ |
| | 10 | | 1 | 1 | 2 $\frac{2}{17}$ |
| | 12 | | 1 | 5 | 4 $\frac{16}{17}$ |
| | 14 | | 1 | 9 | 7 $\frac{13}{17}$ |
| | 15 | | 1 | 11 | 9 $\frac{3}{17}$ |
| | 19 | | 2 | | 2 $\frac{14}{17}$ |
| 1 | | | 2 | 2 | 4 $\frac{4}{17}$ |
| 2 | | | 4 | 4 | 8 $\frac{8}{17}$ |
| 3 | | | 6 | 7 | $\frac{12}{17}$ |
| 4 | | | 8 | 9 | 4 $\frac{16}{17}$ |
| 5 | | | 10 | 11 | 9 $\frac{3}{17}$ |
| 6 | | | 12 | 14 | 1 $\frac{7}{17}$ |

## Mesure de 5. Boisseaux $\frac{1}{3}$.

| Prix de la Mesure. Liv. | Sols. | Den. | A combien le Setier de 12. Boisseaux. Liv. | Sols. | Den. |
|---|---|---|---|---|---|
| | | 1 | | | 2 $\frac{1}{4}$ |
| | | 2 | | | 4 $\frac{1}{2}$ |
| | | 3 | | | 6 $\frac{3}{4}$ |
| | | 6 | | 1 | 1 $\frac{1}{2}$ |
| | | 9 | | 1 | 8 $\frac{1}{4}$ |
| | | 11 | | 2 | $\frac{3}{4}$ |
| | 1 | | | 2 | 3 |
| | 2 | | | 4 | 6 |
| | 3 | | | 6 | 9 |
| | 4 | | | 9 | |
| | 5 | | | 11 | 3 |
| | 6 | | | 13 | 6 |
| | 7 | | | 15 | 9 |
| | 8 | | | 18 | |
| | 9 | | 1 | | 3 |
| | 10 | | 1 | 2 | 6 |
| | 12 | | 1 | 7 | |
| | 14 | | 1 | 11 | 6 |
| | 15 | | 1 | 13 | 9 |
| | 19 | | 2 | 1 | 9 |
| 1 | | | 2 | 5 | |
| 2 | | | 4 | 10 | |
| 3 | | | 6 | 15 | |
| 4 | | | 9 | | |
| 5 | | | 11 | 5 | |
| 6 | | | 13 | 10 | |

## MESURE DE 5. BOISSEAUX $\frac{1}{6}$.

| PRIX DE LA MESURE. | | | A combien le Setier de 12. Boiffeaux. | | |
|---|---|---|---|---|---|
| Liv. | Sols. | Den. | Liv. | Sols. | Den. |
| | | 1 | | | 2 $\frac{10}{31}$ |
| | | 2 | | | 4 $\frac{20}{31}$ |
| | | 3 | | | 6 $\frac{30}{31}$ |
| | | 6 | | 1 | 1 $\frac{29}{31}$ |
| | | 9 | | 1 | 8 $\frac{28}{31}$ |
| | | 11 | | 2 | 1 $\frac{17}{31}$ |
| | 1 | | | 2 | 3 $\frac{27}{31}$ |
| | 2 | | | 4 | 7 $\frac{23}{31}$ |
| | 3 | | | 6 | 11 $\frac{19}{31}$ |
| | 4 | | | 9 | 3 $\frac{15}{31}$ |
| | 5 | | | 11 | 7 $\frac{11}{31}$ |
| | 6 | | | 13 | 11 $\frac{7}{31}$ |
| | 7 | | | 16 | 3 $\frac{3}{31}$ |
| | 8 | | | 18 | 6 $\frac{30}{31}$ |
| | 9 | | 1 | | 10 $\frac{26}{31}$ |
| | 10 | | 1 | 3 | 2 $\frac{22}{31}$ |
| | 12 | | 1 | 7 | 10 $\frac{14}{31}$ |
| | 14 | | 1 | 12 | 6 $\frac{6}{31}$ |
| | 15 | | 1 | 14 | 10 $\frac{2}{31}$ |
| | 19 | | 2 | 4 | 1 $\frac{17}{31}$ |
| 1 | | | 2 | 6 | 5 $\frac{13}{31}$ |
| 2 | | | 4 | 12 | 10 $\frac{26}{31}$ |
| 3 | | | 6 | 19 | 4 $\frac{8}{31}$ |
| 4 | | | 9 | 5 | 9 $\frac{21}{31}$ |
| 5 | | | 11 | 12 | 3 $\frac{3}{31}$ |
| 6 | | | 13 | 18 | 8 $\frac{16}{31}$ |

## MESURE DE 5. BOISSEAUX $\frac{1}{12}$.

| PRIX DE LA MESURE. | | | A combien le Setier de 12. Boiffeaux. | | |
|---|---|---|---|---|---|
| Liv. | Sols. | Den. | Liv. | Sols. | Den. |
| | | 1 | | | 2 $\frac{22}{61}$ |
| | | 2 | | | 4 $\frac{44}{61}$ |
| | | 3 | | | 7 $\frac{5}{61}$ |
| | | 6 | | 1 | 2 $\frac{10}{61}$ |
| | | 9 | | 1 | 9 $\frac{15}{61}$ |
| | | 11 | | 2 | 1 $\frac{59}{61}$ |
| | 1 | | | 2 | 4 $\frac{20}{61}$ |
| | 2 | | | 4 | 8 $\frac{40}{61}$ |
| | 3 | | | 7 | $\frac{60}{61}$ |
| | 4 | | | 9 | 5 $\frac{19}{61}$ |
| | 5 | | | 11 | 9 $\frac{39}{61}$ |
| | 6 | | | 14 | 1 $\frac{59}{61}$ |
| | 7 | | | 16 | 6 $\frac{18}{61}$ |
| | 8 | | | 18 | 10 $\frac{38}{61}$ |
| | 9 | | 1 | 1 | 2 $\frac{58}{61}$ |
| | 10 | | 1 | 3 | 7 $\frac{17}{61}$ |
| | 12 | | 1 | 8 | 3 $\frac{57}{61}$ |
| | 14 | | 1 | 13 | $\frac{36}{61}$ |
| | 15 | | 1 | 15 | 4 $\frac{56}{61}$ |
| | 19 | | 2 | 4 | 10 $\frac{14}{61}$ |
| 1 | | | 2 | 7 | 2 $\frac{34}{61}$ |
| 2 | | | 4 | 14 | 5 $\frac{7}{61}$ |
| 3 | | | 7 | 1 | 7 $\frac{41}{61}$ |
| 4 | | | 9 | 8 | 10 $\frac{14}{61}$ |
| 5 | | | 11 | 16 | $\frac{48}{61}$ |
| 6 | | | 14 | 3 | 3 $\frac{21}{61}$ |

## MESURE DE 5 BOISSEAUX $\frac{4}{5}$.

| PRIX DE LA MESURE. | | | A combien le Setier de 12 Boiſſeaux. | | |
|---|---|---|---|---|---|
| *Liv.* | *Sols.* | *Den.* | *Liv.* | *Sols.* | *Den.* |
| | | 1 | | | 2 $\frac{2}{29}$ |
| | | 2 | | | 4 $\frac{4}{29}$ |
| | | 3 | | | 6 $\frac{6}{29}$ |
| | | 6 | | 1 | $\frac{12}{29}$ |
| | | 9 | | 1 | 6 $\frac{18}{29}$ |
| | | 11 | | 1 | 10 $\frac{22}{29}$ |
| | 1 | | | 2 | $\frac{24}{29}$ |
| | 2 | | | 4 | 1 $\frac{19}{29}$ |
| | 3 | | | 6 | 2 $\frac{14}{29}$ |
| | 4 | | | 8 | 3 $\frac{9}{29}$ |
| | 5 | | | 10 | 4 $\frac{4}{29}$ |
| | 6 | | | 12 | 4 $\frac{28}{29}$ |
| | 7 | | | 14 | 5 $\frac{23}{29}$ |
| | 8 | | | 16 | 6 $\frac{18}{29}$ |
| | 9 | | | 18 | 7 $\frac{13}{29}$ |
| | 10 | | 1 | | 8 $\frac{8}{29}$ |
| | 12 | | 1 | 4 | 9 $\frac{27}{29}$ |
| | 14 | | 1 | 8 | 11 $\frac{17}{29}$ |
| | 15 | | 1 | 11 | $\frac{12}{29}$ |
| | 19 | | 1 | 19 | 3 $\frac{21}{29}$ |
| 1 | | | 2 | 1 | 4 $\frac{16}{29}$ |
| 2 | | | 4 | 2 | 9 $\frac{3}{29}$ |
| 3 | | | 6 | 4 | 1 $\frac{19}{29}$ |
| 4 | | | 8 | 5 | 6 $\frac{6}{29}$ |
| 5 | | | 10 | 6 | 10 $\frac{22}{29}$ |
| 6 | | | 12 | 8 | 3 $\frac{9}{29}$ |

## MESURE DE 5 BOISSEAUX $\frac{3}{5}$.

| PRIX DE LA MESURE. | | | A combien le Setier le 12. Boiſſeaux. | | |
|---|---|---|---|---|---|
| *Liv.* | *Sols.* | *Den.* | *Liv.* | *Sols.* | *Den.* |
| | | 1 | | | 2 $\frac{1}{7}$ |
| | | 2 | | | 4 $\frac{2}{7}$ |
| | | 3 | | | 6 $\frac{3}{7}$ |
| | | 6 | | 1 | $\frac{6}{7}$ |
| | | 9 | | 1 | 7 $\frac{2}{7}$ |
| | | 11 | | 1 | 11 $\frac{4}{7}$ |
| | 1 | | | 2 | 1 $\frac{5}{7}$ |
| | 2 | | | 4 | 3 $\frac{3}{7}$ |
| | 3 | | | 6 | 5 $\frac{1}{7}$ |
| | 4 | | | 8 | 6 $\frac{6}{7}$ |
| | 5 | | | 10 | 8 $\frac{4}{7}$ |
| | 6 | | | 12 | 10 $\frac{2}{7}$ |
| | 7 | | | 15 | |
| | 8 | | | 17 | 1 $\frac{5}{7}$ |
| | 9 | | | 19 | 3 $\frac{3}{7}$ |
| | 10 | | 1 | 1 | 5 $\frac{1}{7}$ |
| | 12 | | 1 | 5 | 8 $\frac{4}{7}$ |
| | 14 | | 1 | 10 | |
| | 15 | | 1 | 12 | 1 $\frac{5}{7}$ |
| | 19 | | 2 | | 8 $\frac{4}{7}$ |
| 1 | | | 2 | 2 | 10 $\frac{2}{7}$ |
| 2 | | | 4 | 5 | 8 $\frac{4}{7}$ |
| 3 | | | 6 | 8 | 6 $\frac{6}{7}$ |
| 4 | | | 8 | 11 | 5 $\frac{1}{7}$ |
| 5 | | | 10 | 14 | 3 $\frac{3}{7}$ |
| 6 | | | 12 | 17 | 1 $\frac{5}{7}$ |

## MESURE DE 5. BOISSEAUX $\frac{2}{5}$.

| PRIX DE LA MESURE. | | | A combien le Setier de 12. Boiffeaux | | |
|---|---|---|---|---|---|
| *Liv.* | *Sols.* | *Den.* | *Liv.* | *Sols.* | *Den.* |
| | | 1 | | | 2 $\frac{2}{9}$ |
| | | 2 | | | 4 $\frac{4}{9}$ |
| | | 3 | | | 6 $\frac{2}{3}$ |
| | | 6 | | 1 | 1 $\frac{1}{3}$ |
| | | 9 | | 1 | 8 |
| | | 11 | | 2 | $\frac{4}{9}$ |
| | 1 | | | 2 | 2 $\frac{2}{3}$ |
| | 2 | | | 4 | 5 $\frac{1}{3}$ |
| | 3 | | | 6 | 8 |
| | 4 | | | 8 | 10 $\frac{2}{3}$ |
| | 5 | | | 11 | 1 $\frac{1}{3}$ |
| | 6 | | | 13 | 4 |
| | 7 | | | 15 | 6 $\frac{2}{3}$ |
| | 8 | | | 17 | 9 $\frac{1}{3}$ |
| | 9 | | 1 | | |
| | 10 | | 1 | 2 | 2 $\frac{2}{3}$ |
| | 12 | | 1 | 6 | 8 |
| | 14 | | 1 | 11 | $\frac{1}{3}$ |
| | 15 | | 1 | 13 | 4 |
| | 19 | | 2 | 2 | 2 $\frac{2}{3}$ |
| 1 | | | 2 | 4 | 5 $\frac{1}{3}$ |
| 2 | | | 4 | 8 | 10 $\frac{2}{3}$ |
| 3 | | | 6 | 13 | 4 |
| 4 | | | 8 | 17 | 9 $\frac{1}{3}$ |
| 5 | | | 11 | 2 | 2 $\frac{2}{3}$ |
| 6 | | | 13 | 6 | 8 |

## MESURE DE 5. BOISSEAUX $\frac{1}{5}$.

| PRIX DE LA MESURE. | | | A combien le Setier de 12. Boiffeaux. | | |
|---|---|---|---|---|---|
| *Liv.* | *Sols.* | *Den.* | *Liv.* | *Sols.* | *Den.* |
| | | 1 | | | 2 $\frac{4}{13}$ |
| | | 2 | | | 4 $\frac{8}{13}$ |
| | | 3 | | | 6 $\frac{12}{13}$ |
| | | 6 | | 1 | 1 $\frac{11}{13}$ |
| | | 9 | | 1 | 8 $\frac{10}{13}$ |
| | | 11 | | 2 | 1 $\frac{5}{13}$ |
| | 1 | | | 2 | 3 $\frac{9}{13}$ |
| | 2 | | | 4 | 7 $\frac{5}{13}$ |
| | 3 | | | 6 | 11 $\frac{1}{13}$ |
| | 4 | | | 9 | 2 $\frac{10}{13}$ |
| | 5 | | | 11 | 6 $\frac{6}{13}$ |
| | 6 | | | 13 | 10 $\frac{2}{13}$ |
| | 7 | | | 16 | 1 $\frac{11}{13}$ |
| | 8 | | | 18 | 5 $\frac{7}{13}$ |
| | 9 | | 1 | | 9 $\frac{3}{13}$ |
| | 10 | | 1 | 3 | $\frac{12}{13}$ |
| | 12 | | 1 | 7 | 8 $\frac{4}{13}$ |
| | 14 | | 1 | 12 | 3 $\frac{9}{13}$ |
| | 15 | | 1 | 14 | 7 $\frac{5}{13}$ |
| | 19 | | 2 | 3 | 10 $\frac{2}{13}$ |
| 1 | | | 2 | 6 | 1 $\frac{11}{13}$ |
| 2 | | | 4 | 12 | 3 $\frac{9}{13}$ |
| 3 | | | 6 | 18 | 5 $\frac{7}{13}$ |
| 4 | | | 9 | 4 | 7 $\frac{5}{13}$ |
| 5 | | | 11 | 10 | 9 $\frac{3}{13}$ |
| 6 | | | 13 | 16 | 11 $\frac{1}{13}$ |

MESURE DE 5. BOISSEAUX $\frac{1}{10}$.

| PRIX DE LA MESURE. | | | A combien le Setier de 12. Boisseaux. | | |
|---|---|---|---|---|---|
| *Liv.* | *Sols.* | *Den.* | *Liv.* | *Sols.* | *Den.* |
| | | 1 | | | 2 $\frac{6}{17}$ |
| | | 2 | | | 4 $\frac{12}{17}$ |
| | | 3 | | | 7 $\frac{1}{17}$ |
| | | 6 | | 1 | 2 $\frac{2}{17}$ |
| | | 9 | | 1 | 9 $\frac{3}{17}$ |
| | | 11 | | 2 | 1 $\frac{15}{17}$ |
| | 1 | | | 2 | 4 $\frac{4}{17}$ |
| | 2 | | | 4 | 8 $\frac{8}{17}$ |
| | 3 | | | 7 | $\frac{12}{17}$ |
| | 4 | | | 9 | 4 $\frac{16}{17}$ |
| | 5 | | | 11 | 9 $\frac{3}{17}$ |
| | 6 | | | 14 | 1 $\frac{7}{17}$ |
| | 7 | | | 16 | 5 $\frac{11}{17}$ |
| | 8 | | | 18 | 9 $\frac{15}{17}$ |
| | 9 | | 1 | 1 | 2 $\frac{2}{17}$ |
| | 10 | | 1 | 3 | 6 $\frac{6}{17}$ |
| | 12 | | 1 | 8 | 2 $\frac{14}{17}$ |
| | 14 | | 1 | 12 | 11 $\frac{5}{17}$ |
| | 15 | | 1 | 15 | 3 $\frac{9}{17}$ |
| | 19 | | 2 | 4 | 8 $\frac{8}{17}$ |
| 1 | | | 2 | 7 | $\frac{12}{17}$ |
| 2 | | | 4 | 14 | 1 $\frac{7}{17}$ |
| 3 | | | 7 | 1 | 2 $\frac{2}{17}$ |
| 4 | | | 9 | 8 | 2 $\frac{14}{17}$ |
| 5 | | | 11 | 15 | 3 $\frac{9}{17}$ |
| 6 | | | 14 | 2 | 4 $\frac{4}{17}$ |

MESURE DE 5. BOISSEAUX $\frac{1}{20}$.

| PRIX DE LA MESURE. | | | A combien le Setier de 12. Boisseaux | | |
|---|---|---|---|---|---|
| *Liv.* | *Sols.* | *Den.* | *Liv.* | *Sols.* | *Den.* |
| | | 1 | | | 2 $\frac{18}{101}$ |
| | | 2 | | | 4 $\frac{76}{101}$ |
| | | 3 | | | 7 $\frac{13}{101}$ |
| | | 6 | | 1 | 2 $\frac{26}{101}$ |
| | | 9 | | 1 | 9 $\frac{39}{101}$ |
| | | 11 | | 2 | 2 $\frac{14}{101}$ |
| | 1 | | | 2 | 4 $\frac{52}{101}$ |
| | 2 | | | 4 | 9 $\frac{3}{101}$ |
| | 3 | | | 7 | 1 $\frac{55}{101}$ |
| | 4 | | | 9 | 6 $\frac{6}{101}$ |
| | 5 | | | 11 | 10 $\frac{58}{101}$ |
| | 6 | | | 14 | 3 $\frac{9}{101}$ |
| | 7 | | | 16 | 7 $\frac{61}{101}$ |
| | 8 | | | 19 | $\frac{12}{101}$ |
| | 9 | | 1 | 1 | 4 $\frac{64}{101}$ |
| | 10 | | 1 | 3 | 9 $\frac{15}{101}$ |
| | 12 | | 1 | 8 | 6 $\frac{18}{101}$ |
| | 14 | | 1 | 13 | 3 $\frac{21}{101}$ |
| | 15 | | 1 | 15 | 7 $\frac{73}{101}$ |
| | 19 | | 2 | 5 | 1 $\frac{79}{101}$ |
| 1 | | | 2 | 7 | 6 $\frac{30}{101}$ |
| 2 | | | 4 | 15 | $\frac{60}{101}$ |
| 3 | | | 7 | 2 | 6 $\frac{90}{101}$ |
| 4 | | | 9 | 10 | 1 $\frac{19}{101}$ |
| 5 | | | 11 | 17 | 7 $\frac{49}{101}$ |
| 6 | | | 14 | 5 | 1 $\frac{79}{101}$ |

## MESURE DE 6. BOISSEAUX.

| PRIX DE LA MESURE. | | | A combien le Setier de 12. Boisseaux. | | |
|---|---|---|---|---|---|
| *Liv.* | *Sols.* | *Den.* | *Liv.* | *Sols.* | *Den.* |
| | | 1 . | | | 2 . |
| | | 2 . | | | 4 . |
| | | 3 . | | | 6 . |
| | | 6 . | | 1 . | . . |
| | | 9 . | | 1 . | 6 . |
| | | 11 . | | 1 . | 10 . |
| | 1 . | . . | | 2 . | . . |
| | 2 . | . . | | 4 . | . . |
| | 3 . | . . | | 6 . | . . |
| | 4 . | . . | | 8 . | . . |
| | 5 . | . . | | 10 . | . . |
| | 6 . | . . | | 12 . | . . |
| | 7 . | . . | | 14 . | . . |
| | 8 . | . . | | 16 . | . . |
| | 10 . | . . | 1 . | . . | . . |
| | 12 . | . . | 1 . | 4 . | . . |
| | 14 . | . . | 1 . | 8 . | . . |
| | 15 . | . . | 1 . | 10 . | . . |
| | 19 . | . . | 1 . | 18 . | . . |
| 1 . | . . | . . | 2 . | . . | . . |
| 2 . | . . | . . | 4 . | . . | . . |
| 3 . | . . | . . | 6 . | . . | . . |
| 4 . | . . | . . | 8 . | . . | . . |
| 5 . | . . | . . | 10 . | . . | . . |
| 6 . | . . | . . | 12 . | . . | . . |
| 7 . | . . | . . | 14 . | . . | . . |

## MESURE DE 6. BOISSEAUX $\frac{3}{4}$.

| PRIX DE LA MESURE. | | | A combien le Setier de 12. Boisseaux. | | |
|---|---|---|---|---|---|
| *Liv.* | *Sols.* | *Den.* | *Liv.* | *Sols.* | *Den.* |
| | | 1 . | | | 1 $\frac{7}{9}$ |
| | | 2 . | | | 3 $\frac{5}{9}$ |
| | | 3 . | | | 5 $\frac{1}{3}$ |
| | | 6 . | | | 10 $\frac{2}{3}$ |
| | | 9 . | | 1 . | 4 . |
| | | 11 . | | 1 . | 7 $\frac{5}{9}$ |
| | 1 . | . . | | 1 . | 9 $\frac{1}{3}$ |
| | 2 . | . . | | 3 . | 6 $\frac{2}{3}$ |
| | 3 . | . . | | 5 . | 4 . |
| | 4 . | . . | | 7 . | 1 $\frac{1}{3}$ |
| | 5 . | . . | | 8 . | 10 $\frac{2}{3}$ |
| | 6 . | . . | | 10 . | 8 . |
| | 7 . | . . | | 12 . | 5 $\frac{1}{3}$ |
| | 8 . | . . | | 14 . | 2 $\frac{2}{3}$ |
| | 10 . | . . | | 17 . | 9 $\frac{1}{3}$ |
| | 12 . | . . | 1 . | 1 . | 4 . |
| | 14 . | . . | 1 . | 4 . | 10 $\frac{2}{3}$ |
| | 15 . | . . | 1 . | 6 . | 8 . |
| | 19 . | . . | 1 . | 13 . | 9 $\frac{1}{3}$ |
| 1 . | . . | . . | 1 . | 15 . | 6 $\frac{2}{3}$ |
| 2 . | . . | . . | 3 . | 11 . | 1 $\frac{1}{3}$ |
| 3 . | . . | . . | 5 . | 6 . | 8 . |
| 4 . | . . | . . | 7 . | 2 . | 2 $\frac{2}{3}$ |
| 5 . | . . | . . | 8 . | 17 . | 9 $\frac{1}{3}$ |
| 6 . | . . | . . | 10 . | 13 . | 4 . |
| 7 . | . . | . . | 12 . | 8 . | 10 $\frac{2}{3}$ |

## MESURE DE 6. BOISSEAUX $\frac{1}{2}$.

| PRIX DE LA MESURE. | | | A combien le Setier de 12. Boiſſeaux | | |
|---|---|---|---|---|---|
| *Liv.* | *Sols.* | *Den.* | *Liv.* | *Sols.* | *Den.* |
| | | 1 | | | $1\frac{11}{13}$ |
| | | 2 | | | $3\frac{9}{13}$ |
| | | 3 | | | $5\frac{7}{13}$ |
| | | 6 | | | $11\frac{1}{13}$ |
| | | 9 | | 1 | $4\frac{8}{13}$ |
| | | 11 | | 1 | $8\frac{4}{13}$ |
| | 1 | | | 1 | $10\frac{2}{13}$ |
| | 2 | | | 3 | $8\frac{4}{13}$ |
| | 3 | | | 5 | $6\frac{6}{13}$ |
| | 4 | | | 7 | $4\frac{8}{13}$ |
| | 5 | | | 9 | $2\frac{10}{13}$ |
| | 6 | | | 11 | $\frac{12}{13}$ |
| | 7 | | | 12 | $11\frac{1}{13}$ |
| | 8 | | | 14 | $9\frac{3}{13}$ |
| | 10 | | | 18 | $5\frac{7}{13}$ |
| | 12 | | 1 | 2 | $1\frac{11}{13}$ |
| | 14 | | 1 | 5 | $10\frac{2}{13}$ |
| | 15 | | 1 | 7 | $8\frac{4}{13}$ |
| | 19 | | 1 | 15 | $\frac{12}{13}$ |
| 1 | | | 1 | 16 | $11\frac{1}{13}$ |
| 2 | | | 3 | 13 | $10\frac{9}{13}$ |
| 3 | | | 5 | 10 | $9\frac{1}{13}$ |
| 4 | | | 7 | 7 | $8\frac{4}{13}$ |
| 5 | | | 9 | 4 | $7\frac{5}{13}$ |
| 6 | | | 11 | 1 | $6\frac{6}{13}$ |
| 7 | | | 12 | 18 | $5\frac{7}{13}$ |

## MESURE DE 6. BOISSEAUX $\frac{1}{4}$.

| PRIX DE LA MESURE. | | | A combien le Setier de 12. Boiſſeaux. | | |
|---|---|---|---|---|---|
| *Liv.* | *Sols.* | *Den.* | *Liv.* | *Sols.* | *Den.* |
| | | 1 | | | $1\frac{23}{25}$ |
| | | 2 | | | $3\frac{21}{25}$ |
| | | 3 | | | $5\frac{19}{25}$ |
| | | 6 | | | $11\frac{13}{25}$ |
| | | 9 | | 1 | $5\frac{7}{25}$ |
| | | 11 | | 1 | $9\frac{3}{25}$ |
| | 1 | | | 1 | $11\frac{1}{25}$ |
| | 2 | | | 3 | $10\frac{2}{25}$ |
| | 3 | | | 5 | $9\frac{3}{25}$ |
| | 4 | | | 7 | $8\frac{4}{25}$ |
| | 5 | | | 9 | $7\frac{5}{25}$ |
| | 6 | | | 11 | $6\frac{6}{25}$ |
| | 7 | | | 13 | $5\frac{7}{25}$ |
| | 8 | | | 15 | $4\frac{8}{25}$ |
| | 10 | | | 19 | $2\frac{10}{25}$ |
| | 12 | | 1 | 3 | $\frac{12}{25}$ |
| | 14 | | 1 | 6 | $10\frac{14}{25}$ |
| | 15 | | 1 | 8 | $9\frac{15}{25}$ |
| | 19 | | 1 | 16 | $5\frac{19}{25}$ |
| 1 | | | 1 | 18 | $4\frac{20}{25}$ |
| 2 | | | 3 | 16 | $9\frac{15}{25}$ |
| 3 | | | 5 | 15 | $2\frac{10}{25}$ |
| 4 | | | 7 | 13 | $7\frac{5}{25}$ |
| 5 | | | 9 | 12 | |
| 6 | | | 11 | 10 | $4\frac{20}{25}$ |
| 7 | | | 13 | 8 | $9\frac{15}{25}$ |

## MESURE DE 6. BOISSEAUX $\frac{1}{8}$.

| PRIX DE LA MESURE. | | | A combien le Setier de 12. Boiſſeaux. | | |
|---|---|---|---|---|---|
| *Liv.* | *Sols.* | *Den.* | *Liv.* | *Sols.* | *Den.* |
| | | 1 | | | 1 $\frac{47}{49}$ |
| | | 2 | | | 3 $\frac{45}{49}$ |
| | | 3 | | | 5 $\frac{43}{49}$ |
| | | 6 | | | 11 $\frac{37}{49}$ |
| | | 9 | | 1 | 5 $\frac{31}{49}$ |
| | | 11 | | 1 | 9 $\frac{27}{49}$ |
| | 1 | | | 1 | 11 $\frac{25}{49}$ |
| | 2 | | | 3 | 11 $\frac{1}{49}$ |
| | 3 | | | 5 | 10 $\frac{26}{49}$ |
| | 4 | | | 7 | 10 $\frac{2}{49}$ |
| | 5 | | | 9 | 9 $\frac{27}{49}$ |
| | 6 | | | 11 | 9 $\frac{3}{49}$ |
| | 7 | | | 13 | 8 $\frac{28}{49}$ |
| | 8 | | | 15 | 8 $\frac{4}{49}$ |
| | 10 | | | 19 | 7 $\frac{5}{49}$ |
| | 12 | | 1 | 3 | 6 $\frac{6}{49}$ |
| | 14 | | 1 | 7 | 5 $\frac{7}{49}$ |
| | 15 | | 1 | 9 | 4 $\frac{32}{49}$ |
| | 19 | | 1 | 17 | 2 $\frac{34}{49}$ |
| 1 | | | 1 | 19 | 2 $\frac{10}{49}$ |
| 2 | | | 3 | 18 | 4 $\frac{20}{49}$ |
| 3 | | | 5 | 17 | 6 $\frac{30}{49}$ |
| 4 | | | 7 | 16 | 8 $\frac{40}{49}$ |
| 5 | | | 9 | 15 | 11 $\frac{1}{49}$ |
| 6 | | | 11 | 15 | 1 $\frac{11}{49}$ |
| 7 | | | 13 | 14 | 3 $\frac{21}{49}$ |

## MESURE DE 6. BOISSEAUX $\frac{1}{16}$.

| PRIX DE LA MESURE. | | | A combien le Setier de 12. Boiſſeaux. | | |
|---|---|---|---|---|---|
| *Liv.* | *Sols.* | *Den.* | *Liv.* | *Sols.* | *Den.* |
| | | 1 | | | 1 $\frac{95}{97}$ |
| | | 2 | | | 3 $\frac{93}{97}$ |
| | | 3 | | | 5 $\frac{91}{97}$ |
| | | 6 | | | 11 $\frac{85}{97}$ |
| | | 9 | | 1 | 5 $\frac{79}{97}$ |
| | | 11 | | 1 | 9 $\frac{75}{97}$ |
| | 1 | | | 1 | 11 $\frac{73}{97}$ |
| | 2 | | | 3 | 11 $\frac{49}{97}$ |
| | 3 | | | 5 | 11 $\frac{25}{97}$ |
| | 4 | | | 7 | 11 $\frac{1}{97}$ |
| | 5 | | | 9 | 10 $\frac{74}{97}$ |
| | 6 | | | 11 | 10 $\frac{50}{97}$ |
| | 7 | | | 13 | 10 $\frac{26}{97}$ |
| | 8 | | | 15 | 10 $\frac{2}{97}$ |
| | 10 | | | 19 | 9 $\frac{51}{97}$ |
| | 12 | | 1 | 3 | 9 $\frac{3}{97}$ |
| | 14 | | 1 | 7 | 8 $\frac{52}{97}$ |
| | 15 | | 1 | 9 | 8 $\frac{28}{97}$ |
| | 19 | | 1 | 17 | 7 $\frac{29}{97}$ |
| 1 | | | 1 | 19 | 7 $\frac{5}{97}$ |
| 2 | | | 3 | 19 | 2 $\frac{10}{97}$ |
| 3 | | | 5 | 18 | 9 $\frac{15}{97}$ |
| 4 | | | 7 | 18 | 4 $\frac{20}{97}$ |
| 5 | | | 9 | 17 | 11 $\frac{25}{97}$ |
| 6 | | | 11 | 17 | 6 $\frac{30}{97}$ |
| 7 | | | 13 | 17 | 1 $\frac{35}{97}$ |

## MESURE DE 6. BOISSEAUX $\frac{2}{3}$.

| PRIX DE LA MESURE. | | | A combien le Setier de 12. Boisseaux. | | |
|---|---|---|---|---|---|
| *Liv.* | *Sols.* | *Den.* | *Liv.* | *Sols.* | *Den.* |
| | | 1 | | | 1 $\frac{4}{5}$ |
| | | 2 | | | 3 $\frac{3}{5}$ |
| | | 3 | | | 5 $\frac{2}{5}$ |
| | | 6 | | | 10 $\frac{4}{5}$ |
| | | 9 | | 1 | 4 $\frac{1}{5}$ |
| | | 11 | | 1 | 7 $\frac{4}{5}$ |
| | 1 | | | 1 | 9 $\frac{3}{5}$ |
| | 2 | | | 3 | 7 $\frac{1}{5}$ |
| | 3 | | | 5 | 4 $\frac{4}{5}$ |
| | 4 | | | 7 | 2 $\frac{2}{5}$ |
| | 5 | | | 9 | |
| | 6 | | | 10 | 9 $\frac{3}{5}$ |
| | 7 | | | 12 | 7 $\frac{1}{5}$ |
| | 8 | | | 14 | 4 $\frac{4}{5}$ |
| | 10 | | | 18 | |
| | 12 | | 1 | 1 | 7 $\frac{1}{5}$ |
| | 14 | | 1 | 5 | 2 $\frac{2}{5}$ |
| | 15 | | 1 | 7 | |
| | 19 | | 1 | 14 | 2 $\frac{2}{5}$ |
| 1 | | | 1 | 16 | |
| 2 | | | 3 | 12 | |
| 3 | | | 5 | 8 | |
| 4 | | | 7 | 4 | |
| 5 | | | 9 | | |
| 6 | | | 10 | 16 | |
| 7 | | | 13 | 12 | |

## MESURE DE 6. BOISSEAUX $\frac{1}{3}$.

| PRIX DE LA MESURE. | | | A combien le Setier de 12. Boisseaux. | | |
|---|---|---|---|---|---|
| *Liv.* | *Sols.* | *Den.* | *Liv.* | *Sols.* | *Den.* |
| | | 1 | | | 1 $\frac{17}{19}$ |
| | | 2 | | | 3 $\frac{15}{19}$ |
| | | 3 | | | 5 $\frac{13}{19}$ |
| | | 6 | | | 11 $\frac{7}{19}$ |
| | | 9 | | 1 | 5 $\frac{1}{19}$ |
| | | 11 | | 1 | 8 $\frac{16}{19}$ |
| | 1 | | | 1 | 10 $\frac{14}{19}$ |
| | 2 | | | 3 | 9 $\frac{9}{19}$ |
| | 3 | | | 5 | 8 $\frac{4}{19}$ |
| | 4 | | | 7 | 6 $\frac{18}{19}$ |
| | 5 | | | 9 | 5 $\frac{13}{19}$ |
| | 6 | | | 11 | 4 $\frac{8}{19}$ |
| | 7 | | | 13 | 3 $\frac{3}{19}$ |
| | 8 | | | 15 | 1 $\frac{17}{19}$ |
| | 10 | | | 18 | 11 $\frac{7}{19}$ |
| | 12 | | 1 | 2 | 8 $\frac{16}{19}$ |
| | 14 | | 1 | 6 | 6 $\frac{6}{19}$ |
| | 15 | | 1 | 8 | 5 $\frac{1}{19}$ |
| | 19 | | 1 | 16 | |
| 1 | | | 1 | 17 | 10 $\frac{14}{19}$ |
| 2 | | | 3 | 15 | 9 $\frac{9}{19}$ |
| 3 | | | 5 | 13 | 8 $\frac{4}{19}$ |
| 4 | | | 7 | 11 | 6 $\frac{18}{19}$ |
| 5 | | | 9 | 9 | 5 $\frac{13}{19}$ |
| 6 | | | 11 | 7 | 4 $\frac{8}{19}$ |
| 7 | | | 13 | 5 | 3 $\frac{3}{19}$ |

## MESURE DE 6. BOISSEAUX $\frac{1}{6}$.

| PRIX DE LA MESURE. | | | A combien le Setier de 12. Boisseaux. | | |
|---|---|---|---|---|---|
| Liv. | Sols. | Den. | Liv. | Sols. | Den. |
| | | 1 | | | 1 $\frac{35}{37}$ |
| | | 2 | | | 3 $\frac{33}{37}$ |
| | | 3 | | | 5 $\frac{31}{37}$ |
| | | 6 | | | 11 $\frac{25}{37}$ |
| | | 9 | | 1 | 5 $\frac{19}{37}$ |
| | | 11 | | 1 | 9 $\frac{15}{37}$ |
| | 1 | | | 1 | 11 $\frac{13}{37}$ |
| | 2 | | | 3 | 10 $\frac{26}{37}$ |
| | 3 | | | 5 | 10 $\frac{2}{37}$ |
| | 4 | | | 7 | 9 $\frac{15}{37}$ |
| | 5 | | | 9 | 8 $\frac{28}{37}$ |
| | 6 | | | 11 | 8 $\frac{4}{37}$ |
| | 7 | | | 13 | 7 $\frac{17}{37}$ |
| | 8 | | | 15 | 6 $\frac{30}{37}$ |
| | 10 | | | 19 | 5 $\frac{19}{37}$ |
| | 12 | | 1 | 3 | 4 $\frac{8}{37}$ |
| | 14 | | 1 | 7 | 2 $\frac{34}{37}$ |
| | 15 | | 1 | 9 | 2 $\frac{10}{37}$ |
| | 19 | | 1 | 16 | 11 $\frac{25}{37}$ |
| 1 | | | 1 | 18 | 11 $\frac{1}{37}$ |
| 2 | | | 3 | 17 | 10 $\frac{2}{37}$ |
| 3 | | | 5 | 16 | 9 $\frac{3}{37}$ |
| 4 | | | 7 | 15 | 8 $\frac{4}{37}$ |
| 5 | | | 9 | 14 | 7 $\frac{5}{37}$ |
| 6 | | | 11 | 13 | 6 $\frac{6}{37}$ |
| 7 | | | 13 | 12 | 5 $\frac{7}{37}$ |

## MESURE DE 6. BOISSEAUX $\frac{1}{12}$.

| PRIX DE LA MESURE. | | | A combien le Setier de 12. Boisseaux. | | |
|---|---|---|---|---|---|
| Liv. | Sols. | Den. | Liv. | Sols. | Den. |
| | | 1 | | | 1 $\frac{71}{73}$ |
| | | 2 | | | 3 $\frac{69}{73}$ |
| | | 3 | | | 5 $\frac{67}{73}$ |
| | | 6 | | | 11 $\frac{61}{73}$ |
| | | 9 | | 1 | 5 $\frac{55}{73}$ |
| | | 11 | | 1 | 9 $\frac{51}{73}$ |
| | 1 | | | 1 | 11 $\frac{49}{73}$ |
| | 2 | | | 3 | 11 $\frac{25}{73}$ |
| | 3 | | | 5 | 11 $\frac{1}{73}$ |
| | 4 | | | 7 | 10 $\frac{50}{73}$ |
| | 5 | | | 9 | 10 $\frac{26}{73}$ |
| | 6 | | | 11 | 10 $\frac{2}{73}$ |
| | 7 | | | 13 | 9 $\frac{51}{73}$ |
| | 8 | | | 15 | 9 $\frac{27}{73}$ |
| | 10 | | | 19 | 8 $\frac{52}{73}$ |
| | 12 | | 1 | 3 | 8 $\frac{4}{73}$ |
| | 14 | | 1 | 7 | 7 $\frac{29}{73}$ |
| | 15 | | 1 | 9 | 7 $\frac{5}{73}$ |
| | 19 | | 1 | 17 | 5 $\frac{55}{73}$ |
| 1 | | | 1 | 19 | 5 $\frac{31}{73}$ |
| 2 | | | 3 | 18 | 10 $\frac{62}{73}$ |
| 3 | | | 5 | 18 | 4 $\frac{20}{73}$ |
| 4 | | | 7 | 17 | 9 $\frac{51}{73}$ |
| 5 | | | 9 | 17 | 3 $\frac{9}{73}$ |
| 6 | | | 11 | 16 | 8 $\frac{40}{73}$ |
| 7 | | | 13 | 16 | 1 $\frac{71}{73}$ |

### MESURE DE 6 BOISSEAUX $\frac{4}{5}$.

| PRIX DE LA MESURE. | | | A combien le Setier de 12. Boisseaux. | | |
|---|---|---|---|---|---|
| *Liv.* | *Sols.* | *Den.* | *Liv.* | *Sols.* | *Den.* |
| | | 1 | | | 1 $\frac{13}{17}$ |
| | | 2 | | | 3 $\frac{9}{17}$ |
| | | 3 | | | 5 $\frac{5}{17}$ |
| | | 6 | | | 10 $\frac{10}{17}$ |
| | | 9 | | 1 | 3 $\frac{15}{17}$ |
| | | 11 | | 1 | 7 $\frac{7}{17}$ |
| | 1 | | | 1 | 9 $\frac{1}{17}$ |
| | 2 | | | 3 | 6 $\frac{6}{17}$ |
| | 3 | | | 5 | 3 $\frac{9}{17}$ |
| | 4 | | | 7 | $\frac{12}{17}$ |
| | 5 | | | 8 | 9 $\frac{15}{17}$ |
| | 6 | | | 10 | 7 $\frac{1}{17}$ |
| | 7 | | | 12 | 4 $\frac{4}{17}$ |
| | 8 | | | 14 | 1 $\frac{7}{17}$ |
| | 10 | | | 17 | 7 $\frac{13}{17}$ |
| | 12 | | 1 | 1 | 2 $\frac{2}{17}$ |
| | 14 | | 1 | 4 | 8 $\frac{8}{17}$ |
| | 15 | | 1 | 6 | 5 $\frac{11}{17}$ |
| | 19 | | 1 | 13 | 6 $\frac{6}{17}$ |
| 1 | | | 1 | 15 | 3 $\frac{9}{17}$ |
| 2 | | | 3 | 10 | 7 $\frac{1}{17}$ |
| 3 | | | 5 | 5 | 10 $\frac{10}{17}$ |
| 4 | | | 7 | 1 | 2 $\frac{2}{17}$ |
| 5 | | | 8 | 16 | 5 $\frac{11}{17}$ |
| 6 | | | 10 | 11 | 9 $\frac{3}{17}$ |
| 7 | | | 12 | 7 | $\frac{12}{17}$ |

### MESURE DE 6. BOISSEAUX $\frac{1}{5}$.

| PRIX DE LA MESURE. | | | A combien le Setier de 12. Boisseaux. | | |
|---|---|---|---|---|---|
| *Liv.* | *Sols.* | *Den.* | *Liv.* | *Sols.* | *Den.* |
| | | 1 | | | 1 $\frac{9}{11}$ |
| | | 2 | | | 3 $\frac{7}{11}$ |
| | | 3 | | | 5 $\frac{5}{11}$ |
| | | 6 | | | 10 $\frac{10}{11}$ |
| | | 9 | | 1 | 4 $\frac{4}{11}$ |
| | | 11 | | 1 | 8 |
| | 1 | | | 1 | 9 $\frac{9}{11}$ |
| | 2 | | | 3 | 7 $\frac{7}{11}$ |
| | 3 | | | 5 | 5 $\frac{5}{11}$ |
| | 4 | | | 7 | 3 $\frac{3}{11}$ |
| | 5 | | | 9 | 1 $\frac{1}{11}$ |
| | 6 | | | 10 | 10 $\frac{10}{11}$ |
| | 7 | | | 12 | 8 $\frac{8}{11}$ |
| | 8 | | | 14 | 6 $\frac{6}{11}$ |
| | 10 | | | 18 | 2 $\frac{2}{11}$ |
| | 12 | | 1 | 1 | 9 $\frac{9}{11}$ |
| | 14 | | 1 | 5 | 5 $\frac{5}{11}$ |
| | 15 | | 1 | 7 | 3 $\frac{3}{11}$ |
| | 19 | | 1 | 14 | 6 $\frac{6}{11}$ |
| 1 | | | 1 | 16 | 4 $\frac{4}{11}$ |
| 2 | | | 3 | 12 | 8 $\frac{8}{11}$ |
| 3 | | | 5 | 9 | 1 $\frac{1}{11}$ |
| 4 | | | 7 | 5 | 5 $\frac{5}{11}$ |
| 5 | | | 9 | 1 | 9 $\frac{9}{11}$ |
| 6 | | | 10 | 18 | 2 $\frac{2}{11}$ |
| 7 | | | 12 | 14 | 6 $\frac{6}{11}$ |

## MESURE DE 6. BOISSEAUX $\frac{2}{5}$.

| PRIX DE LA MESURE. | | | A combien le Setier de 12. Boiſſeaux. | | |
|---|---|---|---|---|---|
| *Liv.* | *Sols.* | *Den.* | *Liv.* | *Sols.* | *Den.* |
| | | 1 . | | | 1 $\frac{7}{8}$ |
| | | 2 . | | | 3 $\frac{3}{4}$ |
| | | 3 . | | | 5 $\frac{5}{8}$ |
| | | 6 . | | | 11 $\frac{1}{4}$ |
| | | 9 . | | 1 . | 4 $\frac{7}{8}$ |
| | | 11 . | | 1 . | 8 $\frac{5}{8}$ |
| | 1 . | . . | | 1 . | 10 $\frac{1}{2}$ |
| | 2 . | . . | | 3 . | 9 . |
| | 3 . | . . | | 5 . | 7 $\frac{1}{2}$ |
| | 4 . | . . | | 7 . | 6 . |
| | 5 . | . . | | 9 . | 4 $\frac{1}{2}$ |
| | 6 . | . . | | 11 . | 3 . |
| | 7 . | . . | | 13 . | 1 $\frac{1}{2}$ |
| | 8 . | . . | | 15 . | . . |
| | 10 . | . . | | 18 . | 9 . |
| | 12 . | . . | 1 . | 2 . | 6 . |
| | 14 . | . . | 1 . | 6 . | 3 . |
| | 15 . | . . | 1 . | 8 . | 1 $\frac{1}{2}$ |
| | 19 . | . . | 1 . | 15 . | 7 $\frac{1}{2}$ |
| 1 . | . . | . . | 1 . | 17 . | 6 . |
| 2 . | . . | . . | 3 . | 15 . | . . |
| 3 . | . . | . . | 5 . | 12 . | 6 . |
| 4 . | . . | . . | 7 . | 10 . | . . |
| 5 . | . . | . . | 9 . | 7 . | 6 . |
| 6 . | . . | . . | 11 . | 5 . | . . |
| 7 . | . . | . . | 13 . | 2 . | 6 . |

## MESURE DE 6. BOISSEAUX $\frac{1}{5}$.

| PRIX DE LA MESURE. | | | A combien le Setier de 12. Boiſſeaux. | | |
|---|---|---|---|---|---|
| *Liv.* | *Sols.* | *Den.* | *Liv.* | *Sols.* | *Den.* |
| | | 1 . | | | 1 $\frac{29}{31}$ |
| | | 2 . | | | 3 $\frac{27}{31}$ |
| | | 3 . | | | 5 $\frac{25}{31}$ |
| | | 6 . | | | 11 $\frac{19}{31}$ |
| | | 9 . | | 1 . | 5 $\frac{13}{31}$ |
| | | 11 . | | 1 . | 9 $\frac{9}{31}$ |
| | 1 . | . . | | 1 . | 11 $\frac{7}{31}$ |
| | 2 . | . . | | 3 . | 10 $\frac{14}{31}$ |
| | 3 . | . . | | 5 . | 9 $\frac{21}{31}$ |
| | 4 . | . . | | 7 . | 8 $\frac{28}{31}$ |
| | 5 . | . . | | 9 . | 8 $\frac{4}{31}$ |
| | 6 . | . . | | 11 . | 7 $\frac{11}{31}$ |
| | 7 . | . . | | 13 . | 6 $\frac{18}{31}$ |
| | 8 . | . . | | 15 . | 5 $\frac{25}{31}$ |
| | 10 . | . . | | 19 . | 4 $\frac{8}{31}$ |
| | 12 . | . . | 1 . | 3 . | 2 $\frac{22}{31}$ |
| | 14 . | . . | 1 . | 7 . | 1 $\frac{5}{31}$ |
| | 15 . | . . | 1 . | 9 . | . $\frac{12}{31}$ |
| | 19 . | . . | 1 . | 16 . | 9 $\frac{9}{31}$ |
| 1 . | . . | . . | 1 . | 18 . | 8 $\frac{16}{31}$ |
| 2 . | . . | . . | 3 . | 17 . | 5 $\frac{1}{31}$ |
| 3 . | . . | . . | 5 . | 16 . | 1 $\frac{17}{31}$ |
| 4 . | . . | . . | 7 . | 14 . | 10 $\frac{2}{31}$ |
| 5 . | . . | . . | 9 . | 13 . | 6 $\frac{18}{31}$ |
| 6 . | . . | . . | 11 . | 12 . | 3 $\frac{3}{31}$ |
| 7 . | . . | . . | 13 . | 10 . | 11 $\frac{19}{31}$ |

## Mesure de 6. Boisseaux $\frac{1}{10}$.

| Prix de la Mesure. | | | A combien le Setier de 12. Boisseaux. | | |
|---|---|---|---|---|---|
| Liv. | Sols. | Den. | Liv. | Sols. | Den. |
| | | 1 | | | 1 $\frac{59}{61}$ |
| | | 2 | | | 3 $\frac{57}{61}$ |
| | | 3 | | | 5 $\frac{55}{61}$ |
| | | 6 | | | 11 $\frac{49}{61}$ |
| | | 9 | | 1 | 5 $\frac{43}{61}$ |
| | | 11 | | 1 | 9 $\frac{39}{61}$ |
| | 1 | | | 1 | 11 $\frac{37}{61}$ |
| | 2 | | | 3 | 11 $\frac{13}{61}$ |
| | 3 | | | 5 | 10 $\frac{50}{61}$ |
| | 4 | | | 7 | 10 $\frac{26}{61}$ |
| | 5 | | | 9 | 10 $\frac{2}{61}$ |
| | 6 | | | 11 | 9 $\frac{39}{61}$ |
| | 7 | | | 13 | 9 $\frac{15}{61}$ |
| | 8 | | | 15 | 8 $\frac{52}{61}$ |
| | 10 | | | 19 | 8 $\frac{4}{61}$ |
| | 12 | | 1 | 3 | 7 $\frac{17}{61}$ |
| | 14 | | 1 | 7 | 6 $\frac{30}{61}$ |
| | 15 | | 1 | 9 | 6 $\frac{6}{61}$ |
| | 19 | | 1 | 17 | 4 $\frac{32}{61}$ |
| 1 | | | 1 | 19 | 4 $\frac{8}{61}$ |
| 2 | | | 3 | 18 | 8 $\frac{16}{61}$ |
| 3 | | | 5 | 18 | $\frac{24}{61}$ |
| 4 | | | 7 | 17 | 4 $\frac{32}{61}$ |
| 5 | | | 9 | 16 | 8 $\frac{40}{61}$ |
| 6 | | | 11 | 16 | $\frac{48}{61}$ |
| 7 | | | 13 | 15 | 4 $\frac{56}{61}$ |

## Mesure de 6. Boisseaux $\frac{1}{20}$.

| Prix de la Mesure. | | | A combien le Setier de 12. Boisseaux. | | |
|---|---|---|---|---|---|
| Liv. | Sols. | Den. | Liv. | Sols. | Den. |
| | | 1 | | | 1 $\frac{119}{121}$ |
| | | 2 | | | 3 $\frac{117}{121}$ |
| | | 3 | | | 5 $\frac{115}{121}$ |
| | | 6 | | | 11 $\frac{109}{121}$ |
| | | 9 | | 1 | 5 $\frac{103}{121}$ |
| | | 11 | | 1 | 9 $\frac{99}{121}$ |
| | 1 | | | 1 | 11 $\frac{97}{121}$ |
| | 2 | | | 3 | 11 $\frac{73}{121}$ |
| | 3 | | | 5 | 11 $\frac{49}{121}$ |
| | 4 | | | 7 | 11 $\frac{25}{121}$ |
| | 5 | | | 9 | 11 $\frac{1}{121}$ |
| | 6 | | | 11 | 10 $\frac{98}{121}$ |
| | 7 | | | 13 | 10 $\frac{74}{121}$ |
| | 8 | | | 15 | 10 $\frac{50}{121}$ |
| | 10 | | | 19 | 10 $\frac{2}{121}$ |
| | 12 | | 1 | 3 | 9 $\frac{75}{121}$ |
| | 14 | | 1 | 7 | 9 $\frac{27}{121}$ |
| | 15 | | 1 | 9 | 9 $\frac{3}{121}$ |
| | 19 | | 1 | 17 | 8 $\frac{28}{121}$ |
| 1 | | | 1 | 19 | 8 $\frac{4}{121}$ |
| 2 | | | 3 | 19 | 4 $\frac{8}{121}$ |
| 3 | | | 5 | 19 | $\frac{82}{121}$ |
| 4 | | | 7 | 18 | 8 $\frac{16}{121}$ |
| 5 | | | 9 | 18 | 4 $\frac{20}{121}$ |
| 6 | | | 11 | 18 | $\frac{24}{121}$ |
| 7 | | | 13 | 17 | 8 $\frac{28}{121}$ |

## MESURE DE 7. BOISSEAUX.

| PRIX DE LA MESURE. | | | A combien le Setier de 12. Boisseaux. | | |
|---|---|---|---|---|---|
| *Liv.* | *Sols.* | *Den.* | *Liv.* | *Sols.* | *Den.* |
| | | 1 | | | 1 $\frac{5}{7}$ |
| | | 2 | | | 3 $\frac{3}{7}$ |
| | | 3 | | | 5 $\frac{1}{7}$ |
| | | 6 | | | 10 $\frac{2}{7}$ |
| | | 9 | | 1 | 3 $\frac{3}{7}$ |
| | | 11 | | 1 | 6 $\frac{6}{7}$ |
| | 1 | | | 1 | 8 $\frac{4}{7}$ |
| | 2 | | | 3 | 5 $\frac{1}{7}$ |
| | 3 | | | 5 | 1 $\frac{5}{7}$ |
| | 4 | | | 6 | 10 $\frac{2}{7}$ |
| | 5 | | | 8 | 6 $\frac{6}{7}$ |
| | 6 | | | 10 | 3 $\frac{3}{7}$ |
| | 8 | | | 13 | 8 $\frac{4}{7}$ |
| | 10 | | | 17 | 1 $\frac{5}{7}$ |
| | 12 | | 1 | | 6 $\frac{6}{7}$ |
| | 15 | | 1 | 5 | 8 $\frac{4}{7}$ |
| | 19 | | 1 | 12 | 6 $\frac{6}{7}$ |
| 1 | | | 1 | 14 | 3 $\frac{3}{7}$ |
| 2 | | | 3 | 8 | 6 $\frac{6}{7}$ |
| 3 | | | 5 | 2 | 10 $\frac{2}{7}$ |
| 4 | | | 6 | 17 | 1 $\frac{5}{7}$ |
| 5 | | | 8 | 11 | 5 $\frac{1}{7}$ |
| 6 | | | 10 | 5 | 8 $\frac{4}{7}$ |
| 7 | | | 12 | | |
| 8 | | | 13 | 14 | 3 $\frac{3}{7}$ |
| 9 | | | 15 | 8 | 6 $\frac{6}{7}$ |

## MESURE DE 7. BOISSEAUX $\frac{3}{4}$.

| PRIX DE LA MESURE. | | | A combien le Setier de 12. Boisseaux. | | |
|---|---|---|---|---|---|
| *Liv.* | *Sols.* | *Den.* | *Liv.* | *Sols.* | *Den.* |
| | | 1 | | | 1 $\frac{17}{31}$ |
| | | 2 | | | 3 $\frac{3}{31}$ |
| | | 3 | | | 4 $\frac{20}{31}$ |
| | | 6 | | | 9 $\frac{9}{31}$ |
| | | 9 | | 1 | 1 $\frac{29}{31}$ |
| | | 11 | | 1 | 5 $\frac{1}{31}$ |
| | 1 | | | 1 | 6 $\frac{18}{31}$ |
| | 2 | | | 3 | 1 $\frac{5}{31}$ |
| | 3 | | | 4 | 7 $\frac{23}{31}$ |
| | 4 | | | 6 | 2 $\frac{10}{31}$ |
| | 5 | | | 7 | 8 $\frac{28}{31}$ |
| | 6 | | | 9 | 3 $\frac{15}{31}$ |
| | 8 | | | 12 | 4 $\frac{20}{31}$ |
| | 10 | | | 15 | 5 $\frac{25}{31}$ |
| | 12 | | | 18 | 6 $\frac{30}{31}$ |
| | 15 | | 1 | 3 | 2 $\frac{22}{31}$ |
| | 19 | | 1 | 9 | 5 $\frac{1}{31}$ |
| 1 | | | 1 | 10 | 11 $\frac{19}{31}$ |
| 2 | | | 3 | 1 | 11 $\frac{7}{31}$ |
| 3 | | | 4 | 12 | 10 $\frac{26}{31}$ |
| 4 | | | 6 | 3 | 10 $\frac{14}{31}$ |
| 5 | | | 7 | 14 | 10 $\frac{2}{31}$ |
| 6 | | | 9 | 5 | 9 $\frac{21}{31}$ |
| 7 | | | 10 | 16 | 9 $\frac{9}{31}$ |
| 8 | | | 12 | 7 | 8 $\frac{28}{31}$ |
| 9 | | | 13 | 18 | 8 $\frac{16}{31}$ |

MESURE DE 7. BOISSEAUX $\frac{1}{2}$.

| PRIX DE LA MESURE. | | | A combien le Setier de 12. Boisseaux. | | |
|---|---|---|---|---|---|
| *Liv.* | *Sols.* | *Den.* | *Liv.* | *Sols.* | *Den.* |
| | | 1 . | | | 1 $\frac{3}{5}$ |
| | | 2 . | | | 3 $\frac{1}{5}$ |
| | | 3 . | | | 4 $\frac{4}{5}$ |
| | | 6 . | | | 9 $\frac{3}{5}$ |
| | | 9 . | | 1 . | 2 $\frac{2}{5}$ |
| | | 11 . | | 1 . | 5 $\frac{3}{5}$ |
| | 1 . | . . | | 1 . | 7 $\frac{1}{5}$ |
| | 2 . | . . | | 3 . | 2 $\frac{2}{5}$ |
| | 3 . | . . | | 4 . | 9 $\frac{3}{5}$ |
| | 4 . | . . | | 6 . | 4 $\frac{4}{5}$ |
| | 5 . | . . | | 8 . | . . |
| | 6 . | . . | | 9 . | 7 $\frac{1}{5}$ |
| | 8 . | . . | | 12 . | 9 $\frac{3}{5}$ |
| | 10 . | . . | | 16 . | . . |
| | 12 . | . . | | 19 . | 2 $\frac{2}{5}$ |
| | 15 . | . . | 1 . | 4 . | . . |
| | 19 . | . . | 1 . | 10 . | 4 $\frac{4}{5}$ |
| 1 . | . . | . . | 1 . | 12 . | . . |
| 2 . | . . | . . | 3 . | 4 . | . . |
| 3 . | . . | . . | 4 . | 16 . | . . |
| 4 . | . . | . . | 6 . | 8 . | . . |
| 5 . | . . | . . | 8 . | . . | . . |
| 6 . | . . | . . | 9 . | 12 . | . . |
| 7 . | . . | . . | 11 . | 4 . | . . |
| 8 . | . . | . . | 12 . | 16 . | . . |
| 9 . | . . | . . | 14 . | 8 . | . . |

MESURE DE 7. BOISSEAUX $\frac{1}{4}$.

| PRIX DE LA MESURE. | | | A combien le Setier de 12. Boisseaux. | | |
|---|---|---|---|---|---|
| *Liv.* | *Sols.* | *Den.* | *Liv.* | *Sols.* | *Den.* |
| | | 1 . | | | 1 $\frac{19}{29}$ |
| | | 2 . | | | 3 $\frac{9}{29}$ |
| | | 3 . | | | 4 $\frac{28}{29}$ |
| | | 6 . | | | 9 $\frac{27}{29}$ |
| | | 9 . | | 1 . | 2 $\frac{26}{29}$ |
| | | 11 . | | 1 . | 6 $\frac{6}{29}$ |
| | 1 . | . . | | 1 . | 7 $\frac{25}{29}$ |
| | 2 . | . . | | 3 . | 3 $\frac{21}{29}$ |
| | 3 . | . . | | 4 . | 11 $\frac{17}{29}$ |
| | 4 . | . . | | 6 . | 7 $\frac{13}{29}$ |
| | 5 . | . . | | 8 . | 3 $\frac{9}{29}$ |
| | 6 . | . . | | 9 . | 11 $\frac{5}{29}$ |
| | 8 . | . . | | 13 . | 2 $\frac{26}{29}$ |
| | 10 . | . . | | 16 . | 6 $\frac{18}{29}$ |
| | 12 . | . . | | 19 . | 10 $\frac{10}{29}$ |
| | 15 . | . . | 1 . | 4 . | 9 $\frac{27}{29}$ |
| | 19 . | . . | 1 . | 11 . | 5 $\frac{11}{29}$ |
| 1 . | . . | . . | 1 . | 13 . | 1 $\frac{7}{29}$ |
| 2 . | . . | . . | 3 . | 6 . | 2 $\frac{14}{29}$ |
| 3 . | . . | . . | 4 . | 19 . | 3 $\frac{21}{29}$ |
| 4 . | . . | . . | 6 . | 12 . | 4 $\frac{28}{29}$ |
| 5 . | . . | . . | 8 . | 5 . | 6 $\frac{6}{29}$ |
| 6 . | . . | . . | 9 . | 18 . | 7 $\frac{13}{29}$ |
| 7 . | . . | . . | 11 . | 11 . | 8 $\frac{20}{29}$ |
| 8 . | . . | . . | 13 . | 4 . | 9 $\frac{27}{29}$ |
| 9 . | . . | . . | 14 . | 17 . | 11 $\frac{5}{29}$ |

## MESURE DE 7. BOISSEAUX $\frac{1}{8}$.

| PRIX DE LA MESURE. Liv. | Sols. | Den. | A combien le Setier de 12. Boisseaux. Liv. | Sols. | Den. |
|---|---|---|---|---|---|
| | | 1 . | | | 1 $\frac{13}{19}$ |
| | | 2 . | | | 3 $\frac{7}{19}$ |
| | | 3 . | | | 5 $\frac{1}{19}$ |
| | | 6 . | | | 10 $\frac{2}{19}$ |
| | | 9 . | | 1 . | 3 $\frac{3}{19}$ |
| | | 11 . | | 1 . | 6 $\frac{10}{19}$ |
| | 1 . . . | | | 1 . | 8 $\frac{4}{19}$ |
| | 2 . . . | | | 3 . | 4 $\frac{8}{19}$ |
| | 3 . . . | | | 5 . | . $\frac{12}{19}$ |
| | 4 . . . | | | 6 . | 8 $\frac{16}{19}$ |
| | 5 . . . | | | 8 . | 5 $\frac{1}{19}$ |
| | 6 . . . | | | 10 . | 1 $\frac{5}{19}$ |
| | 8 . . . | | | 13 . | 5 $\frac{13}{19}$ |
| | 10 . . . | | | 16 . | 10 $\frac{2}{19}$ |
| | 12 . . . | | 1 . | . . | 2 $\frac{10}{19}$ |
| | 15 . . . | | 1 . | 5 . | 3 $\frac{3}{19}$ |
| | 19 . . . | | 1 . | 12 . | . . |
| 1 . . . . . | | | 1 . | 13 . | 8 $\frac{4}{19}$ |
| 2 . . . . . | | | 3 . | 7 . | 4 $\frac{8}{19}$ |
| 3 . . . . . | | | 5 . | 1 . | . $\frac{12}{19}$ |
| 4 . . . . . | | | 6 . | 14 . | 8 $\frac{16}{19}$ |
| 5 . . . . . | | | 8 . | 8 . | 5 $\frac{1}{19}$ |
| 6 . . . . . | | | 10 . | 2 . | 1 $\frac{5}{19}$ |
| 7 . . . . . | | | 11 . | 15 . | 9 $\frac{9}{19}$ |
| 8 . . . . . | | | 13 . | 9 . | 5 $\frac{13}{19}$ |
| 9 . . . . . | | | 15 . | 3 . | 1 $\frac{17}{19}$ |

## MESURE DE 7. BOISSEAUX $\frac{1}{16}$.

| PRIX DE LA MESURE. Liv. | Sols. | Den. | A combien le Setier de 12. Boisseaux. Liv. | Sols. | Den. |
|---|---|---|---|---|---|
| | | 1 . | | | 1 $\frac{79}{113}$ |
| | | 2 . | | | 3 $\frac{45}{113}$ |
| | | 3 . | | | 5 $\frac{11}{113}$ |
| | | 6 . | | | 10 $\frac{22}{113}$ |
| | | 9 . | | 1 . | 3 $\frac{33}{113}$ |
| | | 11 . | | 1 . | 6 $\frac{78}{113}$ |
| | 1 . . . | | | 1 . | 8 $\frac{44}{113}$ |
| | 2 . . . | | | 3 . | 4 $\frac{88}{113}$ |
| | 3 . . . | | | 5 . | 1 $\frac{19}{113}$ |
| | 4 . . . | | | 6 . | 9 $\frac{63}{113}$ |
| | 5 . . . | | | 8 . | 5 $\frac{107}{113}$ |
| | 6 . . . | | | 10 . | 2 $\frac{38}{113}$ |
| | 8 . . . | | | 13 . | 7 $\frac{13}{113}$ |
| | 10 . . . | | | 16 . | 11 $\frac{101}{113}$ |
| | 12 . . . | | 1 . | . . | 4 $\frac{76}{113}$ |
| | 15 . . . | | 1 . | 5 . | 5 $\frac{95}{113}$ |
| | 19 . . . | | 1 . | 12 . | 3 $\frac{45}{113}$ |
| 1 . . . . . | | | 1 . | 13 . | 11 $\frac{89}{113}$ |
| 2 . . . . . | | | 3 . | 7 . | 11 $\frac{65}{113}$ |
| 3 . . . . . | | | 5 . | 1 . | 11 $\frac{41}{113}$ |
| 4 . . . . . | | | 6 . | 15 . | 11 $\frac{17}{113}$ |
| 5 . . . . . | | | 8 . | 9 . | 10 $\frac{106}{113}$ |
| 6 . . . . . | | | 10 . | 3 . | 10 $\frac{82}{113}$ |
| 7 . . . . . | | | 11 . | 17 . | 10 $\frac{58}{113}$ |
| 8 . . . . . | | | 13 . | 11 . | 10 $\frac{34}{113}$ |
| 9 . . . . . | | | 15 . | 5 . | 10 $\frac{10}{113}$ |

## MESURE DE 7. BOISSEAUX $\frac{2}{3}$.

| PRIX DE LA MESURE. | | | A combien le Setier de 12. Boiſſeaux | | |
|---|---|---|---|---|---|
| *Liv.* | *Sols.* | *Den.* | *Liv.* | *Sols.* | *Den.* |
| | | 1 | | | 1 $\frac{13}{23}$ |
| | | 2 | | | 3 $\frac{3}{23}$ |
| | | 3 | | | 4 $\frac{16}{23}$ |
| | | 6 | | | 9 $\frac{9}{23}$ |
| | | 9 | | 1 | 2 $\frac{2}{23}$ |
| | | 11 | | 1 | 5 $\frac{5}{23}$ |
| | 1 | | | 1 | 6 $\frac{18}{23}$ |
| | 2 | | | 3 | 1 $\frac{13}{23}$ |
| | 3 | | | 4 | 8 $\frac{8}{23}$ |
| | 4 | | | 6 | 3 $\frac{3}{23}$ |
| | 5 | | | 7 | 9 $\frac{21}{23}$ |
| | 6 | | | 9 | 4 $\frac{16}{23}$ |
| | 8 | | | 12 | 6 $\frac{6}{23}$ |
| | 10 | | | 15 | 7 $\frac{19}{23}$ |
| | 12 | | | 18 | 9 $\frac{9}{23}$ |
| | 15 | | 1 | 3 | 5 $\frac{17}{23}$ |
| | 19 | | 1 | 9 | 8 $\frac{20}{23}$ |
| 1 | | | 1 | 11 | 3 $\frac{15}{23}$ |
| 2 | | | 3 | 2 | 7 $\frac{7}{23}$ |
| 3 | | | 4 | 13 | 10 $\frac{22}{23}$ |
| 4 | | | 6 | 5 | 2 $\frac{14}{23}$ |
| 5 | | | 7 | 16 | 6 $\frac{6}{23}$ |
| 6 | | | 9 | 7 | 9 $\frac{21}{23}$ |
| 7 | | | 10 | 19 | 1 $\frac{13}{23}$ |
| 8 | | | 12 | 10 | 5 $\frac{5}{23}$ |
| 9 | | | 14 | 1 | 8 $\frac{20}{23}$ |

## MESURE DE 7. BOISSEAUX $\frac{1}{3}$.

| PRIX DE LA MESURE. | | | A combien le Setier de 12. Boiſſeaux. | | |
|---|---|---|---|---|---|
| *Liv.* | *Sols.* | *Den.* | *Liv.* | *Sols.* | *Den.* |
| | | 1 | | | 1 $\frac{7}{11}$ |
| | | 2 | | | 3 $\frac{3}{11}$ |
| | | 3 | | | 4 $\frac{10}{11}$ |
| | | 6 | | | 9 $\frac{9}{11}$ |
| | | 9 | | 1 | 2 $\frac{8}{11}$ |
| | | 11 | | 1 | 6 |
| | 1 | | | 1 | 7 $\frac{7}{11}$ |
| | 2 | | | 3 | 3 $\frac{3}{11}$ |
| | 3 | | | 4 | 10 $\frac{10}{11}$ |
| | 4 | | | 6 | 6 $\frac{6}{11}$ |
| | 5 | | | 8 | 2 $\frac{2}{11}$ |
| | 6 | | | 9 | 9 $\frac{9}{11}$ |
| | 8 | | | 13 | 1 $\frac{1}{11}$ |
| | 10 | | | 16 | 4 $\frac{4}{11}$ |
| | 12 | | | 19 | 7 $\frac{7}{11}$ |
| | 15 | | 1 | 4 | 6 $\frac{6}{11}$ |
| | 19 | | 1 | 11 | 1 $\frac{1}{11}$ |
| 1 | | | 1 | 12 | 8 $\frac{8}{11}$ |
| 2 | | | 3 | 5 | 5 $\frac{5}{11}$ |
| 3 | | | 4 | 18 | 2 $\frac{2}{11}$ |
| 4 | | | 6 | 10 | 10 $\frac{10}{11}$ |
| 5 | | | 8 | 3 | 7 $\frac{7}{11}$ |
| 6 | | | 9 | 16 | 4 $\frac{4}{11}$ |
| 7 | | | 11 | 9 | 1 $\frac{1}{11}$ |
| 8 | | | 13 | 1 | 9 $\frac{9}{11}$ |
| 9 | | | 14 | 14 | 6 $\frac{6}{11}$ |

## MESURE DE 7. BOISSEAUX $\frac{1}{6}$.

| PRIX DE LA MESURE. | | | A combien le Setier de 12. Boisseaux. | | |
|---|---|---|---|---|---|
| *Liv.* | *Sols.* | *Den.* | *Liv.* | *Sols.* | *Den.* |
| | | 1 | | | 1 $\frac{29}{43}$ |
| | | 2 | | | 3 $\frac{15}{43}$ |
| | | 3 | | | 5 $\frac{1}{43}$ |
| | | 6 | | | 10 $\frac{2}{43}$ |
| | | 9 | | 1 | 3 $\frac{3}{43}$ |
| | | 11 | | 1 | 6 $\frac{18}{43}$ |
| | 1 | | | 1 | 8 $\frac{4}{43}$ |
| | 2 | | | 3 | 4 $\frac{8}{43}$ |
| | 3 | | | 5 | $\frac{12}{43}$ |
| | 4 | | | 6 | 8 $\frac{16}{43}$ |
| | 5 | | | 8 | 4 $\frac{20}{43}$ |
| | 6 | | | 10 | $\frac{24}{43}$ |
| | 8 | | | 13 | 4 $\frac{32}{43}$ |
| | 10 | | | 16 | 8 $\frac{40}{43}$ |
| | 12 | | 1 | | 1 $\frac{5}{43}$ |
| | 15 | | 1 | 5 | 1 $\frac{17}{43}$ |
| | 19 | | 1 | 11 | 9 $\frac{33}{43}$ |
| 1 | | | 1 | 13 | 5 $\frac{37}{43}$ |
| 2 | | | 3 | 6 | 11 $\frac{31}{43}$ |
| 3 | | | 5 | | 5 $\frac{25}{43}$ |
| 4 | | | 6 | 13 | 11 $\frac{19}{43}$ |
| 5 | | | 8 | 7 | 5 $\frac{13}{43}$ |
| 6 | | | 10 | | 11 $\frac{7}{43}$ |
| 7 | | | 11 | 14 | 5 $\frac{1}{43}$ |
| 8 | | | 13 | 7 | 10 $\frac{38}{43}$ |
| 9 | | | 15 | 1 | 4 $\frac{32}{43}$ |

## MESURE DE 7. BOISSEAUX $\frac{1}{12}$.

| PRIX DE LA MESURE. | | | A combien le Setier de 12. Boisseaux. | | |
|---|---|---|---|---|---|
| *Liv.* | *Sols.* | *Den.* | *Liv.* | *Sols.* | *Den.* |
| | | 1 | | | 1 $\frac{59}{85}$ |
| | | 2 | | | 3 $\frac{33}{85}$ |
| | | 3 | | | 5 $\frac{7}{85}$ |
| | | 6 | | | 10 $\frac{14}{85}$ |
| | | 9 | | 1 | 3 $\frac{21}{85}$ |
| | | 11 | | 1 | 6 $\frac{54}{85}$ |
| | 1 | | | 1 | 8 $\frac{28}{85}$ |
| | 2 | | | 3 | 4 $\frac{56}{85}$ |
| | 3 | | | 5 | $\frac{84}{85}$ |
| | 4 | | | 6 | 9 $\frac{27}{85}$ |
| | 5 | | | 8 | 5 $\frac{55}{85}$ |
| | 6 | | | 10 | 1 $\frac{83}{85}$ |
| | 8 | | | 13 | 6 $\frac{54}{85}$ |
| | 10 | | | 16 | 11 $\frac{25}{85}$ |
| | 12 | | 1 | | 3 $\frac{81}{85}$ |
| | 15 | | 1 | 5 | 4 $\frac{80}{85}$ |
| | 19 | | 1 | 12 | 2 $\frac{22}{85}$ |
| 1 | | | 1 | 13 | 10 $\frac{50}{85}$ |
| 2 | | | 3 | 7 | 9 $\frac{15}{85}$ |
| 3 | | | 5 | 1 | 7 $\frac{65}{85}$ |
| 4 | | | 6 | 15 | 6 $\frac{30}{85}$ |
| 5 | | | 8 | 9 | 4 $\frac{80}{85}$ |
| 6 | | | 10 | 3 | 3 $\frac{45}{85}$ |
| 7 | | | 11 | 17 | 2 $\frac{10}{85}$ |
| 8 | | | 13 | 11 | $\frac{60}{85}$ |
| 9 | | | 15 | 4 | 11 $\frac{25}{85}$ |

### MESURE DE 7. BOISSEAUX $\frac{4}{5}$.

| PRIX DE LA MESURE. | | | A combien le Setier de 12. Boisseaux. | | |
|---|---|---|---|---|---|
| *Liv.* | *Sols.* | *Den.* | *Liv.* | *Sols.* | *Den.* |
| | | 1 | | | $1\frac{7}{13}$ |
| | | 2 | | | $3\frac{1}{13}$ |
| | | 3 | | | $4\frac{8}{13}$ |
| | | 6 | | | $9\frac{3}{13}$ |
| | | 9 | | 1 | $1\frac{11}{13}$ |
| | | 11 | | 1 | $4\frac{12}{13}$ |
| | 1 | | | 1 | $6\frac{6}{13}$ |
| | 2 | | | 3 | $\frac{12}{13}$ |
| | 3 | | | 4 | $7\frac{5}{13}$ |
| | 4 | | | 6 | $1\frac{11}{13}$ |
| | 5 | | | 7 | $8\frac{4}{13}$ |
| | 6 | | | 9 | $2\frac{10}{13}$ |
| | 8 | | | 12 | $3\frac{9}{13}$ |
| | 10 | | | 15 | $4\frac{8}{13}$ |
| | 12 | | | 18 | $5\frac{7}{13}$ |
| | 15 | | 1 | 3 | $\frac{12}{13}$ |
| | 19 | | 1 | 9 | $2\frac{10}{13}$ |
| 1 | | | 1 | 10 | $9\frac{3}{13}$ |
| 2 | | | 3 | 1 | $6\frac{6}{13}$ |
| 3 | | | 4 | 12 | $3\frac{9}{13}$ |
| 4 | | | 6 | 3 | $\frac{12}{13}$ |
| 5 | | | 7 | 13 | $10\frac{2}{13}$ |
| 6 | | | 9 | 4 | $7\frac{5}{13}$ |
| 7 | | | 10 | 15 | $4\frac{8}{13}$ |
| 8 | | | 12 | 6 | $1\frac{11}{13}$ |
| 9 | | | 13 | 6 | $11\frac{1}{13}$ |

### MESURE DE 7. BOISSEAUX $\frac{3}{5}$.

| PRIX DE LA MESURE. | | | A combien le Setier de 12. Boisseaux. | | |
|---|---|---|---|---|---|
| *Liv.* | *Sols.* | *Den.* | *Liv.* | *Sols.* | *Den.* |
| | | 1 | | | $1\frac{11}{19}$ |
| | | 2 | | | $3\frac{3}{19}$ |
| | | 3 | | | $4\frac{14}{19}$ |
| | | 6 | | | $9\frac{9}{19}$ |
| | | 9 | | 1 | $2\frac{4}{19}$ |
| | | 11 | | 1 | $5\frac{7}{19}$ |
| | 1 | | | 1 | $6\frac{18}{19}$ |
| | 2 | | | 3 | $1\frac{17}{19}$ |
| | 3 | | | 4 | $8\frac{16}{19}$ |
| | 4 | | | 6 | $3\frac{15}{19}$ |
| | 5 | | | 7 | $10\frac{14}{19}$ |
| | 6 | | | 9 | $5\frac{13}{19}$ |
| | 8 | | | 12 | $7\frac{11}{19}$ |
| | 10 | | | 15 | $9\frac{9}{19}$ |
| | 12 | | | 18 | $11\frac{7}{19}$ |
| | 15 | | 1 | 3 | $8\frac{4}{19}$ |
| | 19 | | 1 | 10 | |
| 1 | | | 1 | 11 | $6\frac{18}{19}$ |
| 2 | | | 3 | 3 | $1\frac{17}{19}$ |
| 3 | | | 4 | 14 | $8\frac{16}{19}$ |
| 4 | | | 6 | 6 | $3\frac{15}{19}$ |
| 5 | | | 7 | 17 | $10\frac{14}{19}$ |
| 6 | | | 9 | 9 | $5\frac{13}{19}$ |
| 7 | | | 11 | 1 | $\frac{12}{19}$ |
| 8 | | | 12 | 12 | $7\frac{11}{19}$ |
| 9 | | | 14 | 4 | $2\frac{10}{19}$ |

## MESURE DE 7. BOISSEAUX $\frac{2}{5}$.

| PRIX DE LA MESURE. | | | A combien le Setier de 12. Boiſſeaux. | | |
|---|---|---|---|---|---|
| *Liv.* | *Sols.* | *Den.* | *Liv.* | *Sols.* | *Den.* |
| | | 1 | | | 1 $\frac{23}{37}$ |
| | | 2 | | | 3 $\frac{9}{37}$ |
| | | 3 | | | 4 $\frac{32}{37}$ |
| | | 6 | | | 9 $\frac{27}{37}$ |
| | | 9 | | 1 | 2 $\frac{22}{37}$ |
| | | 11 | | 1 | 5 $\frac{31}{37}$ |
| | 1 | | | 1 | 7 $\frac{17}{37}$ |
| | 2 | | | 3 | 2 $\frac{34}{37}$ |
| | 3 | | | 4 | 10 $\frac{14}{37}$ |
| | 4 | | | 6 | 5 $\frac{31}{37}$ |
| | 5 | | | 8 | 1 $\frac{11}{37}$ |
| | 6 | | | 9 | 8 $\frac{28}{37}$ |
| | 8 | | | 12 | 11 $\frac{25}{37}$ |
| | 10 | | | 16 | 2 $\frac{22}{37}$ |
| | 12 | | | 19 | 5 $\frac{19}{37}$ |
| | 15 | | 1 | 4 | 3 $\frac{33}{37}$ |
| | 19 | | 1 | 10 | 9 $\frac{27}{37}$ |
| 1 | | | 1 | 12 | 5 $\frac{7}{37}$ |
| 2 | | | 3 | 4 | 10 $\frac{14}{37}$ |
| 3 | | | 4 | 17 | 3 $\frac{21}{37}$ |
| 4 | | | 6 | 9 | 8 $\frac{28}{37}$ |
| 5 | | | 8 | 2 | 1 $\frac{35}{37}$ |
| 6 | | | 9 | 14 | 7 $\frac{5}{37}$ |
| 7 | | | 11 | 7 | $\frac{12}{37}$ |
| 8 | | | 12 | 19 | 5 $\frac{19}{37}$ |
| 9 | | | 14 | 11 | 10 $\frac{26}{37}$ |

## MESURE DE 7. BOISSEAUX $\frac{1}{5}$.

| PRIX DE LA MESURE. | | | A combien le Setier de 12. Boiſſeaux. | | |
|---|---|---|---|---|---|
| *Liv.* | *Sols.* | *Den.* | *Liv.* | *Sols.* | *Den.* |
| | | 1 | | | 1 $\frac{2}{3}$ |
| | | 2 | | | 3 $\frac{1}{3}$ |
| | | 3 | | | 5 |
| | | 6 | | | 10 |
| | | 9 | | 1 | 3 |
| | | 11 | | 1 | 6 $\frac{1}{3}$ |
| | 1 | | | 1 | 8 |
| | 2 | | | 3 | 4 |
| | 3 | | | 5 | |
| | 4 | | | 6 | 8 |
| | 5 | | | 8 | 4 |
| | 6 | | | 10 | |
| | 8 | | | 13 | 4 |
| | 10 | | | 16 | 8 |
| | 12 | | 1 | | |
| | 15 | | 1 | 5 | |
| | 19 | | 1 | 11 | 8 |
| 1 | | | 1 | 13 | 4 |
| 2 | | | 3 | 6 | 8 |
| 3 | | | 5 | | |
| 4 | | | 6 | 13 | 4 |
| 5 | | | 8 | 6 | 8 |
| 6 | | | 10 | | |
| 7 | | | 11 | 13 | 4 |
| 8 | | | 13 | 6 | 8 |
| 9 | | | 15 | | |

MESURE DE 7. BOISSEAUX $\frac{1}{10}$.

| PRIX DE LA MESURE. | | | A combien le Setier de 12. Boisseaux. | | |
|---|---|---|---|---|---|
| Liv. | Sols. | Den. | Liv. | Sols. | Den. |
| | | 1 | | | 1 $\frac{49}{71}$ |
| | | 2 | | | 3 $\frac{27}{71}$ |
| | | 3 | | | 5 $\frac{5}{71}$ |
| | | 6 | | | 10 $\frac{10}{71}$ |
| | | 9 | | 1 | 3 $\frac{15}{71}$ |
| | | 11 | | 1 | 6 $\frac{42}{71}$ |
| | 1 | | | 1 | 8 $\frac{20}{71}$ |
| | 2 | | | 3 | 4 $\frac{40}{71}$ |
| | 3 | | | 5 | $\frac{60}{71}$ |
| | 4 | | | 6 | 9 $\frac{9}{71}$ |
| | 5 | | | 8 | 5 $\frac{29}{71}$ |
| | 6 | | | 10 | 1 $\frac{46}{71}$ |
| | 8 | | | 13 | 6 $\frac{18}{71}$ |
| | 10 | | | 16 | 10 $\frac{58}{71}$ |
| | 12 | | 1 | | 3 $\frac{27}{71}$ |
| | 15 | | 1 | 5 | 4 $\frac{16}{71}$ |
| | 19 | | 1 | 12 | 1 $\frac{25}{71}$ |
| 1 | | | 1 | 13 | 9 $\frac{45}{71}$ |
| 2 | | | 3 | 7 | 7 $\frac{19}{71}$ |
| 3 | | | 5 | 1 | 4 $\frac{64}{71}$ |
| 4 | | | 6 | 15 | 2 $\frac{38}{71}$ |
| 5 | | | 8 | 9 | $\frac{12}{71}$ |
| 6 | | | 10 | 2 | 9 $\frac{57}{71}$ |
| 7 | | | 11 | 16 | 7 $\frac{31}{71}$ |
| 8 | | | 13 | 10 | 5 $\frac{5}{71}$ |
| 9 | | | 15 | 4 | 2 $\frac{50}{71}$ |

MESURE DE 7. BOISSEAUX $\frac{1}{20}$.

| PRIX DE LA MESURE. | | | A combien le Setier de 12. Boisseaux. | | |
|---|---|---|---|---|---|
| Liv. | Sols. | Den. | Liv. | Sols. | Den. |
| | | 1 | | | 1 $\frac{33}{47}$ |
| | | 2 | | | 3 $\frac{19}{47}$ |
| | | 3 | | | 5 $\frac{5}{47}$ |
| | | 6 | | | 10 $\frac{10}{47}$ |
| | | 9 | | 1 | 3 $\frac{15}{47}$ |
| | | 11 | | 1 | 6 $\frac{34}{47}$ |
| | 1 | | | 1 | 8 $\frac{20}{47}$ |
| | 2 | | | 3 | 4 $\frac{40}{47}$ |
| | 3 | | | 5 | 1 $\frac{13}{47}$ |
| | 4 | | | 6 | 9 $\frac{33}{47}$ |
| | 5 | | | 8 | 6 $\frac{6}{47}$ |
| | 6 | | | 10 | 2 $\frac{26}{47}$ |
| | 8 | | | 13 | 7 $\frac{19}{47}$ |
| | 10 | | | 17 | $\frac{12}{47}$ |
| | 12 | | 1 | | 5 $\frac{5}{47}$ |
| | 15 | | 1 | 5 | 6 $\frac{18}{47}$ |
| | 19 | | 1 | 12 | 4 $\frac{4}{47}$ |
| 1 | | | 1 | 14 | $\frac{24}{47}$ |
| 2 | | | 3 | 8 | 1 $\frac{1}{47}$ |
| 3 | | | 5 | 2 | 1 $\frac{25}{47}$ |
| 4 | | | 6 | 16 | 2 $\frac{2}{47}$ |
| 5 | | | 8 | 10 | 2 $\frac{26}{47}$ |
| 6 | | | 10 | 4 | 3 $\frac{3}{47}$ |
| 7 | | | 11 | 18 | 3 $\frac{27}{47}$ |
| 8 | | | 13 | 12 | 4 $\frac{4}{47}$ |
| 9 | | | 15 | 6 | 4 $\frac{28}{47}$ |

## Mesure de 8. Boisseaux.

| Prix de la Mesure. Liv. | Sols. | Den. | A combien le Setier de 12. Boisseaux. Liv. | Sols. | Den. |
|---|---|---|---|---|---|
| | | 1 | | | $1\frac{1}{2}$ |
| | | 2 | | | 3 |
| | | 3 | | | $4\frac{1}{2}$ |
| | | 6 | | | 9 |
| | | 9 | | 1 | $1\frac{1}{2}$ |
| | | 11 | | 1 | $4\frac{1}{2}$ |
| | 1 | | | 1 | 6 |
| | 2 | | | 3 | |
| | 3 | | | 4 | 6 |
| | 4 | | | 6 | |
| | 5 | | | 7 | 6 |
| | 6 | | | 9 | |
| | 10 | | | 15 | |
| | 12 | | | 18 | |
| | 15 | | 1 | 2 | 6 |
| | 19 | | 1 | 8 | 6 |
| 1 | | | 1 | 10 | |
| 2 | | | 3 | | |
| 3 | | | 4 | 10 | |
| 4 | | | 6 | | |
| 5 | | | 7 | 10 | |
| 6 | | | 9 | | |
| 7 | | | 10 | 10 | |
| 8 | | | 12 | | |
| 9 | | | 13 | 10 | |
| 10 | | | 15 | | |

## Mesure de 8. Boisseaux $\frac{3}{4}$.

| Prix de la Mesure. Liv. | Sols. | Den. | A combien le Setier de 12. Boisseaux. Liv. | Sols. | Den. |
|---|---|---|---|---|---|
| | | 1 | | | $1\frac{13}{35}$ |
| | | 2 | | | $2\frac{26}{35}$ |
| | | 3 | | | $4\frac{4}{35}$ |
| | | 6 | | | $8\frac{8}{35}$ |
| | | 9 | | 1 | $\frac{12}{35}$ |
| | | 11 | | 1 | $3\frac{3}{35}$ |
| | 1 | | | 1 | $4\frac{16}{35}$ |
| | 2 | | | 2 | $8\frac{32}{35}$ |
| | 3 | | | 4 | $1\frac{13}{35}$ |
| | 4 | | | 5 | $5\frac{29}{35}$ |
| | 5 | | | 6 | $10\frac{10}{35}$ |
| | 6 | | | 8 | $2\frac{26}{35}$ |
| | 10 | | | 13 | $8\frac{20}{35}$ |
| | 12 | | | 16 | $5\frac{17}{35}$ |
| | 15 | | 1 | | $6\frac{30}{35}$ |
| | 19 | | 1 | 6 | $\frac{24}{35}$ |
| 1 | | | 1 | 7 | $5\frac{5}{35}$ |
| 2 | | | 2 | 14 | $10\frac{10}{35}$ |
| 3 | | | 4 | 2 | $3\frac{15}{35}$ |
| 4 | | | 5 | 9 | $8\frac{20}{35}$ |
| 5 | | | 6 | 17 | $1\frac{25}{35}$ |
| 6 | | | 8 | 4 | $6\frac{30}{35}$ |
| 7 | | | 9 | 12 | |
| 8 | | | 10 | 19 | $5\frac{5}{35}$ |
| 9 | | | 12 | 6 | $10\frac{10}{35}$ |
| 10 | | | 13 | 14 | $3\frac{15}{35}$ |

## Mesure de 8. Boisseaux $\frac{1}{2}$.

| Prix de la Mesure. | | | A combien le Setier de 12. Boisseaux. | | |
|---|---|---|---|---|---|
| Liv. | Sols. | Den. | Liv. | Sols. | Den. |
| | | 1 | | | $1\frac{7}{17}$ |
| | | 2 | | | $2\frac{14}{17}$ |
| | | 3 | | | $4\frac{4}{17}$ |
| | | 6 | | | $8\frac{8}{17}$ |
| | | 9 | | 1 | $\frac{12}{17}$ |
| | | 11 | | 1 | $3\frac{9}{17}$ |
| | 1 | | | 1 | $4\frac{16}{17}$ |
| | 2 | | | 2 | $9\frac{15}{17}$ |
| | 3 | | | 4 | $2\frac{14}{17}$ |
| | 4 | | | 5 | $7\frac{13}{17}$ |
| | 5 | | | 7 | $\frac{12}{17}$ |
| | 6 | | | 8 | $5\frac{11}{17}$ |
| | 10 | | | 14 | $1\frac{7}{17}$ |
| | 12 | | | 16 | $11\frac{5}{17}$ |
| | 15 | | 1 | 1 | $2\frac{2}{17}$ |
| | 19 | | 1 | 6 | $9\frac{15}{17}$ |
| 1 | | | 1 | 8 | $2\frac{14}{17}$ |
| 2 | | | 2 | 16 | $5\frac{11}{17}$ |
| 3 | | | 4 | 4 | $8\frac{8}{17}$ |
| 4 | | | 5 | 12 | $11\frac{5}{17}$ |
| 5 | | | 7 | 1 | $2\frac{2}{17}$ |
| 6 | | | 8 | 9 | $4\frac{16}{17}$ |
| 7 | | | 9 | 17 | $7\frac{13}{17}$ |
| 8 | | | 11 | 5 | $10\frac{10}{17}$ |
| 9 | | | 12 | 14 | $1\frac{7}{17}$ |
| 10 | | | 14 | 2 | $4\frac{4}{17}$ |

## Mesure de 8. Boisseaux $\frac{1}{4}$.

| Prix de la Mesure. | | | A combien le Setier de 12. Boisseaux. | | |
|---|---|---|---|---|---|
| Liv. | Sols. | Den. | Liv. | Sols. | Den. |
| | | 1 | | | $1\frac{5}{11}$ |
| | | 2 | | | $2\frac{10}{11}$ |
| | | 3 | | | $4\frac{4}{11}$ |
| | | 6 | | | $8\frac{8}{11}$ |
| | | 9 | | 1 | $1\frac{1}{11}$ |
| | | 11 | | 1 | 4 |
| | 1 | | | 1 | $5\frac{5}{11}$ |
| | 2 | | | 2 | $10\frac{10}{11}$ |
| | 3 | | | 4 | $4\frac{4}{11}$ |
| | 4 | | | 5 | $9\frac{9}{11}$ |
| | 5 | | | 7 | $3\frac{3}{11}$ |
| | 6 | | | 8 | $8\frac{8}{11}$ |
| | 10 | | | 14 | $6\frac{6}{11}$ |
| | 12 | | | 17 | $5\frac{5}{11}$ |
| | 15 | | 1 | 1 | $9\frac{9}{11}$ |
| | 19 | | 1 | 7 | $7\frac{7}{11}$ |
| 1 | | | 1 | 9 | $1\frac{1}{11}$ |
| 2 | | | 2 | 18 | $2\frac{2}{11}$ |
| 3 | | | 4 | 7 | $3\frac{3}{11}$ |
| 4 | | | 5 | 16 | $4\frac{4}{11}$ |
| 5 | | | 7 | 5 | $5\frac{5}{11}$ |
| 6 | | | 8 | 14 | $6\frac{6}{11}$ |
| 7 | | | 10 | 3 | $7\frac{7}{11}$ |
| 8 | | | 11 | 12 | $8\frac{8}{11}$ |
| 9 | | | 13 | 1 | $9\frac{9}{11}$ |
| 10 | | | 14 | 10 | $10\frac{10}{11}$ |

## MESURE DE 8. BOISSEAUX $\frac{1}{8}$.

| PRIX DE LA MESURE. | | | A combien le Setier de 12. Boisseaux. | | |
|---|---|---|---|---|---|
| *Liv.* | *Sols.* | *Den.* | *Liv.* | *Sols.* | *Den.* |
| | | 1 | | | 1 $\frac{31}{65}$ |
| | | 2 | | | 2 $\frac{62}{65}$ |
| | | 3 | | | 4 $\frac{28}{65}$ |
| | | 6 | | | 8 $\frac{56}{65}$ |
| | | 9 | | 1 | 1 $\frac{19}{65}$ |
| | | 11 | | 1 | 4 $\frac{16}{65}$ |
| | 1 | | | 1 | 5 $\frac{47}{65}$ |
| | 2 | | | 2 | 11 $\frac{29}{65}$ |
| | 3 | | | 4 | 5 $\frac{11}{65}$ |
| | 4 | | | 5 | 10 $\frac{58}{65}$ |
| | 5 | | | 7 | 4 $\frac{40}{65}$ |
| | 6 | | | 8 | 10 $\frac{22}{65}$ |
| | 10 | | | 14 | 9 $\frac{15}{65}$ |
| | 12 | | | 17 | 8 $\frac{44}{65}$ |
| | 15 | | 1 | 2 | 1 $\frac{55}{65}$ |
| | 19 | | 1 | 8 | $\frac{48}{65}$ |
| 1 | | | 1 | 9 | 6 $\frac{30}{65}$ |
| 2 | | | 2 | 19 | $\frac{60}{65}$ |
| 3 | | | 4 | 8 | 7 $\frac{25}{65}$ |
| 4 | | | 5 | 18 | 1 $\frac{55}{65}$ |
| 5 | | | 7 | 7 | 8 $\frac{20}{65}$ |
| 6 | | | 8 | 17 | 2 $\frac{50}{65}$ |
| 7 | | | 10 | 6 | 9 $\frac{15}{65}$ |
| 8 | | | 11 | 16 | 3 $\frac{45}{65}$ |
| 9 | | | 13 | 5 | 10 $\frac{10}{65}$ |
| 10 | | | 14 | 15 | 4 $\frac{40}{65}$ |

## MESURE DE 8. BOISSEAUX $\frac{1}{16}$.

| PRIX DE LA MESURE. | | | A combien le Setier de 12. Boisseaux. | | |
|---|---|---|---|---|---|
| *Liv.* | *Sols.* | *Den.* | *Liv.* | *Sols.* | *Den.* |
| | | 1 | | | 1 $\frac{21}{43}$ |
| | | 2 | | | 2 $\frac{42}{43}$ |
| | | 3 | | | 4 $\frac{20}{43}$ |
| | | 6 | | | 8 $\frac{40}{43}$ |
| | | 9 | | 1 | 1 $\frac{17}{43}$ |
| | | 11 | | 1 | 4 $\frac{16}{43}$ |
| | 1 | | | 1 | 5 $\frac{37}{43}$ |
| | 2 | | | 2 | 11 $\frac{31}{43}$ |
| | 3 | | | 4 | 5 $\frac{25}{43}$ |
| | 4 | | | 5 | 11 $\frac{19}{43}$ |
| | 5 | | | 7 | 5 $\frac{13}{43}$ |
| | 6 | | | 8 | 11 $\frac{7}{43}$ |
| | 10 | | | 14 | 10 $\frac{26}{43}$ |
| | 12 | | | 17 | 10 $\frac{14}{43}$ |
| | 15 | | 1 | 2 | 3 $\frac{39}{43}$ |
| | 19 | | 1 | 8 | 3 $\frac{15}{43}$ |
| 1 | | | 1 | 9 | 9 $\frac{9}{43}$ |
| 2 | | | 2 | 19 | 6 $\frac{18}{43}$ |
| 3 | | | 4 | 9 | 3 $\frac{27}{43}$ |
| 4 | | | 5 | 19 | $\frac{36}{43}$ |
| 5 | | | 7 | 8 | 10 $\frac{2}{43}$ |
| 6 | | | 8 | 18 | 7 $\frac{11}{43}$ |
| 7 | | | 10 | 8 | 4 $\frac{20}{43}$ |
| 8 | | | 11 | 18 | 1 $\frac{29}{43}$ |
| 9 | | | 13 | 7 | 10 $\frac{38}{43}$ |
| 10 | | | 14 | 17 | 8 $\frac{4}{43}$ |

## MESURE DE 8. BOISSEAUX $\frac{2}{3}$.

| PRIX DE LA MESURE. | | | A combien le Setier de 12. Boiſſeaux. | | |
|---|---|---|---|---|---|
| *Liv.* | *Sols.* | *Den.* | *Liv.* | *Sols.* | *Den.* |
| | | 1 . | | | 1 $\frac{5}{1}$ |
| | | 2 . | | | 2 $\frac{10}{13}$ |
| | | 3 . | | | 4 $\frac{2}{13}$ |
| | | 6 . | | | 8 $\frac{4}{13}$ |
| | | 9 . | | 1 . | . $\frac{6}{13}$ |
| | | 11 . | | 1 . | 3 $\frac{3}{13}$ |
| | 1 . | . . | | 1 . | 4 $\frac{8}{13}$ |
| | 2 . | . . | | 2 . | 9 $\frac{3}{13}$ |
| | 3 . | . . | | 4 . | 1 $\frac{11}{13}$ |
| | 4 . | . . | | 5 . | 6 $\frac{6}{13}$ |
| | 5 . | . . | | 6 . | 11 $\frac{1}{13}$ |
| | 6 . | . . | | 8 . | 3 $\frac{9}{13}$ |
| | 10 . | . . | | 13 . | 10 $\frac{2}{13}$ |
| | 12 . | . . | | 16 . | 7 $\frac{5}{13}$ |
| | 15 . | . . | 1 . | . . | 9 $\frac{3}{13}$ |
| | 19 . | . . | 1 . | 6 . | 3 $\frac{9}{13}$ |
| 1 . | . . | . . | 1 . | 7 . | 8 $\frac{4}{13}$ |
| 2 . | . . | . . | 2 . | 15 . | 4 $\frac{8}{13}$ |
| 3 . | . . | . . | 4 . | 3 . | . $\frac{12}{13}$ |
| 4 . | . . | . . | 5 . | 10 . | 9 $\frac{3}{13}$ |
| 5 . | . . | . . | 6 . | 18 . | 5 $\frac{7}{13}$ |
| 6 . | . . | . . | 8 . | 6 . | 1 $\frac{11}{13}$ |
| 7 . | . . | . . | 9 . | 13 . | 10 $\frac{2}{13}$ |
| 8 . | . . | . . | 11 . | 1 . | 6 $\frac{6}{13}$ |
| 9 . | . . | . . | 12 . | 9 . | 2 $\frac{10}{13}$ |
| 10 . | . . | . . | 13 . | 16 . | 11 $\frac{1}{1}$ |

## MESURE DE 8. BOISSEAUX $\frac{1}{3}$.

| PRIX DE LA MESURE. | | | A combien le Setier de 12. Boiſſeaux. | | |
|---|---|---|---|---|---|
| *Liv.* | *Sols.* | *Den.* | *Liv.* | *Sols.* | *Den.* |
| | | 1 . | | | 1 $\frac{11}{25}$ |
| | | 2 . | | | 2 $\frac{22}{25}$ |
| | | 3 . | | | 4 $\frac{8}{25}$ |
| | | 6 . | | | 8 $\frac{16}{25}$ |
| | | 9 . | | 1 . | . $\frac{24}{25}$ |
| | | 11 . | | 1 . | 3 $\frac{21}{25}$ |
| | 1 . | . . | | 1 . | 5 $\frac{7}{25}$ |
| | 2 . | . . | | 2 . | 10 $\frac{14}{25}$ |
| | 3 . | . . | | 4 . | 3 $\frac{21}{25}$ |
| | 4 . | . . | | 5 . | 9 $\frac{3}{25}$ |
| | 5 . | . . | | 7 . | 2 $\frac{10}{25}$ |
| | 6 . | . . | | 8 . | 7 $\frac{17}{25}$ |
| | 10 . | . . | | 14 . | 4 $\frac{20}{25}$ |
| | 12 . | . . | | 17 . | 3 $\frac{9}{25}$ |
| | 15 . | . . | 1 . | 1 . | 7 $\frac{5}{25}$ |
| | 19 . | . . | 1 . | 7 . | 4 $\frac{8}{25}$ |
| 1 . | . . | . . | 1 . | 8 . | 9 $\frac{15}{25}$ |
| 2 . | . . | . . | 2 . | 17 . | 7 $\frac{5}{25}$ |
| 3 . | . . | . . | 4 . | 6 . | 4 $\frac{20}{25}$ |
| 4 . | . . | . . | 5 . | 15 . | 2 $\frac{10}{25}$ |
| 5 . | . . | . . | 7 . | 4 . | . . |
| 6 . | . . | . . | 8 . | 12 . | 9 $\frac{15}{25}$ |
| 7 . | . . | . . | 10 . | 1 . | 7 $\frac{5}{25}$ |
| 8 . | . . | . . | 11 . | 10 . | 4 $\frac{20}{25}$ |
| 9 . | . . | . . | 12 . | 19 . | 2 $\frac{10}{25}$ |
| 10 . | . . | . . | 14 . | 8 . | . . |

## Mesure de 8. Boisseaux $\frac{1}{6}$.

| Prix de la Mesure. | | | A combien le Setier de 12. Boiſſeaux. | | |
|---|---|---|---|---|---|
| *Liv.* | *Sols.* | *Den.* | *Liv.* | *Sols.* | *Den.* |
| | | 1 . | | | 1 $\frac{23}{49}$ |
| | | 2 . | | | 2 $\frac{46}{49}$ |
| | | 3 . | | | 4 $\frac{20}{49}$ |
| | | 6 . | | | 8 $\frac{40}{49}$ |
| | | 9 . | | 1 . | 1 $\frac{11}{49}$ |
| | | 11 . | | 1 . | 4 $\frac{8}{49}$ |
| | 1 . | . . | | 1 . | 5 $\frac{31}{49}$ |
| | 2 . | . . | | 2 . | 11 $\frac{13}{49}$ |
| | 3 . | . . | | 4 . | 4 $\frac{44}{49}$ |
| | 4 . | . . | | 5 . | 10 $\frac{26}{49}$ |
| | 5 . | . . | | 7 . | 4 $\frac{8}{49}$ |
| | 6 . | . . | | 8 . | 9 $\frac{39}{49}$ |
| | 10 . | . . | | 14 . | 8 $\frac{16}{49}$ |
| | 12 . | . . | | 17 . | 7 $\frac{29}{49}$ |
| | 15 . | . . | 1 . | 2 . | . $\frac{24}{49}$ |
| | 19 . | . . | 1 . | 7 . | 11 $\frac{1}{49}$ |
| 1 . | . . | . . | 1 . | 9 . | 4 $\frac{32}{49}$ |
| 2 . | . . | . . | 2 . | 18 . | 9 $\frac{15}{49}$ |
| 3 . | . . | . . | 4 . | 8 . | 1 $\frac{47}{49}$ |
| 4 . | . . | . . | 5 . | 17 . | 6 $\frac{30}{49}$ |
| 5 . | . . | . . | 7 . | 6 . | 11 $\frac{13}{49}$ |
| 6 . | . . | . . | 8 . | 16 . | 3 $\frac{45}{49}$ |
| 7 . | . . | . . | 10 . | 5 . | 8 $\frac{28}{49}$ |
| 8 . | . . | . . | 11 . | 15 . | 1 $\frac{11}{49}$ |
| 9 . | . . | . . | 13 . | 4 . | 5 $\frac{43}{49}$ |
| 10 . | . . | . . | 14 . | 13 . | 10 $\frac{26}{49}$ |

## Mesure de 8. Boisseaux $\frac{1}{12}$.

| Prix de la Mesure. | | | A combien le Setier de 12. Boiſſeaux. | | |
|---|---|---|---|---|---|
| *Liv.* | *Sols.* | *Den.* | *Liv.* | *Sols.* | *Den.* |
| | | 1 . | | | 1 $\frac{47}{97}$ |
| | | 2 . | | | 2 $\frac{94}{97}$ |
| | | 3 . | | | 4 $\frac{44}{97}$ |
| | | 6 . | | | 8 $\frac{88}{97}$ |
| | | 9 . | | 1 . | 1 $\frac{35}{97}$ |
| | | 11 . | | 1 . | 4 $\frac{32}{97}$ |
| | 1 . | . . | | 1 . | 5 $\frac{73}{97}$ |
| | 2 . | . . | | 2 . | 11 $\frac{61}{97}$ |
| | 3 . | . . | | 4 . | 5 $\frac{43}{97}$ |
| | 4 . | . . | | 5 . | 11 $\frac{25}{97}$ |
| | 5 . | . . | | 7 . | 5 $\frac{7}{97}$ |
| | 6 . | . . | | 8 . | 10 $\frac{86}{97}$ |
| | 10 . | . . | | 14 . | 10 $\frac{14}{97}$ |
| | 12 . | . . | | 17 . | 9 $\frac{75}{97}$ |
| | 15 . | . . | 1 . | 2 . | 3 $\frac{21}{97}$ |
| | 19 . | . . | 1 . | 8 . | 2 $\frac{46}{97}$ |
| 1 . | . . | . . | 1 . | 9 . | 8 $\frac{28}{97}$ |
| 2 . | . . | . . | 2 . | 19 . | 4 $\frac{56}{97}$ |
| 3 . | . . | . . | 4 . | 9 . | . $\frac{84}{97}$ |
| 4 . | . . | . . | 5 . | 18 . | 9 $\frac{25}{97}$ |
| 5 . | . . | . . | 7 . | 8 . | 5 $\frac{43}{97}$ |
| 6 . | . . | . . | 8 . | 18 . | 1 $\frac{71}{97}$ |
| 7 . | . . | . . | 10 . | 7 . | 10 $\frac{2}{97}$ |
| 8 . | . . | . . | 11 . | 17 . | 6 $\frac{30}{97}$ |
| 9 . | . . | . . | 13 . | 7 . | 2 $\frac{58}{97}$ |
| 10 . | . . | . . | 14 . | 16 . | 10 $\frac{86}{97}$ |

## MESURE DE 8. BOISSEAUX $\frac{4}{5}$.

| PRIX DE LA MESURE. | | | A combien le Setier de 12. Boisseaux. | | |
|---|---|---|---|---|---|
| *Liv.* | *Sols.* | *Den.* | *Liv.* | *Sols.* | *Den.* |
| | | 1 . | | | 1 $\frac{4}{11}$ |
| | | 2 . | | | 2 $\frac{8}{11}$ |
| | | 3 . | | | 4 $\frac{1}{11}$ |
| | | 6 . | | | 8 $\frac{2}{11}$ |
| | | 9 . | | 1 . | . $\frac{3}{11}$ |
| | | 11 . | | 1 . | 3 . |
| | 1 . | . . | | 1 . | 4 $\frac{4}{11}$ |
| | 2 . | . . | | 2 . | 8 $\frac{8}{11}$ |
| | 3 . | . . | | 4 . | 1 $\frac{1}{11}$ |
| | 4 . | . . | | 5 . | 5 $\frac{5}{11}$ |
| | 5 . | . . | | 6 . | 9 $\frac{9}{11}$ |
| | 6 . | . . | | 8 . | 2 $\frac{2}{11}$ |
| | 10 . | . . | | 13 . | 7 $\frac{7}{11}$ |
| | 12 . | . . | | 16 . | 4 $\frac{4}{11}$ |
| | 15 . | . . | 1 . | . . | 5 $\frac{5}{11}$ |
| | 19 . | . . | 1 . | 5 . | 10 $\frac{10}{11}$ |
| 1 . | . . | . . | 1 . | 7 . | 3 $\frac{3}{11}$ |
| 2 . | . . | . . | 2 . | 14 . | 6 $\frac{6}{11}$ |
| 3 . | . . | . . | 4 . | 1 . | 9 $\frac{9}{11}$ |
| 4 . | . . | . . | 5 . | 9 . | 1 $\frac{1}{11}$ |
| 5 . | . . | . . | 6 . | 16 . | 4 $\frac{4}{11}$ |
| 6 . | . . | . . | 8 . | 3 . | 7 $\frac{7}{11}$ |
| 7 . | . . | . . | 9 . | 10 . | 10 $\frac{10}{11}$ |
| 8 . | . . | . . | 10 . | 18 . | 2 $\frac{2}{11}$ |
| 9 . | . . | . . | 12 . | 5 . | 5 $\frac{5}{11}$ |
| 10 . | . . | . . | 13 . | 12 . | 8 $\frac{8}{11}$ |

## MESURE DE 8. BOISSEAUX $\frac{3}{5}$.

| PRIX DE LA MESURE. | | | A combien le Setier de 12. Boisseaux. | | |
|---|---|---|---|---|---|
| *Liv.* | *Sols.* | *Den.* | *Liv.* | *Sols.* | *Den.* |
| | | 1 . | | | 1 $\frac{17}{43}$ |
| | | 2 . | | | 2 $\frac{34}{43}$ |
| | | 3 . | | | 4 $\frac{8}{43}$ |
| | | 6 . | | | 8 $\frac{16}{43}$ |
| | | 9 . | | 1 . | . $\frac{24}{43}$ |
| | | 11 . | | 1 . | 3 $\frac{15}{43}$ |
| | 1 . | . . | | 1 . | 4 $\frac{32}{43}$ |
| | 2 . | . . | | 2 . | 9 $\frac{21}{43}$ |
| | 3 . | . . | | 4 . | 2 $\frac{10}{43}$ |
| | 4 . | . . | | 5 . | 6 $\frac{42}{43}$ |
| | 5 . | . . | | 6 . | 11 $\frac{31}{43}$ |
| | 6 . | . . | | 8 . | 4 $\frac{20}{43}$ |
| | 10 . | . . | | 13 . | 11 $\frac{19}{43}$ |
| | 12 . | . . | | 16 . | 8 $\frac{40}{43}$ |
| | 15 . | . . | 1 . | . . | 11 $\frac{7}{43}$ |
| | 19 . | . . | 1 . | 6 . | 6 $\frac{6}{43}$ |
| 1 . | . . | . . | 1 . | 7 . | 10 $\frac{38}{43}$ |
| 2 . | . . | . . | 2 . | 15 . | 9 $\frac{33}{43}$ |
| 3 . | . . | . . | 4 . | 3 . | 8 $\frac{28}{43}$ |
| 4 . | . . | . . | 5 . | 11 . | 7 $\frac{23}{43}$ |
| 5 . | . . | . . | 6 . | 19 . | 6 $\frac{18}{43}$ |
| 6 . | . . | . . | 8 . | 7 . | 5 $\frac{13}{43}$ |
| 7 . | . . | . . | 9 . | 15 . | 4 $\frac{8}{43}$ |
| 8 . | . . | . . | 11 . | 3 . | 3 $\frac{3}{43}$ |
| 9 . | . . | . . | 12 . | 11 . | 1 $\frac{41}{43}$ |
| 10 . | . . | . . | 13 . | 19 . | . $\frac{36}{43}$ |

## Mesure de 8. Boisseaux $\frac{2}{5}$.

| Prix de la Mesure. Liv. | Sols. | Den. | A combien le Setier de 12. Boisseaux. Liv. | Sols. | Den. |
|---|---|---|---|---|---|
| | | 1 | | | 1 $\frac{1}{7}$ |
| | | 2 | | | 2 $\frac{6}{7}$ |
| | | 3 | | | 4 $\frac{2}{7}$ |
| | | 6 | | | 8 $\frac{4}{7}$ |
| | | 9 | | 1 | $\frac{6}{7}$ |
| | | 11 | | 1 | 3 $\frac{5}{7}$ |
| | 1 | | | 1 | 5 $\frac{1}{7}$ |
| | 2 | | | 2 | 10 $\frac{2}{7}$ |
| | 3 | | | 4 | 3 $\frac{3}{7}$ |
| | 4 | | | 5 | 8 $\frac{4}{7}$ |
| | 5 | | | 7 | 1 $\frac{5}{7}$ |
| | 6 | | | 8 | 6 $\frac{6}{7}$ |
| | 10 | | | 14 | 3 $\frac{3}{7}$ |
| | 12 | | | 17 | 1 $\frac{5}{7}$ |
| | 15 | | 1 | 1 | 5 $\frac{1}{7}$ |
| | 19 | | 1 | 7 | 1 $\frac{5}{7}$ |
| 1 | | | 1 | 8 | 6 $\frac{6}{7}$ |
| 2 | | | 2 | 17 | 1 $\frac{5}{7}$ |
| 3 | | | 4 | 5 | 8 $\frac{4}{7}$ |
| 4 | | | 5 | 14 | 3 $\frac{3}{7}$ |
| 5 | | | 7 | 2 | 10 $\frac{2}{7}$ |
| 6 | | | 8 | 11 | 5 $\frac{1}{7}$ |
| 7 | | | 10 | | |
| 8 | | | 11 | 8 | 6 $\frac{6}{7}$ |
| 9 | | | 12 | 17 | 1 $\frac{5}{7}$ |
| 10 | | | 14 | 5 | 8 $\frac{4}{7}$ |

## Mesure de 8. Boisseaux $\frac{1}{5}$.

| Prix de la Mesure. Liv. | Sols. | Den. | A combien le Setier de 12. Boisseaux. Liv. | Sols. | Den. |
|---|---|---|---|---|---|
| | | 1 | | | 1 $\frac{19}{41}$ |
| | | 2 | | | 2 $\frac{38}{41}$ |
| | | 3 | | | 4 $\frac{16}{41}$ |
| | | 6 | | | 8 $\frac{32}{41}$ |
| | | 9 | | 1 | 1 $\frac{7}{41}$ |
| | | 11 | | 1 | 4 $\frac{4}{41}$ |
| | 1 | | | 1 | 5 $\frac{23}{41}$ |
| | 2 | | | 2 | 11 $\frac{5}{41}$ |
| | 3 | | | 4 | 4 $\frac{28}{41}$ |
| | 4 | | | 5 | 10 $\frac{10}{41}$ |
| | 5 | | | 7 | 3 $\frac{33}{41}$ |
| | 6 | | | 8 | 9 $\frac{15}{41}$ |
| | 10 | | | 14 | 7 $\frac{25}{41}$ |
| | 12 | | | 17 | 6 $\frac{30}{41}$ |
| | 15 | | 1 | 1 | 11 $\frac{17}{41}$ |
| | 19 | | 1 | 7 | 9 $\frac{27}{41}$ |
| 1 | | | 1 | 9 | 3 $\frac{9}{41}$ |
| 2 | | | 2 | 18 | 6 $\frac{18}{41}$ |
| 3 | | | 4 | 7 | 9 $\frac{27}{21}$ |
| 4 | | | 5 | 17 | $\frac{36}{41}$ |
| 5 | | | 7 | 6 | 4 $\frac{4}{41}$ |
| 6 | | | 8 | 15 | 7 $\frac{13}{41}$ |
| 7 | | | 10 | 4 | 10 $\frac{22}{41}$ |
| 8 | | | 11 | 14 | 1 $\frac{31}{41}$ |
| 9 | | | 13 | 3 | 4 $\frac{40}{41}$ |
| 10 | | | 14 | 12 | 8 $\frac{8}{41}$ |

## Mesure de 8. Boisseaux $\frac{1}{10}$.

| Prix de la Mesure. Liv. | Sols. | Den. | A combien le Setier de 12. Boiſſeaux. Liv. | Sols. | Den. |
|---|---|---|---|---|---|
| | | 1 | | | 1 $\frac{13}{27}$ |
| | | 2 | | | 2 $\frac{26}{27}$ |
| | | 3 | | | 4 $\frac{4}{9}$ |
| | | 6 | | | 8 $\frac{8}{9}$ |
| | | 9 | | 1 | 1 $\frac{3}{9}$ |
| | | 11 | | 1 | 3 $\frac{22}{27}$ |
| | 1 | | | 1 | 5 $\frac{7}{9}$ |
| | 2 | | | 2 | 11 $\frac{5}{9}$ |
| | 3 | | | 4 | 5 $\frac{3}{9}$ |
| | 4 | | | 5 | 11 $\frac{1}{9}$ |
| | 5 | | | 7 | 4 $\frac{8}{9}$ |
| | 6 | | | 8 | 10 $\frac{6}{9}$ |
| | 10 | | | 14 | 9 $\frac{7}{9}$ |
| | 12 | | | 17 | 9 $\frac{3}{9}$ |
| | 15 | | 1 | 2 | 2 $\frac{6}{9}$ |
| | 19 | | 1 | 8 | 1 $\frac{7}{9}$ |
| 1 | | | 1 | 9 | 7 $\frac{5}{9}$ |
| 2 | | | 2 | 19 | 3 $\frac{1}{9}$ |
| 3 | | | 4 | 8 | 10 $\frac{6}{9}$ |
| 4 | | | 5 | 18 | 6 $\frac{2}{9}$ |
| 5 | | | 7 | 8 | 1 $\frac{7}{9}$ |
| 6 | | | 8 | 17 | 9 $\frac{3}{9}$ |
| 7 | | | 10 | 7 | 4 $\frac{8}{9}$ |
| 8 | | | 11 | 17 | $\frac{4}{9}$ |
| 9 | | | 13 | 6 | 8 |
| 10 | | | 14 | 16 | 3 $\frac{5}{9}$ |

## Mesure de 8. Boisseaux $\frac{1}{20}$.

| Prix de la Mesure. Liv. | Sols. | Den. | A combien le Setier de 12. Boiſſeaux Liv. | Sols. | Den. |
|---|---|---|---|---|---|
| | | 1 | | | 1 $\frac{79}{161}$ |
| | | 2 | | | 2 $\frac{158}{161}$ |
| | | 3 | | | 4 $\frac{76}{161}$ |
| | | 6 | | | 8 $\frac{152}{161}$ |
| | | 9 | | 1 | 1 $\frac{67}{161}$ |
| | | 11 | | 1 | 4 $\frac{64}{161}$ |
| | 1 | | | 1 | 5 $\frac{143}{161}$ |
| | 2 | | | 2 | 11 $\frac{125}{161}$ |
| | 3 | | | 4 | 5 $\frac{107}{161}$ |
| | 4 | | | 5 | 11 $\frac{89}{161}$ |
| | 5 | | | 7 | 5 $\frac{71}{161}$ |
| | 6 | | | 8 | 11 $\frac{53}{161}$ |
| | 10 | | | 14 | 10 $\frac{142}{161}$ |
| | 12 | | | 17 | 10 $\frac{106}{161}$ |
| | 15 | | 1 | 2 | 4 $\frac{52}{161}$ |
| | 19 | | 1 | 8 | 3 $\frac{141}{161}$ |
| 1 | | | 1 | 9 | 9 $\frac{123}{161}$ |
| 2 | | | 2 | 19 | 7 $\frac{85}{161}$ |
| 3 | | | 4 | 9 | 5 $\frac{47}{161}$ |
| 4 | | | 5 | 19 | 3 $\frac{9}{161}$ |
| 5 | | | 7 | 9 | $\frac{132}{161}$ |
| 6 | | | 8 | 18 | 10 $\frac{94}{161}$ |
| 7 | | | 10 | 8 | 8 $\frac{56}{161}$ |
| 8 | | | 11 | 18 | 6 $\frac{18}{161}$ |
| 9 | | | 13 | 8 | 3 $\frac{141}{161}$ |
| 10 | | | 14 | 18 | 1 $\frac{103}{161}$ |

## Mesure de 9. Boisseaux.

| PRIX DE LA MESURE. Liv. | Sols. | Den. | A combien le Setier de 12. Boisseaux. Liv. | Sols. | Den. |
|---|---|---|---|---|---|
| | | 1 | | | 1 $\frac{1}{3}$ |
| | | 2 | | | 2 $\frac{2}{3}$ |
| | | 3 | | | 4 |
| | | 6 | | | 8 |
| | | 9 | | 1 | |
| | | 11 | | 1 | 2 $\frac{2}{3}$ |
| | 1 | | | 1 | 4 |
| | 2 | | | 2 | 8 |
| | 3 | | | 4 | |
| | 4 | | | 5 | 4 |
| | 5 | | | 6 | 8 |
| | 6 | | | 8 | |
| | 10 | | | 13 | 4 |
| | 15 | | 1 | | |
| | 19 | | 1 | 5 | 4 |
| 1 | | | 1 | 6 | 8 |
| 2 | | | 2 | 13 | 4 |
| 3 | | | 4 | | |
| 4 | | | 5 | 6 | 8 |
| 5 | | | 6 | 13 | 4 |
| 6 | | | 8 | | |
| 7 | | | 9 | 6 | 8 |
| 8 | | | 10 | 13 | 4 |
| 9 | | | 12 | | |
| 10 | | | 13 | 6 | 8 |
| 11 | | | 14 | 13 | 4 |

## Mesure de 9. Boisseaux $\frac{3}{4}$.

| PRIX DE LA MESURE. Liv. | Sols. | Den. | A combien le Setier de 12. Boiſſeaux. Liv. | Sols. | Den. |
|---|---|---|---|---|---|
| | | 1 | | | 1 $\frac{3}{13}$ |
| | | 2 | | | 2 $\frac{6}{13}$ |
| | | 3 | | | 3 $\frac{9}{13}$ |
| | | 6 | | | 7 $\frac{5}{13}$ |
| | | 9 | | | 11 $\frac{1}{13}$ |
| | | 11 | | 1 | 1 $\frac{7}{13}$ |
| | 1 | | | 1 | 2 $\frac{10}{13}$ |
| | 2 | | | 2 | 5 $\frac{7}{13}$ |
| | 3 | | | 3 | 8 $\frac{4}{13}$ |
| | 4 | | | 4 | 11 $\frac{1}{13}$ |
| | 5 | | | 6 | 1 $\frac{11}{13}$ |
| | 6 | | | 7 | 4 $\frac{8}{13}$ |
| | 10 | | | 12 | 3 $\frac{9}{13}$ |
| | 15 | | | 18 | 5 $\frac{7}{13}$ |
| | 19 | | 1 | 3 | 4 $\frac{8}{13}$ |
| 1 | | | 1 | 4 | 7 $\frac{5}{13}$ |
| 2 | | | 2 | 9 | 2 $\frac{10}{13}$ |
| 3 | | | 3 | 13 | 10 $\frac{2}{13}$ |
| 4 | | | 4 | 18 | 5 $\frac{7}{13}$ |
| 5 | | | 6 | 3 | $\frac{12}{13}$ |
| 6 | | | 7 | 7 | 8 $\frac{4}{13}$ |
| 7 | | | 8 | 12 | 3 $\frac{9}{13}$ |
| 8 | | | 9 | 16 | 11 $\frac{1}{13}$ |
| 9 | | | 11 | 1 | 6 $\frac{6}{13}$ |
| 10 | | | 12 | 6 | 1 $\frac{11}{13}$ |
| 11 | | | 13 | 10 | 9 $\frac{3}{13}$ |

## MESURE DE 9. BOISSEAUX $\frac{1}{2}$.

| PRIX DE LA MESURE. | | | A combien le Setier de 12. Boisseaux. | | |
|---|---|---|---|---|---|
| *Liv.* | *Sols.* | *Den.* | *Liv.* | *Sols.* | *Den.* |
| | | 1 | | | 1 $\frac{5}{19}$ |
| | | 2 | | | 2 $\frac{10}{19}$ |
| | | 3 | | | 3 $\frac{15}{19}$ |
| | | 6 | | | 7 $\frac{11}{19}$ |
| | | 9 | | | 11 $\frac{7}{19}$ |
| | | 11 | | 1 | 1 $\frac{17}{19}$ |
| | 1 | | | 1 | 3 $\frac{3}{19}$ |
| | 2 | | | 2 | 6 $\frac{6}{19}$ |
| | 3 | | | 3 | 9 $\frac{9}{19}$ |
| | 4 | | | 5 | $\frac{12}{19}$ |
| | 5 | | | 6 | 3 $\frac{15}{19}$ |
| | 6 | | | 7 | 6 $\frac{18}{19}$ |
| | 10 | | | 12 | 7 $\frac{11}{19}$ |
| | 15 | | | 18 | 11 $\frac{7}{19}$ |
| | 19 | | 1 | 4 | |
| 1 | | | 1 | 5 | 3 $\frac{3}{19}$ |
| 2 | | | 2 | 10 | 6 $\frac{6}{19}$ |
| 3 | | | 3 | 15 | 9 $\frac{9}{19}$ |
| 4 | | | 5 | 1 | $\frac{12}{19}$ |
| 5 | | | 6 | 6 | 3 $\frac{15}{19}$ |
| 6 | | | 7 | 11 | 6 $\frac{18}{19}$ |
| 7 | | | 8 | 16 | 10 $\frac{2}{19}$ |
| 8 | | | 10 | 2 | 1 $\frac{5}{19}$ |
| 9 | | | 11 | 7 | 4 $\frac{8}{19}$ |
| 10 | | | 12 | 12 | 7 $\frac{11}{19}$ |
| 11 | | | 13 | 17 | 10 $\frac{14}{19}$ |

## MESURE DE 9. BOISSEAUX $\frac{1}{4}$.

| PRIX DE LA MESURE. | | | A combien le Setier de 12. Boisseaux. | | |
|---|---|---|---|---|---|
| *Liv.* | *Sols.* | *Den.* | *Liv.* | *Sols.* | *Den.* |
| | | 1 | | | 1 $\frac{11}{37}$ |
| | | 2 | | | 2 $\frac{22}{37}$ |
| | | 3 | | | 3 $\frac{33}{37}$ |
| | | 6 | | | 7 $\frac{29}{37}$ |
| | | 9 | | | 11 $\frac{25}{37}$ |
| | | 11 | | 1 | 2 $\frac{10}{37}$ |
| | 1 | | | 1 | 3 $\frac{21}{37}$ |
| | 2 | | | 2 | 7 $\frac{5}{37}$ |
| | 3 | | | 3 | 10 $\frac{26}{37}$ |
| | 4 | | | 5 | 2 $\frac{10}{37}$ |
| | 5 | | | 6 | 5 $\frac{31}{37}$ |
| | 6 | | | 7 | 9 $\frac{15}{37}$ |
| | 10 | | | 12 | 11 $\frac{25}{37}$ |
| | 15 | | | 19 | 5 $\frac{19}{37}$ |
| | 19 | | 1 | 4 | 7 $\frac{29}{37}$ |
| 1 | | | 1 | 5 | 11 $\frac{33}{37}$ |
| 2 | | | 2 | 11 | 10 $\frac{26}{37}$ |
| 3 | | | 3 | 17 | 10 $\frac{2}{37}$ |
| 4 | | | 5 | 3 | 9 $\frac{15}{37}$ |
| 5 | | | 6 | 9 | 8 $\frac{28}{37}$ |
| 6 | | | 7 | 15 | 8 $\frac{4}{37}$ |
| 7 | | | 9 | 1 | 7 $\frac{17}{37}$ |
| 8 | | | 10 | 7 | 6 $\frac{30}{37}$ |
| 9 | | | 11 | 13 | 6 $\frac{6}{37}$ |
| 10 | | | 12 | 19 | 5 $\frac{19}{37}$ |
| 11 | | | 14 | 5 | 4 $\frac{32}{37}$ |

## Mesure de 9. Boisseaux $\frac{1}{8}$.

| Prix de la Mesure. | | | A combien le Setier de 12. Boiſſeaux. | | |
|---|---|---|---|---|---|
| Liv. | Sols. | Den. | Liv. | Sols. | Den. |
| | | 1 | | | 1 $\frac{23}{73}$ |
| | | 2 | | | 2 $\frac{46}{73}$ |
| | | 3 | | | 3 $\frac{69}{73}$ |
| | | 6 | | | 7 $\frac{65}{73}$ |
| | | 9 | | | 11 $\frac{61}{73}$ |
| | | 11 | | 1 | 2 $\frac{54}{73}$ |
| | 1 | | | 1 | 3 $\frac{57}{73}$ |
| | 2 | | | 2 | 7 $\frac{41}{73}$ |
| | 3 | | | 3 | 11 $\frac{25}{73}$ |
| | 4 | | | 5 | 3 $\frac{9}{73}$ |
| | 5 | | | 6 | 6 $\frac{66}{73}$ |
| | 6 | | | 7 | 10 $\frac{50}{73}$ |
| | 10 | | | 13 | 1 $\frac{59}{73}$ |
| | 15 | | | 19 | 8 $\frac{52}{73}$ |
| | 19 | | 1 | 4 | 11 $\frac{61}{73}$ |
| 1 | | | 1 | 6 | 3 $\frac{45}{73}$ |
| 2 | | | 2 | 12 | 7 $\frac{17}{73}$ |
| 3 | | | 3 | 18 | 10 $\frac{62}{73}$ |
| 4 | | | 5 | 5 | 2 $\frac{34}{73}$ |
| 5 | | | 6 | 11 | 6 $\frac{6}{73}$ |
| 6 | | | 7 | 17 | 9 $\frac{51}{73}$ |
| 7 | | | 9 | 4 | 1 $\frac{23}{73}$ |
| 8 | | | 10 | 10 | 4 $\frac{68}{73}$ |
| 9 | | | 11 | 16 | 8 $\frac{40}{73}$ |
| 10 | | | 13 | 3 | $\frac{12}{73}$ |
| 11 | | | 14 | 9 | 3 $\frac{57}{73}$ |

## Mesure de 9. Boisseaux $\frac{1}{16}$.

| Prix de la Mesure. | | | A combien le Setier de 12. Boiſſeaux. | | |
|---|---|---|---|---|---|
| Liv. | Sols. | Den. | Liv. | Sols. | Den. |
| | | 1 | | | 1 $\frac{47}{145}$ |
| | | 2 | | | 2 $\frac{94}{145}$ |
| | | 3 | | | 3 $\frac{141}{145}$ |
| | | 6 | | | 7 $\frac{137}{145}$ |
| | | 9 | | | 11 $\frac{133}{145}$ |
| | | 11 | | 1 | 2 $\frac{82}{145}$ |
| | 1 | | | 1 | 3 $\frac{129}{145}$ |
| | 2 | | | 2 | 7 $\frac{113}{145}$ |
| | 3 | | | 3 | 11 $\frac{97}{145}$ |
| | 4 | | | 5 | 3 $\frac{81}{145}$ |
| | 5 | | | 6 | 7 $\frac{65}{145}$ |
| | 6 | | | 7 | 11 $\frac{49}{145}$ |
| | 10 | | | 13 | 2 $\frac{130}{145}$ |
| | 15 | | | 19 | 10 $\frac{50}{145}$ |
| | 19 | | 1 | 5 | 1 $\frac{131}{145}$ |
| 1 | | | 1 | 6 | 5 $\frac{115}{145}$ |
| 2 | | | 2 | 12 | 11 $\frac{85}{145}$ |
| 3 | | | 3 | 19 | 5 $\frac{55}{145}$ |
| 4 | | | 5 | 5 | 11 $\frac{25}{145}$ |
| 5 | | | 6 | 12 | 4 $\frac{140}{145}$ |
| 6 | | | 7 | 18 | 10 $\frac{110}{145}$ |
| 7 | | | 9 | 5 | 4 $\frac{80}{145}$ |
| 8 | | | 10 | 11 | 10 $\frac{50}{145}$ |
| 9 | | | 11 | 18 | 4 $\frac{20}{145}$ |
| 10 | | | 13 | 4 | 9 $\frac{135}{145}$ |
| 11 | | | 14 | 11 | 3 $\frac{105}{145}$ |

## MESURE DE 9. BOISSEAUX $\frac{2}{3}$.

| PRIX DE LA MESURE. Liv. | Sols. | Den. | A combien le Setier de 12. Boisseaux. Liv. | Sols. | Den. |
|---|---|---|---|---|---|
| | | 1 | | | 1 $\frac{7}{29}$ |
| | | 2 | | | 2 $\frac{14}{29}$ |
| | | 3 | | | 3 $\frac{21}{29}$ |
| | | 6 | | | 7 $\frac{13}{29}$ |
| | | 9 | | | 11 $\frac{5}{29}$ |
| | | 11 | | 1 | 1 $\frac{19}{29}$ |
| | 1 | | | 1 | 2 $\frac{26}{29}$ |
| | 2 | | | 2 | 5 $\frac{23}{29}$ |
| | 3 | | | 3 | 8 $\frac{20}{29}$ |
| | 4 | | | 4 | 11 $\frac{17}{29}$ |
| | 5 | | | 6 | 2 $\frac{14}{29}$ |
| | 6 | | | 7 | 5 $\frac{11}{29}$ |
| | 10 | | | 12 | 4 $\frac{28}{29}$ |
| | 15 | | | 18 | 7 $\frac{13}{29}$ |
| | 19 | | 1 | 3 | 7 $\frac{1}{29}$ |
| 1 | | | 1 | 4 | 9 $\frac{27}{29}$ |
| 2 | | | 2 | 9 | 7 $\frac{25}{29}$ |
| 3 | | | 3 | 14 | 5 $\frac{23}{29}$ |
| 4 | | | 4 | 19 | 3 $\frac{21}{29}$ |
| 5 | | | 6 | 4 | 1 $\frac{19}{29}$ |
| 6 | | | 7 | 8 | 11 $\frac{17}{29}$ |
| 7 | | | 8 | 13 | 9 $\frac{15}{29}$ |
| 8 | | | 9 | 18 | 7 $\frac{13}{29}$ |
| 9 | | | 11 | 3 | 5 $\frac{11}{29}$ |
| 10 | | | 12 | 8 | 3 $\frac{9}{29}$ |
| 11 | | | 13 | 13 | 1 $\frac{7}{29}$ |

## MESURE DE 9. BOISSEAUX $\frac{1}{3}$.

| PRIX DE LA MESURE. Liv. | Sols. | Den. | A combien le Setier de 12. Boisseaux. Liv. | Sols. | Den. |
|---|---|---|---|---|---|
| | | 1 | | | 1 $\frac{2}{7}$ |
| | | 2 | | | 2 $\frac{4}{7}$ |
| | | 3 | | | 3 $\frac{6}{7}$ |
| | | 6 | | | 7 $\frac{5}{7}$ |
| | | 9 | | | 11 $\frac{4}{7}$ |
| | | 11 | | 1 | 2 $\frac{1}{7}$ |
| | 1 | | | 1 | 3 $\frac{3}{7}$ |
| | 2 | | | 2 | 6 $\frac{6}{7}$ |
| | 3 | | | 3 | 10 $\frac{2}{7}$ |
| | 4 | | | 5 | 1 $\frac{5}{7}$ |
| | 5 | | | 6 | 5 $\frac{1}{7}$ |
| | 6 | | | 7 | 8 $\frac{4}{7}$ |
| | 10 | | | 12 | 10 $\frac{2}{7}$ |
| | 15 | | | 19 | 3 $\frac{3}{7}$ |
| | 19 | | 1 | 4 | 5 $\frac{1}{7}$ |
| 1 | | | 1 | 5 | 8 $\frac{4}{7}$ |
| 2 | | | 2 | 11 | 5 $\frac{1}{7}$ |
| 3 | | | 3 | 17 | 1 $\frac{5}{7}$ |
| 4 | | | 5 | 2 | 10 $\frac{2}{7}$ |
| 5 | | | 6 | 8 | 6 $\frac{6}{7}$ |
| 6 | | | 7 | 14 | 3 $\frac{3}{7}$ |
| 7 | | | 9 | | |
| 8 | | | 10 | 5 | 8 $\frac{4}{7}$ |
| 9 | | | 11 | 11 | 5 $\frac{1}{7}$ |
| 10 | | | 12 | 17 | 1 $\frac{5}{7}$ |
| 11 | | | 14 | 2 | 10 $\frac{2}{7}$ |

## MESURE DE 9. BOISSEAUX $\frac{1}{6}$.

| PRIX DE LA MESURE. Liv. | Sols. | Den. | A combien le Setier de 12. Boisseaux. Liv. | Sols. | Den. |
|---|---|---|---|---|---|
| | | 1 . | | | 1 $\frac{17}{55}$ |
| | | 2 . | | | 2 $\frac{34}{55}$ |
| | | 3 . | | | 3 $\frac{51}{55}$ |
| | | 6 . | | | 7 $\frac{47}{55}$ |
| | | 9 . | | | 11 $\frac{43}{55}$ |
| | | 11 . | | 1 . | 2 $\frac{22}{55}$ |
| | 1 . | . . | | 1 . | 3 $\frac{39}{55}$ |
| | 2 . | . . | | 2 . | 7 $\frac{23}{55}$ |
| | 3 . | . . | | 3 . | 11 $\frac{7}{55}$ |
| | 4 . | . . | | 5 . | 2 $\frac{46}{55}$ |
| | 5 . | . . | | 6 . | 6 $\frac{30}{55}$ |
| | 6 . | . . | | 7 . | 10 $\frac{14}{55}$ |
| | 10 . | . . | | 13 . | 1 $\frac{5}{55}$ |
| | 15 . | . . | | 19 . | 7 $\frac{35}{55}$ |
| | 19 . | . . | 1 . | 4 . | 10 $\frac{26}{55}$ |
| 1 . | . . | . . | 1 . | 6 . | 2 $\frac{10}{55}$ |
| 2 . | . . | . . | 2 . | 12 . | 4 $\frac{20}{55}$ |
| 3 . | . . | . . | 3 . | 18 . | 6 $\frac{30}{55}$ |
| 4 . | . . | . . | 5 . | 4 . | 8 $\frac{40}{55}$ |
| 5 . | . . | . . | 6 . | 10 . | 10 $\frac{50}{55}$ |
| 6 . | . . | . . | 7 . | 17 . | 1 $\frac{5}{55}$ |
| 7 . | . . | . . | 9 . | 3 . | 3 $\frac{15}{55}$ |
| 8 . | . . | . . | 10 . | 9 . | 5 $\frac{25}{55}$ |
| 9 . | . . | . . | 11 . | 15 . | 7 $\frac{35}{55}$ |
| 10 . | . . | . . | 13 . | 1 . | 9 $\frac{45}{55}$ |
| 11 . | . . | . . | 14 . | 8 . | . . |

## MESURE DE 9. BOISSEAUX $\frac{1}{12}$.

| PRIX DE LA MESURE. Liv. | Sols. | Den. | A combien le Setier de 12. Boisseaux. Liv. | Sols. | Den. |
|---|---|---|---|---|---|
| | | 1 . | | | 1 $\frac{35}{109}$ |
| | | 2 . | | | 2 $\frac{70}{109}$ |
| | | 3 . | | | 3 $\frac{105}{109}$ |
| | | 6 . | | | 7 $\frac{101}{109}$ |
| | | 9 . | | | 11 $\frac{97}{109}$ |
| | | 11 . | | 1 . | 2 $\frac{58}{109}$ |
| | 1 . | . . | | 1 . | 3 $\frac{93}{109}$ |
| | 2 . | . . | | 2 . | 7 $\frac{77}{109}$ |
| | 3 . | . . | | 3 . | 11 $\frac{61}{109}$ |
| | 4 . | . . | | 5 . | 3 $\frac{45}{109}$ |
| | 5 . | . . | | 6 . | 7 $\frac{29}{109}$ |
| | 6 . | . . | | 7 . | 11 $\frac{13}{109}$ |
| | 10 . | . . | | 13 . | 2 $\frac{58}{109}$ |
| | 15 . | . . | | 19 . | 9 $\frac{87}{109}$ |
| | 19 . | . . | 1 . | 5 . | 1 $\frac{23}{109}$ |
| 1 . | . . | . . | 1 . | 6 . | 5 $\frac{7}{109}$ |
| 2 . | . . | . . | 2 . | 12 . | 10 $\frac{14}{109}$ |
| 3 . | . . | . . | 3 . | 19 . | 3 $\frac{21}{109}$ |
| 4 . | . . | . . | 5 . | 5 . | 8 $\frac{28}{109}$ |
| 5 . | . . | . . | 6 . | 12 . | 1 $\frac{35}{109}$ |
| 6 . | . . | . . | 7 . | 18 . | 6 $\frac{42}{109}$ |
| 7 . | . . | . . | 9 . | 4 . | 11 $\frac{49}{109}$ |
| 8 . | . . | . . | 10 . | 11 . | 4 $\frac{56}{109}$ |
| 9 . | . . | . . | 11 . | 17 . | 9 $\frac{63}{109}$ |
| 10 . | . . | . . | 13 . | 4 . | 2 $\frac{70}{109}$ |
| 11 . | . . | . . | 14 . | 10 . | 7 $\frac{77}{109}$ |

MESURE DE 9. BOISSEAUX $\frac{4}{5}$.

| PRIX DE LA MESURE. | | | A combien le Setier de 12. Boisseaux. | | |
|---|---|---|---|---|---|
| *Liv.* | *Sols.* | *Den.* | *Liv.* | *Sols.* | *Den.* |
| | | 1 | | | 1 $\frac{11}{49}$ |
| | | 2 | | | 2 $\frac{22}{49}$ |
| | | 3 | | | 3 $\frac{33}{49}$ |
| | | 6 | | | 7 $\frac{17}{49}$ |
| | | 9 | | | 11 $\frac{1}{49}$ |
| | | 11 | | 1 | 1 $\frac{23}{49}$ |
| | 1 | | | 1 | 2 $\frac{34}{49}$ |
| | 2 | | | 2 | 5 $\frac{19}{49}$ |
| | 3 | | | 3 | 8 $\frac{4}{49}$ |
| | 4 | | | 4 | 10 $\frac{38}{49}$ |
| | 5 | | | 6 | 1 $\frac{23}{49}$ |
| | 6 | | | 7 | 4 $\frac{8}{49}$ |
| | 10 | | | 12 | 2 $\frac{46}{49}$ |
| | 15 | | | 18 | 4 $\frac{20}{49}$ |
| | 19 | | 1 | 3 | 3 $\frac{9}{49}$ |
| 1 | | | 1 | 4 | 5 $\frac{43}{49}$ |
| 2 | | | 2 | 8 | 11 $\frac{37}{49}$ |
| 3 | | | 3 | 13 | 5 $\frac{31}{49}$ |
| 4 | | | 4 | 17 | 11 $\frac{25}{49}$ |
| 5 | | | 6 | 2 | 5 $\frac{19}{49}$ |
| 6 | | | 7 | 6 | 11 $\frac{13}{49}$ |
| 7 | | | 8 | 11 | 5 $\frac{7}{49}$ |
| 8 | | | 9 | 15 | 11 $\frac{1}{49}$ |
| 9 | | | 11 | | 4 $\frac{44}{49}$ |
| 10 | | | 12 | 4 | 10 $\frac{38}{49}$ |
| 11 | | | 13 | 9 | 4 $\frac{32}{49}$ |

MESURE DE 9. BOISSEAUX $\frac{3}{5}$.

| PRIX DE LA MESURE. | | | A combien le Setier de 12. Boisseaux. | | |
|---|---|---|---|---|---|
| *Liv.* | *Sols.* | *Den.* | *Liv.* | *Sols.* | *Den.* |
| | | 1 | | | 1 $\frac{1}{4}$ |
| | | 2 | | | 2 $\frac{1}{2}$ |
| | | 3 | | | 3 $\frac{3}{4}$ |
| | | 6 | | | 7 $\frac{1}{2}$ |
| | | 9 | | | 11 $\frac{1}{4}$ |
| | | 11 | | 1 | 1 $\frac{3}{4}$ |
| | 1 | | | 1 | 3 |
| | 2 | | | 2 | 6 |
| | 3 | | | 3 | 9 |
| | 4 | | | 5 | |
| | 5 | | | 6 | 3 |
| | 6 | | | 7 | 6 |
| | 10 | | | 12 | 6 |
| | 15 | | | 18 | 9 |
| | 19 | | 1 | 3 | 9 |
| 1 | | | 1 | 5 | |
| 2 | | | 2 | 10 | |
| 3 | | | 3 | 15 | |
| 4 | | | 5 | | |
| 5 | | | 6 | 5 | |
| 6 | | | 7 | 10 | |
| 7 | | | 8 | 15 | |
| 8 | | | 10 | | |
| 9 | | | 11 | 5 | |
| 10 | | | 12 | 10 | |
| 11 | | | 13 | 15 | |

MESURE DE 9. BOISSEAUX $\frac{2}{5}$.

| PRIX DE LA MESURE. | | | A combien le Setier de 12. Boiſſeaux. | | |
|---|---|---|---|---|---|
| *Liv.* | *Sols.* | *Den.* | *Liv.* | *Sols.* | *Den.* |
| | | 1 . | | | 1 $\frac{13}{47}$ |
| | | 2 . | | | 2 $\frac{26}{47}$ |
| | | 3 . | | | 3 $\frac{39}{47}$ |
| | | 6 . | | | 7 $\frac{31}{47}$ |
| | | 9 . | | | 11 $\frac{23}{47}$ |
| | | 11 . | | 1 . | 2 $\frac{2}{47}$ |
| | 1 . | . . | | 1 . | 3 $\frac{15}{47}$ |
| | 2 . | . . | | 2 . | 6 $\frac{30}{47}$ |
| | 3 . | . . | | 3 . | 9 $\frac{45}{47}$ |
| | 4 . | . . | | 5 . | 1 $\frac{13}{47}$ |
| | 5 . | . . | | 6 . | 4 $\frac{28}{47}$ |
| | 6 . | . . | | 7 . | 7 $\frac{43}{47}$ |
| | 10 . | . . | | 12 . | 9 $\frac{9}{47}$ |
| | 15 . | . . | | 19 . | 1 $\frac{37}{47}$ |
| | 19 . | . . | 1 . | 4 . | 3 $\frac{3}{47}$ |
| 1 . | . . | . . | 1 . | 5 . | 6 $\frac{18}{47}$ |
| 2 . | . . | . . | 2 . | 11 . | . $\frac{36}{47}$ |
| 3 . | . . | . . | 3 . | 16 . | 7 $\frac{7}{47}$ |
| 4 . | . . | . . | 5 . | 2 . | 1 $\frac{25}{47}$ |
| 5 . | . . | . . | 6 . | 7 . | 7 $\frac{43}{47}$ |
| 6 . | . . | . . | 7 . | 13 . | 2 $\frac{14}{47}$ |
| 7 . | . . | . . | 8 . | 18 . | 8 $\frac{32}{47}$ |
| 8 . | . . | . . | 10 . | 4 . | 3 $\frac{3}{47}$ |
| 9 . | . . | . . | 11 . | 9 . | 9 $\frac{21}{47}$ |
| 10 . | . . | . . | 12 . | 15 . | 3 $\frac{39}{47}$ |
| 11 . | . . | . . | 14 . | . . | 10 $\frac{10}{47}$ |

MESURE DE 9. BOISSEAUX $\frac{1}{5}$.

| PRIX DE LA MESURE. | | | A combien le Setier de 12. Boiſſeaux. | | |
|---|---|---|---|---|---|
| *Liv.* | *Sols.* | *Den.* | *Liv.* | *Sols.* | *Den.* |
| | | 1 . | | | 1 $\frac{7}{23}$ |
| | | 2 . | | | 2 $\frac{14}{23}$ |
| | | 3 . | | | 3 $\frac{21}{23}$ |
| | | 6 . | | | 7 $\frac{19}{23}$ |
| | | 9 . | | | 11 $\frac{17}{23}$ |
| | | 11 . | | 1 . | 2 $\frac{8}{23}$ |
| | 1 . | . . | | 1 . | 3 $\frac{15}{23}$ |
| | 2 . | . . | | 2 . | 7 $\frac{7}{23}$ |
| | 3 . | . . | | 3 . | 10 $\frac{22}{23}$ |
| | 4 . | . . | | 5 . | 2 $\frac{14}{23}$ |
| | 5 . | . . | | 6 . | 6 $\frac{6}{23}$ |
| | 6 . | . . | | 7 . | 9 $\frac{21}{23}$ |
| | 10 . | . . | | 13 . | . $\frac{12}{23}$ |
| | 15 . | . . | | 19 . | 6 $\frac{18}{23}$ |
| | 19 . | . . | 1 . | 4 . | 9 $\frac{9}{23}$ |
| 1 . | . . | . . | 1 . | 6 . | 1 $\frac{1}{23}$ |
| 2 . | . . | . . | 2 . | 12 . | 2 $\frac{2}{23}$ |
| 3 . | . . | . . | 3 . | 18 . | 3 $\frac{3}{23}$ |
| 4 . | . . | . . | 5 . | 4 . | 4 $\frac{4}{23}$ |
| 5 . | . . | . . | 6 . | 10 . | 5 $\frac{5}{23}$ |
| 6 . | . . | . . | 7 . | 16 . | 6 $\frac{6}{23}$ |
| 7 . | . . | . . | 9 . | 2 . | 7 $\frac{7}{23}$ |
| 8 . | . . | . . | 10 . | 8 . | 8 $\frac{8}{23}$ |
| 9 . | . . | . . | 11 . | 14 . | 9 $\frac{9}{23}$ |
| 10 . | . . | . . | 13 . | . . | 10 $\frac{10}{23}$ |
| 11 . | . . | . . | 14 . | 6 . | 11 $\frac{11}{23}$ |

## Mesure de 9. Boisseaux $\frac{1}{10}$.

| PRIX DE LA MESURE. | | | A combien le Setier de 12. Boiſſeaux. | | |
|---|---|---|---|---|---|
| *Liv.* | *Sols.* | *Den.* | *Liv.* | *Sols.* | *Den.* |
| | | 1 | | | 1 $\frac{29}{91}$ |
| | | 2 | | | 2 $\frac{58}{91}$ |
| | | 3 | | | 3 $\frac{87}{91}$ |
| | | 6 | | | 7 $\frac{83}{91}$ |
| | | 9 | | | 11 $\frac{79}{91}$ |
| | | 11 | | 1 | 2 $\frac{46}{91}$ |
| | 1 | | | 1 | 3 $\frac{75}{91}$ |
| | 2 | | | 2 | 7 $\frac{59}{91}$ |
| | 3 | | | 3 | 11 $\frac{43}{91}$ |
| | 4 | | | 5 | 3 $\frac{27}{9}$ |
| | 5 | | | 6 | 7 $\frac{11}{91}$ |
| | 6 | | | 7 | 10 $\frac{86}{91}$ |
| | 10 | | | 13 | 2 $\frac{22}{91}$ |
| | 15 | | | 19 | 9 $\frac{33}{91}$ |
| | 19 | | 1 | 5 | $\frac{60}{91}$ |
| 1 | | | 1 | 6 | 4 $\frac{44}{91}$ |
| 2 | | | 2 | 12 | 8 $\frac{88}{91}$ |
| 3 | | | 3 | 19 | 1 $\frac{41}{91}$ |
| 4 | | | 5 | 5 | 5 $\frac{85}{91}$ |
| 5 | | | 6 | 11 | 10 $\frac{38}{91}$ |
| 6 | | | 7 | 18 | 2 $\frac{82}{91}$ |
| 7 | | | 9 | 4 | 7 $\frac{35}{91}$ |
| 8 | | | 10 | 10 | 11 $\frac{79}{91}$ |
| 9 | | | 11 | 17 | 4 $\frac{32}{91}$ |
| 10 | | | 13 | 3 | 8 $\frac{76}{91}$ |
| 11 | | | 14 | 10 | 1 $\frac{29}{91}$ |

## Mesure de 9. Boisseaux $\frac{1}{20}$.

| PRIX DE LA MESURE. | | | A combien le Setier de 12. Boiſſeaux. | | |
|---|---|---|---|---|---|
| *Liv.* | *Sols.* | *Den.* | *Liv.* | *Sols.* | *Den.* |
| | | 1 | | | 1 $\frac{59}{181}$ |
| | | 2 | | | 2 $\frac{118}{181}$ |
| | | 3 | | | 3 $\frac{177}{181}$ |
| | | 6 | | | 7 $\frac{173}{181}$ |
| | | 9 | | | 11 $\frac{169}{181}$ |
| | | 11 | | 1 | 2 $\frac{106}{181}$ |
| | 1 | | | 1 | 3 $\frac{165}{181}$ |
| | 2 | | | 2 | 7 $\frac{149}{181}$ |
| | 3 | | | 3 | 11 $\frac{133}{181}$ |
| | 4 | | | 5 | 3 $\frac{117}{181}$ |
| | 5 | | | 6 | 7 $\frac{101}{181}$ |
| | 6 | | | 7 | 11 $\frac{85}{181}$ |
| | 10 | | | 13 | 3 $\frac{21}{181}$ |
| | 15 | | | 19 | 10 $\frac{122}{181}$ |
| | 19 | | 1 | 5 | 2 $\frac{58}{181}$ |
| 1 | | | 1 | 6 | 6 $\frac{42}{181}$ |
| 2 | | | 2 | 13 | $\frac{84}{181}$ |
| 3 | | | 3 | 19 | 6 $\frac{126}{181}$ |
| 4 | | | 5 | 6 | $\frac{168}{181}$ |
| 5 | | | 6 | 12 | 7 $\frac{29}{181}$ |
| 6 | | | 7 | 19 | 1 $\frac{71}{181}$ |
| 7 | | | 9 | 5 | 7 $\frac{113}{181}$ |
| 8 | | | 10 | 12 | 1 $\frac{155}{181}$ |
| 9 | | | 11 | 18 | 8 $\frac{16}{181}$ |
| 10 | | | 13 | 5 | 2 $\frac{58}{181}$ |
| 11 | | | 14 | 11 | 8 $\frac{100}{181}$ |

MESURE DE 10. BOISSEAUX.

| PRIX DE LA MESURE. | | | A combien le Setier de 12. Boiſſeaux | | |
|---|---|---|---|---|---|
| *Liv.* | *Sols.* | *Den.* | *Liv.* | *Sols.* | *Den.* |
| | | 1 | | | 1 $\frac{1}{5}$ |
| | | 2 | | | 2 $\frac{2}{5}$ |
| | | 3 | | | 3 $\frac{3}{5}$ |
| | | 6 | | | 7 $\frac{1}{5}$ |
| | | 9 | | | 10 $\frac{4}{5}$ |
| | | 11 | | 1 | 1 $\frac{1}{5}$ |
| | 1 | | | 1 | 2 $\frac{2}{5}$ |
| | 2 | | | 2 | 4 $\frac{4}{5}$ |
| | 3 | | | 3 | 7 $\frac{1}{5}$ |
| | 4 | | | 4 | 9 $\frac{3}{5}$ |
| | 5 | | | 6 | |
| | 10 | | | 12 | |
| | 15 | | | 18 | |
| | 19 | | 1 | 2 | 9 $\frac{3}{5}$ |
| 1 | | | 1 | 4 | |
| 2 | | | 2 | 8 | |
| 3 | | | 3 | 12 | |
| 4 | | | 4 | 16 | |
| 5 | | | 6 | | |
| 6 | | | 7 | 4 | |
| 7 | | | 8 | 8 | |
| 8 | | | 9 | 12 | |
| 9 | | | 10 | 16 | |
| 10 | | | 12 | | |
| 11 | | | 13 | 4 | |
| 12 | | | 14 | 8 | |

MESURE DE 10. BOISSEAUX $\frac{3}{4}$.

| PRIX DE LA MESURE. | | | A combien le Setier de 12. Boiſſeaux. | | |
|---|---|---|---|---|---|
| *Liv.* | *Sols.* | *Den.* | *Liv.* | *Sols.* | *Den.* |
| | | 1 | | | 1 $\frac{5}{43}$ |
| | | 2 | | | 2 $\frac{10}{43}$ |
| | | 3 | | | 3 $\frac{15}{43}$ |
| | | 6 | | | 6 $\frac{30}{43}$ |
| | | 9 | | | 10 $\frac{2}{43}$ |
| | | 11 | | 1 | $\frac{12}{43}$ |
| | 1 | | | 1 | 1 $\frac{17}{43}$ |
| | 2 | | | 2 | 2 $\frac{34}{43}$ |
| | 3 | | | 3 | 4 $\frac{8}{43}$ |
| | 4 | | | 4 | 5 $\frac{25}{43}$ |
| | 5 | | | 5 | 6 $\frac{42}{43}$ |
| | 10 | | | 11 | 1 $\frac{41}{43}$ |
| | 15 | | | 16 | 8 $\frac{40}{43}$ |
| | 19 | | 1 | 1 | 2 $\frac{22}{43}$ |
| 1 | | | 1 | 2 | 3 $\frac{39}{43}$ |
| 2 | | | 2 | 4 | 7 $\frac{35}{43}$ |
| 3 | | | 3 | 6 | 11 $\frac{31}{43}$ |
| 4 | | | 4 | 9 | 3 $\frac{27}{43}$ |
| 5 | | | 5 | 11 | 7 $\frac{23}{43}$ |
| 6 | | | 6 | 13 | 11 $\frac{19}{43}$ |
| 7 | | | 7 | 16 | 3 $\frac{15}{43}$ |
| 8 | | | 8 | 18 | 7 $\frac{11}{43}$ |
| 9 | | | 10 | | 11 $\frac{7}{43}$ |
| 10 | | | 11 | 3 | 3 $\frac{3}{43}$ |
| 11 | | | 12 | 4 | 6 $\frac{42}{47}$ |
| 12 | | | 13 | 6 | 10 $\frac{38}{43}$ |

### MESURE DE 10. BOISSEAUX $\frac{1}{2}$.

| PRIX DE LA MESURE. | | | A combien le Setier de 12. Boisseaux. | | |
|---|---|---|---|---|---|
| *Liv.* | *Sols.* | *Den.* | *Liv.* | *Sols.* | *Den.* |
| | | 1 | | | 1 $\frac{1}{7}$ |
| | | 2 | | | 2 $\frac{2}{7}$ |
| | | 3 | | | 3 $\frac{3}{7}$ |
| | | 6 | | | 6 $\frac{6}{7}$ |
| | | 9 | | | 10 $\frac{2}{7}$ |
| | | 11 | | 1 | $\frac{4}{7}$ |
| | 1 | | | 1 | 1 $\frac{5}{7}$ |
| | 2 | | | 2 | 3 $\frac{3}{7}$ |
| | 3 | | | 3 | 5 $\frac{1}{7}$ |
| | 4 | | | 4 | 6 $\frac{6}{7}$ |
| | 5 | | | 5 | 8 $\frac{4}{7}$ |
| | 10 | | | 11 | 5 $\frac{1}{7}$ |
| | 15 | | | 17 | 1 $\frac{5}{7}$ |
| | 19 | | 1 | 1 | 8 $\frac{4}{7}$ |
| 1 | | | 1 | 2 | 10 $\frac{2}{7}$ |
| 2 | | | 2 | 5 | 8 $\frac{4}{7}$ |
| 3 | | | 3 | 8 | 6 $\frac{6}{7}$ |
| 4 | | | 4 | 11 | 5 $\frac{1}{7}$ |
| 5 | | | 5 | 14 | 3 $\frac{3}{7}$ |
| 6 | | | 6 | 17 | 1 $\frac{5}{7}$ |
| 7 | | | 8 | | |
| 8 | | | 9 | 2 | 10 $\frac{2}{7}$ |
| 9 | | | 10 | 5 | 8 $\frac{4}{7}$ |
| 10 | | | 11 | 8 | 6 $\frac{6}{7}$ |
| 11 | | | 12 | 11 | 5 $\frac{1}{7}$ |
| 12 | | | 13 | 14 | 3 $\frac{3}{7}$ |

### MESURE DE 10. BOISSEAUX $\frac{1}{4}$.

| PRIX DE LA MESURE. | | | A combien le Setier de 12. Boisseaux. | | |
|---|---|---|---|---|---|
| *Liv.* | *Sols.* | *Den.* | *Liv.* | *Sols.* | *Den.* |
| | | 1 | | | 1 $\frac{7}{41}$ |
| | | 2 | | | 2 $\frac{14}{41}$ |
| | | 3 | | | 3 $\frac{21}{41}$ |
| | | 6 | | | 7 $\frac{1}{41}$ |
| | | 9 | | | 10 $\frac{22}{41}$ |
| | | 11 | | 1 | $\frac{36}{41}$ |
| | 1 | | | 1 | 2 $\frac{2}{41}$ |
| | 2 | | | 2 | 4 $\frac{4}{41}$ |
| | 3 | | | 3 | 6 $\frac{6}{41}$ |
| | 4 | | | 4 | 8 $\frac{8}{41}$ |
| | 5 | | | 5 | 10 $\frac{10}{41}$ |
| | 10 | | | 11 | 8 $\frac{20}{41}$ |
| | 15 | | | 17 | 6 $\frac{30}{41}$ |
| | 19 | | 1 | 2 | 2 $\frac{38}{41}$ |
| 1 | | | 1 | 3 | 4 $\frac{40}{41}$ |
| 2 | | | 2 | 6 | 9 $\frac{39}{41}$ |
| 3 | | | 3 | 10 | 2 $\frac{38}{41}$ |
| 4 | | | 4 | 13 | 7 $\frac{37}{41}$ |
| 5 | | | 5 | 17 | $\frac{36}{41}$ |
| 6 | | | 7 | | 5 $\frac{35}{41}$ |
| 7 | | | 8 | 3 | 10 $\frac{34}{41}$ |
| 8 | | | 9 | 7 | 3 $\frac{33}{41}$ |
| 9 | | | 10 | 10 | 8 $\frac{32}{41}$ |
| 10 | | | 11 | 14 | 1 $\frac{31}{41}$ |
| 11 | | | 12 | 17 | 6 $\frac{30}{41}$ |
| 12 | | | 14 | | 11 $\frac{29}{41}$ |

## MESURE DE 10. BOISSEAUX $\frac{1}{8}$.

| PRIX DE LA MESURE. | | | A combien le Setier de 12. Boisseaux. | | |
|---|---|---|---|---|---|
| *Liv.* | *Sols.* | *Den.* | *Liv.* | *Sols.* | *Den.* |
| | | 1 | | | 1 $\frac{5}{27}$ |
| | | 2 | | | 2 $\frac{10}{27}$ |
| | | 3 | | | 3 $\frac{5}{9}$ |
| | | 6 | | | 7 $\frac{1}{9}$ |
| | | 9 | | | 10 $\frac{6}{9}$ |
| | | 11 | | 1 | 1 $\frac{1}{27}$ |
| | 1 | | | 1 | 2 $\frac{2}{9}$ |
| | 2 | | | 2 | 4 $\frac{4}{9}$ |
| | 3 | | | 3 | 6 $\frac{6}{9}$ |
| | 4 | | | 4 | 8 $\frac{8}{9}$ |
| | 5 | | | 5 | 11 $\frac{1}{9}$ |
| | 10 | | | 11 | 10 $\frac{2}{9}$ |
| | 15 | | | 17 | 9 $\frac{3}{9}$ |
| | 19 | | 1 | 2 | 6 $\frac{2}{9}$ |
| 1 | | | 1 | 3 | 8 $\frac{4}{9}$ |
| 2 | | | 2 | 7 | 4 $\frac{8}{9}$ |
| 3 | | | 3 | 11 | 1 $\frac{3}{9}$ |
| 4 | | | 4 | 14 | 9 $\frac{7}{9}$ |
| 5 | | | 5 | 18 | 6 $\frac{2}{9}$ |
| 6 | | | 7 | 2 | 2 $\frac{6}{9}$ |
| 7 | | | 8 | 5 | 11 $\frac{1}{9}$ |
| 8 | | | 9 | 9 | 7 $\frac{5}{9}$ |
| 9 | | | 10 | 13 | 4 |
| 10 | | | 11 | 17 | $\frac{4}{9}$ |
| 11 | | | 13 | | 8 $\frac{8}{9}$ |
| 12 | | | 14 | 4 | 5 $\frac{3}{9}$ |

## MESURE DE 10. BOISSEAUX $\frac{1}{16}$.

| PRIX DE LA MESURE. | | | A combien le Setier de 12. Boisseaux. | | |
|---|---|---|---|---|---|
| *Liv.* | *Sols.* | *Den.* | *Liv.* | *Sols.* | *Den.* |
| | | 1 | | | 1 $\frac{31}{161}$ |
| | | 2 | | | 2 $\frac{62}{161}$ |
| | | 3 | | | 3 $\frac{93}{161}$ |
| | | 6 | | | 7 $\frac{25}{161}$ |
| | | 9 | | | 10 $\frac{118}{161}$ |
| | | 11 | | 1 | 1 $\frac{19}{161}$ |
| | 1 | | | 1 | 2 $\frac{50}{161}$ |
| | 2 | | | 2 | 4 $\frac{100}{161}$ |
| | 3 | | | 3 | 6 $\frac{150}{161}$ |
| | 4 | | | 4 | 9 $\frac{39}{161}$ |
| | 5 | | | 5 | 11 $\frac{89}{161}$ |
| | 10 | | | 11 | 11 $\frac{17}{161}$ |
| | 15 | | | 17 | 10 $\frac{106}{161}$ |
| | 19 | | 1 | 2 | 7 $\frac{145}{161}$ |
| 1 | | | 1 | 3 | 10 $\frac{34}{161}$ |
| 2 | | | 2 | 7 | 8 $\frac{68}{161}$ |
| 3 | | | 3 | 11 | 6 $\frac{102}{161}$ |
| 4 | | | 4 | 15 | 4 $\frac{136}{161}$ |
| 5 | | | 5 | 19 | 3 $\frac{9}{161}$ |
| 6 | | | 7 | 3 | 1 $\frac{43}{161}$ |
| 7 | | | 8 | 6 | 11 $\frac{77}{161}$ |
| 8 | | | 9 | 10 | 9 $\frac{111}{161}$ |
| 9 | | | 10 | 14 | 7 $\frac{145}{161}$ |
| 10 | | | 11 | 18 | 6 $\frac{18}{161}$ |
| 11 | | | 13 | 2 | 4 $\frac{52}{161}$ |
| 12 | | | 14 | 6 | 2 $\frac{86}{161}$ |

## Mesure de 10. Boisseaux $\frac{2}{3}$.

| Prix de la Mesure. | | | A combien le Setier de 12. Boisseaux. | | |
|---|---|---|---|---|---|
| Liv. | Sols. | Den. | Liv. | Sols. | Den. |
| | | 1 | | | 1 $\frac{1}{8}$ |
| | | 2 | | | 2 $\frac{1}{4}$ |
| | | 3 | | | 3 $\frac{3}{8}$ |
| | | 6 | | | 6 $\frac{3}{4}$ |
| | | 9 | | | 10 $\frac{1}{8}$ |
| | | 11 | | 1 | $\frac{3}{8}$ |
| | 1 | | | 1 | 1 $\frac{1}{2}$ |
| | 2 | | | 2 | 3 |
| | 3 | | | 3 | 4 $\frac{1}{2}$ |
| | 4 | | | 4 | 6 |
| | 5 | | | 5 | 7 $\frac{1}{2}$ |
| | 10 | | | 11 | 3 |
| | 15 | | | 16 | 10 $\frac{1}{2}$ |
| | 19 | | 1 | 1 | 4 $\frac{1}{2}$ |
| 1 | | | 1 | 2 | 6 |
| 2 | | | 2 | 5 | |
| 3 | | | 3 | 7 | 6 |
| 4 | | | 4 | 10 | |
| 5 | | | 5 | 12 | 6 |
| 6 | | | 6 | 15 | |
| 7 | | | 7 | 17 | 6 |
| 8 | | | 9 | | |
| 9 | | | 10 | 2 | 6 |
| 10 | | | 11 | 5 | |
| 11 | | | 12 | 7 | 6 |
| 12 | | | 13 | 10 | |

## Mesure de 10. Boisseaux $\frac{1}{3}$.

| Prix de la Mesure. | | | A combien le Setier de 12. Boisseaux. | | |
|---|---|---|---|---|---|
| Liv. | Sols. | Den. | Liv. | Sols. | Den. |
| | | 1 | | | 1 $\frac{5}{31}$ |
| | | 2 | | | 2 $\frac{10}{31}$ |
| | | 3 | | | 3 $\frac{15}{31}$ |
| | | 6 | | | 6 $\frac{30}{31}$ |
| | | 9 | | | 10 $\frac{14}{31}$ |
| | | 11 | | 1 | $\frac{24}{31}$ |
| | 1 | | | 1 | 1 $\frac{29}{31}$ |
| | 2 | | | 2 | 3 $\frac{27}{31}$ |
| | 3 | | | 3 | 5 $\frac{25}{31}$ |
| | 4 | | | 4 | 7 $\frac{23}{31}$ |
| | 5 | | | 5 | 9 $\frac{21}{31}$ |
| | 10 | | | 11 | 7 $\frac{11}{31}$ |
| | 15 | | | 17 | 5 $\frac{1}{31}$ |
| | 19 | | 1 | 2 | $\frac{24}{31}$ |
| 1 | | | 1 | 3 | 2 $\frac{22}{31}$ |
| 2 | | | 2 | 6 | 5 $\frac{13}{31}$ |
| 3 | | | 3 | 9 | 8 $\frac{4}{31}$ |
| 4 | | | 4 | 12 | 10 $\frac{26}{31}$ |
| 5 | | | 5 | 16 | 1 $\frac{17}{31}$ |
| 6 | | | 6 | 19 | 4 $\frac{8}{31}$ |
| 7 | | | 8 | 2 | 6 $\frac{30}{31}$ |
| 8 | | | 9 | 5 | 9 $\frac{21}{31}$ |
| 9 | | | 10 | 9 | $\frac{12}{31}$ |
| 10 | | | 11 | 12 | 3 $\frac{3}{31}$ |
| 11 | | | 12 | 15 | 5 $\frac{25}{31}$ |
| 12 | | | 13 | 18 | 8 $\frac{16}{31}$ |

## MESURE DE 10. BOISSEAUX $\frac{1}{6}$.

| PRIX DE LA MESURE. | | | A combien le Setier de 12. Boiffeaux. | | |
|---|---|---|---|---|---|
| *Liv.* | *Sols.* | *Den.* | *Liv.* | *Sols.* | *Den.* |
| | | 1 . | | | 1 $\frac{11}{61}$ |
| | | 2 . | | | 2 $\frac{22}{61}$ |
| | | 3 . | | | 3 $\frac{33}{61}$ |
| | | 6 . | | | 7 $\frac{5}{61}$ |
| | | 9 . | | | 10 $\frac{38}{61}$ |
| | | 11 . | | 1 . | . $\frac{60}{61}$ |
| | 1 . | . . | | 1 . | 2 $\frac{10}{61}$ |
| | 2 . | . . | | 2 . | 4 $\frac{20}{61}$ |
| | 3 . | . . | | 3 . | 6 $\frac{30}{61}$ |
| | 4 . | . . | | 4 . | 8 $\frac{40}{61}$ |
| | 5 . | . . | | 5 . | 10 $\frac{50}{61}$ |
| | 10 . | . . | | 11 . | 9 $\frac{39}{61}$ |
| | 15 . | . . | | 17 . | 8 $\frac{28}{61}$ |
| | 19 . | . . | 1 . | 2 . | 5 $\frac{7}{61}$ |
| 1 . | . . | . . | 1 . | 3 . | 7 $\frac{17}{61}$ |
| 2 . | . . | . . | 2 . | 7 . | 2 $\frac{34}{61}$ |
| 3 . | . . | . . | 3 . | 10 . | 9 $\frac{51}{61}$ |
| 4 . | . . | . . | 4 . | 14 . | 5 $\frac{7}{61}$ |
| 5 . | . . | . . | 5 . | 18 . | . $\frac{24}{61}$ |
| 6 . | . . | . . | 7 . | 1 . | 7 $\frac{41}{61}$ |
| 7 . | . . | . . | 8 . | 5 . | 2 $\frac{58}{61}$ |
| 8 . | . . | . . | 9 . | 8 . | 10 $\frac{14}{61}$ |
| 9 . | . . | . . | 10 . | 12 . | 5 $\frac{31}{61}$ |
| 10 . | . . | . . | 11 . | 16 . | . $\frac{48}{61}$ |
| 11 . | . . | . . | 12 . | 19 . | 8 $\frac{4}{61}$ |
| 12 . | . . | . . | 14 . | 3 . | 3 $\frac{21}{61}$ |

## MESURE DE 10. BOISSEAUX $\frac{1}{12}$.

| PRIX DE LA MESURE. | | | A combien le Setier de 12. Boiffeaux. | | |
|---|---|---|---|---|---|
| *Liv.* | *Sols.* | *Den.* | *Liv.* | *Sols.* | *Den.* |
| | | 1 . | | | 1 $\frac{23}{121}$ |
| | | 2 . | | | 2 $\frac{46}{121}$ |
| | | 3 . | | | 3 $\frac{69}{121}$ |
| | | 6 . | | | 7 $\frac{17}{121}$ |
| | | 9 . | | | 10 $\frac{86}{121}$ |
| | | 11 . | | 1 . | 1 $\frac{11}{121}$ |
| | 1 . | . . | | 1 . | 2 $\frac{34}{121}$ |
| | 2 . | . . | | 2 . | 4 $\frac{68}{121}$ |
| | 3 . | . . | | 3 . | 6 $\frac{102}{121}$ |
| | 4 . | . . | | 4 . | 9 $\frac{15}{121}$ |
| | 5 . | . . | | 5 . | 11 $\frac{49}{121}$ |
| | 10 . | . . | | 11 . | 10 $\frac{98}{121}$ |
| | 15 . | . . | | 17 . | 10 $\frac{26}{121}$ |
| | 19 . | . . | 1 . | 2 . | 7 $\frac{41}{121}$ |
| 1 . | . . | . . | 1 . | 3 . | 9 $\frac{75}{121}$ |
| 2 . | . . | . . | 2 . | 7 . | 7 $\frac{29}{121}$ |
| 3 . | . . | . . | 3 . | 11 . | 4 $\frac{104}{121}$ |
| 4 . | . . | . . | 4 . | 15 . | 2 $\frac{58}{121}$ |
| 5 . | . . | . . | 5 . | 19 . | . $\frac{12}{121}$ |
| 6 . | . . | . . | 7 . | 2 . | 9 $\frac{87}{121}$ |
| 7 . | . . | . . | 8 . | 6 . | 7 $\frac{41}{121}$ |
| 8 . | . . | . . | 9 . | 10 . | 4 $\frac{116}{121}$ |
| 9 . | . . | . . | 10 . | 14 . | 2 $\frac{70}{121}$ |
| 10 . | . . | . . | 11 . | 18 . | . $\frac{24}{121}$ |
| 11 . | . . | . . | 13 . | 1 . | 9 $\frac{99}{121}$ |
| 12 . | . . | . . | 14 . | 5 . | 7 $\frac{53}{121}$ |

### MESURE DE 10. BOISSEAUX $\frac{4}{5}$.

| PRIX DE LA MESURE. | | | A combien le Setier de 12. Boisseaux. | | |
|---|---|---|---|---|---|
| *Liv.* | *Sols.* | *Den.* | *Liv.* | *Sols.* | *Den.* |
| | | 1 | | | $1\frac{1}{9}$ |
| | | 2 | | | $2\frac{2}{9}$ |
| | | 3 | | | $3\frac{1}{3}$ |
| | | 6 | | | $6\frac{2}{3}$ |
| | | 9 | | | 10 |
| | | 11 | | 1 | $\frac{2}{9}$ |
| | 1 | | | 1 | $1\frac{1}{3}$ |
| | 2 | | | 2 | $2\frac{2}{3}$ |
| | 3 | | | 3 | 4 |
| | 4 | | | 4 | $5\frac{1}{3}$ |
| | 5 | | | 5 | $6\frac{2}{3}$ |
| | 10 | | | 11 | $1\frac{1}{3}$ |
| | 15 | | | 16 | 8 |
| | 19 | | 1 | 1 | $1\frac{1}{3}$ |
| 1 | | | 1 | 2 | $2\frac{2}{3}$ |
| 2 | | | 2 | 4 | $5\frac{1}{3}$ |
| 3 | | | 3 | 6 | 8 |
| 4 | | | 4 | 8 | $10\frac{2}{3}$ |
| 5 | | | 5 | 11 | $1\frac{1}{3}$ |
| 6 | | | 6 | 13 | 4 |
| 7 | | | 7 | 15 | $6\frac{2}{3}$ |
| 8 | | | 8 | 17 | $9\frac{1}{3}$ |
| 9 | | | 10 | | |
| 10 | | | 11 | 2 | $2\frac{2}{3}$ |
| 11 | | | 12 | 4 | $5\frac{1}{3}$ |
| 12 | | | 13 | 6 | 8 |

### MESURE DE 10. BOISSEAUX $\frac{3}{5}$.

| PRIX DE LA MESURE. | | | A combien le Setier de 12. Boisseaux. | | |
|---|---|---|---|---|---|
| *Liv.* | *Sols.* | *Den.* | *Liv.* | *Sols.* | *Den.* |
| | | 1 | | | $1\frac{7}{53}$ |
| | | 2 | | | $2\frac{14}{53}$ |
| | | 3 | | | $3\frac{21}{53}$ |
| | | 6 | | | $6\frac{42}{53}$ |
| | | 9 | | | $10\frac{10}{53}$ |
| | | 11 | | 1 | $\frac{24}{53}$ |
| | 1 | | | 1 | $1\frac{31}{53}$ |
| | 2 | | | 2 | $3\frac{9}{53}$ |
| | 3 | | | 3 | $4\frac{40}{53}$ |
| | 4 | | | 4 | $6\frac{18}{53}$ |
| | 5 | | | 5 | $7\frac{49}{53}$ |
| | 10 | | | 11 | $3\frac{45}{53}$ |
| | 15 | | | 16 | $11\frac{41}{53}$ |
| | 19 | | 1 | 1 | $6\frac{6}{53}$ |
| 1 | | | 1 | 2 | $7\frac{37}{53}$ |
| 2 | | | 2 | 5 | $3\frac{21}{53}$ |
| 3 | | | 3 | 7 | $11\frac{5}{53}$ |
| 4 | | | 4 | 10 | $6\frac{42}{53}$ |
| 5 | | | 5 | 13 | $2\frac{26}{53}$ |
| 6 | | | 6 | 15 | $10\frac{10}{53}$ |
| 7 | | | 7 | 18 | $5\frac{47}{53}$ |
| 8 | | | 9 | 1 | $1\frac{31}{53}$ |
| 9 | | | 10 | 3 | $9\frac{15}{53}$ |
| 10 | | | 11 | 6 | $4\frac{52}{53}$ |
| 11 | | | 12 | 9 | $\frac{36}{53}$ |
| 12 | | | 13 | 11 | $8\frac{20}{53}$ |

## Mesure de 10. Boisseaux $\frac{2}{5}$.

| Prix de la Mesure. | | | A combien le Setier de 12. Boiſſeaux. | | |
|---|---|---|---|---|---|
| *Liv.* | *Sols.* | *Den.* | *Liv.* | *Sols.* | *Den.* |
| | | 1 | | | 1 $\frac{2}{13}$ |
| | | 2 | | | 2 $\frac{4}{13}$ |
| | | 3 | | | 3 $\frac{6}{13}$ |
| | | 6 | | | 6 $\frac{12}{13}$ |
| | | 9 | | | 10 $\frac{5}{13}$ |
| | | 11 | | 1 | $\frac{9}{13}$ |
| | 1 | | | 1 | 1 $\frac{11}{13}$ |
| | 2 | | | 2 | 3 $\frac{9}{13}$ |
| | 3 | | | 3 | 5 $\frac{7}{13}$ |
| | 4 | | | 4 | 7 $\frac{5}{13}$ |
| | 5 | | | 5 | 9 $\frac{3}{13}$ |
| | 10 | | | 11 | 6 $\frac{6}{13}$ |
| | 15 | | | 17 | 3 $\frac{9}{13}$ |
| | 19 | | 1 | 1 | 11 $\frac{1}{13}$ |
| 1 | | | 1 | 3 | $\frac{12}{13}$ |
| 2 | | | 2 | 6 | 1 $\frac{11}{13}$ |
| 3 | | | 3 | 9 | 2 $\frac{10}{13}$ |
| 4 | | | 4 | 12 | 3 $\frac{9}{13}$ |
| 5 | | | 5 | 15 | 4 $\frac{8}{13}$ |
| 6 | | | 6 | 18 | 5 $\frac{7}{13}$ |
| 7 | | | 8 | 1 | 6 $\frac{6}{13}$ |
| 8 | | | 9 | 4 | 7 $\frac{5}{13}$ |
| 9 | | | 10 | 7 | 8 $\frac{4}{13}$ |
| 10 | | | 11 | 10 | 9 $\frac{3}{13}$ |
| 11 | | | 12 | 13 | 10 $\frac{2}{13}$ |
| 12 | | | 13 | 16 | 11 $\frac{1}{13}$ |

## Mesure de 10. Boisseaux $\frac{1}{5}$.

| Prix de la Mesure. | | | A combien le Setier de 12. Boiſſeaux. | | |
|---|---|---|---|---|---|
| *Liv.* | *Sols.* | *Den.* | *Liv.* | *Sols.* | *Den.* |
| | | 1 | | | 1 $\frac{3}{17}$ |
| | | 2 | | | 2 $\frac{6}{17}$ |
| | | 3 | | | 3 $\frac{9}{17}$ |
| | | 6 | | | 7 $\frac{1}{17}$ |
| | | 9 | | | 10 $\frac{10}{17}$ |
| | | 11 | | 1 | $\frac{16}{17}$ |
| | 1 | | | 1 | 2 $\frac{2}{17}$ |
| | 2 | | | 2 | 4 $\frac{4}{17}$ |
| | 3 | | | 3 | 6 $\frac{6}{17}$ |
| | 4 | | | 4 | 8 $\frac{8}{17}$ |
| | 5 | | | 5 | 10 $\frac{10}{17}$ |
| | 10 | | | 11 | 9 $\frac{3}{17}$ |
| | 15 | | | 17 | 7 $\frac{13}{17}$ |
| | 19 | | 1 | 2 | 4 $\frac{4}{17}$ |
| 1 | | | 1 | 3 | 6 $\frac{6}{17}$ |
| 2 | | | 2 | 7 | $\frac{12}{17}$ |
| 3 | | | 3 | 10 | 7 $\frac{1}{17}$ |
| 4 | | | 4 | 14 | 1 $\frac{7}{17}$ |
| 5 | | | 5 | 17 | 7 $\frac{13}{17}$ |
| 6 | | | 7 | 1 | 2 $\frac{2}{17}$ |
| 7 | | | 8 | 4 | 8 $\frac{8}{17}$ |
| 8 | | | 9 | 8 | 2 $\frac{14}{17}$ |
| 9 | | | 10 | 11 | 9 $\frac{3}{17}$ |
| 10 | | | 11 | 15 | 3 $\frac{9}{17}$ |
| 11 | | | 12 | 18 | 9 $\frac{15}{17}$ |
| 12 | | | 14 | 2 | 4 $\frac{4}{17}$ |

### MESURE DE 10. BOISSEAUX $\frac{1}{10}$.

| PRIX DE LA MESURE. Liv. | Sols. | Den. | A combien le Setier de 12. Boiſſeaux. Liv. | Sols. | Den. |
|---|---|---|---|---|---|
| | | 1 . | | | 1 $\frac{19}{101}$ |
| | | 2 . | | | 2 $\frac{38}{101}$ |
| | | 3 . | | | 3 $\frac{57}{101}$ |
| | | 6 . | | | 7 $\frac{13}{101}$ |
| | | 9 . | | | 10 $\frac{70}{101}$ |
| | | 11 . | | 1 . | 1 $\frac{7}{101}$ |
| | 1 . . . | | | 1 . | 2 $\frac{26}{101}$ |
| | 2 . . . | | | 2 . | 4 $\frac{52}{101}$ |
| | 3 . . . | | | 3 . | 6 $\frac{78}{101}$ |
| | 4 . . . | | | 4 . | 9 $\frac{3}{101}$ |
| | 5 . . . | | | 5 . | 11 $\frac{29}{101}$ |
| | 10 . . . | | | 11 . | 10 $\frac{58}{101}$ |
| | 15 . . . | | | 17 . | 9 $\frac{87}{101}$ |
| | 19 . . . | | 1 . | 2 . | 6 $\frac{90}{101}$ |
| 1 . . . . . | | | 1 . | 3 . | 9 $\frac{15}{101}$ |
| 2 . . . . . | | | 2 . | 7 . | 6 $\frac{30}{101}$ |
| 3 . . . . . | | | 3 . | 11 . | 3 $\frac{45}{101}$ |
| 4 . . . . . | | | 4 . | 15 . | . $\frac{60}{101}$ |
| 5 . . . . . | | | 5 . | 18 . | 9 $\frac{75}{101}$ |
| 6 . . . . . | | | 7 . | 2 . | 6 $\frac{90}{101}$ |
| 7 . . . . . | | | 8 . | 6 . | 4 $\frac{4}{101}$ |
| 8 . . . . . | | | 9 . | 10 . | 1 $\frac{19}{101}$ |
| 9 . . . . . | | | 10 . | 13 . | 10 $\frac{34}{101}$ |
| 10 . . . . . | | | 11 . | 17 . | 7 $\frac{49}{101}$ |
| 11 . . . . . | | | 13 . | 1 . | 4 $\frac{64}{101}$ |
| 12 . . . . . | | | 14 . | 5 . | 1 $\frac{79}{101}$ |

### MESURE DE 10. BOISSEAUX $\frac{1}{20}$.

| PRIX DE LA MESURE. Liv. | Sols. | Den. | A combien le Setier de 12. Boiſſeaux. Liv. | Sols. | Den. |
|---|---|---|---|---|---|
| | | 1 . | | | 1 $\frac{13}{67}$ |
| | | 2 . | | | 2 $\frac{26}{67}$ |
| | | 3 . | | | 3 $\frac{39}{67}$ |
| | | 6 . | | | 7 $\frac{11}{67}$ |
| | | 9 . | | | 10 $\frac{50}{67}$ |
| | | 11 . | | 1 . | 1 $\frac{9}{67}$ |
| | 1 . . . | | | 1 . | 2 $\frac{22}{67}$ |
| | 2 . . . | | | 2 . | 4 $\frac{44}{67}$ |
| | 3 . . . | | | 3 . | 6 $\frac{66}{67}$ |
| | 4 . . . | | | 4 . | 9 $\frac{21}{67}$ |
| | 5 . . . | | | 5 . | 11 $\frac{43}{67}$ |
| | 10 . . . | | | 11 . | 11 $\frac{19}{67}$ |
| | 15 . . . | | | 17 . | 10 $\frac{62}{67}$ |
| | 19 . . . | | 1 . | 2 . | 8 $\frac{16}{67}$ |
| 1 . . . . . | | | 1 . | 3 . | 10 $\frac{38}{67}$ |
| 2 . . . . . | | | 2 . | 7 . | 9 $\frac{9}{67}$ |
| 3 . . . . . | | | 3 . | 11 . | 7 $\frac{47}{67}$ |
| 4 . . . . . | | | 4 . | 15 . | 6 $\frac{18}{67}$ |
| 5 . . . . . | | | 5 . | 19 . | 4 $\frac{56}{67}$ |
| 6 . . . . . | | | 7 . | 3 . | 3 $\frac{27}{67}$ |
| 7 . . . . . | | | 8 . | 7 . | 1 $\frac{65}{67}$ |
| 8 . . . . . | | | 9 . | 11 . | . $\frac{35}{67}$ |
| 9 . . . . . | | | 10 . | 14 . | 11 $\frac{7}{67}$ |
| 10 . . . . . | | | 11 . | 18 . | 9 $\frac{45}{67}$ |
| 11 . . . . . | | | 13 . | 2 . | 8 $\frac{16}{67}$ |
| 12 . . . . . | | | 14 . | 6 . | 6 $\frac{54}{67}$ |

## Mesure de 11. Boisseaux.

| Prix de la Mesure. | | | A combien le Setier de 12. Boisseaux. | | |
|---|---|---|---|---|---|
| *Liv.* | *Sols.* | *Den.* | *Liv.* | *Sols.* | *Den.* |
| | | 1 | | | 1 $\frac{1}{11}$ |
| | | 2 | | | 2 $\frac{2}{11}$ |
| | | 3 | | | 3 $\frac{3}{11}$ |
| | | 6 | | | 6 $\frac{6}{11}$ |
| | | 9 | | | 9 $\frac{9}{11}$ |
| | | 11 | | 1 | 1 |
| | 1 | | | 1 | 1 $\frac{1}{11}$ |
| | 2 | | | 2 | 2 $\frac{2}{11}$ |
| | 3 | | | 3 | 3 $\frac{3}{11}$ |
| | 4 | | | 4 | 4 $\frac{4}{11}$ |
| | 5 | | | 5 | 5 $\frac{5}{11}$ |
| | 10 | | | 10 | 10 $\frac{10}{11}$ |
| | 15 | | | 16 | 4 $\frac{4}{11}$ |
| | 19 | | 1 | | 8 $\frac{8}{11}$ |
| 1 | | | 1 | 1 | 9 $\frac{9}{11}$ |
| 2 | | | 2 | 3 | 7 $\frac{7}{11}$ |
| 3 | | | 3 | 5 | 5 $\frac{5}{11}$ |
| 4 | | | 4 | 7 | 3 $\frac{3}{11}$ |
| 5 | | | 5 | 9 | 1 $\frac{1}{11}$ |
| 6 | | | 6 | 10 | 10 $\frac{10}{11}$ |
| 7 | | | 7 | 12 | 8 $\frac{8}{11}$ |
| 8 | | | 8 | 14 | 6 $\frac{6}{11}$ |
| 9 | | | 9 | 16 | 4 $\frac{4}{11}$ |
| 10 | | | 10 | 18 | 2 $\frac{2}{11}$ |
| 11 | | | 12 | | |
| 12 | | | 13 | 1 | 9 $\frac{9}{11}$ |

## Mesure de 11. Boisseaux $\frac{3}{4}$.

| Prix de la Mesure. | | | A combien le Setier de 12. Boisseaux. | | |
|---|---|---|---|---|---|
| *Liv.* | *Sols.* | *Den.* | *Liv.* | *Sols.* | *Den.* |
| | | 1 | | | 1 $\frac{1}{47}$ |
| | | 2 | | | 2 $\frac{2}{47}$ |
| | | 3 | | | 3 $\frac{3}{47}$ |
| | | 6 | | | 6 $\frac{6}{47}$ |
| | | 9 | | | 9 $\frac{9}{47}$ |
| | | 11 | | | 11 $\frac{11}{47}$ |
| | 1 | | | 1 | $\frac{12}{47}$ |
| | 2 | | | 2 | $\frac{24}{47}$ |
| | 3 | | | 3 | $\frac{36}{47}$ |
| | 4 | | | 4 | 1 $\frac{1}{47}$ |
| | 5 | | | 5 | 1 $\frac{13}{47}$ |
| | 10 | | | 10 | 2 $\frac{26}{47}$ |
| | 15 | | | 15 | 3 $\frac{39}{47}$ |
| | 19 | | | 19 | 4 $\frac{40}{47}$ |
| 1 | | | 1 | | 5 $\frac{5}{47}$ |
| 2 | | | 2 | | 10 $\frac{10}{47}$ |
| 3 | | | 3 | 1 | 3 $\frac{15}{47}$ |
| 4 | | | 4 | 1 | 8 $\frac{20}{47}$ |
| 5 | | | 5 | 2 | 1 $\frac{25}{47}$ |
| 6 | | | 6 | 2 | 6 $\frac{30}{47}$ |
| 7 | | | 7 | 2 | 11 $\frac{35}{47}$ |
| 8 | | | 8 | 3 | 4 $\frac{40}{47}$ |
| 9 | | | 9 | 3 | 9 $\frac{45}{47}$ |
| 10 | | | 10 | 4 | 3 $\frac{3}{47}$ |
| 11 | | | 11 | 4 | 8 $\frac{8}{47}$ |
| 12 | | | 12 | 5 | 1 $\frac{13}{47}$ |

MESURE DE 11. BOISSEAUX $\frac{1}{2}$.

| PRIX DE LA MESURE. | | | A combien le Setier de 12. Boisseaux. | | |
|---|---|---|---|---|---|
| Liv. | Sols. | Den. | Liv. | Sols. | Den. |
| | | 1 | | | 1 $\frac{1}{23}$ |
| | | 2 | | | 2 $\frac{2}{23}$ |
| | | 3 | | | 3 $\frac{3}{23}$ |
| | | 6 | | | 6 $\frac{6}{23}$ |
| | | 9 | | | 9 $\frac{9}{23}$ |
| | | 11 | | | 11 $\frac{11}{23}$ |
| | 1 | | | 1 | $\frac{12}{23}$ |
| | 2 | | | 2 | 1 $\frac{1}{23}$ |
| | 3 | | | 3 | 1 $\frac{13}{23}$ |
| | 4 | | | 4 | 2 $\frac{2}{23}$ |
| | 5 | | | 5 | 2 $\frac{14}{23}$ |
| | 10 | | | 10 | 5 $\frac{5}{23}$ |
| | 15 | | | 15 | 7 $\frac{19}{23}$ |
| | 19 | | | 19 | 9 $\frac{21}{23}$ |
| 1 | | | 1 | | 10 $\frac{10}{23}$ |
| 2 | | | 2 | 1 | 8 $\frac{20}{23}$ |
| 3 | | | 3 | 2 | 7 $\frac{7}{23}$ |
| 4 | | | 4 | 3 | 5 $\frac{17}{23}$ |
| 5 | | | 5 | 4 | 4 $\frac{4}{23}$ |
| 6 | | | 6 | 5 | 2 $\frac{14}{23}$ |
| 7 | | | 7 | 6 | 1 $\frac{1}{23}$ |
| 8 | | | 8 | 6 | 11 $\frac{11}{23}$ |
| 9 | | | 9 | 7 | 9 $\frac{21}{23}$ |
| 10 | | | 10 | 8 | 8 $\frac{8}{23}$ |
| 11 | | | 11 | 9 | 6 $\frac{18}{23}$ |
| 12 | | | 12 | 10 | 5 $\frac{5}{23}$ |

MESURE DE 11. BOISSEAUX $\frac{1}{4}$.

| PRIX DE LA MESURE. | | | A combien le Setier de 12. Boisseaux. | | |
|---|---|---|---|---|---|
| Liv. | Sols. | Den. | Liv. | Sols. | Den. |
| | | 1 | | | 1 $\frac{1}{15}$ |
| | | 2 | | | 2 $\frac{2}{15}$ |
| | | 3 | | | 3 $\frac{1}{5}$ |
| | | 6 | | | 6 $\frac{2}{5}$ |
| | | 9 | | | 9 $\frac{3}{5}$ |
| | | 11 | | | 11 $\frac{11}{15}$ |
| | 1 | | | 1 | $\frac{4}{5}$ |
| | 2 | | | 2 | 1 $\frac{3}{5}$ |
| | 3 | | | 3 | 2 $\frac{2}{5}$ |
| | 4 | | | 4 | 3 $\frac{1}{5}$ |
| | 5 | | | 5 | 4 |
| | 10 | | | 10 | 8 |
| | 15 | | | 16 | |
| | 19 | | 1 | | 3 $\frac{1}{5}$ |
| 1 | | | 1 | 1 | 4 |
| 2 | | | 2 | 2 | 8 |
| 3 | | | 3 | 4 | |
| 4 | | | 4 | 5 | 4 |
| 5 | | | 5 | 6 | 8 |
| 6 | | | 6 | 8 | |
| 7 | | | 7 | 9 | 4 |
| 8 | | | 8 | 10 | 8 |
| 9 | | | 9 | 12 | |
| 10 | | | 10 | 13 | 4 |
| 11 | | | 11 | 14 | 8 |
| 12 | | | 12 | 16 | |

## Mesure de 11. Boisseaux $\frac{1}{8}$.

| Prix de la Mesure. | | | A combien le Setier de 12. Boisseaux. | | |
|---|---|---|---|---|---|
| Liv. | Sols. | Den. | Liv. | Sols. | Den. |
| | | 1 | | | 1 $\frac{7}{89}$ |
| | | 2 | | | 2 $\frac{14}{89}$ |
| | | 3 | | | 3 $\frac{21}{89}$ |
| | | 6 | | | 6 $\frac{42}{89}$ |
| | | 9 | | | 9 $\frac{63}{89}$ |
| | | 11 | | | 11 $\frac{77}{89}$ |
| | 1 | | | 1 | $\frac{84}{89}$ |
| | 2 | | | 2 | 1 $\frac{79}{89}$ |
| | 3 | | | 3 | 2 $\frac{74}{89}$ |
| | 4 | | | 4 | 3 $\frac{69}{89}$ |
| | 5 | | | 5 | 4 $\frac{64}{89}$ |
| | 10 | | | 10 | 9 $\frac{39}{89}$ |
| | 15 | | | 16 | 2 $\frac{14}{89}$ |
| | 19 | | 1 | | 5 $\frac{83}{89}$ |
| 1 | | | 1 | 1 | 6 $\frac{72}{89}$ |
| 2 | | | 2 | 3 | 1 $\frac{67}{89}$ |
| 3 | | | 3 | 4 | 8 $\frac{56}{89}$ |
| 4 | | | 4 | 6 | 3 $\frac{45}{89}$ |
| 5 | | | 5 | 7 | 10 $\frac{34}{89}$ |
| 6 | | | 6 | 9 | 5 $\frac{23}{89}$ |
| 7 | | | 7 | 11 | $\frac{12}{89}$ |
| 8 | | | 8 | 12 | 7 $\frac{1}{89}$ |
| 9 | | | 9 | 14 | 1 $\frac{79}{89}$ |
| 10 | | | 10 | 15 | 8 $\frac{68}{89}$ |
| 11 | | | 11 | 17 | 3 $\frac{57}{89}$ |
| 12 | | | 12 | 18 | 10 $\frac{46}{89}$ |

## Mesure de 11. Boisseaux $\frac{1}{16}$.

| Prix de la Mesure. | | | A combien le Setier de 12. Boisseaux. | | |
|---|---|---|---|---|---|
| Liv. | Sols. | Den. | Liv. | Sols. | Den. |
| | | 1 | | | 1 $\frac{5}{59}$ |
| | | 2 | | | 2 $\frac{10}{59}$ |
| | | 3 | | | 3 $\frac{15}{59}$ |
| | | 6 | | | 6 $\frac{30}{59}$ |
| | | 9 | | | 9 $\frac{45}{59}$ |
| | | 11 | | | 11 $\frac{55}{59}$ |
| | 1 | | | 1 | 1 $\frac{1}{59}$ |
| | 2 | | | 2 | 2 $\frac{2}{59}$ |
| | 3 | | | 3 | 3 $\frac{3}{59}$ |
| | 4 | | | 4 | 4 $\frac{4}{59}$ |
| | 5 | | | 5 | 5 $\frac{5}{59}$ |
| | 10 | | | 10 | 10 $\frac{10}{59}$ |
| | 15 | | | 16 | 3 $\frac{15}{59}$ |
| | 19 | | 1 | | 7 $\frac{19}{59}$ |
| 1 | | | 1 | 1 | 8 $\frac{20}{59}$ |
| 2 | | | 2 | 3 | 4 $\frac{40}{59}$ |
| 3 | | | 3 | 5 | 1 $\frac{1}{59}$ |
| 4 | | | 4 | 6 | 9 $\frac{21}{59}$ |
| 5 | | | 5 | 8 | 5 $\frac{41}{59}$ |
| 6 | | | 6 | 10 | 2 $\frac{2}{59}$ |
| 7 | | | 7 | 11 | 10 $\frac{22}{59}$ |
| 8 | | | 8 | 13 | 6 $\frac{42}{59}$ |
| 9 | | | 9 | 15 | 3 $\frac{3}{59}$ |
| 10 | | | 10 | 16 | 11 $\frac{23}{59}$ |
| 11 | | | 11 | 18 | 7 $\frac{43}{59}$ |
| 12 | | | 13 | | 4 $\frac{4}{59}$ |

## Mesure de 11. Boisseaux $\frac{2}{3}$.

| Prix de la Mesure. | | | A combien le Setier de 12 Boisseaux. | | |
|---|---|---|---|---|---|
| *Liv.* | *Sols.* | *Den.* | *Liv.* | *Sols.* | *Den.* |
| | | 1 | | | 1 $\frac{1}{35}$ |
| | | 2 | | | 2 $\frac{2}{35}$ |
| | | 3 | | | 3 $\frac{3}{35}$ |
| | | 6 | | | 6 $\frac{6}{35}$ |
| | | 9 | | | 9 $\frac{9}{35}$ |
| | | 11 | | | 11 $\frac{11}{35}$ |
| | 1 | | | 1 | $\frac{12}{35}$ |
| | 2 | | | 2 | $\frac{24}{35}$ |
| | 3 | | | 3 | 1 $\frac{1}{35}$ |
| | 4 | | | 4 | 1 $\frac{13}{35}$ |
| | 5 | | | 5 | 1 $\frac{25}{35}$ |
| | 10 | | | 10 | 3 $\frac{15}{35}$ |
| | 15 | | | 15 | 5 $\frac{5}{35}$ |
| | 19 | | | 19 | 6 $\frac{18}{35}$ |
| 1 | | | 1 | | 6 $\frac{30}{35}$ |
| 2 | | | 2 | 1 | 1 $\frac{25}{35}$ |
| 3 | | | 3 | 1 | 8 $\frac{20}{35}$ |
| 4 | | | 4 | 2 | 3 $\frac{15}{35}$ |
| 5 | | | 5 | 2 | 10 $\frac{10}{35}$ |
| 6 | | | 6 | 3 | 5 $\frac{5}{35}$ |
| 7 | | | 7 | 4 | |
| 8 | | | 8 | 4 | 6 $\frac{30}{35}$ |
| 9 | | | 9 | 5 | 1 $\frac{25}{35}$ |
| 10 | | | 10 | 5 | 8 $\frac{20}{35}$ |
| 11 | | | 11 | 6 | 3 $\frac{15}{35}$ |
| 12 | | | 12 | 6 | 10 $\frac{10}{35}$ |

## Mesure de 11. Boisseaux $\frac{1}{3}$.

| Prix de la Mesure. | | | A combien le Setier de 12. Boisseaux. | | |
|---|---|---|---|---|---|
| *Liv.* | *Sols.* | *Den.* | *Liv.* | *Sols.* | *Den.* |
| | | 1 | | | 1 $\frac{1}{17}$ |
| | | 2 | | | 2 $\frac{2}{17}$ |
| | | 3 | | | 3 $\frac{3}{17}$ |
| | | 6 | | | 6 $\frac{6}{17}$ |
| | | 9 | | | 9 $\frac{9}{17}$ |
| | | 11 | | | 11 $\frac{11}{17}$ |
| | 1 | | | 1 | $\frac{12}{17}$ |
| | 2 | | | 2 | 1 $\frac{7}{17}$ |
| | 3 | | | 3 | 2 $\frac{2}{17}$ |
| | 4 | | | 4 | 2 $\frac{14}{17}$ |
| | 5 | | | 5 | 3 $\frac{9}{17}$ |
| | 10 | | | 10 | 7 $\frac{1}{17}$ |
| | 15 | | | 15 | 10 $\frac{10}{17}$ |
| | 19 | | 1 | | 1 $\frac{7}{17}$ |
| 1 | | | 1 | 1 | 2 $\frac{2}{17}$ |
| 2 | | | 2 | 2 | 4 $\frac{4}{17}$ |
| 3 | | | 3 | 3 | 6 $\frac{6}{17}$ |
| 4 | | | 4 | 4 | 8 $\frac{8}{17}$ |
| 5 | | | 5 | 5 | 10 $\frac{10}{17}$ |
| 6 | | | 6 | 7 | $\frac{12}{17}$ |
| 7 | | | 7 | 8 | 2 $\frac{14}{17}$ |
| 8 | | | 8 | 9 | 4 $\frac{16}{17}$ |
| 9 | | | 9 | 10 | 7 $\frac{1}{17}$ |
| 10 | | | 10 | 11 | 9 $\frac{3}{17}$ |
| 11 | | | 11 | 12 | 11 $\frac{5}{17}$ |
| 12 | | | 12 | 14 | 1 $\frac{7}{17}$ |

## MESURE DE 11. BOISSEAUX $\frac{1}{6}$.

| PRIX DE LA MESURE. | | | A combien le Setier de 12. Boisseaux. | | |
|---|---|---|---|---|---|
| *Liv.* | *Sols.* | *Den.* | *Liv.* | *Sols.* | *Den.* |
| | | 1 | | | 1 $\frac{5}{67}$ |
| | | 2 | | | 2 $\frac{10}{67}$ |
| | | 3 | | | 3 $\frac{15}{67}$ |
| | | 6 | | | 6 $\frac{30}{67}$ |
| | | 9 | | | 9 $\frac{45}{67}$ |
| | | 11 | | | 11 $\frac{55}{67}$ |
| | 1 | | | 1 | $\frac{60}{67}$ |
| | 2 | | | 2 | 1 $\frac{53}{67}$ |
| | 3 | | | 3 | 2 $\frac{46}{67}$ |
| | 4 | | | 4 | 3 $\frac{39}{67}$ |
| | 5 | | | 5 | 4 $\frac{32}{67}$ |
| | 10 | | | 10 | 8 $\frac{64}{67}$ |
| | 15 | | | 16 | 1 $\frac{29}{67}$ |
| | 19 | | 1 | | 5 $\frac{1}{67}$ |
| 1 | | | 1 | 1 | 5 $\frac{61}{67}$ |
| 2 | | | 2 | 2 | 11 $\frac{55}{67}$ |
| 3 | | | 3 | 4 | 5 $\frac{49}{67}$ |
| 4 | | | 4 | 5 | 11 $\frac{43}{67}$ |
| 5 | | | 5 | 7 | 5 $\frac{37}{67}$ |
| 6 | | | 6 | 8 | 11 $\frac{31}{67}$ |
| 7 | | | 7 | 10 | 5 $\frac{25}{67}$ |
| 8 | | | 8 | 11 | 11 $\frac{19}{67}$ |
| 9 | | | 9 | 13 | 5 $\frac{13}{67}$ |
| 10 | | | 10 | 14 | 11 $\frac{7}{67}$ |
| 11 | | | 11 | 16 | 5 $\frac{1}{67}$ |
| 12 | | | 12 | 17 | 10 $\frac{62}{67}$ |

## MESURE DE 11. BOISSEAUX $\frac{1}{12}$.

| PRIX DE LA MESURE. | | | A combien le Setier de 12. Boisseaux. | | |
|---|---|---|---|---|---|
| *Liv.* | *Sols.* | *Den.* | *Liv.* | *Sols.* | *Den.* |
| | | 1 | | | 1 $\frac{11}{133}$ |
| | | 2 | | | 2 $\frac{22}{133}$ |
| | | 3 | | | 3 $\frac{33}{133}$ |
| | | 6 | | | 6 $\frac{66}{133}$ |
| | | 9 | | | 9 $\frac{99}{133}$ |
| | | 11 | | | 11 $\frac{121}{133}$ |
| | 1 | | | 1 | $\frac{132}{133}$ |
| | 2 | | | 2 | 1 $\frac{131}{133}$ |
| | 3 | | | 3 | 2 $\frac{130}{133}$ |
| | 4 | | | 4 | 3 $\frac{129}{133}$ |
| | 5 | | | 5 | 4 $\frac{128}{133}$ |
| | 10 | | | 10 | 9 $\frac{123}{133}$ |
| | 15 | | | 16 | 2 $\frac{118}{133}$ |
| | 19 | | 1 | | 6 $\frac{114}{133}$ |
| 1 | | | 1 | 1 | 7 $\frac{113}{133}$ |
| 2 | | | 2 | 3 | 3 $\frac{93}{133}$ |
| 3 | | | 3 | 4 | 11 $\frac{73}{133}$ |
| 4 | | | 4 | 6 | 7 $\frac{53}{133}$ |
| 5 | | | 5 | 8 | 3 $\frac{33}{133}$ |
| 6 | | | 6 | 9 | 11 $\frac{13}{133}$ |
| 7 | | | 7 | 11 | 6 $\frac{126}{133}$ |
| 8 | | | 8 | 13 | 2 $\frac{106}{133}$ |
| 9 | | | 9 | 14 | 10 $\frac{86}{133}$ |
| 10 | | | 10 | 16 | 6 $\frac{66}{133}$ |
| 11 | | | 11 | 18 | 2 $\frac{46}{133}$ |
| 12 | | | 12 | 19 | 10 $\frac{26}{133}$ |

MESURE DE II. BOISSEAUX $\frac{4}{5}$.

| PRIX DE LA MESURE. | | | A combien le Setier de 12. Boiſſeaux. | | |
|---|---|---|---|---|---|
| *Liv.* | *Sols.* | *Den.* | *Liv.* | *Sols.* | *Den.* |
| | | 1 . | | | 1 $\frac{1}{59}$ |
| | | 2 . | | | 2 $\frac{2}{59}$ |
| | | 3 . | | | 3 $\frac{3}{59}$ |
| | | 6 . | | | 6 $\frac{6}{55}$ |
| | | 9 . | | | 9 $\frac{9}{59}$ |
| | | 11 . | | | 11 $\frac{11}{59}$ |
| | 1 . | . . | | 1 . | . $\frac{12}{59}$ |
| | 2 . | . . | | 2 . | . $\frac{24}{59}$ |
| | 3 . | . . | | 3 . | . $\frac{36}{59}$ |
| | 4 . | . . | | 4 . | . $\frac{48}{59}$ |
| | 5 . | . . | | 5 . | 1 $\frac{1}{59}$ |
| | 10 . | . . | | 10 . | 2 $\frac{2}{59}$ |
| | 15 . | . . | | 15 . | 3 $\frac{3}{59}$ |
| | 19 . | . . | | 19 . | 3 $\frac{51}{59}$ |
| 1 . | . . | . . | 1 . | . . | 4 $\frac{4}{59}$ |
| 2 . | . . | . . | 2 . | . . | 8 $\frac{8}{59}$ |
| 3 . | . . | . . | 3 . | 1 . | . $\frac{12}{59}$ |
| 4 . | . . | . . | 4 . | 1 . | 4 $\frac{15}{59}$ |
| 5 . | . . | . . | 5 . | 1 . | 8 $\frac{20}{59}$ |
| 6 . | . . | . . | 6 . | 2 . | . $\frac{24}{59}$ |
| 7 . | . . | . . | 7 . | 2 . | 4 $\frac{28}{59}$ |
| 8 . | . . | . . | 8 . | 2 . | 8 $\frac{32}{59}$ |
| 9 . | . . | . . | 9 . | 3 . | . $\frac{36}{59}$ |
| 10 . | . . | . . | 10 . | 3 . | 4 $\frac{40}{59}$ |
| 11 . | . . | . . | 11 . | 3 . | 8 $\frac{44}{59}$ |
| 12 . | . . | . . | 12 . | 4 . | . $\frac{48}{59}$ |

MESURE DE II. BOISSEAUX $\frac{3}{5}$.

| PRIX DE LA MESURE. | | | A combien le Setier de 12. Boiſſeaux. | | |
|---|---|---|---|---|---|
| *Liv.* | *Sols.* | *Den.* | *Liv.* | *Sols.* | *Den.* |
| | | 1 . | | | 1 $\frac{1}{29}$ |
| | | 2 . | | | 2 $\frac{2}{29}$ |
| | | 3 . | | | 3 $\frac{3}{29}$ |
| | | 6 . | | | 6 $\frac{6}{29}$ |
| | | 9 . | | | 9 $\frac{9}{29}$ |
| | | 11 . | | | 11 $\frac{11}{29}$ |
| | 1 . | . . | | 1 . | . $\frac{12}{29}$ |
| | 2 . | . . | | 2 . | . $\frac{24}{29}$ |
| | 3 . | . . | | 3 . | 1 $\frac{7}{29}$ |
| | 4 . | . . | | 4 . | 1 $\frac{19}{29}$ |
| | 5 . | . . | | 5 . | 2 $\frac{2}{29}$ |
| | 10 . | . . | | 10 . | 4 $\frac{4}{29}$ |
| | 15 . | . . | | 15 . | 6 $\frac{6}{29}$ |
| | 19 . | . . | | 19 . | 7 $\frac{25}{29}$ |
| 1 . | . . | . . | 1 . | . . | 8 $\frac{8}{29}$ |
| 2 . | . . | . . | 2 . | 1 . | 4 $\frac{16}{29}$ |
| 3 . | . . | . . | 3 . | 2 . | . $\frac{24}{29}$ |
| 4 . | . . | . . | 4 . | 2 . | 9 $\frac{3}{29}$ |
| 5 . | . . | . . | 5 . | 3 . | 5 $\frac{11}{29}$ |
| 6 . | . . | . . | 6 . | 4 . | 1 $\frac{19}{29}$ |
| 7 . | . . | . . | 7 . | 4 . | 9 $\frac{27}{29}$ |
| 8 . | . . | . . | 8 . | 5 . | 6 $\frac{6}{29}$ |
| 9 . | . . | . . | 9 . | 6 . | 2 $\frac{14}{29}$ |
| 10 . | . . | . . | 10 . | 6 . | 10 $\frac{22}{29}$ |
| 11 . | . . | . . | 11 . | 7 . | 7 $\frac{1}{29}$ |
| 12 . | . . | . . | 12 . | 8 . | 3 $\frac{9}{29}$ |

MESURE DE II. BOISSEAUX $\frac{2}{5}$.

| PRIX DE LA MESURE. | | | A combien le Setier de 12. Boisseaux. | | |
|---|---|---|---|---|---|
| *Liv.* | *Sols.* | *Den.* | *Liv.* | *Sols.* | *Den.* |
| | | 1 . | | | 1 $\frac{1}{19}$ |
| | | 2 . | | | 2 $\frac{2}{19}$ |
| | | 3 . | | | 3 $\frac{3}{19}$ |
| | | 6 . | | | 6 $\frac{6}{19}$ |
| | | 9 . | | | 9 $\frac{9}{19}$ |
| | | 11 . | | | 11 $\frac{11}{19}$ |
| | 1 . | . . | | 1 . | . $\frac{12}{19}$ |
| | 2 . | . . | | 2 . | 1 $\frac{5}{19}$ |
| | 3 . | . . | | 3 . | 1 $\frac{17}{19}$ |
| | 4 . | . . | | 4 . | 2 $\frac{10}{19}$ |
| | 5 . | . . | | 5 . | 3 $\frac{3}{19}$ |
| | 10 . | . . | | 10 . | 6 $\frac{6}{19}$ |
| | 15 . | . . | | 15 . | 9 $\frac{9}{19}$ |
| | 19 . | . . | 1 . | . . | . . |
| 1 . | . . | . . | 1 . | 1 . | . $\frac{12}{19}$ |
| 2 . | . . | . . | 2 . | 2 . | 1 $\frac{5}{19}$ |
| 3 . | . . | . . | 3 . | 3 . | 1 $\frac{17}{19}$ |
| 4 . | . . | . . | 4 . | 4 . | 2 $\frac{10}{19}$ |
| 5 . | . . | . . | 5 . | 5 . | 3 $\frac{3}{19}$ |
| 6 . | . . | . . | 6 . | 6 . | 3 $\frac{15}{19}$ |
| 7 . | . . | . . | 7 . | 7 . | 4 $\frac{8}{19}$ |
| 8 . | . . | . . | 8 . | 8 . | 5 $\frac{1}{19}$ |
| 9 . | . . | . . | 9 . | 9 . | 5 $\frac{13}{19}$ |
| 10 . | . . | . . | 10 . | 10 . | 6 $\frac{6}{19}$ |
| 11 . | . . | . . | 11 . | 11 . | 6 $\frac{18}{19}$ |
| 12 . | . . | . . | 12 . | 12 . | 7 $\frac{11}{19}$ |

MESURE DE II. BOISSEAUX $\frac{1}{5}$.

| PRIX DE LA MESURE. | | | A combien le Setier de 12. Boisseaux. | | |
|---|---|---|---|---|---|
| *Liv.* | *Sols.* | *Den.* | *Liv.* | *Sols.* | *Den.* |
| | | 1 . | | | 1 $\frac{1}{14}$ |
| | | 2 . | | | 2 $\frac{1}{7}$ |
| | | 3 . | | | 3 $\frac{3}{14}$ |
| | | 6 . | | | 6 $\frac{3}{7}$ |
| | | 9 . | | | 9 $\frac{9}{14}$ |
| | | 11 . | | | 11 $\frac{11}{14}$ |
| | 1 . | . . | | 1 . | . $\frac{6}{7}$ |
| | 2 . | . . | | 2 . | 1 $\frac{5}{7}$ |
| | 3 . | . . | | 3 . | 2 $\frac{4}{7}$ |
| | 4 . | . . | | 4 . | 3 $\frac{3}{7}$ |
| | 5 . | . . | | 5 . | 4 $\frac{2}{7}$ |
| | 10 . | . . | | 10 . | 8 $\frac{4}{7}$ |
| | 15 . | . . | | 16 . | . $\frac{6}{7}$ |
| | 19 . | . . | 1 . | . . | 4 $\frac{2}{7}$ |
| 1 . | . . | . . | 1 . | 1 . | 5 $\frac{1}{7}$ |
| 2 . | . . | . . | 2 . | 2 . | 10 $\frac{2}{7}$ |
| 3 . | . . | . . | 3 . | 4 . | 3 $\frac{3}{7}$ |
| 4 . | . . | . . | 4 . | 5 . | 8 $\frac{4}{7}$ |
| 5 . | . . | . . | 5 . | 7 . | 1 $\frac{5}{7}$ |
| 6 . | . . | . . | 6 . | 8 . | 6 $\frac{6}{7}$ |
| 7 . | . . | . . | 7 . | 10 . | . . |
| 8 . | . . | . . | 8 . | 11 . | 5 $\frac{1}{7}$ |
| 9 . | . . | . . | 9 . | 12 . | 10 $\frac{2}{7}$ |
| 10 . | . . | . . | 10 . | 14 . | 3 $\frac{3}{7}$ |
| 11 . | . . | . . | 11 . | 15 . | 8 $\frac{4}{7}$ |
| 12 . | . . | . . | 12 . | 17 . | 1 $\frac{5}{7}$ |

## MESURE DE 11. BOISSEAUX $\frac{1}{10}$.

| PRIX DE LA MESURE. | | | A combien le Setier de 12. Boiſſeaux. | | |
|---|---|---|---|---|---|
| *Liv.* | *Sols.* | *Den.* | *Liv.* | *Sols.* | *Den.* |
| | | 1 | | | 1 $\frac{3}{37}$ |
| | | 2 | | | 2 $\frac{6}{37}$ |
| | | 3 | | | 3 $\frac{9}{37}$ |
| | | 6 | | | 6 $\frac{18}{37}$ |
| | | 9 | | | 9 $\frac{27}{37}$ |
| | | 11 | | | 11 $\frac{33}{37}$ |
| | 1 | | | 1 | $\frac{36}{37}$ |
| | 2 | | | 2 | 1 $\frac{35}{37}$ |
| | 3 | | | 3 | 2 $\frac{34}{37}$ |
| | 4 | | | 4 | 3 $\frac{33}{37}$ |
| | 5 | | | 5 | 4 $\frac{32}{37}$ |
| | 10 | | | 10 | 9 $\frac{27}{37}$ |
| | 15 | | | 16 | 2 $\frac{22}{37}$ |
| | 19 | | 1 | | 6 $\frac{18}{37}$ |
| 1 | | | 1 | 1 | 7 $\frac{17}{37}$ |
| 2 | | | 2 | 3 | 2 $\frac{34}{37}$ |
| 3 | | | 3 | 4 | 10 $\frac{14}{37}$ |
| 4 | | | 4 | 6 | 5 $\frac{31}{37}$ |
| 5 | | | 5 | 8 | 1 $\frac{11}{37}$ |
| 6 | | | 6 | 9 | 8 $\frac{28}{37}$ |
| 7 | | | 7 | 11 | 4 $\frac{8}{37}$ |
| 8 | | | 8 | 12 | 11 $\frac{25}{37}$ |
| 9 | | | 9 | 14 | 7 $\frac{5}{37}$ |
| 10 | | | 10 | 16 | 2 $\frac{22}{37}$ |
| 11 | | | 11 | 17 | 10 $\frac{2}{37}$ |
| 12 | | | 12 | 19 | 5 $\frac{19}{37}$ |

## MESURE DE 11. BOISSEAUX $\frac{1}{20}$.

| PRIX DE LA MESURE. | | | A combien le Setier de 12. Boiſſeaux. | | |
|---|---|---|---|---|---|
| *Liv.* | *Sols.* | *Den.* | *Liv.* | *Sols.* | *Den.* |
| | | 1 | | | 1 $\frac{19}{221}$ |
| | | 2 | | | 2 $\frac{38}{221}$ |
| | | 3 | | | 3 $\frac{57}{221}$ |
| | | 6 | | | 6 $\frac{114}{221}$ |
| | | 9 | | | 9 $\frac{171}{221}$ |
| | | 11 | | | 11 $\frac{209}{221}$ |
| | 1 | | | 1 | 1 $\frac{7}{221}$ |
| | 2 | | | 2 | 2 $\frac{14}{221}$ |
| | 3 | | | 3 | 3 $\frac{21}{221}$ |
| | 4 | | | 4 | 4 $\frac{28}{221}$ |
| | 5 | | | 5 | 5 $\frac{35}{221}$ |
| | 10 | | | 10 | 10 $\frac{70}{221}$ |
| | 15 | | | 16 | 3 $\frac{105}{221}$ |
| | 19 | | 1 | | 7 $\frac{133}{221}$ |
| 1 | | | 1 | 1 | 8 $\frac{140}{221}$ |
| 2 | | | 2 | 3 | 5 $\frac{59}{221}$ |
| 3 | | | 3 | 5 | 1 $\frac{199}{221}$ |
| 4 | | | 4 | 6 | 10 $\frac{118}{221}$ |
| 5 | | | 5 | 8 | 7 $\frac{37}{221}$ |
| 6 | | | 6 | 10 | 3 $\frac{177}{221}$ |
| 7 | | | 7 | 12 | $\frac{96}{221}$ |
| 8 | | | 8 | 13 | 9 $\frac{15}{221}$ |
| 9 | | | 9 | 15 | 5 $\frac{155}{221}$ |
| 10 | | | 10 | 17 | 2 $\frac{74}{221}$ |
| 11 | | | 11 | 18 | 10 $\frac{214}{221}$ |
| 12 | | | 13 | | 7 $\frac{133}{221}$ |

MESURE DE 12. BOISSEAUX.

| PRIX DE LA MESURE. | | | A combien le Setier de 12. Boiſſeaux. | | |
|---|---|---|---|---|---|
| Liv. | Sols. | Den. | Liv. | Sols. | Den. |
| | | 1 . | | | 1 . |
| | | 2 . | | | 2 . |
| | | 3 . | | | 3 . |
| | | 6 . | | | 6 . |
| | | 9 . | | | 9 . |
| | | 11 . | | | 11 . |
| | 1 . | . . | | 1 . | . . |
| | 2 . | . . | | 2 . | . . |
| | 3 . | . . | | 3 . | . . |
| | 4 . | . . | | 4 . | . . |
| | 5 . | . . | | 5 . | . . |
| | 10 . | . . | | 10 . | . . |
| | 15 . | . . | | 15 . | . . |
| | 19 . | . . | | 19 . | . . |
| 1 . | . . | . . | 1 . | . . | . . |
| 2 . | . . | . . | 2 . | . . | . . |
| 3 . | . . | . . | 3 . | . . | . . |
| 4 . | . . | . . | 4 . | . . | . . |
| 5 . | . . | . . | 5 . | . . | . . |
| 6 . | . . | . . | 6 . | . . | . . |
| 7 . | . . | . . | 7 . | . . | . . |
| 8 . | . . | . . | 8 . | . . | . . |
| 9 . | . . | . . | 9 . | . . | . . |
| 10 . | . . | . . | 10 . | . . | . . |
| 11 . | . . | . . | 11 . | . . | . . |
| 12 . | . . | . . | 12 . | . . | . . |

MESURE DE 12. BOISSEAUX $\frac{3}{4}$.

| PRIX DE LA MESURE. | | | A combien le Setier de 12. Boiſſeaux. | | |
|---|---|---|---|---|---|
| Liv. | Sols. | Den. | Liv. | Sols. | Den. |
| | | 1 . | | | . $\frac{16}{17}$ |
| | | 2 . | | | 1 $\frac{15}{17}$ |
| | | 3 . | | | 2 $\frac{14}{17}$ |
| | | 6 . | | | 5 $\frac{11}{17}$ |
| | | 9 . | | | 8 $\frac{8}{17}$ |
| | | 11 . | | | 10 $\frac{6}{17}$ |
| | 1 . | . . | | . | 11 $\frac{5}{17}$ |
| | 2 . | . . | | 1 . | 10 $\frac{10}{17}$ |
| | 3 . | . . | | 2 . | 9 $\frac{15}{17}$ |
| | 4 . | . . | | 3 . | 9 $\frac{3}{17}$ |
| | 5 . | . . | | 4 . | 8 $\frac{8}{17}$ |
| | 10 . | . . | | 9 . | 4 $\frac{16}{17}$ |
| | 15 . | . . | | 14 . | 1 $\frac{7}{17}$ |
| | 19 . | . . | | 17 . | 10 $\frac{10}{17}$ |
| 1 . | . . | . . | . | 18 . | 9 $\frac{15}{17}$ |
| 2 . | . . | . . | 1 . | 17 . | 7 $\frac{13}{17}$ |
| 3 . | . . | . . | 2 . | 16 . | 5 $\frac{11}{17}$ |
| 4 . | . . | . . | 3 . | 15 . | 3 $\frac{9}{17}$ |
| 5 . | . . | . . | 4 . | 14 . | 1 $\frac{7}{17}$ |
| 6 . | . . | . . | 5 . | 12 . | 11 $\frac{5}{17}$ |
| 7 . | . . | . . | 6 . | 11 . | 9 $\frac{3}{17}$ |
| 8 . | . . | . . | 7 . | 10 . | 7 $\frac{1}{17}$ |
| 9 . | . . | . . | 8 . | 9 . | 4 $\frac{16}{17}$ |
| 10 . | . . | . . | 9 . | 8 . | 2 $\frac{14}{17}$ |
| 11 . | . . | . . | 10 . | 7 . | . $\frac{12}{17}$ |
| 12 . | . . | . . | 11 . | 5 . | 10 $\frac{10}{17}$ |

## Mesure de 12. Boisseaux $\frac{1}{2}$.

| Prix de la Mesure. Liv. | Sols. | Den. | A combien le Setier de 12. Boiſſeaux. Liv. | Sols. | Den. |
|---|---|---|---|---|---|
| | | 1 | | | $\frac{24}{25}$ |
| | | 2 | | | 1 $\frac{23}{25}$ |
| | | 3 | | | 2 $\frac{22}{25}$ |
| | | 6 | | | 5 $\frac{19}{25}$ |
| | | 9 | | | 8 $\frac{16}{25}$ |
| | | 11 | | | 10 $\frac{14}{25}$ |
| | 1 | | | | 11 $\frac{13}{25}$ |
| | 2 | | | 1 | 11 $\frac{1}{25}$ |
| | 3 | | | 2 | 10 $\frac{14}{25}$ |
| | 4 | | | 3 | 10 $\frac{2}{25}$ |
| | 5 | | | 4 | 9 $\frac{15}{25}$ |
| | 10 | | | 9 | 7 $\frac{5}{25}$ |
| | 15 | | | 14 | 4 $\frac{20}{25}$ |
| | 19 | | | 18 | 2 $\frac{22}{25}$ |
| 1 | | | | 19 | 2 $\frac{10}{25}$ |
| 2 | | | 1 | 18 | 4 $\frac{20}{25}$ |
| 3 | | | 2 | 17 | 7 $\frac{5}{25}$ |
| 4 | | | 3 | 16 | 9 $\frac{15}{25}$ |
| 5 | | | 4 | 16 | |
| 6 | | | 5 | 15 | 2 $\frac{10}{25}$ |
| 7 | | | 6 | 14 | 4 $\frac{20}{25}$ |
| 8 | | | 7 | 13 | 7 $\frac{5}{25}$ |
| 9 | | | 8 | 12 | 9 $\frac{15}{25}$ |
| 10 | | | 9 | 12 | |
| 11 | | | 10 | 11 | 2 $\frac{10}{25}$ |
| 12 | | | 11 | 10 | 4 $\frac{20}{25}$ |

## Mesure de 12. Boisseaux $\frac{1}{4}$.

| Prix de la Mesure. Liv. | Sols. | Den. | A combien le Setier de 12. Boiſſeaux. Liv. | Sols. | Den. |
|---|---|---|---|---|---|
| | | 1 | | | $\frac{48}{49}$ |
| | | 2 | | | 1 $\frac{47}{49}$ |
| | | 3 | | | 2 $\frac{46}{49}$ |
| | | 6 | | | 5 $\frac{43}{49}$ |
| | | 9 | | | 8 $\frac{40}{49}$ |
| | | 11 | | | 10 $\frac{38}{49}$ |
| | 1 | | | | 11 $\frac{37}{49}$ |
| | 2 | | | 1 | 11 $\frac{25}{49}$ |
| | 3 | | | 2 | 11 $\frac{13}{49}$ |
| | 4 | | | 3 | 11 $\frac{1}{49}$ |
| | 5 | | | 4 | 10 $\frac{38}{49}$ |
| | 10 | | | 9 | 9 $\frac{27}{49}$ |
| | 15 | | | 14 | 8 $\frac{16}{49}$ |
| | 19 | | | 18 | 7 $\frac{17}{49}$ |
| 1 | | | | 19 | 7 $\frac{5}{49}$ |
| 2 | | | 1 | 19 | 2 $\frac{10}{49}$ |
| 3 | | | 2 | 18 | 9 $\frac{15}{49}$ |
| 4 | | | 3 | 18 | 4 $\frac{20}{49}$ |
| 5 | | | 4 | 17 | 11 $\frac{25}{49}$ |
| 6 | | | 5 | 17 | 6 $\frac{30}{49}$ |
| 7 | | | 6 | 17 | 1 $\frac{35}{49}$ |
| 8 | | | 7 | 16 | 8 $\frac{40}{49}$ |
| 9 | | | 8 | 16 | 3 $\frac{45}{49}$ |
| 10 | | | 9 | 15 | 11 $\frac{1}{49}$ |
| 11 | | | 10 | 15 | 6 $\frac{6}{49}$ |
| 12 | | | 11 | 15 | 1 $\frac{11}{49}$ |

MESURE DE 12. BOISSEAUX $\frac{1}{8}$.

| PRIX DE LA MESURE. | | | A combien le Setier de 12. Boisseaux. | | |
|---|---|---|---|---|---|
| *Liv.* | *Sols.* | *Den.* | *Liv.* | *Sols.* | *Den.* |
| | | 1 | | | . $\frac{96}{97}$ |
| | | 2 | | | 1 $\frac{95}{97}$ |
| | | 3 | | | 2 $\frac{94}{97}$ |
| | | 6 | | | 5 $\frac{91}{97}$ |
| | | 9 | | | 8 $\frac{88}{97}$ |
| | | 11 | | | 10 $\frac{86}{97}$ |
| | 1 | . | | . | 11 $\frac{85}{97}$ |
| | 2 | . | | 1 | 11 $\frac{73}{97}$ |
| | 3 | . | | 2 | 11 $\frac{61}{97}$ |
| | 4 | . | | 3 | 11 $\frac{49}{97}$ |
| | 5 | . | | 4 | 11 $\frac{37}{97}$ |
| | 10 | . | | 9 | 10 $\frac{74}{57}$ |
| | 15 | . | | 14 | 10 $\frac{14}{97}$ |
| | 19 | . | | 18 | 9 $\frac{63}{97}$ |
| 1 | . | . | . | 19 | 9 $\frac{51}{97}$ |
| 2 | . | . | 1 | 19 | 7 $\frac{5}{97}$ |
| 3 | . | . | 2 | 19 | 4 $\frac{56}{97}$ |
| 4 | . | . | 3 | 19 | 2 $\frac{10}{97}$ |
| 5 | . | . | 4 | 18 | 11 $\frac{61}{97}$ |
| 6 | . | . | 5 | 18 | 9 $\frac{15}{97}$ |
| 7 | . | . | 6 | 18 | 6 $\frac{66}{97}$ |
| 8 | . | . | 7 | 18 | 4 $\frac{20}{97}$ |
| 9 | . | . | 8 | 18 | 1 $\frac{71}{97}$ |
| 10 | . | . | 9 | 17 | 11 $\frac{25}{97}$ |
| 11 | . | . | 10 | 17 | 8 $\frac{76}{97}$ |
| 12 | . | . | 11 | 17 | 6 $\frac{30}{97}$ |

MESURE DE 12. BOISSEAUX $\frac{1}{16}$.

| PRIX DE LA MESURE. | | | A combien le Setier de 12. Boisseaux. | | |
|---|---|---|---|---|---|
| *Liv.* | *Sols.* | *Den.* | *Liv.* | *Sols.* | *Den.* |
| | | 1 | | | . $\frac{192}{193}$ |
| | | 2 | | | 1 $\frac{191}{193}$ |
| | | 3 | | | 2 $\frac{190}{193}$ |
| | | 6 | | | 5 $\frac{187}{193}$ |
| | | 9 | | | 8 $\frac{184}{193}$ |
| | | 11 | | | 10 $\frac{182}{193}$ |
| | 1 | . | | . | 11 $\frac{181}{193}$ |
| | 2 | . | | 1 | 11 $\frac{169}{193}$ |
| | 3 | . | | 2 | 11 $\frac{157}{193}$ |
| | 4 | . | | 3 | 11 $\frac{145}{193}$ |
| | 5 | . | | 4 | 11 $\frac{133}{193}$ |
| | 10 | . | | 9 | 11 $\frac{73}{193}$ |
| | 15 | . | | 14 | 11 $\frac{13}{193}$ |
| | 19 | . | | 18 | 10 $\frac{158}{193}$ |
| 1 | . | . | . | 19 | 10 $\frac{146}{193}$ |
| 2 | . | . | 1 | 19 | 9 $\frac{99}{193}$ |
| 3 | . | . | 2 | 19 | 8 $\frac{52}{193}$ |
| 4 | . | . | 3 | 19 | 7 $\frac{5}{193}$ |
| 5 | . | . | 4 | 19 | 5 $\frac{151}{193}$ |
| 6 | . | . | 5 | 19 | 4 $\frac{104}{193}$ |
| 7 | . | . | 6 | 19 | 3 $\frac{57}{193}$ |
| 8 | . | . | 7 | 19 | 2 $\frac{10}{193}$ |
| 9 | . | . | 8 | 19 | . $\frac{156}{193}$ |
| 10 | . | . | 9 | 18 | 11 $\frac{109}{193}$ |
| 11 | . | . | 10 | 18 | 10 $\frac{62}{193}$ |
| 12 | . | . | 11 | 18 | 9 $\frac{15}{193}$ |

## MESURE DE 12. BOISSEAUX $\frac{2}{3}$.

| PRIX DE LA MESURE. | | | A combien le Setier de 12. Boisseaux. | | |
|---|---|---|---|---|---|
| *Liv.* | *Sols.* | *Den.* | *Liv.* | *Sols.* | *Den.* |
| | | 1 | | | $\frac{18}{19}$ |
| | | 2 | | | 1 $\frac{17}{19}$ |
| | | 3 | | | 2 $\frac{16}{19}$ |
| | | 6 | | | 5 $\frac{13}{19}$ |
| | | 9 | | | 8 $\frac{10}{19}$ |
| | | 11 | | | 10 $\frac{8}{19}$ |
| | 1 | | | | 11 $\frac{7}{19}$ |
| | 2 | | | 1 | 10 $\frac{14}{19}$ |
| | 3 | | | 2 | 10 $\frac{2}{19}$ |
| | 4 | | | 3 | 9 $\frac{9}{19}$ |
| | 5 | | | 4 | 8 $\frac{16}{19}$ |
| | 10 | | | 9 | 5 $\frac{13}{19}$ |
| | 15 | | | 14 | 2 $\frac{10}{19}$ |
| | 19 | | | 18 | |
| 1 | | | | 18 | 11 $\frac{7}{19}$ |
| 2 | | | 1 | 17 | 10 $\frac{14}{19}$ |
| 3 | | | 2 | 16 | 10 $\frac{2}{19}$ |
| 4 | | | 3 | 15 | 9 $\frac{9}{19}$ |
| 5 | | | 4 | 14 | 8 $\frac{16}{19}$ |
| 6 | | | 5 | 13 | 8 $\frac{4}{19}$ |
| 7 | | | 6 | 12 | 7 $\frac{11}{19}$ |
| 8 | | | 7 | 11 | 6 $\frac{18}{19}$ |
| 9 | | | 8 | 10 | 6 $\frac{6}{19}$ |
| 10 | | | 9 | 9 | 5 $\frac{13}{19}$ |
| 11 | | | 10 | 8 | 5 $\frac{1}{19}$ |
| 12 | | | 11 | 7 | 4 $\frac{8}{19}$ |

## MESURE DE 12. BOISSEAUX $\frac{1}{3}$.

| PRIX DE LA MESURE. | | | A combien le Setier de 12. Boisseaux. | | |
|---|---|---|---|---|---|
| *Liv.* | *Sols.* | *Den.* | *Liv.* | *Sols.* | *Den.* |
| | | 1 | | | $\frac{36}{37}$ |
| | | 2 | | | 1 $\frac{35}{37}$ |
| | | 3 | | | 2 $\frac{34}{37}$ |
| | | 6 | | | 5 $\frac{31}{37}$ |
| | | 9 | | | 8 $\frac{28}{37}$ |
| | | 11 | | | 10 $\frac{26}{37}$ |
| | 1 | | | | 11 $\frac{26}{37}$ |
| | 2 | | | 1 | 11 $\frac{13}{37}$ |
| | 3 | | | 2 | 11 $\frac{1}{37}$ |
| | 4 | | | 3 | 10 $\frac{26}{37}$ |
| | 5 | | | 4 | 10 $\frac{14}{37}$ |
| | 10 | | | 9 | 8 $\frac{28}{37}$ |
| | 15 | | | 14 | 7 $\frac{5}{37}$ |
| | 19 | | | 18 | 5 $\frac{31}{37}$ |
| 1 | | | | 19 | 5 $\frac{19}{37}$ |
| 2 | | | 1 | 18 | 11 $\frac{1}{37}$ |
| 3 | | | 2 | 18 | 4 $\frac{20}{37}$ |
| 4 | | | 3 | 17 | 10 $\frac{2}{37}$ |
| 5 | | | 4 | 17 | 3 $\frac{21}{37}$ |
| 6 | | | 5 | 16 | 9 $\frac{3}{37}$ |
| 7 | | | 6 | 16 | 2 $\frac{22}{37}$ |
| 8 | | | 7 | 15 | 8 $\frac{4}{37}$ |
| 9 | | | 8 | 15 | 1 $\frac{23}{37}$ |
| 10 | | | 9 | 14 | 7 $\frac{5}{37}$ |
| 11 | | | 10 | 14 | $\frac{24}{37}$ |
| 12 | | | 11 | 13 | 6 $\frac{6}{37}$ |

## MESURE DE 12. BOISSEAUX $\frac{1}{6}$.

| PRIX DE LA MESURE. | | | A combien le Setier de 12. Boisseaux. | | |
|---|---|---|---|---|---|
| Liv. | Sols. | Den. | Liv. | Sols. | Den. |
| | | 1 . | | | . $\frac{72}{73}$ |
| | | 2 . | | | 1 $\frac{71}{73}$ |
| | | 3 . | | | 2 $\frac{70}{73}$ |
| | | 6 . | | | 5 $\frac{67}{73}$ |
| | | 9 . | | | 8 $\frac{64}{73}$ |
| | | 11 . | | | 10 $\frac{62}{73}$ |
| | 1 . . . | | | . | 11 $\frac{61}{73}$ |
| | 2 . . . | | | 1 . | 11 $\frac{49}{73}$ |
| | 3 . . . | | | 2 . | 11 $\frac{37}{73}$ |
| | 4 . . . | | | 3 . | 11 $\frac{25}{73}$ |
| | 5 . . . | | | 4 . | 11 $\frac{13}{73}$ |
| | 10 . . . | | | 9 . | 10 $\frac{26}{73}$ |
| | 15 . . . | | | 14 . | 9 $\frac{39}{73}$ |
| | 19 . . . | | | 18 . | 8 $\frac{64}{73}$ |
| 1 . . . . . . | | | . | 19 . | 8 $\frac{52}{73}$ |
| 2 . . . . . . | | | 1 . | 19 . | 5 $\frac{31}{73}$ |
| 3 . . . . . . | | | 2 . | 19 . | 2 $\frac{10}{73}$ |
| 4 . . . . . . | | | 3 . | 18 . | 10 $\frac{62}{73}$ |
| 5 . . . . . . | | | 4 . | 18 . | 7 $\frac{41}{73}$ |
| 6 . . . . . . | | | 5 . | 18 . | 4 $\frac{20}{73}$ |
| 7 . . . . . . | | | 6 . | 18 . | . $\frac{72}{73}$ |
| 8 . . . . . . | | | 7 . | 17 . | 9 $\frac{51}{73}$ |
| 9 . . . . . . | | | 8 . | 17 . | 6 $\frac{30}{73}$ |
| 10 . . . . . . | | | 9 . | 17 . | 3 $\frac{9}{73}$ |
| 11 . . . . . . | | | 10 . | 16 . | 11 $\frac{61}{73}$ |
| 12 . . . . . . | | | 11 . | 16 . | 8 $\frac{40}{73}$ |

## MESURE DE 12. BOISSEAUX $\frac{1}{12}$.

| PRIX DE LA MESURE. | | | A combien le Setier de 12. Boisseaux. | | |
|---|---|---|---|---|---|
| Liv. | Sols. | Den. | Liv. | Sols. | Den. |
| | | 1 . | | | . $\frac{144}{145}$ |
| | | 2 . | | | 1 $\frac{143}{145}$ |
| | | 3 . | | | 2 $\frac{142}{145}$ |
| | | 6 . | | | 5 $\frac{139}{145}$ |
| | | 9 . | | | 8 $\frac{136}{145}$ |
| | | 11 . | | | 10 $\frac{134}{145}$ |
| | 1 . . . | | | . | 11 $\frac{133}{145}$ |
| | 2 . . . | | | 1 . | 11 $\frac{121}{145}$ |
| | 3 . . . | | | 2 . | 11 $\frac{109}{145}$ |
| | 4 . . . | | | 3 . | 11 $\frac{97}{145}$ |
| | 5 . . . | | | 4 . | 11 $\frac{85}{145}$ |
| | 10 . . . | | | 9 . | 11 $\frac{25}{145}$ |
| | 15 . . . | | | 14 . | 10 $\frac{110}{145}$ |
| | 19 . . . | | | 18 . | 10 $\frac{62}{145}$ |
| 1 . . . . . . | | | . | 19 . | 10 $\frac{50}{145}$ |
| 2 . . . . . . | | | 1 . | 19 . | 8 $\frac{100}{145}$ |
| 3 . . . . . . | | | 2 . | 19 . | 7 $\frac{5}{145}$ |
| 4 . . . . . . | | | 3 . | 19 . | 5 $\frac{55}{145}$ |
| 5 . . . . . . | | | 4 . | 19 . | 3 $\frac{105}{145}$ |
| 6 . . . . . . | | | 5 . | 19 . | 2 $\frac{10}{145}$ |
| 7 . . . . . . | | | 6 . | 19 . | . $\frac{60}{145}$ |
| 8 . . . . . . | | | 7 . | 18 . | 10 $\frac{110}{145}$ |
| 9 . . . . . . | | | 8 . | 18 . | 9 $\frac{15}{145}$ |
| 10 . . . . . . | | | 9 . | 18 . | 7 $\frac{65}{145}$ |
| 11 . . . . . . | | | 10 . | 18 . | 5 $\frac{115}{145}$ |
| 12 . . . . . . | | | 11 . | 18 . | 4 $\frac{20}{145}$ |

## Mesure de 12. Boisseaux $\frac{4}{5}$.

| Prix de la Mesure. Liv. | Sols. | Den. | A combien le Setier de 12. Boiſſeaux. Liv. | Sols. | Den. |
|---|---|---|---|---|---|
| | | 1 | | | $\frac{15}{16}$ |
| | | 2 | | | 1 $\frac{7}{8}$ |
| | | 3 | | | 2 $\frac{13}{16}$ |
| | | 6 | | | 5 $\frac{5}{8}$ |
| | | 9 | | | 8 $\frac{7}{16}$ |
| | | 11 | | | 10 $\frac{5}{16}$ |
| | 1 | | | | 11 $\frac{1}{4}$ |
| | 2 | | | 1 | 10 $\frac{1}{2}$ |
| | 3 | | | 2 | 9 $\frac{3}{4}$ |
| | 4 | | | 3 | 9 |
| | 5 | | | 4 | 8 $\frac{1}{4}$ |
| | 10 | | | 9 | 4 $\frac{1}{2}$ |
| | 15 | | | 14 | $\frac{3}{4}$ |
| | 19 | | | 17 | 9 $\frac{3}{4}$ |
| 1 | | | | 18 | 9 |
| 2 | | | 1 | 17 | 6 |
| 3 | | | 2 | 16 | 3 |
| 4 | | | 3 | 15 | |
| 5 | | | 4 | 13 | 9 |
| 6 | | | 5 | 12 | 6 |
| 7 | | | 6 | 11 | 3 |
| 8 | | | 7 | 10 | |
| 9 | | | 8 | 8 | 9 |
| 10 | | | 9 | 7 | 6 |
| 11 | | | 10 | 6 | 3 |
| 12 | | | 11 | 5 | |

## Mesure de 12. Boisseaux $\frac{3}{5}$.

| Prix de la Mesure. Liv. | Sols. | Den. | A combien le Setier de 12. Boiſſeaux. Liv. | Sols. | Den. |
|---|---|---|---|---|---|
| | | 1 | | | $\frac{20}{21}$ |
| | | 2 | | | 1 $\frac{19}{21}$ |
| | | 3 | | | 2 $\frac{6}{7}$ |
| | | 6 | | | 5 $\frac{5}{7}$ |
| | | 9 | | | 8 $\frac{4}{7}$ |
| | | 11 | | | 10 $\frac{10}{21}$ |
| | 1 | | | | 11 $\frac{3}{7}$ |
| | 2 | | | 1 | 10 $\frac{6}{7}$ |
| | 3 | | | 2 | 10 $\frac{2}{7}$ |
| | 4 | | | 3 | 9 $\frac{5}{7}$ |
| | 5 | | | 4 | 9 $\frac{1}{7}$ |
| | 10 | | | 9 | 6 $\frac{2}{7}$ |
| | 15 | | | 14 | 3 $\frac{3}{7}$ |
| | 19 | | | 18 | 1 $\frac{1}{7}$ |
| 1 | | | | 19 | $\frac{4}{7}$ |
| 2 | | | 1 | 18 | 1 $\frac{1}{7}$ |
| 3 | | | 2 | 17 | 1 $\frac{5}{7}$ |
| 4 | | | 3 | 16 | 2 $\frac{2}{7}$ |
| 5 | | | 4 | 15 | 2 $\frac{6}{7}$ |
| 6 | | | 5 | 14 | 3 $\frac{3}{7}$ |
| 7 | | | 6 | 13 | 4 |
| 8 | | | 7 | 12 | 4 $\frac{4}{7}$ |
| 9 | | | 8 | 11 | 5 $\frac{1}{7}$ |
| 10 | | | 9 | 10 | 5 $\frac{5}{7}$ |
| 11 | | | 10 | 9 | 6 $\frac{2}{7}$ |
| 12 | | | 11 | 8 | 6 $\frac{6}{7}$ |

MESURE DE 12. BOISSEAUX $\frac{2}{5}$.

| PRIX DE LA MESURE. | | | A combien le Setier de 12. Boisseaux. | | |
|---|---|---|---|---|---|
| *Liv.* | *Sols.* | *Den.* | *Liv.* | *Sols.* | *Den.* |
| | | 1 | | | $\frac{30}{31}$ |
| | | 2 | | | 1 $\frac{29}{31}$ |
| | | 3 | | | 2 $\frac{28}{31}$ |
| | | 6 | | | 5 $\frac{25}{31}$ |
| | | 9 | | | 8 $\frac{22}{31}$ |
| | | 11 | | | 10 $\frac{20}{31}$ |
| | 1 | | | | 11 $\frac{19}{31}$ |
| | 2 | | | 1 | 11 $\frac{7}{31}$ |
| | 3 | | | 2 | 10 $\frac{26}{31}$ |
| | 4 | | | 3 | 10 $\frac{14}{31}$ |
| | 5 | | | 4 | 10 $\frac{2}{31}$ |
| | 10 | | | 9 | 8 $\frac{4}{31}$ |
| | 15 | | | 14 | 6 $\frac{6}{31}$ |
| | 19 | | | 18 | 4 $\frac{20}{31}$ |
| 1 | | | | 19 | 4 $\frac{8}{31}$ |
| 2 | | | 1 | 18 | 8 $\frac{16}{31}$ |
| 3 | | | 2 | 18 | $\frac{24}{31}$ |
| 4 | | | 3 | 17 | 5 $\frac{1}{31}$ |
| 5 | | | 4 | 16 | 9 $\frac{9}{31}$ |
| 6 | | | 5 | 16 | 1 $\frac{17}{31}$ |
| 7 | | | 6 | 15 | 5 $\frac{25}{31}$ |
| 8 | | | 7 | 14 | 10 $\frac{2}{31}$ |
| 9 | | | 8 | 14 | 2 $\frac{10}{31}$ |
| 10 | | | 9 | 13 | 6 $\frac{18}{31}$ |
| 11 | | | 10 | 12 | 10 $\frac{26}{31}$ |
| 12 | | | 11 | 12 | 3 $\frac{3}{31}$ |

MESURE DE 12. BOISSEAUX $\frac{1}{5}$.

| PRIX DE LA MESURE. | | | A combien le Setier de 12. Boisseaux. | | |
|---|---|---|---|---|---|
| *Liv.* | *Sols.* | *Den.* | *Liv.* | *Sols.* | *Den.* |
| | | 1 | | | $\frac{60}{61}$ |
| | | 2 | | | 1 $\frac{59}{61}$ |
| | | 3 | | | 2 $\frac{58}{61}$ |
| | | 6 | | | 5 $\frac{55}{61}$ |
| | | 9 | | | 8 $\frac{52}{61}$ |
| | | 11 | | | 10 $\frac{50}{61}$ |
| | 1 | | | | 11 $\frac{49}{61}$ |
| | 2 | | | 1 | 11 $\frac{37}{61}$ |
| | 3 | | | 2 | 11 $\frac{25}{61}$ |
| | 4 | | | 3 | 11 $\frac{13}{61}$ |
| | 5 | | | 4 | 11 $\frac{1}{61}$ |
| | 10 | | | 9 | 10 $\frac{2}{61}$ |
| | 15 | | | 14 | 9 $\frac{3}{61}$ |
| | 19 | | | 18 | 8 $\frac{16}{61}$ |
| 1 | | | | 19 | 8 $\frac{4}{61}$ |
| 2 | | | 1 | 19 | 4 $\frac{8}{61}$ |
| 3 | | | 2 | 19 | $\frac{12}{61}$ |
| 4 | | | 3 | 18 | 8 $\frac{16}{61}$ |
| 5 | | | 4 | 18 | 4 $\frac{20}{61}$ |
| 6 | | | 5 | 18 | $\frac{24}{61}$ |
| 7 | | | 6 | 17 | 8 $\frac{28}{61}$ |
| 8 | | | 7 | 17 | 4 $\frac{32}{61}$ |
| 9 | | | 8 | 17 | $\frac{36}{61}$ |
| 10 | | | 9 | 16 | 8 $\frac{40}{61}$ |
| 11 | | | 10 | 16 | 4 $\frac{44}{61}$ |
| 12 | | | 11 | 16 | $\frac{48}{61}$ |

## MESURE DE 12. BOISSEAUX $\frac{1}{10}$.

| PRIX DE LA MESURE. | | | A combien le Setier de 12. Boisseaux. | | |
|---|---|---|---|---|---|
| Liv. | Sols. | Den. | Liv. | Sols. | Den. |
| | | 1 | | | . $\frac{120}{121}$ |
| | | 2 | | | 1 $\frac{119}{121}$ |
| | | 3 | | | 2 $\frac{118}{121}$ |
| | | 6 | | | 5 $\frac{115}{121}$ |
| | | 9 | | | 8 $\frac{112}{121}$ |
| | | 11 | | | 10 $\frac{110}{121}$ |
| | 1 | . | | . | 11 $\frac{109}{121}$ |
| | 2 | . | | 1 | 11 $\frac{97}{121}$ |
| | 3 | . | | 2 | 11 $\frac{85}{121}$ |
| | 4 | . | | 3 | 11 $\frac{73}{121}$ |
| | 5 | . | | 4 | 11 $\frac{61}{121}$ |
| | 10 | . | | 9 | 11 $\frac{1}{121}$ |
| | 15 | . | | 14 | 10 $\frac{62}{121}$ |
| | 19 | . | | 18 | 10 $\frac{14}{121}$ |
| 1 | . | . | . | 19 | 10 $\frac{2}{121}$ |
| 2 | . | . | 1 | 19 | 8 $\frac{4}{121}$ |
| 3 | . | . | 2 | 19 | 6 $\frac{6}{121}$ |
| 4 | . | . | 3 | 19 | 4 $\frac{8}{121}$ |
| 5 | . | . | 4 | 19 | 2 $\frac{10}{121}$ |
| 6 | . | . | 5 | 19 | . $\frac{12}{121}$ |
| 7 | . | . | 6 | 18 | 10 $\frac{14}{121}$ |
| 8 | . | . | 7 | 18 | 8 $\frac{16}{121}$ |
| 9 | . | . | 8 | 18 | 6 $\frac{18}{121}$ |
| 10 | . | . | 9 | 18 | 4 $\frac{20}{121}$ |
| 11 | . | . | 10 | 18 | 2 $\frac{22}{121}$ |
| 12 | . | . | 11 | 18 | . $\frac{24}{121}$ |

## MESURE DE 12. BOISSEAUX $\frac{1}{20}$.

| PRIX DE LA MESURE. | | | A combien le Setier de 12. Boisseaux. | | |
|---|---|---|---|---|---|
| Liv. | Sols. | Den. | Liv. | Sols. | Den. |
| | | 1 | | | . $\frac{240}{241}$ |
| | | 2 | | | 1 $\frac{239}{241}$ |
| | | 3 | | | 2 $\frac{238}{241}$ |
| | | 6 | | | 5 $\frac{235}{241}$ |
| | | 9 | | | 8 $\frac{232}{241}$ |
| | | 11 | | | 10 $\frac{230}{241}$ |
| | 1 | . | | . | 11 $\frac{229}{241}$ |
| | 2 | . | | 1 | 11 $\frac{217}{241}$ |
| | 3 | . | | 2 | 11 $\frac{205}{241}$ |
| | 4 | . | | 3 | 11 $\frac{193}{241}$ |
| | 5 | . | | 4 | 11 $\frac{181}{241}$ |
| | 10 | . | | 9 | 11 $\frac{121}{241}$ |
| | 15 | . | | 14 | 11 $\frac{61}{241}$ |
| | 19 | . | | 18 | 11 $\frac{13}{241}$ |
| 1 | . | . | . | 19 | 11 $\frac{1}{241}$ |
| 2 | . | . | 1 | 19 | 10 $\frac{2}{241}$ |
| 3 | . | . | 2 | 19 | 9 $\frac{3}{241}$ |
| 4 | . | . | 3 | 19 | 8 $\frac{4}{241}$ |
| 5 | . | . | 4 | 19 | 7 $\frac{5}{241}$ |
| 6 | . | . | 5 | 19 | 6 $\frac{6}{241}$ |
| 7 | . | . | 6 | 19 | 5 $\frac{7}{241}$ |
| 8 | . | . | 7 | 19 | 4 $\frac{8}{241}$ |
| 9 | . | . | 8 | 19 | 3 $\frac{9}{241}$ |
| 10 | . | . | 9 | 19 | 2 $\frac{10}{241}$ |
| 11 | . | . | 10 | 19 | 1 $\frac{11}{241}$ |
| 12 | . | . | 11 | 19 | . $\frac{12}{241}$ |

## MESURE DE 13. BOISSEAUX.

| PRIX DE LA MESURE. | | | A combien le Setier de 12. Boiſſeaux. | | |
|---|---|---|---|---|---|
| Liv. | Sols. | Den. | Liv. | Sols. | Den. |
| | | 1 . | | | . $\frac{12}{13}$ |
| | | 2 . | | | 1 $\frac{11}{13}$ |
| | | 3 . | | | 2 $\frac{10}{13}$ |
| | | 6 . | | | 5 $\frac{7}{13}$ |
| | | 9 . | | | 8 $\frac{4}{13}$ |
| | | 11 . | | | 10 $\frac{2}{13}$ |
| | 1 | . . . | | . | 11 $\frac{1}{13}$ |
| | 2 | . . . | | 1 | 10 $\frac{2}{13}$ |
| | 3 | . . . | | 2 | 9 $\frac{3}{13}$ |
| | 4 | . . . | | 3 | 8 $\frac{4}{13}$ |
| | 5 | . . . | | 4 | 7 $\frac{5}{13}$ |
| | 10 | . . . | | 9 | 2 $\frac{10}{13}$ |
| | 15 | . . . | | 13 | 10 $\frac{2}{13}$ |
| | 19 | . . . | | 17 | 6 $\frac{6}{13}$ |
| 1 | . . . . | . . | . | 18 | 5 $\frac{7}{13}$ |
| 2 | . . . . | . . | 1 | 16 | 11 $\frac{1}{13}$ |
| 3 | . . . . | . . | 2 | 15 | 4 $\frac{8}{13}$ |
| 4 | . . . . | . . | 3 | 13 | 10 $\frac{2}{13}$ |
| 5 | . . . . | . . | 4 | 12 | 3 $\frac{9}{13}$ |
| 6 | . . . . | . . | 5 | 10 | 9 $\frac{3}{13}$ |
| 7 | . . . . | . . | 6 | 9 | 2 $\frac{10}{13}$ |
| 8 | . . . . | . . | 7 | 7 | 8 $\frac{4}{13}$ |
| 9 | . . . . | . . | 8 | 6 | 1 $\frac{11}{13}$ |
| 10 | . . . . | . . | 9 | 4 | 7 $\frac{5}{13}$ |
| 11 | . . . . | . . | 10 | 3 | . $\frac{12}{13}$ |
| 12 | . . . . | . . | 11 | 1 | 6 $\frac{6}{13}$ |

## MESURE DE 13. BOISSEAUX $\frac{3}{4}$.

| PRIX DE LA MESURE. | | | A combien le Setier de 12. Boiſſeaux. | | |
|---|---|---|---|---|---|
| Liv. | Sols. | Den. | Liv. | Sols. | Den. |
| | | 1 . | | | . $\frac{48}{55}$ |
| | | 2 . | | | 1 $\frac{41}{55}$ |
| | | 3 . | | | 2 $\frac{14}{55}$ |
| | | 6 . | | | 5 $\frac{13}{55}$ |
| | | 9 . | | | 7 $\frac{47}{55}$ |
| | | 11 . | | | 9 $\frac{33}{55}$ |
| | 1 | . . . | | . | 10 $\frac{26}{55}$ |
| | 2 | . . . | | 1 | 8 $\frac{52}{55}$ |
| | 3 | . . . | | 2 | 7 $\frac{23}{55}$ |
| | 4 | . . . | | 3 | 5 $\frac{49}{55}$ |
| | 5 | . . . | | 4 | 4 $\frac{20}{55}$ |
| | 10 | . . . | | 8 | 8 $\frac{40}{55}$ |
| | 15 | . . . | | 13 | 1 $\frac{5}{55}$ |
| | 19 | . . . | | 16 | 6 $\frac{54}{55}$ |
| 1 | . . . . | . . | . | 17 | 5 $\frac{25}{55}$ |
| 2 | . . . . | . . | 1 | 14 | 10 $\frac{50}{55}$ |
| 3 | . . . . | . . | 2 | 12 | 4 $\frac{20}{55}$ |
| 4 | . . . . | . . | 3 | 9 | 9 $\frac{45}{55}$ |
| 5 | . . . . | . . | 4 | 7 | 3 $\frac{15}{55}$ |
| 6 | . . . . | . . | 5 | 4 | 8 $\frac{40}{55}$ |
| 7 | . . . . | . . | 6 | 2 | 2 $\frac{10}{55}$ |
| 8 | . . . . | . . | 6 | 19 | 7 $\frac{35}{55}$ |
| 9 | . . . . | . . | 7 | 17 | 1 $\frac{5}{55}$ |
| 10 | . . . . | . . | 8 | 14 | 6 $\frac{30}{55}$ |
| 11 | . . . . | . . | 9 | 12 | . . |
| 12 | . . . . | . . | 10 | 9 | 5 $\frac{25}{55}$ |

MESURE DE 13. BOISSEAUX $\frac{1}{2}$.

| PRIX DE LA MESURE. | | | A combien le Setier de 12. Boisseaux. | | |
|---|---|---|---|---|---|
| *Liv.* | *Sols.* | *Den.* | *Liv.* | *Sols.* | *Den.* |
| | | 1 | | | $\frac{8}{9}$ |
| | | 2 | | | 1 $\frac{7}{9}$ |
| | | 3 | | | 2 $\frac{2}{3}$ |
| | | 6 | | | 5 $\frac{1}{3}$ |
| | | 9 | | | 8 |
| | | 11 | | | 9 $\frac{7}{9}$ |
| | 1 | | | | 10 $\frac{2}{3}$ |
| | 2 | | | 1 | 9 $\frac{1}{3}$ |
| | 3 | | | 2 | 8 |
| | 4 | | | 3 | 6 $\frac{2}{3}$ |
| | 5 | | | 4 | 5 $\frac{1}{3}$ |
| | 10 | | | 8 | 10 $\frac{2}{3}$ |
| | 15 | | | 13 | 4 |
| | 19 | | | 16 | 10 $\frac{2}{3}$ |
| 1 | | | | 17 | 9 $\frac{1}{3}$ |
| 2 | | | 1 | 15 | 6 $\frac{2}{3}$ |
| 3 | | | 2 | 13 | 4 |
| 4 | | | 3 | 11 | 1 $\frac{1}{3}$ |
| 5 | | | 4 | 8 | 10 $\frac{2}{3}$ |
| 6 | | | 5 | 6 | 8 |
| 7 | | | 6 | 4 | 5 $\frac{1}{3}$ |
| 8 | | | 7 | 2 | 2 $\frac{2}{3}$ |
| 9 | | | 8 | | |
| 10 | | | 8 | 17 | 9 $\frac{1}{3}$ |
| 11 | | | 9 | 15 | 6 $\frac{2}{3}$ |
| 12 | | | 10 | 13 | 4 |

MESURE DE 13. BOISSEAUX $\frac{1}{4}$.

| PRIX DE LA MESURE. | | | A combien le Setier de 12. Boisseaux. | | |
|---|---|---|---|---|---|
| *Liv.* | *Sols.* | *Den.* | *Liv.* | *Sols.* | *Den.* |
| | | 1 | | | $\frac{48}{53}$ |
| | | 2 | | | 1 $\frac{43}{53}$ |
| | | 3 | | | 2 $\frac{38}{53}$ |
| | | 6 | | | 5 $\frac{23}{53}$ |
| | | 9 | | | 8 $\frac{8}{53}$ |
| | | 11 | | | 9 $\frac{51}{53}$ |
| | 1 | | | | 10 $\frac{46}{53}$ |
| | 2 | | | 1 | 9 $\frac{39}{53}$ |
| | 3 | | | 2 | 8 $\frac{32}{53}$ |
| | 4 | | | 3 | 7 $\frac{25}{53}$ |
| | 5 | | | 4 | 6 $\frac{18}{53}$ |
| | 10 | | | 9 | $\frac{36}{53}$ |
| | 15 | | | 13 | 7 $\frac{1}{53}$ |
| | 19 | | | 17 | 2 $\frac{26}{53}$ |
| 1 | | | | 18 | 1 $\frac{19}{53}$ |
| 2 | | | 1 | 16 | 2 $\frac{38}{53}$ |
| 3 | | | 2 | 14 | 4 $\frac{4}{53}$ |
| 4 | | | 3 | 12 | 5 $\frac{23}{53}$ |
| 5 | | | 4 | 10 | 6 $\frac{42}{53}$ |
| 6 | | | 5 | 8 | 8 $\frac{8}{53}$ |
| 7 | | | 6 | 6 | 9 $\frac{27}{53}$ |
| 8 | | | 7 | 4 | 10 $\frac{46}{53}$ |
| 9 | | | 8 | 3 | $\frac{12}{53}$ |
| 10 | | | 9 | 1 | 1 $\frac{31}{53}$ |
| 11 | | | 9 | 19 | 2 $\frac{50}{53}$ |
| 12 | | | 10 | 17 | 4 $\frac{16}{53}$ |

## Mesure de 13. Boisseaux $\frac{1}{8}$.

| Prix de la Mesure. Liv. | Sols. | Den. | A combien le Setier de 12. Boiſſeaux. Liv. | Sols. | Den. |
|---|---|---|---|---|---|
| | | 1 | | | $\frac{32}{35}$ |
| | | 2 | | | 1 $\frac{29}{35}$ |
| | | 3 | | | 2 $\frac{26}{35}$ |
| | | 6 | | | 5 $\frac{17}{35}$ |
| | | 9 | | | 8 $\frac{8}{35}$ |
| | | 11 | | | 10 $\frac{2}{35}$ |
| | 1 | | | | 10 $\frac{34}{35}$ |
| | 2 | | | 1 | 9 $\frac{33}{35}$ |
| | 3 | | | 2 | 8 $\frac{32}{35}$ |
| | 4 | | | 3 | 7 $\frac{31}{35}$ |
| | 5 | | | 4 | 6 $\frac{30}{35}$ |
| | 10 | | | 9 | 1 $\frac{25}{35}$ |
| | 15 | | | 13 | 8 $\frac{20}{35}$ |
| | 19 | | | 17 | 4 $\frac{16}{35}$ |
| 1 | | | | 18 | 3 $\frac{15}{35}$ |
| 2 | | | 1 | 16 | 6 $\frac{30}{35}$ |
| 3 | | | 2 | 14 | 10 $\frac{10}{35}$ |
| 4 | | | 3 | 13 | 1 $\frac{25}{35}$ |
| 5 | | | 4 | 11 | 5 $\frac{5}{35}$ |
| 6 | | | 5 | 9 | 8 $\frac{20}{35}$ |
| 7 | | | 6 | 8 | |
| 8 | | | 7 | 6 | 3 $\frac{15}{35}$ |
| 9 | | | 8 | 4 | 6 $\frac{30}{35}$ |
| 10 | | | 9 | 2 | 10 $\frac{10}{35}$ |
| 11 | | | 10 | 1 | 1 $\frac{25}{35}$ |
| 12 | | | 10 | 19 | 5 $\frac{5}{35}$ |

## Mesure de 13. Boisseaux $\frac{1}{16}$.

| Prix de la Mesure. Liv. | Sols. | Den. | A combien le Setier de 12. Boiſſeaux. Liv. | Sols. | Den. |
|---|---|---|---|---|---|
| | | 1 | | | $\frac{192}{209}$ |
| | | 2 | | | 1 $\frac{175}{209}$ |
| | | 3 | | | 2 $\frac{158}{209}$ |
| | | 6 | | | 5 $\frac{107}{209}$ |
| | | 9 | | | 8 $\frac{56}{209}$ |
| | | 11 | | | 10 $\frac{22}{209}$ |
| | 1 | | | | 11 $\frac{5}{209}$ |
| | 2 | | | 1 | 10 $\frac{10}{209}$ |
| | 3 | | | 2 | 9 $\frac{15}{209}$ |
| | 4 | | | 3 | 8 $\frac{20}{209}$ |
| | 5 | | | 4 | 7 $\frac{25}{209}$ |
| | 10 | | | 9 | 2 $\frac{50}{209}$ |
| | 15 | | | 13 | 9 $\frac{75}{209}$ |
| | 19 | | | 17 | 5 $\frac{95}{209}$ |
| 1 | | | | 18 | 4 $\frac{100}{209}$ |
| 2 | | | 1 | 16 | 8 $\frac{200}{209}$ |
| 3 | | | 2 | 15 | 1 $\frac{91}{209}$ |
| 4 | | | 3 | 13 | 5 $\frac{191}{209}$ |
| 5 | | | 4 | 11 | 10 $\frac{82}{209}$ |
| 6 | | | 5 | 10 | 2 $\frac{182}{209}$ |
| 7 | | | 6 | 8 | 7 $\frac{73}{209}$ |
| 8 | | | 7 | 6 | 11 $\frac{173}{209}$ |
| 9 | | | 8 | 5 | 4 $\frac{64}{209}$ |
| 10 | | | 9 | 3 | 8 $\frac{164}{209}$ |
| 11 | | | 10 | 2 | 1 $\frac{55}{209}$ |
| 12 | | | 11 | | 5 $\frac{155}{209}$ |

## MESURE DE 13. BOISSEAUX $\frac{2}{3}$.

| PRIX DE LA MESURE. | | | A combien le Setier de 12. Boiſſeaux. | | |
|---|---|---|---|---|---|
| *Liv.* | *Sols.* | *Den.* | *Liv.* | *Sols.* | *Den.* |
| | | 1 | | | $\frac{36}{41}$ |
| | | 2 | | | 1 $\frac{31}{41}$ |
| | | 3 | | | 2 $\frac{26}{41}$ |
| | | 6 | | | 5 $\frac{11}{41}$ |
| | | 9 | | | 7 $\frac{37}{41}$ |
| | | 11 | | | 9 $\frac{27}{41}$ |
| | 1 | | | | 10 $\frac{22}{41}$ |
| | 2 | | | 1 | 9 $\frac{3}{41}$ |
| | 3 | | | 2 | 7 $\frac{25}{41}$ |
| | 4 | | | 3 | 6 $\frac{6}{41}$ |
| | 5 | | | 4 | 4 $\frac{28}{41}$ |
| | 10 | | | 8 | 9 $\frac{15}{41}$ |
| | 15 | | | 13 | 2 $\frac{2}{41}$ |
| | 19 | | | 16 | 8 $\frac{8}{41}$ |
| 1 | | | | 17 | 6 $\frac{10}{41}$ |
| 2 | | | 1 | 15 | 1 $\frac{19}{41}$ |
| 3 | | | 2 | 12 | 8 $\frac{8}{41}$ |
| 4 | | | 3 | 10 | 2 $\frac{38}{41}$ |
| 5 | | | 4 | 7 | 9 $\frac{27}{41}$ |
| 6 | | | 5 | 5 | 4 $\frac{16}{41}$ |
| 7 | | | 6 | 2 | 11 $\frac{5}{41}$ |
| 8 | | | 7 | | 5 $\frac{35}{41}$ |
| 9 | | | 7 | 18 | $\frac{24}{41}$ |
| 10 | | | 8 | 15 | 7 $\frac{13}{41}$ |
| 11 | | | 9 | 13 | 2 $\frac{2}{41}$ |
| 12 | | | 10 | 10 | 8 $\frac{32}{41}$ |

## MESURE DE 13. BOISSEAUX $\frac{1}{3}$.

| PRIX DE LA MESURE. | | | A combien le Setier de 12. Boiſſeaux. | | |
|---|---|---|---|---|---|
| *Liv.* | *Sols.* | *Den.* | *Liv.* | *Sols.* | *Den.* |
| | | 1 | | | $\frac{9}{10}$ |
| | | 2 | | | 1 $\frac{4}{5}$ |
| | | 3 | | | 2 $\frac{7}{10}$ |
| | | 6 | | | 5 $\frac{2}{5}$ |
| | | 9 | | | 8 $\frac{1}{10}$ |
| | | 11 | | | 9 $\frac{9}{10}$ |
| | 1 | | | | 10 $\frac{4}{5}$ |
| | 2 | | | 1 | 9 $\frac{3}{5}$ |
| | 3 | | | 2 | 8 $\frac{2}{5}$ |
| | 4 | | | 3 | 7 $\frac{1}{5}$ |
| | 5 | | | 4 | 6 |
| | 10 | | | 9 | |
| | 15 | | | 13 | 6 |
| | 19 | | | 17 | 1 $\frac{1}{5}$ |
| 1 | | | | 18 | |
| 2 | | | 1 | 16 | |
| 3 | | | 2 | 14 | |
| 4 | | | 3 | 12 | |
| 5 | | | 4 | 10 | |
| 6 | | | 5 | 8 | |
| 7 | | | 6 | 6 | |
| 8 | | | 7 | 4 | |
| 9 | | | 8 | 2 | |
| 10 | | | 9 | | |
| 11 | | | 9 | 18 | |
| 12 | | | 10 | 16 | |

## MESURE DE 13. BOISSEAUX $\frac{1}{6}$.

| PRIX DE LA MESURE. | | | A combien le Setier de 12. Boisseaux. | | |
|---|---|---|---|---|---|
| *Liv.* | *Sols.* | *Den.* | *Liv.* | *Sols.* | *Den.* |
| | | 1 . | | | . $\frac{72}{79}$ |
| | | 2 . | | | 1 $\frac{65}{79}$ |
| | | 3 . | | | 2 $\frac{58}{79}$ |
| | | 6 . | | | 5 $\frac{37}{79}$ |
| | | 9 . | | | 8 $\frac{16}{79}$ |
| | | 11 . | | | 10 $\frac{2}{79}$ |
| | 1 . | . . | | . | 10 $\frac{74}{79}$ |
| | 2 . | . . | | 1 . | 9 $\frac{69}{79}$ |
| | 3 . | . . | | 2 . | 8 $\frac{64}{79}$ |
| | 4 . | . . | | 3 . | 7 $\frac{59}{79}$ |
| | 5 . | . . | | 4 . | 6 $\frac{54}{79}$ |
| | 10 . | . . | | 9 . | 1 $\frac{29}{79}$ |
| | 15 . | . . | | 13 . | 8 $\frac{4}{79}$ |
| | 19 . | . . | | 17 . | 3 $\frac{63}{79}$ |
| 1 . | . . | . . | . | 18 . | 2 $\frac{58}{79}$ |
| 2 . | . . | . . | 1 . | 16 . | 5 $\frac{37}{79}$ |
| 3 . | . . | . . | 2 . | 14 . | 8 $\frac{16}{79}$ |
| 4 . | . . | . . | 3 . | 12 . | 10 $\frac{74}{79}$ |
| 5 . | . . | . . | 4 . | 11 . | 1 $\frac{53}{79}$ |
| 6 . | . . | . . | 5 . | 9 . | 4 $\frac{32}{79}$ |
| 7 . | . . | . . | 6 . | 7 . | 7 $\frac{11}{79}$ |
| 8 . | . . | . . | 7 . | 5 . | 9 $\frac{69}{79}$ |
| 9 . | . . | . . | 8 . | 4 . | . $\frac{48}{79}$ |
| 10 . | . . | . . | 9 . | 2 . | 3 $\frac{27}{79}$ |
| 11 . | . . | . . | 10 . | . . | 6 $\frac{6}{79}$ |
| 12 . | . . | . . | 10 . | 18 . | 8 $\frac{64}{79}$ |

## MESURE DE 13. BOISSEAUX $\frac{1}{12}$.

| PRIX DE LA MESURE. | | | A combien le Setier de 12. Boisseaux. | | |
|---|---|---|---|---|---|
| *Liv.* | *Sols.* | *Den.* | *Liv.* | *Sols.* | *Den.* |
| | | 1 . | | | . $\frac{144}{157}$ |
| | | 2 . | | | 1 $\frac{131}{157}$ |
| | | 3 . | | | 2 $\frac{118}{157}$ |
| | | 6 . | | | 5 $\frac{79}{157}$ |
| | | 9 . | | | 8 $\frac{40}{157}$ |
| | | 11 . | | | 10 $\frac{14}{157}$ |
| | 1 . | . . | | . | 11 $\frac{1}{157}$ |
| | 2 . | . . | | 1 . | 10 $\frac{2}{157}$ |
| | 3 . | . . | | 2 . | 9 $\frac{3}{157}$ |
| | 4 . | . . | | 3 . | 8 $\frac{4}{157}$ |
| | 5 . | . . | | 4 . | 7 $\frac{5}{157}$ |
| | 10 . | . . | | 9 . | 2 $\frac{10}{157}$ |
| | 15 . | . . | | 13 . | 9 $\frac{15}{157}$ |
| | 19 . | . . | | 17 . | 5 $\frac{19}{157}$ |
| 1 . | . . | . . | . | 18 . | 4 $\frac{20}{157}$ |
| 2 . | . . | . . | 1 . | 16 . | 8 $\frac{40}{157}$ |
| 3 . | . . | . . | 2 . | 15 . | . $\frac{60}{157}$ |
| 4 . | . . | . . | 3 . | 13 . | 4 $\frac{80}{157}$ |
| 5 . | . . | . . | 4 . | 11 . | 8 $\frac{100}{157}$ |
| 6 . | . . | . . | 5 . | 10 . | . $\frac{120}{157}$ |
| 7 . | . . | . . | 6 . | 8 . | 4 $\frac{140}{157}$ |
| 8 . | . . | . . | 7 . | 6 . | 9 $\frac{3}{157}$ |
| 9 . | . . | . . | 8 . | 5 . | 1 $\frac{23}{157}$ |
| 10 . | . . | . . | 9 . | 3 . | 5 $\frac{43}{157}$ |
| 11 . | . . | . . | 10 . | 1 . | 9 $\frac{63}{157}$ |
| 12 . | . . | . . | 11 . | . . | 1 $\frac{83}{157}$ |

## MESURE DE 13. BOISSEAUX $\frac{4}{5}$.

| PRIX DE LA MESURE. | | | A combien le Setier de 12. Boiffeaux. | | |
|---|---|---|---|---|---|
| Liv. | Sols. | Den. | Liv. | Sols. | Den. |
| | | 1 . | | | . $\frac{20}{23}$ |
| | | 2 . | | | 1 $\frac{17}{23}$ |
| | | 3 . | | | 2 $\frac{14}{23}$ |
| | | 6 . | | | 5 $\frac{5}{23}$ |
| | | 9 . | | | 7 $\frac{19}{23}$ |
| | | 11 . | | | 9 $\frac{13}{23}$ |
| | 1 . | . . | | . | 10 $\frac{10}{23}$ |
| | 2 . | . . | | 1 . | 8 $\frac{20}{23}$ |
| | 3 . | . . | | 2 . | 7 $\frac{7}{23}$ |
| | 4 . | . . | | 3 . | 5 $\frac{17}{23}$ |
| | 5 . | . . | | 4 . | 4 $\frac{4}{23}$ |
| | 10 . | . . | | 8 . | 8 $\frac{8}{23}$ |
| | 15 . | . . | | 13 . | . $\frac{12}{23}$ |
| | 19 . | . . | | 16 . | 6 $\frac{6}{23}$ |
| 1 . | . . | . . | . | 17 . | 4 $\frac{16}{23}$ |
| 2 . | . . | . . | 1 . | 14 . | 9 $\frac{9}{23}$ |
| 3 . | . . | . . | 2 . | 12 . | 2 $\frac{2}{23}$ |
| 4 . | . . | . . | 3 . | 9 . | 6 $\frac{18}{23}$ |
| 5 . | . . | . . | 4 . | 6 . | 11 $\frac{11}{23}$ |
| 6 . | . . | . . | 5 . | 4 . | 4 $\frac{4}{23}$ |
| 7 . | . . | . . | 6 . | 1 . | 8 $\frac{20}{23}$ |
| 8 . | . . | . . | 6 . | 19 . | 1 $\frac{13}{23}$ |
| 9 . | . . | . . | 7 . | 16 . | 6 $\frac{6}{23}$ |
| 10 . | . . | . . | 8 . | 13 . | 10 $\frac{22}{23}$ |
| 11 . | . . | . . | 9 . | 11 . | 3 $\frac{15}{23}$ |
| 12 . | . . | . . | 10 . | 8 . | 8 $\frac{8}{23}$ |

## MESURE DE 13. BOISSEAUX $\frac{3}{5}$.

| PRIX DE LA MESURE. | | | A combien le Setier de 12. Boiffeaux. | | |
|---|---|---|---|---|---|
| Liv. | Sols. | Den. | Liv. | Sols. | Den. |
| | | 1 . | | | . $\frac{15}{17}$ |
| | | 2 . | | | 1 $\frac{13}{17}$ |
| | | 3 . | | | 2 $\frac{11}{17}$ |
| | | 6 . | | | 5 $\frac{5}{17}$ |
| | | 9 . | | | 7 $\frac{16}{17}$ |
| | | 11 . | | | 9 $\frac{12}{17}$ |
| | 1 . | . . | | . | 10 $\frac{10}{17}$ |
| | 2 . | . . | | 1 . | 9 $\frac{3}{17}$ |
| | 3 . | . . | | 2 . | 7 $\frac{13}{17}$ |
| | 4 . | . . | | 3 . | 6 $\frac{6}{17}$ |
| | 5 . | . . | | 4 . | 4 $\frac{16}{17}$ |
| | 10 . | . . | | 8 . | 9 $\frac{15}{17}$ |
| | 15 . | . . | | 13 . | 2 $\frac{14}{17}$ |
| | 19 . | . . | | 16 . | 9 $\frac{3}{17}$ |
| 1 . | . . | . . | . | 17 . | 7 $\frac{13}{17}$ |
| 2 . | . . | . . | 1 . | 15 . | 3 $\frac{9}{17}$ |
| 3 . | . . | . . | 2 . | 12 . | 11 $\frac{5}{17}$ |
| 4 . | . . | . . | 3 . | 10 . | 7 $\frac{1}{17}$ |
| 5 . | . . | . . | 4 . | 8 . | 2 $\frac{14}{17}$ |
| 6 . | . . | . . | 5 . | 5 . | 10 $\frac{10}{17}$ |
| 7 . | . . | . . | 6 . | 3 . | 6 $\frac{6}{17}$ |
| 8 . | . . | . . | 7 . | 1 . | 2 $\frac{2}{17}$ |
| 9 . | . . | . . | 7 . | 18 . | 9 $\frac{13}{17}$ |
| 10 . | . . | . . | 8 . | 16 . | 5 $\frac{11}{17}$ |
| 11 . | . . | . . | 9 . | 14 . | 1 $\frac{7}{17}$ |
| 12 . | . . | . . | 10 . | 11 . | 9 $\frac{3}{17}$ |

## MESURE DE 13. BOISSEAUX $\frac{2}{5}$.

| PRIX DE LA MESURE. | | | A combien le Setier de 12. Boisseaux. | | |
|---|---|---|---|---|---|
| *Liv.* | *Sols.* | *Den.* | *Liv.* | *Sols.* | *Den.* |
| | | 1 | | | $\frac{60}{67}$ |
| | | 2 | | | 1 $\frac{53}{67}$ |
| | | 3 | | | 2 $\frac{46}{67}$ |
| | | 6 | | | 5 $\frac{25}{67}$ |
| | | 9 | | | 8 $\frac{4}{67}$ |
| | | 11 | | | 9 $\frac{57}{67}$ |
| | 1 | | | | 10 $\frac{50}{67}$ |
| | 2 | | | 1 | 9 $\frac{33}{67}$ |
| | 3 | | | 2 | 8 $\frac{16}{67}$ |
| | 4 | | | 3 | 6 $\frac{66}{67}$ |
| | 5 | | | 4 | 5 $\frac{49}{67}$ |
| | 10 | | | 8 | 11 $\frac{31}{67}$ |
| | 15 | | | 13 | 5 $\frac{13}{67}$ |
| | 19 | | | 17 | $\frac{12}{67}$ |
| 1 | | | | 17 | 10 $\frac{62}{67}$ |
| 2 | | | 1 | 15 | 9 $\frac{57}{67}$ |
| 3 | | | 2 | 13 | 8 $\frac{52}{67}$ |
| 4 | | | 3 | 11 | 7 $\frac{47}{67}$ |
| 5 | | | 4 | 9 | 6 $\frac{42}{67}$ |
| 6 | | | 5 | 7 | 5 $\frac{37}{67}$ |
| 7 | | | 6 | 5 | 4 $\frac{32}{67}$ |
| 8 | | | 7 | 3 | 3 $\frac{27}{67}$ |
| 9 | | | 8 | 1 | 2 $\frac{22}{67}$ |
| 10 | | | 8 | 19 | 1 $\frac{17}{67}$ |
| 11 | | | 9 | 17 | $\frac{82}{67}$ |
| 12 | | | 10 | 14 | 11 $\frac{7}{67}$ |

## MESURE DE 13. BOISSEAUX $\frac{1}{5}$.

| PRIX DE LA MESURE. | | | A combien le Setier de 12. Boisseaux. | | |
|---|---|---|---|---|---|
| *Liv.* | *Sols.* | *Den.* | *Liv.* | *Sols.* | *Den.* |
| | | 1 | | | $\frac{10}{11}$ |
| | | 2 | | | 1 $\frac{9}{11}$ |
| | | 3 | | | 2 $\frac{8}{11}$ |
| | | 6 | | | 5 $\frac{5}{11}$ |
| | | 9 | | | 8 $\frac{2}{11}$ |
| | | 11 | | | 10 |
| | 1 | | | | 10 $\frac{10}{11}$ |
| | 2 | | | 1 | 9 $\frac{9}{11}$ |
| | 3 | | | 2 | 8 $\frac{8}{11}$ |
| | 4 | | | 3 | 7 $\frac{7}{11}$ |
| | 5 | | | 4 | 6 $\frac{6}{11}$ |
| | 10 | | | 9 | 1 $\frac{1}{11}$ |
| | 15 | | | 13 | 7 $\frac{7}{11}$ |
| | 19 | | | 17 | 3 $\frac{3}{11}$ |
| 1 | | | | 18 | 2 $\frac{2}{11}$ |
| 2 | | | 1 | 16 | 4 $\frac{4}{11}$ |
| 3 | | | 2 | 14 | 6 $\frac{6}{11}$ |
| 4 | | | 3 | 12 | 8 $\frac{8}{11}$ |
| 5 | | | 4 | 10 | 10 $\frac{10}{11}$ |
| 6 | | | 5 | 9 | 1 $\frac{1}{11}$ |
| 7 | | | 6 | 7 | 3 $\frac{5}{11}$ |
| 8 | | | 7 | 5 | 5 $\frac{3}{11}$ |
| 9 | | | 8 | 3 | 7 $\frac{7}{11}$ |
| 10 | | | 9 | 1 | 9 $\frac{9}{11}$ |
| 11 | | | 10 | | |
| 12 | | | 10 | 18 | 2 $\frac{2}{11}$ |

**MESURE DE 13. BOISSEAUX $\frac{1}{10}$.**

| PRIX DE LA MESURE. | | | A combien le Setier de 12. Boiſſeaux. | | |
|---|---|---|---|---|---|
| *Liv.* | *Sols.* | *Den.* | *Liv.* | *Sols.* | *Den.* |
| | | 1 . | | | . $\frac{120}{131}$ |
| | | 2 . | | | 1 $\frac{109}{131}$ |
| | | 3 . | | | 2 $\frac{98}{131}$ |
| | | 6 . | | | 5 $\frac{65}{131}$ |
| | | 9 . | | | 8 $\frac{32}{131}$ |
| | | 11 . | | | 10 $\frac{10}{131}$ |
| | 1 . | . . | | . | 10 $\frac{130}{131}$ |
| | 2 . | . . | | 1 . | 9 $\frac{129}{131}$ |
| | 3 . | . . | | 2 . | 8 $\frac{128}{131}$ |
| | 4 . | . . | | 3 . | 7 $\frac{127}{131}$ |
| | 5 . | . . | | 4 . | 6 $\frac{126}{131}$ |
| | 10 . | . . | | 9 . | 1 $\frac{121}{131}$ |
| | 15 . | . . | | 13 . | 8 $\frac{116}{131}$ |
| | 19 . | . . | | 17 . | 4 $\frac{112}{131}$ |
| 1 . | . . | . . | . | 18 . | 3 $\frac{111}{131}$ |
| 2 . | . . | . . | 1 . | 16 . | 7 $\frac{91}{131}$ |
| 3 . | . . | . . | 2 . | 14 . | 11 $\frac{71}{131}$ |
| 4 . | . . | . . | 3 . | 13 . | 3 $\frac{51}{131}$ |
| 5 . | . . | . . | 4 . | 11 . | 7 $\frac{31}{131}$ |
| 6 . | . . | . . | 5 . | 9 . | 11 $\frac{11}{131}$ |
| 7 . | . . | . . | 6 . | 8 . | 2 $\frac{122}{131}$ |
| 8 . | . . | . . | 7 . | 6 . | 6 $\frac{102}{131}$ |
| 9 . | . . | . . | 8 . | 4 . | 10 $\frac{82}{131}$ |
| 10 . | . . | . . | 9 . | 3 . | 2 $\frac{62}{131}$ |
| 11 . | . . | . . | 10 . | 1 . | 6 $\frac{42}{131}$ |
| 12 . | . . | . . | 10 . | 19 . | 10 $\frac{22}{131}$ |

**MESURE DE 13. BOISSEAUX $\frac{1}{20}$.**

| PRIX DE LA MESURE. | | | A combien le Setier de 12. Boiſſeaux. | | |
|---|---|---|---|---|---|
| *Liv.* | *Sols.* | *Den.* | *Liv.* | *Sols.* | *Den.* |
| | | 1 . | | | . $\frac{80}{87}$ |
| | | 2 . | | | 1 $\frac{73}{87}$ |
| | | 3 . | | | 2 $\frac{22}{29}$ |
| | | 6 . | | | 5 $\frac{15}{29}$ |
| | | 9 . | | | 8 $\frac{8}{29}$ |
| | | 11 . | | | 10 $\frac{10}{87}$ |
| | 1 . | . . | | . | 11 $\frac{1}{29}$ |
| | 2 . | . . | | 1 . | 10 $\frac{2}{29}$ |
| | 3 . | . . | | 2 . | 9 $\frac{3}{29}$ |
| | 4 . | . . | | 3 . | 8 $\frac{4}{29}$ |
| | 5 . | . . | | 4 . | 7 $\frac{5}{29}$ |
| | 10 . | . . | | 9 . | 2 $\frac{10}{29}$ |
| | 15 . | . . | | 13 . | 9 $\frac{15}{29}$ |
| | 19 . | . . | | 17 . | 5 $\frac{19}{29}$ |
| 1 . | . . | . . | . | 18 . | 4 $\frac{20}{29}$ |
| 2 . | . . | . . | 1 . | 16 . | 9 $\frac{11}{29}$ |
| 3 . | . . | . . | 2 . | 15 . | 2 $\frac{2}{29}$ |
| 4 . | . . | . . | 3 . | 13 . | 6 $\frac{22}{29}$ |
| 5 . | . . | . . | 4 . | 11 . | 11 $\frac{13}{29}$ |
| 6 . | . . | . . | 5 . | 10 . | 4 $\frac{4}{29}$ |
| 7 . | . . | . . | 6 . | 8 . | 8 $\frac{24}{29}$ |
| 8 . | . . | . . | 7 . | 7 . | 1 $\frac{15}{29}$ |
| 9 . | . . | . . | 8 . | 5 . | 6 $\frac{6}{29}$ |
| 10 . | . . | . . | 9 . | 3 . | 10 $\frac{26}{29}$ |
| 11 . | . . | . . | 10 . | 2 . | 3 $\frac{17}{29}$ |
| 12 . | . . | . . | 11 . | . . | 8 $\frac{8}{29}$ |

## MESURE DE 14. BOISSEAUX.

| PRIX DE LA MESURE. | | | A combien le Setier de 12. Boisseaux. | | |
|---|---|---|---|---|---|
| *Liv.* | *Sols.* | *Den.* | *Liv.* | *Sols.* | *Den.* |
| | | 1 | | | $\frac{6}{7}$ |
| | | 2 | | | 1 $\frac{5}{7}$ |
| | | 3 | | | 2 $\frac{4}{7}$ |
| | | 6 | | | 5 $\frac{1}{7}$ |
| | | 9 | | | 7 $\frac{5}{7}$ |
| | | 11 | | | 9 $\frac{3}{7}$ |
| | 1 | | | | 10 $\frac{2}{7}$ |
| | 2 | | | 1 | 8 $\frac{4}{7}$ |
| | 3 | | | 2 | 6 $\frac{6}{7}$ |
| | 4 | | | 3 | 5 $\frac{1}{7}$ |
| | 5 | | | 4 | 3 $\frac{3}{7}$ |
| | 10 | | | 8 | 6 $\frac{6}{7}$ |
| | 15 | | | 12 | 10 $\frac{2}{7}$ |
| | 19 | | | 16 | 3 $\frac{3}{7}$ |
| 1 | | | | 17 | 1 $\frac{5}{7}$ |
| 2 | | | 1 | 14 | 3 $\frac{3}{7}$ |
| 3 | | | 2 | 11 | 5 $\frac{1}{7}$ |
| 4 | | | 3 | 8 | 6 $\frac{6}{7}$ |
| 5 | | | 4 | 5 | 8 $\frac{4}{7}$ |
| 6 | | | 5 | 2 | 10 $\frac{2}{7}$ |
| 7 | | | 6 | | |
| 8 | | | 6 | 17 | 1 $\frac{5}{7}$ |
| 9 | | | 7 | 14 | 3 $\frac{3}{7}$ |
| 10 | | | 8 | 11 | 5 $\frac{1}{7}$ |
| 11 | | | 9 | 8 | 6 $\frac{6}{7}$ |
| 12 | | | 10 | 5 | 8 $\frac{4}{7}$ |

## MESURE DE 14. BOISSEAUX $\frac{3}{4}$.

| PRIX DE LA MESURE. | | | A combien le Setier de 12. Boisseaux. | | |
|---|---|---|---|---|---|
| *Liv.* | *Sols.* | *Den.* | *Liv.* | *Sols.* | *Den.* |
| | | 1 | | | $\frac{43}{59}$ |
| | | 2 | | | 1 $\frac{37}{59}$ |
| | | 3 | | | 2 $\frac{26}{59}$ |
| | | 6 | | | 4 $\frac{52}{59}$ |
| | | 9 | | | 7 $\frac{19}{59}$ |
| | | 11 | | | 8 $\frac{56}{59}$ |
| | 1 | | | | 9 $\frac{45}{59}$ |
| | 2 | | | 1 | 7 $\frac{31}{59}$ |
| | 3 | | | 2 | 5 $\frac{17}{59}$ |
| | 4 | | | 3 | 3 $\frac{3}{59}$ |
| | 5 | | | 4 | $\frac{48}{59}$ |
| | 10 | | | 8 | 1 $\frac{37}{59}$ |
| | 15 | | | 12 | 2 $\frac{26}{59}$ |
| | 19 | | | 15 | 5 $\frac{29}{59}$ |
| 1 | | | | 16 | 3 $\frac{15}{59}$ |
| 2 | | | 1 | 12 | 6 $\frac{30}{59}$ |
| 3 | | | 2 | 8 | 9 $\frac{45}{59}$ |
| 4 | | | 3 | 5 | 1 $\frac{1}{59}$ |
| 5 | | | 4 | 1 | 4 $\frac{16}{59}$ |
| 6 | | | 4 | 17 | 7 $\frac{31}{59}$ |
| 7 | | | 5 | 13 | 10 $\frac{46}{59}$ |
| 8 | | | 6 | 10 | 2 $\frac{2}{59}$ |
| 9 | | | 7 | 6 | 5 $\frac{17}{59}$ |
| 10 | | | 8 | 2 | 8 $\frac{32}{59}$ |
| 11 | | | 8 | 18 | 11 $\frac{47}{59}$ |
| 12 | | | 9 | 15 | 3 $\frac{3}{59}$ |

## MESURE DE 14. BOISSEAUX $\frac{1}{2}$.

| PRIX DE LA MESURE. | | | A combien le Setier de 12. Boisseaux. | | |
|---|---|---|---|---|---|
| *Liv.* | *Sols.* | *Den.* | *Liv.* | *Sols.* | *Den.* |
| | | 1 | | | $\frac{24}{29}$ |
| | | 2 | | | 1 $\frac{19}{29}$ |
| | | 3 | | | 2 $\frac{14}{29}$ |
| | | 6 | | | 4 $\frac{28}{29}$ |
| | | 9 | | | 7 $\frac{13}{29}$ |
| | | 11 | | | 9 $\frac{3}{29}$ |
| | 1 | | | | 9 $\frac{27}{29}$ |
| | 2 | | | 1 | 7 $\frac{25}{29}$ |
| | 3 | | | 2 | 5 $\frac{23}{29}$ |
| | 4 | | | 3 | 3 $\frac{21}{29}$ |
| | 5 | | | 4 | 1 $\frac{19}{29}$ |
| | 10 | | | 8 | 3 $\frac{9}{29}$ |
| | 15 | | | 12 | 4 $\frac{28}{29}$ |
| | 19 | | | 15 | 8 $\frac{20}{29}$ |
| 1 | | | | 16 | 6 $\frac{18}{29}$ |
| 2 | | | 1 | 13 | 1 $\frac{7}{29}$ |
| 3 | | | 2 | 9 | 7 $\frac{25}{29}$ |
| 4 | | | 3 | 6 | 2 $\frac{14}{29}$ |
| 5 | | | 4 | 2 | 9 $\frac{3}{29}$ |
| 6 | | | 4 | 19 | 3 $\frac{21}{29}$ |
| 7 | | | 5 | 15 | 10 $\frac{10}{29}$ |
| 8 | | | 6 | 12 | 4 $\frac{28}{29}$ |
| 9 | | | 7 | 8 | 11 $\frac{17}{29}$ |
| 10 | | | 8 | 5 | 6 $\frac{6}{29}$ |
| 11 | | | 9 | 2 | $\frac{24}{29}$ |
| 12 | | | 9 | 18 | 7 $\frac{13}{29}$ |

## MESURE DE 14. BOISSEAUX $\frac{1}{4}$.

| PRIX DE LA MESURE. | | | A combien le Setier de 12. Boisseaux. | | |
|---|---|---|---|---|---|
| *Liv.* | *Sols.* | *Den.* | *Liv.* | *Sols.* | *Den.* |
| | | 1 | | | $\frac{16}{19}$ |
| | | 2 | | | 1 $\frac{13}{19}$ |
| | | 3 | | | 2 $\frac{10}{19}$ |
| | | 6 | | | 5 $\frac{1}{19}$ |
| | | 9 | | | 7 $\frac{11}{19}$ |
| | | 11 | | | 9 $\frac{5}{19}$ |
| | 1 | | | | 10 $\frac{2}{19}$ |
| | 2 | | | 1 | 8 $\frac{4}{19}$ |
| | 3 | | | 2 | 6 $\frac{6}{19}$ |
| | 4 | | | 3 | 4 $\frac{8}{19}$ |
| | 5 | | | 4 | 2 $\frac{10}{19}$ |
| | 10 | | | 8 | 5 $\frac{1}{19}$ |
| | 15 | | | 12 | 7 $\frac{11}{19}$ |
| | 19 | | | 16 | |
| 1 | | | | 16 | 10 $\frac{2}{19}$ |
| 2 | | | 1 | 13 | 8 $\frac{4}{19}$ |
| 3 | | | 2 | 10 | 6 $\frac{6}{19}$ |
| 4 | | | 3 | 7 | 4 $\frac{8}{19}$ |
| 5 | | | 4 | 4 | 2 $\frac{10}{19}$ |
| 6 | | | 5 | 1 | $\frac{12}{19}$ |
| 7 | | | 5 | 17 | 10 $\frac{14}{19}$ |
| 8 | | | 6 | 14 | 8 $\frac{16}{19}$ |
| 9 | | | 7 | 11 | 6 $\frac{18}{19}$ |
| 10 | | | 8 | 8 | 5 $\frac{1}{19}$ |
| 11 | | | 9 | 5 | 3 $\frac{3}{19}$ |
| 12 | | | 10 | 2 | 1 $\frac{5}{19}$ |

## MESURE DE 14. BOISSEAUX $\frac{1}{8}$.

| PRIX DE LA MESURE. | | | A combien le Setier de 12. Boiſſeaux. | | |
|---|---|---|---|---|---|
| Liv. | Sols. | Den. | Liv. | Sols. | Den. |
| | | 1 . | | | . $\frac{96}{113}$ |
| | | 2 . | | | 1 $\frac{79}{113}$ |
| | | 3 . | | | 2 $\frac{62}{113}$ |
| | | 6 . | | | 5 $\frac{11}{113}$ |
| | | 9 . | | | 7 $\frac{73}{113}$ |
| | | 11 . | | | 9 $\frac{39}{113}$ |
| | 1 . | . . | | . | 10 $\frac{22}{113}$ |
| | 2 . | . . | | 1 . | 8 $\frac{44}{113}$ |
| | 3 . | . . | | 2 . | 6 $\frac{66}{113}$ |
| | 4 . | . . | | 3 . | 4 $\frac{88}{113}$ |
| | 5 . | . . | | 4 . | 2 $\frac{110}{113}$ |
| | 10 . | . . | | 8 . | 5 $\frac{107}{113}$ |
| | 15 . | . . | | 12 . | 8 $\frac{104}{113}$ |
| | 19 . | . . | | 16 . | 1 $\frac{79}{113}$ |
| 1 . | . . | . . | . | 16 . | 11 $\frac{101}{113}$ |
| 2 . | . . | . . | 1 . | 13 . | 11 $\frac{89}{113}$ |
| 3 . | . . | . . | 2 . | 10 . | 11 $\frac{77}{113}$ |
| 4 . | . . | . . | 3 . | 7 . | 11 $\frac{65}{113}$ |
| 5 . | . . | . . | 4 . | 4 . | 11 $\frac{53}{113}$ |
| 6 . | . . | . . | 5 . | 1 . | 11 $\frac{41}{113}$ |
| 7 . | . . | . . | 5 . | 18 . | 11 $\frac{29}{113}$ |
| 8 . | . . | . . | 6 . | 15 . | 11 $\frac{17}{113}$ |
| 9 . | . . | . . | 7 . | 12 . | 11 $\frac{5}{113}$ |
| 10 . | . . | . . | 8 . | 9 . | 10 $\frac{106}{113}$ |
| 11 . | . . | . . | 9 . | 6 . | 10 $\frac{94}{113}$ |
| 12 . | . . | . . | 10 . | 3 . | 10 $\frac{82}{113}$ |

## MESURE DE 14. BOISSEAUX $\frac{1}{16}$.

| PRIX DE LA MESURE. | | | A combien le Setier de 12. Boiſſeaux. | | |
|---|---|---|---|---|---|
| Liv. | Sols. | Den. | Liv. | Sols. | Den. |
| | | 1 . | | | . $\frac{64}{75}$ |
| | | 2 . | | | 1 $\frac{53}{75}$ |
| | | 3 . | | | 2 $\frac{14}{25}$ |
| | | 6 . | | | 5 $\frac{3}{25}$ |
| | | 9 . | | | 7 $\frac{17}{25}$ |
| | | 11 . | | | 9 $\frac{29}{75}$ |
| | 1 . | . . | | . | 10 $\frac{6}{25}$ |
| | 2 . | . . | | 1 . | 8 $\frac{12}{25}$ |
| | 3 . | . . | | 2 . | 6 $\frac{18}{25}$ |
| | 4 . | . . | | 3 . | 4 $\frac{24}{25}$ |
| | 5 . | . . | | 4 . | 3 $\frac{5}{25}$ |
| | 10 . | . . | | 8 . | 6 $\frac{10}{25}$ |
| | 15 . | . . | | 12 . | 9 $\frac{15}{25}$ |
| | 19 . | . . | | 16 . | 2 $\frac{14}{25}$ |
| 1 . | . . | . . | . | 17 . | . $\frac{20}{25}$ |
| 2 . | . . | . . | 1 . | 14 . | 1 $\frac{15}{25}$ |
| 3 . | . . | . . | 2 . | 11 . | 2 $\frac{10}{25}$ |
| 4 . | . . | . . | 3 . | 8 . | 3 $\frac{5}{25}$ |
| 5 . | . . | . . | 4 . | 5 . | 4 . |
| 6 . | . . | . . | 5 . | 2 . | 4 $\frac{20}{25}$ |
| 7 . | . . | . . | 5 . | 19 . | 5 $\frac{15}{25}$ |
| 8 . | . . | . . | 6 . | 16 . | 6 $\frac{10}{25}$ |
| 9 . | . . | . . | 7 . | 13 . | 7 $\frac{5}{25}$ |
| 10 . | . . | . . | 8 . | 10 . | 8 . |
| 11 . | . . | . . | 9 . | 7 . | 8 $\frac{20}{25}$ |
| 12 . | . . | . . | 10 . | 4 . | 9 $\frac{15}{25}$ |

## MESURE DE 14 BOISSEAUX $\frac{2}{3}$.

| PRIX DE LA MESURE. | | | A combien le Setier de 12. Boisseaux. | | |
|---|---|---|---|---|---|
| *Liv.* | *Sols.* | *Den.* | *Liv.* | *Sols.* | *Den.* |
| | | 1 | | | $\frac{9}{11}$ |
| | | 2 | | | 1 $\frac{7}{11}$ |
| | | 3 | | | 2 $\frac{5}{11}$ |
| | | 6 | | | 4 $\frac{10}{11}$ |
| | | 9 | | | 7 $\frac{4}{11}$ |
| | | 11 | | | 9 |
| | 1 | | | | 9 $\frac{9}{11}$ |
| | 2 | | | 1 | 7 $\frac{7}{11}$ |
| | 3 | | | 2 | 5 $\frac{5}{11}$ |
| | 4 | | | 3 | 3 $\frac{3}{11}$ |
| | 5 | | | 4 | 1 $\frac{1}{11}$ |
| | 10 | | | 8 | 2 $\frac{2}{11}$ |
| | 15 | | | 12 | 3 $\frac{3}{11}$ |
| | 19 | | | 15 | 6 $\frac{6}{11}$ |
| 1 | | | | 16 | 4 $\frac{4}{11}$ |
| 2 | | | 1 | 12 | 8 $\frac{8}{11}$ |
| 3 | | | 2 | 9 | 1 $\frac{1}{11}$ |
| 4 | | | 3 | 5 | 5 $\frac{5}{11}$ |
| 5 | | | 4 | 1 | 9 $\frac{9}{11}$ |
| 6 | | | 4 | 18 | 2 $\frac{2}{11}$ |
| 7 | | | 5 | 14 | 6 $\frac{6}{11}$ |
| 8 | | | 6 | 10 | 10 $\frac{10}{11}$ |
| 9 | | | 7 | 7 | 3 $\frac{3}{11}$ |
| 10 | | | 8 | 3 | 7 $\frac{7}{11}$ |
| 11 | | | 9 | | |
| 12 | | | 9 | 16 | 4 $\frac{4}{11}$ |

## MESURE DE 14. BOISSEAUX $\frac{1}{3}$.

| PRIX DE LA MESURE. | | | A combien le Setier de 12. Boisseaux. | | |
|---|---|---|---|---|---|
| *Liv.* | *Sols.* | *Den.* | *Liv.* | *Sols.* | *Den.* |
| | | 1 | | | $\frac{36}{43}$ |
| | | 2 | | | 1 $\frac{29}{43}$ |
| | | 3 | | | 2 $\frac{22}{43}$ |
| | | 6 | | | 5 $\frac{1}{43}$ |
| | | 9 | | | 7 $\frac{23}{43}$ |
| | | 11 | | | 9 $\frac{9}{43}$ |
| | 1 | | | | 10 $\frac{2}{43}$ |
| | 2 | | | 1 | 8 $\frac{4}{43}$ |
| | 3 | | | 2 | 6 $\frac{6}{43}$ |
| | 4 | | | 3 | 4 $\frac{8}{43}$ |
| | 5 | | | 4 | 2 $\frac{10}{43}$ |
| | 10 | | | 8 | 4 $\frac{20}{43}$ |
| | 15 | | | 12 | 6 $\frac{30}{43}$ |
| | 19 | | | 15 | 10 $\frac{38}{43}$ |
| 1 | | | | 16 | 8 $\frac{40}{43}$ |
| 2 | | | 1 | 13 | 5 $\frac{37}{43}$ |
| 3 | | | 2 | 10 | 2 $\frac{34}{43}$ |
| 4 | | | 3 | 6 | 11 $\frac{31}{43}$ |
| 5 | | | 4 | 3 | 8 $\frac{28}{43}$ |
| 6 | | | 5 | | 5 $\frac{25}{43}$ |
| 7 | | | 5 | 17 | 2 $\frac{22}{43}$ |
| 8 | | | 6 | 13 | 11 $\frac{19}{43}$ |
| 9 | | | 7 | 10 | 8 $\frac{16}{43}$ |
| 10 | | | 8 | 7 | 5 $\frac{13}{43}$ |
| 11 | | | 9 | 4 | 2 $\frac{10}{43}$ |
| 12 | | | 10 | | 11 $\frac{7}{43}$ |

## MESURE DE 14. BOISSEAUX $\frac{1}{6}$.

| PRIX DE LA MESURE. | | | A combien le Setier de 12. Boisseaux. | | |
|---|---|---|---|---|---|
| *Liv.* | *Sols.* | *Den.* | *Liv.* | *Sols.* | *Den.* |
| | | 1 | | | $\frac{72}{85}$ |
| | | 2 | | | 1 $\frac{59}{85}$ |
| | | 3 | | | 2 $\frac{46}{85}$ |
| | | 6 | | | 5 $\frac{7}{85}$ |
| | | 9 | | | 7 $\frac{53}{85}$ |
| | | 11 | | | 9 $\frac{27}{85}$ |
| | 1 | | | | 10 $\frac{14}{85}$ |
| | 2 | | | 1 | 8 $\frac{28}{85}$ |
| | 3 | | | 2 | 6 $\frac{42}{85}$ |
| | 4 | | | 3 | 4 $\frac{56}{85}$ |
| | 5 | | | 4 | 2 $\frac{70}{85}$ |
| | 10 | | | 8 | 5 $\frac{55}{85}$ |
| | 15 | | | 12 | 8 $\frac{40}{85}$ |
| | 19 | | | 16 | 1 $\frac{11}{85}$ |
| 1 | | | | 16 | 11 $\frac{25}{85}$ |
| 2 | | | 1 | 13 | 10 $\frac{50}{85}$ |
| 3 | | | 2 | 10 | 9 $\frac{75}{85}$ |
| 4 | | | 3 | 7 | 9 $\frac{15}{85}$ |
| 5 | | | 4 | 4 | 8 $\frac{40}{85}$ |
| 6 | | | 5 | 1 | 7 $\frac{65}{85}$ |
| 7 | | | 5 | 18 | 7 $\frac{5}{85}$ |
| 8 | | | 6 | 15 | 6 $\frac{30}{85}$ |
| 9 | | | 7 | 12 | 5 $\frac{55}{85}$ |
| 10 | | | 8 | 9 | 4 $\frac{80}{85}$ |
| 11 | | | 9 | 6 | 4 $\frac{20}{85}$ |
| 12 | | | 10 | 3 | 3 $\frac{45}{85}$ |

## MESURE DE 14. BOISSEAUX $\frac{1}{12}$.

| PRIX DE LA MESURE. | | | A combien le Setier de 12. Boisseaux. | | |
|---|---|---|---|---|---|
| *Liv.* | *Sols.* | *Den.* | *Liv.* | *Sols.* | *Den.* |
| | | 1 | | | $\frac{144}{169}$ |
| | | 2 | | | 1 $\frac{119}{169}$ |
| | | 3 | | | 2 $\frac{94}{169}$ |
| | | 6 | | | 5 $\frac{19}{169}$ |
| | | 9 | | | 7 $\frac{113}{169}$ |
| | | 11 | | | 9 $\frac{63}{169}$ |
| | 1 | | | | 10 $\frac{38}{169}$ |
| | 2 | | | 1 | 8 $\frac{76}{169}$ |
| | 3 | | | 2 | 6 $\frac{114}{169}$ |
| | 4 | | | 3 | 4 $\frac{152}{169}$ |
| | 5 | | | 4 | 3 $\frac{21}{169}$ |
| | 10 | | | 8 | 6 $\frac{42}{169}$ |
| | 15 | | | 12 | 9 $\frac{63}{169}$ |
| | 19 | | | 16 | 2 $\frac{46}{169}$ |
| 1 | | | | 17 | $\frac{84}{169}$ |
| 2 | | | 1 | 14 | $\frac{168}{169}$ |
| 3 | | | 2 | 11 | 1 $\frac{83}{169}$ |
| 4 | | | 3 | 8 | 1 $\frac{167}{169}$ |
| 5 | | | 4 | 5 | 2 $\frac{82}{169}$ |
| 6 | | | 5 | 2 | 2 $\frac{166}{169}$ |
| 7 | | | 5 | 19 | 3 $\frac{81}{169}$ |
| 8 | | | 6 | 16 | 3 $\frac{165}{169}$ |
| 9 | | | 7 | 13 | 4 $\frac{80}{169}$ |
| 10 | | | 8 | 10 | 4 $\frac{164}{169}$ |
| 11 | | | 9 | 7 | 5 $\frac{79}{169}$ |
| 12 | | | 10 | 4 | 5 $\frac{163}{169}$ |

## Mesure de 14. Boisseaux $\frac{4}{5}$.

| Prix de la Mesure. Liv. | Sols. | Den. | A combien le Setier de 12. Boiſſeaux. Liv. | Sols. | Den. |
|---|---|---|---|---|---|
| | | 1 . | | | . $\frac{30}{37}$ |
| | | 2 . | | | 1 $\frac{23}{37}$ |
| | | 3 . | | | 2 $\frac{16}{37}$ |
| | | 6 . | | | 4 $\frac{32}{37}$ |
| | | 9 . | | | 7 $\frac{11}{37}$ |
| | | 11 . | | | 8 $\frac{34}{37}$ |
| | 1 . | . . | | . | 9 $\frac{27}{37}$ |
| | 2 . | . . | | 1 . | 7 $\frac{17}{37}$ |
| | 3 . | . . | | 2 . | 5 $\frac{7}{37}$ |
| | 4 . | . . | | 3 . | 2 $\frac{34}{37}$ |
| | 5 . | . . | | 4 . | . $\frac{24}{37}$ |
| | 10 . | . . | | 8 . | 1 $\frac{11}{37}$ |
| | 15 . | . . | | 12 . | 1 $\frac{35}{37}$ |
| | 19 . | . . | | 15 . | 4 $\frac{32}{37}$ |
| 1 . | . . | . . | . | 16 . | 2 $\frac{22}{37}$ |
| 2 . | . . | . . | 1 . | 12 . | 5 $\frac{7}{37}$ |
| 3 . | . . | . . | 2 . | 8 . | 7 $\frac{29}{37}$ |
| 4 . | . . | . . | 3 . | 4 . | 10 $\frac{14}{37}$ |
| 5 . | . . | . . | 4 . | 1 . | . $\frac{36}{37}$ |
| 6 . | . . | . . | 4 . | 17 . | 3 $\frac{21}{37}$ |
| 7 . | . . | . . | 5 . | 13 . | 6 $\frac{6}{37}$ |
| 8 . | . . | . . | 6 . | 9 . | 8 $\frac{28}{37}$ |
| 9 . | . . | . . | 7 . | 5 . | 11 $\frac{13}{37}$ |
| 10 . | . . | . . | 8 . | 2 . | 1 $\frac{35}{37}$ |
| 11 . | . . | . . | 8 . | 18 . | 4 $\frac{20}{37}$ |
| 12 . | . . | . . | 9 . | 14 . | 7 $\frac{5}{37}$ |

## Mesure de 14. Boisseaux $\frac{3}{5}$.

| Prix de la Mesure. Liv. | Sols. | Den. | A combien le Setier de 12. Boiſſeaux. Liv. | Sols. | Den. |
|---|---|---|---|---|---|
| | | 1 . | | | . $\frac{60}{73}$ |
| | | 2 . | | | 1 $\frac{47}{73}$ |
| | | 3 . | | | 2 $\frac{34}{73}$ |
| | | 6 . | | | 4 $\frac{68}{73}$ |
| | | 9 . | | | 7 $\frac{29}{73}$ |
| | | 11 . | | | 9 $\frac{3}{73}$ |
| | 1 . | . . | | . | 9 $\frac{63}{73}$ |
| | 2 . | . . | | 1 . | 7 $\frac{53}{73}$ |
| | 3 . | . . | | 2 . | 5 $\frac{43}{73}$ |
| | 4 . | . . | | 3 . | 3 $\frac{33}{73}$ |
| | 5 . | . . | | 4 . | 1 $\frac{23}{73}$ |
| | 10 . | . . | | 8 . | 2 $\frac{46}{73}$ |
| | 15 . | . . | | 12 . | 3 $\frac{69}{73}$ |
| | 19 . | . . | | 15 . | 7 $\frac{29}{73}$ |
| 1 . | . . | . . | . | 16 . | 5 $\frac{19}{73}$ |
| 2 . | . . | . . | 1 . | 12 . | 10 $\frac{38}{73}$ |
| 3 . | . . | . . | 2 . | 9 . | 3 $\frac{57}{73}$ |
| 4 . | . . | . . | 3 . | 5 . | 9 $\frac{3}{73}$ |
| 5 . | . . | . . | 4 . | 2 . | 2 $\frac{22}{73}$ |
| 6 . | . . | . . | 4 . | 18 . | 7 $\frac{41}{73}$ |
| 7 . | . . | . . | 5 . | 15 . | . $\frac{60}{73}$ |
| 8 . | . . | . . | 6 . | 11 . | 6 $\frac{6}{73}$ |
| 9 . | . . | . . | 7 . | 7 . | 11 $\frac{25}{73}$ |
| 10 . | . . | . . | 8 . | 4 . | 4 $\frac{44}{73}$ |
| 11 . | . . | . . | 9 . | . . | 9 $\frac{63}{73}$ |
| 12 . | . . | . . | 9 . | 17 . | 3 $\frac{9}{73}$ |

## Mesure de 14. Boisseaux $\frac{2}{5}$.

| Prix de la Mesure. | | | A combien le Setier de 12. Boiſſeaux. | | |
|---|---|---|---|---|---|
| *Liv.* | *Sols.* | *Den.* | *Liv.* | *Sols.* | *Den.* |
| | | 1 | | | $\frac{5}{6}$ |
| | | 2 | | | 1 $\frac{2}{3}$ |
| | | 3 | | | 2 $\frac{1}{2}$ |
| | | 6 | | | 5 |
| | | 9 | | | 7 $\frac{1}{2}$ |
| | | 11 | | | 9 $\frac{1}{6}$ |
| | 1 | | | | 10 |
| | 2 | | | 1 | 8 |
| | 3 | | | 2 | 6 |
| | 4 | | | 3 | 4 |
| | 5 | | | 4 | 2 |
| | 10 | | | 8 | 4 |
| | 15 | | | 12 | 6 |
| | 19 | | | 15 | 10 |
| 1 | | | | 16 | 8 |
| 2 | | | 1 | 13 | 4 |
| 3 | | | 2 | 10 | |
| 4 | | | 3 | 6 | 8 |
| 5 | | | 4 | 3 | 4 |
| 6 | | | 5 | | |
| 7 | | | 5 | 16 | 8 |
| 8 | | | 6 | 13 | 4 |
| 9 | | | 7 | 10 | |
| 10 | | | 8 | 6 | 8 |
| 11 | | | 9 | 3 | 4 |
| 12 | | | 10 | | |

## Mesure de 14. Boisseaux $\frac{1}{5}$.

| Prix de la Mesure. | | | A combien le Setier de 12. Boiſſeaux. | | |
|---|---|---|---|---|---|
| *Liv.* | *Sols.* | *Den.* | *Liv.* | *Sols.* | *Den.* |
| | | 1 | | | $\frac{60}{71}$ |
| | | 2 | | | 1 $\frac{49}{71}$ |
| | | 3 | | | 2 $\frac{38}{71}$ |
| | | 6 | | | 5 $\frac{5}{71}$ |
| | | 9 | | | 7 $\frac{43}{71}$ |
| | | 11 | | | 9 $\frac{21}{71}$ |
| | 1 | | | | 10 $\frac{10}{71}$ |
| | 2 | | | 1 | 8 $\frac{20}{71}$ |
| | 3 | | | 2 | 6 $\frac{30}{71}$ |
| | 4 | | | 3 | 4 $\frac{40}{71}$ |
| | 5 | | | 4 | 2 $\frac{50}{71}$ |
| | 10 | | | 8 | 5 $\frac{29}{71}$ |
| | 15 | | | 12 | 8 $\frac{8}{71}$ |
| | 19 | | | 16 | $\frac{48}{71}$ |
| 1 | | | | 16 | 10 $\frac{58}{71}$ |
| 2 | | | 1 | 13 | 9 $\frac{45}{71}$ |
| 3 | | | 2 | 10 | 8 $\frac{32}{71}$ |
| 4 | | | 3 | 7 | 7 $\frac{19}{71}$ |
| 5 | | | 4 | 4 | 6 $\frac{6}{71}$ |
| 6 | | | 5 | 1 | 4 $\frac{64}{71}$ |
| 7 | | | 5 | 18 | 3 $\frac{51}{71}$ |
| 8 | | | 6 | 15 | 2 $\frac{38}{71}$ |
| 9 | | | 7 | 12 | 1 $\frac{25}{71}$ |
| 10 | | | 8 | 9 | $\frac{12}{71}$ |
| 11 | | | 9 | 5 | 10 $\frac{70}{71}$ |
| 12 | | | 10 | 2 | 9 $\frac{57}{71}$ |

### MESURE DE 14. BOISSEAUX $\frac{1}{10}$.

| PRIX DE LA MESURE. Liv. | Sols. | Den. | A combien le Setier de 12. Boisseaux. Liv. | Sols. | Den. |
|---|---|---|---|---|---|
| | | 1 | | | $\frac{40}{47}$ |
| | | 2 | | | 1 $\frac{33}{47}$ |
| | | 3 | | | 2 $\frac{26}{47}$ |
| | | 6 | | | 5 $\frac{5}{47}$ |
| | | 9 | | | 7 $\frac{31}{47}$ |
| | | 11 | | | 9 $\frac{17}{47}$ |
| | 1 | | | | 10 $\frac{10}{47}$ |
| | 2 | | | 1 | 8 $\frac{20}{47}$ |
| | 3 | | | 2 | 6 $\frac{30}{47}$ |
| | 4 | | | 3 | 4 $\frac{40}{47}$ |
| | 5 | | | 4 | 3 $\frac{3}{47}$ |
| | 10 | | | 8 | 6 $\frac{6}{47}$ |
| | 15 | | | 12 | 9 $\frac{9}{47}$ |
| | 19 | | | 16 | 2 $\frac{2}{47}$ |
| 1 | | | | 17 | $\frac{12}{47}$ |
| 2 | | | 1 | 14 | $\frac{24}{47}$ |
| 3 | | | 2 | 11 | $\frac{36}{47}$ |
| 4 | | | 3 | 8 | 1 $\frac{1}{47}$ |
| 5 | | | 4 | 5 | 1 $\frac{13}{47}$ |
| 6 | | | 5 | 2 | 1 $\frac{25}{47}$ |
| 7 | | | 5 | 19 | 1 $\frac{37}{47}$ |
| 8 | | | 6 | 16 | 2 $\frac{2}{47}$ |
| 9 | | | 7 | 13 | 2 $\frac{14}{47}$ |
| 10 | | | 8 | 10 | 2 $\frac{26}{47}$ |
| 11 | | | 9 | 7 | 2 $\frac{38}{47}$ |
| 12 | | | 10 | 4 | 3 $\frac{3}{47}$ |

### MESURE DE 14. BOISSEAUX $\frac{1}{20}$.

| PRIX DE LA MESURE. Liv. | Sols. | Den. | A combien le Setier de 12. Boisseaux. Liv. | Sols. | Den. |
|---|---|---|---|---|---|
| | | 1 | | | $\frac{240}{281}$ |
| | | 2 | | | 1 $\frac{199}{281}$ |
| | | 3 | | | 2 $\frac{158}{281}$ |
| | | 6 | | | 5 $\frac{35}{281}$ |
| | | 9 | | | 7 $\frac{193}{281}$ |
| | | 11 | | | 9 $\frac{111}{281}$ |
| | 1 | | | | 10 $\frac{70}{281}$ |
| | 2 | | | 1 | 8 $\frac{140}{281}$ |
| | 3 | | | 2 | 6 $\frac{210}{281}$ |
| | 4 | | | 3 | 4 $\frac{280}{281}$ |
| | 5 | | | 4 | 3 $\frac{69}{281}$ |
| | 10 | | | 8 | 6 $\frac{138}{281}$ |
| | 15 | | | 12 | 9 $\frac{207}{281}$ |
| | 19 | | | 16 | 2 $\frac{206}{281}$ |
| 1 | | | | 17 | $\frac{276}{281}$ |
| 2 | | | 1 | 14 | 1 $\frac{271}{281}$ |
| 3 | | | 2 | 11 | 2 $\frac{266}{281}$ |
| 4 | | | 3 | 8 | 3 $\frac{261}{28}$ |
| 5 | | | 4 | 5 | 4 $\frac{256}{281}$ |
| 6 | | | 5 | 2 | 5 $\frac{251}{281}$ |
| 7 | | | 5 | 19 | 6 $\frac{246}{281}$ |
| 8 | | | 6 | 16 | 7 $\frac{241}{281}$ |
| 9 | | | 7 | 13 | 8 $\frac{236}{281}$ |
| 10 | | | 8 | 10 | 9 $\frac{231}{281}$ |
| 11 | | | 9 | 7 | 10 $\frac{226}{281}$ |
| 12 | | | 10 | 4 | 11 $\frac{221}{281}$ |

## MESURE DE 15. BOISSEAUX.

| PRIX DE LA MESURE. | | | A combien le Setier de 12. Boisseaux. | | |
|---|---|---|---|---|---|
| *Liv.* | *Sols.* | *Den.* | *Liv.* | *Sols.* | *Den.* |
| | | 1 | | | . $\frac{4}{5}$ |
| | | 2 | | | 1 $\frac{3}{5}$ |
| | | 3 | | | 2 $\frac{2}{5}$ |
| | | 6 | | | 4 $\frac{4}{5}$ |
| | | 9 | | | 7 $\frac{1}{5}$ |
| | | 11 | | | 8 $\frac{4}{5}$ |
| | 1 | | | . | 9 $\frac{3}{5}$ |
| | 2 | | | 1 | 7 $\frac{1}{5}$ |
| | 3 | | | 2 | 4 $\frac{4}{5}$ |
| | 4 | | | 3 | 2 $\frac{2}{5}$ |
| | 5 | | | 4 | |
| | 10 | | | 8 | |
| | 15 | | | 12 | |
| | 19 | | | 15 | 2 $\frac{2}{5}$ |
| 1 | | | . | 16 | |
| 2 | | | 1 | 12 | |
| 3 | | | 2 | 8 | |
| 4 | | | 3 | 4 | |
| 5 | | | 4 | | |
| 6 | | | 4 | 16 | |
| 7 | | | 5 | 12 | |
| 8 | | | 6 | 8 | |
| 9 | | | 7 | 4 | |
| 10 | | | 8 | | |
| 11 | | | 8 | 16 | |
| 12 | | | 9 | 12 | |

## MESURE DE 15. BOISSEAUX $\frac{1}{2}$.

| PRIX DE LA MESURE. | | | A combien le Setier de 12. Boisseaux. | | |
|---|---|---|---|---|---|
| *Liv.* | *Sols.* | *Den.* | *Liv.* | *Sols.* | *Den.* |
| | | 1 | | | . $\frac{24}{31}$ |
| | | 2 | | | 1 $\frac{17}{31}$ |
| | | 3 | | | 2 $\frac{10}{31}$ |
| | | 6 | | | 4 $\frac{20}{31}$ |
| | | 9 | | | 6 $\frac{30}{31}$ |
| | | 11 | | | 8 $\frac{16}{31}$ |
| | 1 | | | . | 9 $\frac{9}{31}$ |
| | 2 | | | 1 | 6 $\frac{18}{31}$ |
| | 3 | | | 2 | 3 $\frac{27}{31}$ |
| | 4 | | | 3 | 1 $\frac{5}{31}$ |
| | 5 | | | 3 | 10 $\frac{14}{31}$ |
| | 10 | | | 7 | 8 $\frac{28}{31}$ |
| | 15 | | | 11 | 7 $\frac{11}{31}$ |
| | 19 | | | 14 | 8 $\frac{16}{31}$ |
| 1 | | | . | 15 | 5 $\frac{25}{31}$ |
| 2 | | | 1 | 10 | 11 $\frac{19}{31}$ |
| 3 | | | 2 | 6 | 5 $\frac{13}{31}$ |
| 4 | | | 3 | 1 | 11 $\frac{7}{31}$ |
| 5 | | | 3 | 17 | 5 $\frac{1}{31}$ |
| 6 | | | 4 | 12 | 10 $\frac{25}{31}$ |
| 7 | | | 5 | 8 | 4 $\frac{20}{31}$ |
| 8 | | | 6 | 3 | 10 $\frac{14}{31}$ |
| 9 | | | 6 | 19 | 4 $\frac{8}{31}$ |
| 10 | | | 7 | 14 | 10 $\frac{2}{31}$ |
| 11 | | | 8 | 10 | 3 $\frac{27}{31}$ |
| 12 | | | 9 | 5 | 9 $\frac{21}{31}$ |

MESURE DE BOISSEAUX.

| PRIX DE LA MESURE. | | | A combien le Setier de 12. Boiſſeaux. | | |
|---|---|---|---|---|---|
| *Liv.* | *Sols.* | *Den.* | *Liv.* | *Sols.* | *Den.* |
| | | 1 | | | |
| | | 2 | | | |
| | | 3 | | | |
| | | 6 | | | |
| | | 9 | | | |
| | | 11 | | | |
| | 1 | | | | |
| | 2 | | | | |
| | 3 | | | | |
| | 4 | | | | |
| | 5 | | | | |
| | 10 | | | | |
| | 15 | | | | |
| | 19 | | | | |
| 1 | | | | | |
| 2 | | | | | |
| 3 | | | | | |
| 4 | | | | | |
| 5 | | | | | |
| 6 | | | | | |
| 7 | | | | | |
| 8 | | | | | |
| 9 | | | | | |
| 10 | | | | | |
| 11 | | | | | |
| 12 | | | | | |

MESURE DE BOISSEAUX.

| PRIX DE LA MESURE. | | | A combien le Setier de 12. Boiſſeaux. | | |
|---|---|---|---|---|---|
| *Liv.* | *Sols.* | *Den.* | *Liv.* | *Sols.* | *Den.* |
| | | 1 | | | |
| | | 2 | | | |
| | | 3 | | | |
| | | 6 | | | |
| | | 9 | | | |
| | | 11 | | | |
| | 1 | | | | |
| | 2 | | | | |
| | 3 | | | | |
| | 4 | | | | |
| | 5 | | | | |
| | 10 | | | | |
| | 15 | | | | |
| | 19 | | | | |
| 1 | | | | | |
| 2 | | | | | |
| 3 | | | | | |
| 4 | | | | | |
| 5 | | | | | |
| 6 | | | | | |
| 7 | | | | | |
| 8 | | | | | |
| 9 | | | | | |
| 10 | | | | | |
| 11 | | | | | |
| 12 | | | | | |

## MESURE DE 16. BOISSEAUX.

| PRIX DE LA MESURE. | | | A combien le Setier de 12. Boisseaux. | | |
|---|---|---|---|---|---|
| *Liv.* | *Sols.* | *Den.* | *Liv.* | *Sols.* | *Den.* |
| | | 1 | | | $\frac{3}{4}$ |
| | | 2 | | | 1 $\frac{1}{2}$ |
| | | 3 | | | 2 $\frac{1}{4}$ |
| | | 6 | | | 4 $\frac{1}{2}$ |
| | | 9 | | | 6 $\frac{3}{4}$ |
| | | 11 | | | 8 $\frac{1}{4}$ |
| | 1 | | | | 9 |
| | 2 | | | 1 | 6 |
| | 3 | | | 2 | 3 |
| | 4 | | | 3 | |
| | 5 | | | 3 | 9 |
| | 10 | | | 7 | 6 |
| | 15 | | | 11 | 3 |
| | 19 | | | 14 | 3 |
| 1 | | | | 15 | |
| 2 | | | 1 | 10 | |
| 3 | | | 2 | 5 | |
| 4 | | | 3 | | |
| 5 | | | 3 | 15 | |
| 6 | | | 4 | 10 | |
| 7 | | | 5 | 5 | |
| 8 | | | 6 | | |
| 9 | | | 6 | 15 | |
| 10 | | | 7 | 10 | |
| 11 | | | 8 | 5 | |
| 12 | | | 9 | | |

## MESURE DE 16. BOISSEAUX $\frac{1}{2}$.

| PRIX DE LA MESURE. | | | A combien le Setier de 12. Boisseaux. | | |
|---|---|---|---|---|---|
| *Liv.* | *Sols.* | *Den.* | *Liv.* | *Sols.* | *Den.* |
| | | 1 | | | $\frac{8}{11}$ |
| | | 2 | | | 1 $\frac{5}{11}$ |
| | | 3 | | | 2 $\frac{2}{11}$ |
| | | 6 | | | 4 $\frac{4}{11}$ |
| | | 9 | | | 6 $\frac{6}{11}$ |
| | | 11 | | | 8 |
| | 1 | | | | 8 $\frac{8}{11}$ |
| | 2 | | | 1 | 5 $\frac{5}{11}$ |
| | 3 | | | 2 | 2 $\frac{2}{11}$ |
| | 4 | | | 2 | 10 $\frac{10}{11}$ |
| | 5 | | | 3 | 7 $\frac{7}{11}$ |
| | 10 | | | 7 | 3 $\frac{3}{11}$ |
| | 15 | | | 10 | 10 $\frac{10}{11}$ |
| | 19 | | | 13 | 9 $\frac{9}{11}$ |
| 1 | | | | 14 | 6 $\frac{6}{11}$ |
| 2 | | | 1 | 9 | 1 $\frac{1}{11}$ |
| 3 | | | 2 | 3 | 7 $\frac{7}{11}$ |
| 4 | | | 2 | 18 | 2 $\frac{2}{11}$ |
| 5 | | | 3 | 12 | 8 $\frac{8}{11}$ |
| 6 | | | 4 | 7 | 3 $\frac{3}{11}$ |
| 7 | | | 5 | 1 | 9 $\frac{9}{11}$ |
| 8 | | | 5 | 16 | 4 $\frac{4}{11}$ |
| 9 | | | 6 | 10 | 10 $\frac{10}{11}$ |
| 10 | | | 7 | 5 | 5 $\frac{5}{11}$ |
| 11 | | | 8 | | |
| 12 | | | 8 | 14 | 6 $\frac{6}{11}$ |

P 2

MESURE DE BOISSEAUX.

| PRIX DE LA MESURE. | | | A combien le Setier de 12. Boisseaux. | | |
|---|---|---|---|---|---|
| Liv. | Sols. | Den. | Liv. | Sols. | Den. |
| | | 1 | | | |
| | | 2 | | | |
| | | 3 | | | |
| | | 6 | | | |
| | | 9 | | | |
| | | 11 | | | |
| | 1 | | | | |
| | 2 | | | | |
| | 3 | | | | |
| | 4 | | | | |
| | 5 | | | | |
| | 10 | | | | |
| | 15 | | | | |
| | 19 | | | | |
| 1 | | | | | |
| 2 | | | | | |
| 3 | | | | | |
| 4 | | | | | |
| 5 | | | | | |
| 6 | | | | | |
| 7 | | | | | |
| 8 | | | | | |
| 9 | | | | | |
| 10 | | | | | |
| 11 | | | | | |
| 12 | | | | | |

MESURE DE BOISSEAUX.

| PRIX DE LA MESURE. | | | A combien le Setier de 12. Boisseaux. | | |
|---|---|---|---|---|---|
| Liv. | Sols. | Den. | Liv. | Sols. | Den. |
| | | 1 | | | |
| | | 2 | | | |
| | | 3 | | | |
| | | 6 | | | |
| | | 9 | | | |
| | | 11 | | | |
| | 1 | | | | |
| | 2 | | | | |
| | 3 | | | | |
| | 4 | | | | |
| | 5 | | | | |
| | 10 | | | | |
| | 15 | | | | |
| | 19 | | | | |
| 1 | | | | | |
| 2 | | | | | |
| 3 | | | | | |
| 4 | | | | | |
| 5 | | | | | |
| 6 | | | | | |
| 7 | | | | | |
| 8 | | | | | |
| 9 | | | | | |
| 10 | | | | | |
| 11 | | | | | |
| 12 | | | | | |

## MESURE DE 17. BOISSEAUX.

| PRIX DE LA MESURE. | | | A combien le Setier de 12. Boisseaux. | | |
|---|---|---|---|---|---|
| *Liv.* | *Sols.* | *Den.* | *Liv.* | *Sols.* | *Den.* |
| | | 1 | | | . $\frac{12}{17}$ |
| | | 2 | | | 1 $\frac{7}{17}$ |
| | | 3 | | | 2 $\frac{2}{17}$ |
| | | 6 | | | 4 $\frac{4}{17}$ |
| | | 9 | | | 6 $\frac{6}{17}$ |
| | | 11 | | | 7 $\frac{13}{17}$ |
| | 1 | | | . | 8 $\frac{8}{17}$ |
| | 2 | | | 1 | 4 $\frac{16}{17}$ |
| | 3 | | | 2 | 1 $\frac{7}{17}$ |
| | 4 | | | 2 | 9 $\frac{15}{17}$ |
| | 5 | | | 3 | 6 $\frac{6}{17}$ |
| | 10 | | | 7 | . $\frac{12}{17}$ |
| | 15 | | | 10 | 7 $\frac{1}{17}$ |
| | 19 | | | 13 | 4 $\frac{16}{17}$ |
| 1 | | | . | 14 | 1 $\frac{7}{17}$ |
| 2 | | | 1 | 8 | 2 $\frac{14}{17}$ |
| 3 | | | 2 | 2 | 4 $\frac{4}{17}$ |
| 4 | | | 2 | 16 | 5 $\frac{11}{17}$ |
| 5 | | | 3 | 10 | 7 $\frac{1}{17}$ |
| 6 | | | 4 | 4 | 8 $\frac{8}{17}$ |
| 7 | | | 4 | 18 | 9 $\frac{15}{17}$ |
| 8 | | | 5 | 12 | 11 $\frac{5}{17}$ |
| 9 | | | 6 | 7 | . $\frac{12}{17}$ |
| 10 | | | 7 | 1 | 2 $\frac{2}{17}$ |
| 11 | | | 7 | 15 | 3 $\frac{9}{17}$ |
| 12 | | | 8 | 9 | 4 $\frac{16}{17}$ |

## MESURE DE 17. BOISSEAUX $\frac{1}{2}$.

| PRIX DE LA MESURE. | | | A combien le Setier de 12. Boisseaux. | | |
|---|---|---|---|---|---|
| *Liv.* | *Sols.* | *Den.* | *Liv.* | *Sols.* | *Den.* |
| | | 1 | | | . $\frac{24}{35}$ |
| | | 2 | | | 1 $\frac{13}{35}$ |
| | | 3 | | | 2 $\frac{2}{35}$ |
| | | 6 | | | 4 $\frac{4}{35}$ |
| | | 9 | | | 6 $\frac{6}{35}$ |
| | | 11 | | | 7 $\frac{19}{35}$ |
| | 1 | | | . | 8 $\frac{8}{35}$ |
| | 2 | | | 1 | 4 $\frac{16}{35}$ |
| | 3 | | | 2 | . $\frac{24}{35}$ |
| | 4 | | | 2 | 8 $\frac{32}{35}$ |
| | 5 | | | 3 | 5 $\frac{5}{35}$ |
| | 10 | | | 6 | 10 $\frac{10}{35}$ |
| | 15 | | | 10 | 3 $\frac{15}{35}$ |
| | 19 | | | 13 | . $\frac{12}{35}$ |
| 1 | | | . | 13 | 8 $\frac{20}{35}$ |
| 2 | | | 1 | 7 | 5 $\frac{5}{35}$ |
| 3 | | | 2 | 1 | 1 $\frac{25}{35}$ |
| 4 | | | 2 | 14 | 10 $\frac{10}{35}$ |
| 5 | | | 3 | 8 | 6 $\frac{30}{35}$ |
| 6 | | | 4 | 2 | 3 $\frac{15}{35}$ |
| 7 | | | 4 | 16 | . |
| 8 | | | 5 | 9 | 8 $\frac{20}{35}$ |
| 9 | | | 6 | 3 | 5 $\frac{5}{35}$ |
| 10 | | | 6 | 17 | 1 $\frac{25}{35}$ |
| 11 | | | 7 | 10 | 10 $\frac{10}{35}$ |
| 12 | | | 8 | 4 | 6 $\frac{30}{35}$ |

MESURE DE BOISSEAUX.

| PRIX DE LA MESURE. | | | A combien le Setier de 12. Boiffeaux. | | |
|---|---|---|---|---|---|
| Liv. | Sols. | Den. | Liv. | Sols. | Den. |
| | | 1 | | | |
| | | 2 | | | |
| | | 3 | | | |
| | | 6 | | | |
| | | 9 | | | |
| | | 11 | | | |
| | 1 | | | | |
| | 2 | | | | |
| | 3 | | | | |
| | 4 | | | | |
| | 5 | | | | |
| | 10 | | | | |
| | 15 | | | | |
| | 19 | | | | |
| 1 | | | | | |
| 2 | | | | | |
| 3 | | | | | |
| 4 | | | | | |
| 5 | | | | | |
| 6 | | | | | |
| 7 | | | | | |
| 8 | | | | | |
| 9 | | | | | |
| 10 | | | | | |
| 11 | | | | | |
| 12 | | | | | |

MESURE DE BOISSEAUX.

| PRIX DE LA MESURE. | | | A combien le Setier de 12. Boiffeaux. | | |
|---|---|---|---|---|---|
| Liv. | Sols. | Den. | Liv. | Sols. | Den. |
| | | 1 | | | |
| | | 2 | | | |
| | | 3 | | | |
| | | 6 | | | |
| | | 9 | | | |
| | | 11 | | | |
| | 1 | | | | |
| | 2 | | | | |
| | 3 | | | | |
| | 4 | | | | |
| | 5 | | | | |
| | 10 | | | | |
| | 15 | | | | |
| | 19 | | | | |
| 1 | | | | | |
| 2 | | | | | |
| 3 | | | | | |
| 4 | | | | | |
| 5 | | | | | |
| 6 | | | | | |
| 7 | | | | | |
| 8 | | | | | |
| 9 | | | | | |
| 10 | | | | | |
| 11 | | | | | |
| 12 | | | | | |

### MESURE DE 18. BOISSEAUX.

| PRIX DE LA MESURE. | | | A combien le Setier de 12. Boisseaux. | | |
|---|---|---|---|---|---|
| *Liv.* | *Sols.* | *Den.* | *Liv.* | *Sols.* | *Den.* |
| | | 1 | | | $\frac{2}{3}$ |
| | | 2 | | | 1 $\frac{1}{3}$ |
| | | 3 | | | 2 |
| | | 6 | | | 4 |
| | | 9 | | | 6 |
| | | 11 | | | 7 $\frac{1}{3}$ |
| | 1 | | | | 8 |
| | 2 | | | 1 | 4 |
| | 3 | | | 2 | |
| | 4 | | | 2 | 8 |
| | 5 | | | 3 | 4 |
| | 10 | | | 6 | 8 |
| | 15 | | | 10 | |
| | 19 | | | 12 | 8 |
| 1 | | | | 13 | 4 |
| 2 | | | 1 | 6 | 8 |
| 3 | | | 2 | | |
| 4 | | | 2 | 13 | 4 |
| 5 | | | 3 | 6 | 8 |
| 6 | | | 4 | | |
| 7 | | | 4 | 13 | 4 |
| 8 | | | 5 | 6 | 8 |
| 9 | | | 6 | | |
| 10 | | | 6 | 13 | 4 |
| 11 | | | 7 | 6 | 8 |
| 12 | | | 8 | | |

### MESURE DE 18. BOISSEAUX $\frac{1}{2}$.

| PRIX DE LA MESURE. | | | A combien le Setier de 12. Boisseaux. | | |
|---|---|---|---|---|---|
| *Liv.* | *Sols.* | *Den.* | *Liv.* | *Sols.* | *Den.* |
| | | 1 | | | $\frac{24}{37}$ |
| | | 2 | | | 1 $\frac{11}{37}$ |
| | | 3 | | | 1 $\frac{35}{37}$ |
| | | 6 | | | 3 $\frac{33}{37}$ |
| | | 9 | | | 5 $\frac{31}{37}$ |
| | | 11 | | | 7 $\frac{5}{37}$ |
| | 1 | | | | 7 $\frac{29}{37}$ |
| | 2 | | | 1 | 3 $\frac{21}{37}$ |
| | 3 | | | 1 | 11 $\frac{13}{37}$ |
| | 4 | | | 2 | 7 $\frac{5}{37}$ |
| | 5 | | | 3 | 2 $\frac{34}{37}$ |
| | 10 | | | 6 | 5 $\frac{31}{37}$ |
| | 15 | | | 9 | 8 $\frac{28}{37}$ |
| | 19 | | | 12 | 3 $\frac{33}{37}$ |
| 1 | | | | 12 | 11 $\frac{25}{73}$ |
| 2 | | | 1 | 5 | 11 $\frac{13}{37}$ |
| 3 | | | 1 | 18 | 11 $\frac{1}{37}$ |
| 4 | | | 2 | 11 | 10 $\frac{26}{37}$ |
| 5 | | | 3 | 4 | 10 $\frac{14}{37}$ |
| 6 | | | 3 | 17 | 10 $\frac{2}{37}$ |
| 7 | | | 4 | 10 | 9 $\frac{27}{37}$ |
| 8 | | | 5 | 3 | 9 $\frac{15}{37}$ |
| 9 | | | 5 | 16 | 9 $\frac{3}{37}$ |
| 10 | | | 6 | 9 | 8 $\frac{28}{37}$ |
| 11 | | | 7 | 2 | 8 $\frac{16}{37}$ |
| 12 | | | 7 | 15 | 8 $\frac{4}{37}$ |

MESUR DE BOISEAUX.

| PRIX DE LA MESURE. | | | A combien le Setier de 12. Boiſſeaux | | |
|---|---|---|---|---|---|
| Liv. | Sols. | Den. | Liv. | Sols. | Den. |
| | | 1 | | | |
| | | 2 | | | |
| | | 3 | | | |
| | | 6 | | | |
| | | 9 | | | |
| | | 11 | | | |
| | 1 | | | | |
| | 2 | | | | |
| | 3 | | | | |
| | 4 | | | | |
| | 5 | | | | |
| | 10 | | | | |
| | 15 | | | | |
| | 19 | | | | |
| 1 | | | | | |
| 2 | | | | | |
| 3 | | | | | |
| 4 | | | | | |
| 5 | | | | | |
| 6 | | | | | |
| 7 | | | | | |
| 8 | | | | | |
| 9 | | | | | |
| 10 | | | | | |
| 11 | | | | | |
| 12 | | | | | |

MESURE DE BOISSEAUX.

| PRIX DE LA MESURE. | | | A combien le Setier de 12. Boiſſeaux. | | |
|---|---|---|---|---|---|
| Liv. | Sols. | Den. | Liv. | Sols. | Den. |
| | | 1 | | | |
| | | 2 | | | |
| | | 3 | | | |
| | | 6 | | | |
| | | 9 | | | |
| | | 11 | | | |
| | 1 | | | | |
| | 2 | | | | |
| | 3 | | | | |
| | 4 | | | | |
| | 5 | | | | |
| | 10 | | | | |
| | 15 | | | | |
| | 19 | | | | |
| 1 | | | | | |
| 2 | | | | | |
| 3 | | | | | |
| 4 | | | | | |
| 5 | | | | | |
| 6 | | | | | |
| 7 | | | | | |
| 8 | | | | | |
| 9 | | | | | |
| 10 | | | | | |
| 11 | | | | | |
| 12 | | | | | |

# TARIF DE RÉDUCTION AU QUINTAL POIDS

*De Marc, du Prix des Denrées qui se débitent à la Livre de seize onces, même Poids.*

| PRIX DE LA LIVRE. | A combien le Quintal. | PRIX DE LA LIVRE. | A combien le Quintal. | PRIX DE LA LIVRE. | A combien le Quintal. | PRIX DE LA LIVRE. | A combien le Quintal. | PRIX DE LA LIVRE. | A combien le Quintal. | PRIX DE LA LIVRE. | A combien le Quintal. | PRIX DE LA LIVRE. | A combien le Quintal. |
|---|---|---|---|---|---|---|---|---|---|---|---|---|---|
| Sols. Den. | Liv. Sols. Den. | Sols. Den. | Liv. Sols. Den. | Sols. Den. | Liv. Sols. Den. | Sols. Den. | Liv. Sols. Den. | Sols. Den. | Liv. Sols. Den. | Sols. Den. | Liv. Sols. Den. | Sols. Den. | Liv. Sols. Den. |
| 1 | 5 | 3 . 10 | 19 . 3 . 4 | 6 . 8 | 33 . 6 . 8 | 9 . 6 | 47 . 10 | 12 . 4 | 61 . 13 . 4 | 15 . 2 | 75 . 16 . 8 | 18 | 90 |
| 1 . 1 | 5 . 8 . 4 | 3 . 11 | 19 . 11 . 8 | 6 . 9 | 33 . 15 | 9 . 7 | 47 . 18 . 4 | 12 . 5 | 62 . 1 . 8 | 15 . 3 | 76 . 5 | 18 . 1 | 90 . 8 . 4 |
| 1 . 2 | 5 . 16 . 8 | 4 | 20 | 6 . 10 | 34 . 3 . 4 | 9 . 8 | 48 . 6 . 8 | 12 . 6 | 62 . 10 | 15 . 4 | 76 . 13 . 4 | 18 . 2 | 90 . 16 . 8 |
| 1 . 3 | 6 . 5 | 4 . 1 | 20 . 8 . 4 | 6 . 11 | 34 . 11 . 8 | 9 . 9 | 48 . 15 | 12 . 7 | 92 . 18 . 4 | 15 . 5 | 77 . 1 . 8 | 18 . 3 | 91 . 5 |
| 1 . 4 | 6 . 13 . 4 | 4 . 2 | 20 . 16 . 8 | 7 | 35 | 9 . 10 | 49 . 3 . 4 | 12 . 8 | 63 . 6 . 8 | 15 . 6 | 77 . 10 | 18 . 4 | 91 . 13 . 4 |
| 1 . 5 | 7 . 1 . 8 | 4 . 3 | 21 . 5 | 7 . 1 | 35 . 8 . 4 | 9 . 11 | 49 . 11 . 8 | 12 . 9 | 63 . 15 | 15 . 7 | 77 . 18 . 4 | 18 . 5 | 92 . 1 . 8 |
| 1 . 6 | 7 . 10 | 4 . 4 | 21 . 13 . 4 | 7 . 2 | 35 . 16 . 8 | 10 | 50 | 12 . 10 | 64 . 3 . 4 | 15 . 8 | 78 . 6 . 8 | 18 . 6 | 92 . 10 |
| 1 . 7 | 7 . 18 . 4 | 4 . 5 | 22 . 1 . 8 | 7 . 3 | 36 . 5 | 10 . 1 | 50 . 8 . 4 | 12 . 11 | 64 . 11 . 8 | 15 . 9 | 78 . 15 | 18 . 7 | 92 . 18 . 4 |
| 1 . 8 | 8 . 6 . 8 | 4 . 6 | 22 . 10 | 7 . 4 | 36 . 13 . 4 | 10 . 2 | 50 . 16 . 8 | 13 | 65 | 15 . 10 | 79 . 3 . 4 | 18 . 8 | 93 . 6 . 8 |
| 1 . 9 | 8 . 15 | 4 . 7 | 22 . 18 . 4 | 7 . 5 | 37 . 1 . 8 | 10 . 3 | 51 . 5 | 13 . 1 | 65 . 8 . 4 | 15 . 11 | 79 . 11 . 8 | 18 . 9 | 93 . 15 |
| 1 . 10 | 9 . 3 . 4 | 4 . 8 | 23 . 6 . 8 | 7 . 6 | 37 . 10 | 10 . 4 | 51 . 13 . 4 | 13 . 2 | 65 . 16 . 8 | 16 | 80 | 18 . 10 | 94 . 3 . 4 |
| 1 . 11 | 9 . 11 . 8 | 4 . 9 | 23 . 15 | 7 . 7 | 37 18 . 4 | 10 . 5 | 52 . 1 . 8 | 13 . 3 | 66 . 5 | 16 . 1 | 80 . 8 . 4 | 18 . 11 | 94 . 11 . 8 |
| 2 | 10 | 4 . 10 | 24 . 3 . 4 | 7 . 8 | 38 . 6 . 8 | 10 . 6 | 52 . 10 | 13 . 4 | 66 . 13 . 4 | 16 . 2 | 80 . 16 . 8 | 19 | 95 |
| 2 . 1 | 10 . 8 . 4 | 4 . 11 | 24 . 11 . 8 | 7 . 9 | 38 . 15 | 10 . 7 | 52 . 18 . 4 | 13 . 5 | 67 . 1 . 8 | 16 . 3 | 81 . 5 | 19 . 1 | 95 . 8 . 4 |
| 2 . 2 | 10 . 16 . 8 | 5 | 25 | 7 . 10 | 39 . 3 . 4 | 10 . 8 | 53 . 6 . 8 | 13 . 6 | 67 . 10 | 16 . 4 | 81 . 13 . 4 | 19 . 2 | 95 . 16 . 8 |
| 2 . 3 | 11 . 5 | 5 . 1 | 25 . 8 . 4 | 7 . 11 | 39 . 11 . 8 | 10 . 9 | 53 . 15 | 13 . 7 | 67 . 18 . 4 | 16 . 5 | 82 . 1 . 8 | 19 . 3 | 96 . 5 |
| 2 . 4 | 11 . 13 . 4 | 5 . 2 | 25 . 16 . 8 | 8 | 40 | 10 . 10 | 54 . 3 . 4 | 13 . 8 | 68 . 6 . 8 | 16 . 6 | 82 . 10 | 19 . 4 | 96 . 13 . 4 |
| 2 . 5 | 12 . 1 . 8 | 5 . 3 | 26 . 5 | 8 . 1 | 40 . 8 . 4 | 10 . 11 | 54 . 11 . 8 | 13 . 9 | 68 . 15 | 16 . 7 | 82 . 18 . 4 | 19 . 5 | 97 . 1 . 8 |
| 2 . 6 | 12 . 10 | 5 . 4 | 26 . 13 . 4 | 8 . 2 | 40 . 16 . 8 | 11 | 55 | 13 . 10 | 69 . 3 . 4 | 16 . 8 | 83 . 6 . 8 | 19 . 6 | 97 . 10 |
| 2 . 7 | 12 . 18 . 4 | 5 . 5 | 27 . 1 . 8 | 8 . 3 | 41 . 5 | 11 . 1 | 55 . 8 . 4 | 13 . 11 | 69 . 11 . 8 | 16 . 9 | 83 . 15 | 19 . 7 | 97 . 18 . 4 |
| 2 . 8 | 13 . 6 . 8 | 5 . 6 | 27 . 10 | 8 . 4 | 41 . 13 . 4 | 11 . 2 | 55 . 16 . 8 | 14 | 70 | 16 . 10 | 84 . 3 . 4 | 19 . 8 | 98 . 6 . 8 |
| 2 . 9 | 13 . 15 | 5 . 7 | 27 . 18 . 4 | 8 . 5 | 42 . 1 . 8 | 11 . 3 | 56 . 5 | 14 . 1 | 70 . 8 . 4 | 16 . 11 | 84 . 11 . 8 | 19 . 9 | 98 . 15 |
| 2 . 10 | 14 . 3 . 4 | 5 . 8 | 28 . 6 . 8 | 8 . 6 | 42 . 10 | 11 . 4 | 56 . 13 . 4 | 14 . 2 | 70 . 16 . 8 | 17 | 85 | 19 . 10 | 99 . 3 . 4 |
| 2 . 11 | 14 . 11 . 8 | 5 . 9 | 28 . 15 | 8 . 7 | 42 . 18 . 4 | 11 . 5 | 57 . 1 . 8 | 14 . 3 | 71 . 5 | 17 . 1 | 85 . 8 . 4 | 19 . 11 | 99 . 11 . 8 |
| 3 | 15 | 5 . 10 | 29 . 3 . 4 | 8 . 8 | 43 . 6 . 8 | 11 . 6 | 57 . 10 | 14 . 4 | 71 . 13 . 4 | 17 . 2 | 85 . 16 . 8 | 1 | 100 |
| 3 . 1 | 15 . 8 . 4 | 5 . 11 | 29 . 11 . 8 | 8 . 9 | 43 . 15 | 11 . 7 | 57 . 18 . 4 | 14 . 5 | 72 . 1 . 8 | 17 . 3 | 86 . 5 | 2 | 200 |
| 3 . 2 | 15 . 16 . 8 | 6 | 30 | 8 . 10 | 44 . 3 . 4 | 11 . 8 | 58 . 6 . 8 | 14 . 6 | 72 . 10 | 17 . 4 | 86 . 13 . 4 | 3 | 300 |
| 3 . 3 | 16 . 5 | 6 . 1 | 30 . 8 . 4 | 8 . 11 | 44 . 11 . 8 | 11 . 9 | 58 . 15 | 14 . 7 | 72 . 18 . 4 | 17 . 5 | 87 . 1 . 8 | 4 | 400 |
| 3 . 4 | 16 . 13 . 4 | 6 . 2 | 30 . 16 . 8 | 9 | 45 | 11 . 10 | 59 . 3 . 4 | 14 . 8 | 73 . 6 . 8 | 17 . 6 | 87 . 10 | 5 | 500 |
| 3 . 5 | 17 . 1 . 8 | 6 . 3 | 31 . 5 | 9 . 1 | 45 . 8 . 4 | 11 . 11 | 59 . 11 . 8 | 14 . 9 | 73 . 15 | 17 . 7 | 87 . 18 . 4 | 6 | 600 |
| 3 . 6 | 17 . 10 | 6 . 4 | 31 . 13 . 4 | 9 . 2 | 45 . 16 . 8 | 12 | 60 | 14 . 10 | 74 . 3 . 4 | 17 . 8 | 88 . 6 . 8 | 7 | 700 |
| 3 . 7 | 17 . 18 . 4 | 6 . 5 | 32 . 1 . 8 | 9 . 3 | 46 . 5 | 12 . 1 | 60 . 8 . 4 | 14 . 11 | 74 . 11 . 8 | 17 . 9 | 88 . 15 | 8 | 800 |
| 3 . 8 | 18 . 6 . 8 | 6 . 6 | 32 . 10 | 9 . 4 | 46 . 13 . 4 | 12 . 2 | 60 . 16 . 8 | 15 | 75 | 17 . 10 | 89 . 3 . 4 | 9 | 900 |
| 3 . 9 | 18 . 15 | 6 . 7 | 32 . 18 . 4 | 9 . 5 | 47 . 1 . 8 | 12 . 3 | 61 . 5 | 15 . 1 | 75 . 8 . 4 | 17 . 11 | 89 . 11 . 8 | 10 | 1000 |

# TARIF POUR CONNOÎTRE LA VALEUR DE LA CORDE

*de Bois, Mesure de Paris, à raison du Prix de la Corde de Bois, Mesure de Lorraine.*

| PRIX de la Corde DE LORRAINE. | A combien la Corde DE PARIS. | PRIX de la Corde DE LORRAINE. | A combien la Corde DE PARIS. | PRIX de la Corde DE LORRAINE. | A combien la Corde DE PARIS. | PRIX de la Corde DE LORRAINE. | A combien la Corde DE PARIS. | PRIX de la Corde DE LORRAINE. | A combien la Corde DE PARIS. | PRIX de la Corde DE LORRAINE. | A combien la Corde DE PARIS. | PRIX de la Corde DE LORRAINE. | A combien la Corde DE PARIS. |
|---|---|---|---|---|---|---|---|---|---|---|---|---|---|
| Liv. Sols. | Liv. Sols. Den. | Liv. Sols. | Liv. Sols. Den. | Liv. Sols. | Liv. Sols. Den. | Liv. Sols. | Liv. Sols. Den. | Liv. Sols. | Liv. Sols. Den. | Liv. Sols. | Liv. Sols. Den. | Liv. Sols. | Liv. Sols. Den. |
| 3 . 10 . | 4 . 4 . . . | 5 . 5 . | 6 . 6 . . . | 7 . . . | 8 . 8 . . . | 8 . 15 . | 10 . 10 . . . | 10 . 10 . | 12 . 12 . . . | 12 . 5 . | 14 . 14 . . . | 14 . . . | 16 . 16 . . . |
| 3 . 11 . | 4 . 5 . 2 2/5 | 5 . 6 . | 6 . 7 . 2 2/5 | 7 . 1 . | 8 . 9 . 2 2/5 | 8 . 16 . | 10 . 11 . 2 2/5 | 10 . 11 . | 12 . 13 . 2 2/5 | 12 . 6 . | 14 . 15 . 2 2/5 | 14 . 1 . | 16 . 17 . 2 2/5 |
| 3 . 12 . | 4 . 6 . 4 4/5 | 5 . 7 . | 6 . 8 . 4 4/5 | 7 . 2 . | 8 . 10 . 4 4/5 | 8 . 17 . | 10 . 12 . 4 4/5 | 10 . 12 . | 12 . 14 . 4 4/5 | 12 . 7 . | 14 . 16 . 4 4/5 | 14 . 2 . | 16 . 18 . 4 4/5 |
| 3 . 13 . | 4 . 7 . 7 1/5 | 5 . 8 . | 6 . 9 . 7 1/5 | 7 . 3 . | 8 . 11 . 7 1/5 | 8 . 18 . | 10 . 13 . 7 1/5 | 10 . 13 . | 12 . 15 . 7 1/5 | 12 . 8 . | 14 . 17 . 7 1/5 | 14 . 3 . | 16 . 19 . 7 1/5 |
| 3 . 14 . | 4 . 8 . 9 3/5 | 5 . 9 . | 6 . 10 . 9 3/5 | 7 . 4 . | 8 . 12 . 9 3/5 | 8 . 19 . | 10 . 14 . 9 3/5 | 10 . 14 . | 12 . 16 . 9 3/5 | 12 . 9 . | 14 . 18 . 9 3/5 | 14 . 4 . | 17 . . . 9 3/5 |
| 3 . 15 . | 4 . 10 . . . | 5 . 10 . | 6 . 12 . . . | 7 . 5 . | 8 . 14 . . . | 9 . . . | 10 . 16 . . . | 10 . 15 . | 12 . 18 . . . | 12 . 10 . | 15 . . . . . | 14 . 5 . | 17 . 2 . . . |
| 3 . 16 . | 4 . 11 . 2 2/5 | 5 . 11 . | 6 . 13 . 2 2/5 | 7 . 6 . | 8 . 15 . 2 2/5 | 9 . 1 . | 10 . 17 . 2 2/5 | 10 . 16 . | 12 . 19 . 2 2/5 | 12 . 11 . | 15 . 1 . 2 2/5 | 14 . 6 . | 17 . 3 . 2 2/5 |
| 3 . 17 . | 4 . 12 . 4 4/5 | 5 . 12 . | 6 . 14 . 4 4/5 | 7 . 7 . | 8 . 16 . 4 4/5 | 9 . 2 . | 10 . 18 . 4 4/5 | 10 . 17 . | 13 . . . 4 4/5 | 12 . 12 . | 15 . 2 . 4 4/5 | 14 . 7 . | 17 . 4 . 4 4/5 |
| 3 . 18 . | 4 . 13 . 7 1/5 | 5 . 13 . | 6 . 15 . 7 1/5 | 7 . 8 . | 8 . 17 . 7 1/5 | 9 . 3 . | 10 . 19 . 7 1/5 | 10 . 18 . | 13 . 1 . 7 1/5 | 12 . 13 . | 15 . 3 . 7 1/5 | 14 . 8 . | 17 . 5 . 7 1/5 |
| 3 . 19 . | 4 . 14 . 9 3/5 | 5 . 14 . | 6 . 16 . 9 3/5 | 7 . 9 . | 8 . 18 . 9 3/5 | 9 . 4 . | 11 . . . 9 3/5 | 10 . 19 . | 13 . 2 . 9 3/5 | 12 . 14 . | 15 . 4 . 9 3/5 | 14 . 9 . | 17 . 6 . 9 3/5 |
| 4 . . . | 4 . 16 . . . | 5 . 15 . | 6 . 18 . . . | 7 . 10 . | 9 . . . . . | 9 . 5 . | 11 . 2 . . . | 11 . . . | 13 . 4 . . . | 12 . 15 . | 15 . 6 . . . | 14 . 10 . | 17 . 8 . . . |
| 4 . 1 . | 4 . 17 . 2 2/5 | 5 . 16 . | 6 . 19 . 2 2/5 | 7 . 11 . | 9 . 1 . 2 2/5 | 9 . 6 . | 11 . 3 . 2 2/5 | 11 . 1 . | 13 . 5 . 2 2/5 | 12 . 16 . | 15 . 7 . 2 2/5 | 14 . 11 . | 17 . 9 . 2 2/5 |
| 4 . 2 . | 4 . 18 . 4 4/5 | 5 . 17 . | 7 . . . 4 4/5 | 7 . 12 . | 9 . 2 . 4 4/5 | 9 . 7 . | 11 . 4 . 4 4/5 | 11 . 2 . | 13 . 6 . 4 4/5 | 12 . 17 . | 15 . 8 . 4 4/5 | 14 . 12 . | 17 . 10 . 4 4/5 |
| 4 . 3 . | 4 . 19 . 7 1/5 | 5 . 18 . | 7 . 1 . 7 1/5 | 7 . 13 . | 9 . 3 . 7 1/5 | 9 . 8 . | 11 . 5 . 7 1/5 | 11 . 3 . | 13 . 7 . 7 1/5 | 12 . 18 . | 15 . 9 . 7 1/5 | 14 . 13 . | 17 . 11 . 7 1/5 |
| 4 . 4 . | 5 . . . 9 3/5 | 5 . 19 . | 7 . 2 . 9 3/5 | 7 . 14 . | 9 . 4 . 9 3/5 | 9 . 9 . | 11 . 6 . 9 3/5 | 11 . 4 . | 13 . 8 . 9 3/5 | 12 . 19 . | 15 . 10 . 9 3/5 | 14 . 14 . | 17 . 12 . 9 3/5 |
| 4 . 5 . | 5 . 2 . . . | 6 . . . | 7 . 4 . . . | 7 . 15 . | 9 . 6 . . . | 9 . 10 . | 11 . 8 . . . | 11 . 5 . | 13 . 10 . . . | 13 . . . | 15 . 12 . . . | 14 . 15 . | 17 . 14 . . . |
| 4 . 6 . | 5 . 3 . 2 2/5 | 6 . 1 . | 7 . 5 . 2 2/5 | 7 . 16 . | 9 . 7 . 2 2/5 | 9 . 11 . | 11 . 9 . 2 2/5 | 11 . 6 . | 13 . 11 . 2 2/5 | 13 . 1 . | 15 . 13 . 2 2/5 | 14 . 16 . | 17 . 15 . 2 2/5 |
| 4 . 7 . | 5 . 4 . 4 4/5 | 6 . 2 . | 7 . 6 . 4 4/5 | 7 . 17 . | 9 . 8 . 4 4/5 | 9 . 12 . | 11 . 10 . 4 4/5 | 11 . 7 . | 13 . 12 . 4 4/5 | 13 . 2 . | 15 . 14 . 4 4/5 | 14 . 17 . | 17 . 16 . 4 4/5 |
| 4 . 8 . | 5 . 5 . 7 1/5 | 6 . 3 . | 7 . 7 . 7 1/5 | 7 . 18 . | 9 . 9 . 7 1/5 | 9 . 13 . | 11 . 11 . 7 1/5 | 11 . 8 . | 13 . 13 . 7 1/5 | 13 . 3 . | 15 . 15 . 7 1/5 | 14 . 18 . | 17 . 17 . 7 1/5 |
| 4 . 9 . | 5 . 6 . 9 3/5 | 6 . 4 . | 7 . 8 . 9 3/5 | 7 . 19 . | 9 . 10 . 9 3/5 | 9 . 14 . | 11 . 12 . 9 3/5 | 11 . 9 . | 13 . 14 . 9 3/5 | 13 . 4 . | 15 . 16 . 9 3/5 | 14 . 19 . | 17 . 18 . 9 3/5 |
| 4 . 10 . | 5 . 8 . . . | 6 . 5 . | 7 . 10 . . . | 8 . . . | 9 . 12 . . . | 9 . 15 . | 11 . 14 . . . | 11 . 10 . | 13 . 16 . . . | 13 . 5 . | 15 . 18 . . . | 15 . . . | 18 . . . . . |
| 4 . 11 . | 5 . 9 . 2 2/5 | 6 . 6 . | 7 . 11 . 2 2/5 | 8 . 1 . | 9 . 13 . 2 2/5 | 9 . 16 . | 11 . 15 . 2 2/5 | 11 . 11 . | 13 . 17 . 2 2/5 | 13 . 6 . | 15 . 19 . 2 2/5 | *DENIERS.* | |
| 4 . 12 . | 5 . 10 . 4 4/5 | 6 . 7 . | 7 . 12 . 4 4/5 | 8 . 2 . | 9 . 14 . 4 4/5 | 9 . 17 . | 11 . 16 . 4 4/5 | 11 . 12 . | 13 . 18 . 4 4/5 | 13 . 7 . | 16 . . . 4 4/5 | | |
| 4 . 13 . | 5 . 11 . 7 1/5 | 6 . 8 . | 7 . 13 . 7 1/5 | 8 . 3 . | 9 . 15 . 7 1/5 | 9 . 18 . | 11 . 17 . 7 1/5 | 11 . 13 . | 13 . 19 . 7 1/5 | 13 . 8 . | 16 . 1 . 7 1/5 | Den. | Sols. Den. |
| 4 . 14 . | 5 . 12 . 9 3/5 | 6 . 9 . | 7 . 14 . 9 3/5 | 8 . 4 . | 9 . 16 . 9 3/5 | 9 . 19 . | 11 . 18 . 9 3/5 | 11 . 14 . | 14 . . . 9 3/5 | 13 . 9 . | 16 . 2 . 9 3/5 | . 1 . | . . 1 1/5 |
| 4 . 15 . | 5 . 14 . . . | 6 . 10 . | 7 . 16 . . . | 8 . 5 . | 9 . 18 . . . | 10 . . . | 12 . . . . . | 11 . 15 . | 14 . 2 . . . | 13 . 10 . | 16 . 4 . . . | . 2 . | . . 2 2/5 |
| 4 . 16 . | 5 . 15 . 2 2/5 | 6 . 11 . | 7 . 17 . 2 2/5 | 8 . 6 . | 9 . 19 . 2 2/5 | 10 . 1 . | 12 . 1 . 2 2/5 | 11 . 16 . | 14 . 3 . 2 2/5 | 13 . 11 . | 16 . 5 . 2 2/5 | . 3 . | . . 3 3/5 |
| 4 . 17 . | 5 . 16 . 4 4/5 | 6 . 12 . | 7 . 18 . 4 4/5 | 8 . 7 . | 10 . . . 4 4/5 | 10 . 2 . | 12 . 2 . 4 4/5 | 11 . 17 . | 14 . 4 . 4 4/5 | 13 . 12 . | 16 . 6 . 4 4/5 | . 4 . | . . 4 4/5 |
| 4 . 18 . | 5 . 17 . 7 1/5 | 6 . 13 . | 7 . 19 . 7 1/5 | 8 . 8 . | 10 . 1 . 7 1/5 | 10 . 3 . | 12 . 3 . 7 1/5 | 11 . 18 . | 14 . 5 . 7 1/5 | 13 . 13 . | 16 . 7 . 7 1/5 | . 5 . | . . 6 . |
| 4 . 19 . | 5 . 18 . 9 3/5 | 6 . 14 . | 8 . . . 9 3/5 | 8 . 9 . | 10 . 2 . 9 3/5 | 10 . 4 . | 12 . 4 . 9 3/5 | 11 . 19 . | 14 . 6 . 9 3/5 | 13 . 14 . | 16 . 8 . 9 3/5 | . 6 . | . . 7 1/5 |
| 5 . . . | 6 . . . . . | 6 . 15 . | 8 . 2 . . . | 8 . 10 . | 10 . 4 . . . | 10 . 5 . | 12 . 6 . . . | 12 . . . | 14 . 8 . . . | 13 . 15 . | 16 . 10 . . . | . 7 . | . . 8 2/5 |
| 5 . 1 . | 6 . 1 . 2 2/5 | 6 . 16 . | 8 . 3 . 2 2/5 | 8 . 11 . | 10 . 5 . 2 2/5 | 10 . 6 . | 12 . 7 . 2 2/5 | 12 . 1 . | 14 . 9 . 2 2/5 | 13 . 16 . | 16 . 11 . 2 2/5 | . 8 . | . . 9 3/5 |
| 5 . 2 . | 6 . 2 . 4 4/5 | 6 . 17 . | 8 . 4 . 4 4/5 | 8 . 12 . | 10 . 6 . 4 4/5 | 10 . 7 . | 12 . 8 . 4 4/5 | 12 . 2 . | 14 . 10 . 4 4/5 | 13 . 17 . | 16 . 12 . 4 4/5 | . 9 . | . . 10 4/5 |
| 5 . 3 . | 6 . 3 . 7 1/5 | 6 . 18 . | 8 . 5 . 7 1/5 | 8 . 13 . | 10 . 7 . 7 1/5 | 10 . 8 . | 12 . 9 . 7 1/5 | 12 . 3 . | 14 . 11 . 7 1/5 | 13 . 18 . | 16 . 13 . 7 1/5 | . 10 . | 1 . . . |
| 5 . 4 . | 6 . 4 . 9 3/5 | 6 . 19 . | 8 . 6 . 9 3/5 | 8 . 14 . | 10 . 8 . 9 3/5 | 10 . 9 . | 12 . 10 . 9 3/5 | 12 . 4 . | 14 . 12 . 9 3/5 | 13 . 19 . | 16 . 14 . 9 3/5 | . 11 . | 1 . 1 1/5 |

# TARIF POUR LA CONVERSION DE L'ARGENT DE LORRAINE EN ARGENT DE FRANCE.

| ARGENT DE Lorraine. | ARGENT DE France. | ARGENT DE Lorraine. | ARGENT DE France. | ARGENT DE Lorraine. | ARGENT DE France. | ARGENT DE Lorraine. | ARGENT DE France. | ARGENT DE Lorraine. | ARGENT DE France. | ARGENT DE Lorraine. | ARGENT DE France. | ARGENT DE Lorraine. | ARGENT DE France. | ARGENT DE Lorraine. | ARGENT DE France. |
|---|---|---|---|---|---|---|---|---|---|---|---|---|---|---|---|
| Liv. Sols. Den. | Liv. Sols. Den. | Liv. Sols. D. | Liv. Sols. Den. | Liv. Sols. D. | Liv. Sols. Den. | Liv. Sols. D. | Liv. Sols. Den. | Liv. Sols. D. | Liv. Sols. Den. | Liv. Sols. D. | Liv. Sols. Den. | Liv. Sols. D. | Liv. Sols. Den. | Liv. Sols. | Liv. Sols. Den. |
| 1. | . 24/31 | 2 . . . | 1 . 10 . 11 19/31 | 4 . 10 . | 3 . 9 . 8 4/31 | 7 . . . | 5 . 8 . 4 20/31 | 9 . 10 . | 7 . 7 . 1 5/31 | 12 . . . | 9 . 5 . 9 21/31 | 14 . 10 . | 11 . 4 . 6 6/31 | 17 . .. | 13 . 3 . 2 22/31 |
| 2. | 1 17/31 | 2 . 1 . | 1 . 11 . 8 28/31 | 4 . 11 . | 3 . 10 . 5 13/31 | 7 . 1 . | 5 . 9 . 1 29/31 | 9 . 11 . | 7 . 7 . 10 14/31 | 12 . 1 . | 9 . 6 . 6 30/31 | 14 . 11 . | 11 . 5 . 3 15/31 | 17 . 1 . | 13 . 4 . . |
| 3. | 2 10/31 | 2 . 2 . | 1 . 12 . 6 6/31 | 4 . 12 . | 3 . 11 . 2 22/31 | 7 . 2 . | 5 . 9 . 11 7/31 | 9 . 12 . | 7 . 8 . 7 23/31 | 12 . 2 . | 9 . 7 . 4 8/31 | 14 . 12 . | 11 . 6 . . 24/31 | 17 . 2 . | 13 . 4 . 9 9/31 |
| 4. | 3 3/31 | 2 . 3 . | 1 . 13 . 3 15/31 | 4 . 13 . | 3 . 12 . . . | 7 . 3 . | 5 . 10 . 8 16/31 | 9 . 13 . | 7 . 9 . 5 1/31 | 12 . 3 . | 9 . 8 . 1 17/31 | 14 . 13 . | 11 . 6 . 10 2/31 | 17 . 3 . | 13 . 5 . 6 18/31 |
| 5. | 3 27/31 | 2 . 4 . | 1 . 14 . . 24/31 | 4 . 14 . | 3 . 12 . 9 9/31 | 7 . 4 . | 5 . 11 . 5 25/31 | 9 . 14 . | 7 . 10 . 2 10/31 | 12 . 4 . | 9 . 8 . 10 26/31 | 14 . 14 . | 11 . 7 . 7 11/31 | 17 . 4 . | 13 . 6 . 3 27/31 |
| 6. | 4 20/31 | 2 . 5 . | 1 . 14 . 10 2/31 | 4 . 15 . | 3 . 13 . 6 18/31 | 7 . 5 . | 5 . 12 . 3 3/31 | 9 . 15 . | 7 . 10 . 11 19/31 | 12 . 5 . | 9 . 9 . 8 4/31 | 14 . 15 . | 11 . 8 . 4 20/31 | 17 . 5 . | 13 . 7 . 1 5/31 |
| 7. | 5 13/31 | 2 . 6 . | 1 . 15 . 7 11/31 | 4 . 16 . | 3 . 14 . 3 27/31 | 7 . 6 . | 5 . 13 . . 12/31 | 9 . 16 . | 7 . 11 . 8 28/31 | 12 . 6 . | 9 . 10 . 5 13/31 | 14 . 16 . | 11 . 9 . 1 29/31 | 17 . 6 . | 13 . 7 . 10 14/31 |
| 8. | 6 6/31 | 2 . 7 . | 1 . 16 . 4 20/31 | 4 . 17 . | 3 . 15 . 1 5/31 | 7 . 7 . | 5 . 13 . 9 21/31 | 9 . 17 . | 7 . 12 . 6 6/31 | 12 . 7 . | 9 . 11 . 2 22/31 | 14 . 17 . | 11 . 9 . 11 7/31 | 17 . 7 . | 13 . 8 . 7 23/31 |
| 9. | 6 30/31 | 2 . 8 . | 1 . 17 . 1 29/31 | 4 . 18 . | 3 . 15 . 10 14/31 | 7 . 8 . | 5 . 14 . 6 30/31 | 9 . 18 . | 7 . 13 . 3 15/31 | 12 . 8 . | 9 . 12 . . . | 14 . 18 . | 11 . 10 . 8 16/31 | 17 . 8 . | 13 . 9 . 5 1/31 |
| 10. | 7 23/31 | 2 . 9 . | 1 . 17 . 11 7/31 | 4 . 19 . | 3 . 16 . 7 23/31 | 7 . 9 . | 5 . 15 . 4 8/31 | 9 . 19 . | 7 . 14 . . 24/31 | 12 . 9 . | 9 . 12 . 9 9/31 | 14 . 19 . | 11 . 11 . 5 25/31 | 17 . 9 . | 13 . 10 . 2 10/31 |
| 11. | 8 16/31 | 2 . 10 . | 1 . 18 . 8 16/31 | 5 . . . | 3 . 17 . 5 1/31 | 7 . 10 . | 5 . 16 . 1 17/31 | 10 . . . | 7 . 14 . 10 2/31 | 12 . 10 . | 9 . 13 . 6 18/31 | 15 . . . | 11 . 12 . 3 3/31 | 17 . 10 . | 13 . 10 . 11 19/31 |
| 1. .. | 9 9/31 | 2 . 11 . | 1 . 19 . 5 25/31 | 5 . 1 . | 3 . 18 . 2 10/31 | 7 . 11 . | 5 . 16 . 10 26/31 | 10 . 1 . | 7 . 15 . 7 11/31 | 12 . 11 . | 9 . 14 . 3 27/31 | 15 . 1 . | 11 . 13 . . 12/31 | 17 . 11 . | 13 . 11 . 8 28/31 |
| 2. .. | 1 . 6 18/31 | 2 . 12 . | 2 . . . 3 3/31 | 5 . 2 . | 3 . 18 . 11 19/31 | 7 . 12 . | 5 . 17 . 8 4/31 | 10 . 2 . | 7 . 16 . 4 20/31 | 12 . 12 . | 9 . 15 . 1 5/31 | 15 . 2 . | 11 . 13 . 9 21/31 | 17 . 12 . | 13 . 12 . 6 6/31 |
| 3. .. | 2 . 3 27/31 | 2 . 13 . | 2 . 1 . . 12/31 | 5 . 3 . | 3 . 19 . 8 28/31 | 7 . 13 . | 5 . 18 . 5 13/31 | 10 . 3 . | 7 . 17 . 1 29/31 | 12 . 13 . | 9 . 15 . 10 14/31 | 15 . 3 . | 11 . 14 . 6 30/31 | 17 . 13 . | 13 . 13 . 3 15/31 |
| 4. .. | 3 . 1 5/31 | 2 . 14 . | 2 . 1 . 9 21/31 | 5 . 4 . | 4 . . . 6 6/31 | 7 . 14 . | 5 . 19 . 2 22/31 | 10 . 4 . | 7 . 17 . 11 7/31 | 12 . 14 . | 9 . 16 . 7 23/31 | 15 . 4 . | 11 . 15 . 4 8/31 | 17 . 14 . | 13 . 14 . . 24/31 |
| 5. .. | 3 . 10 14/31 | 2 . 15 . | 2 . 2 . 6 30/31 | 5 . 5 . | 4 . 1 . 3 15/31 | 7 . 15 . | 6 . . . . . | 10 . 5 . | 7 . 18 . 8 16/31 | 12 . 15 . | 9 . 17 . 5 1/31 | 15 . 5 . | 11 . 16 . 1 17/31 | 17 . 15 . | 13 . 14 . 10 2/31 |
| 6. .. | 4 . 7 23/31 | 2 . 16 . | 2 . 3 . 4 8/31 | 5 . 6 . | 4 . 2 . . 24/31 | 7 . 16 . | 6 . . . 9 9/31 | 10 . 6 . | 7 . 19 . 5 25/31 | 12 . 16 . | 9 . 18 . 2 10/31 | 15 . 6 . | 11 . 16 . 10 26/31 | 17 . 16 . | 13 . 15 . 7 11/31 |
| 7. .. | 5 . 5 1/31 | 2 . 17 . | 2 . 4 . 1 17/31 | 5 . 7 . | 4 . 2 . 10 2/31 | 7 . 17 . | 6 . 1 . 6 18/31 | 10 . 7 . | 8 . . . 3 3/31 | 12 . 17 . | 9 . 18 . 11 19/31 | 15 . 7 . | 11 . 17 . 8 4/31 | 17 . 17 . | 13 . 16 . 4 20/31 |
| 8. .. | 6 . 2 10/31 | 2 . 18 . | 2 . 4 . 10 26/31 | 5 . 8 . | 4 . 3 . 7 11/31 | 7 . 18 . | 6 . 2 . 3 27/31 | 10 . 8 . | 8 . 1 . . 12/31 | 12 . 18 . | 9 . 19 . 8 28/31 | 15 . 8 . | 11 . 18 . 5 13/31 | 17 . 18 . | 13 . 17 . 1 29/31 |
| 9. .. | 6 . 11 19/31 | 2 . 19 . | 2 . 5 . 8 4/31 | 5 . 9 . | 4 . 4 . 4 20/31 | 7 . 19 . | 6 . 3 . 1 5/31 | 10 . 9 . | 8 . 1 . 9 21/31 | 12 . 19 . | 10 . . . 6 6/31 | 15 . 9 . | 11 . 19 . 2 22/31 | 17 . 19 . | 13 . 17 . 11 7/31 |
| 10. .. | 7 . 8 28/31 | 3 . . . | 2 . 6 . 5 13/31 | 5 . 10 . | 4 . 5 . 1 29/31 | 8 . . . | 6 . 3 . 10 14/31 | 10 . 10 . | 8 . 2 . 6 30/31 | 13 . . . | 10 . 1 . 3 15/31 | 15 . 10 . | 12 . . . . . | 18 . .. | 13 . 18 . 8 16/31 |
| 11. .. | 8 . 6 6/31 | 3 . 1 . | 2 . 7 . 2 22/31 | 5 . 11 . | 4 . 5 . 11 7/31 | 8 . 1 . | 6 . 4 . 7 23/31 | 10 . 11 . | 8 . 3 . 4 8/31 | 13 . 1 . | 10 . 2 . . 24/31 | 15 . 11 . | 12 . . . 9 9/31 | 19 . .. | 14 . 14 . 2 10/31 |
| 12. .. | 9 . 3 15/31 | 3 . 2 . | 2 . 8 . . . | 5 . 12 . | 4 . 6 . 8 16/31 | 8 . 2 . | 6 . 5 . 5 1/31 | 10 . 12 . | 8 . 4 . 1 17/31 | 13 . 2 . | 10 . 2 . 10 2/31 | 15 . 12 . | 12 . 1 . 6 18/31 | 20 . .. | 15 . 9 . 8 4/31 |
| 13. .. | 10 . . 24/31 | 3 . 3 . | 2 . 8 . 9 9/31 | 5 . 13 . | 4 . 7 . 5 25/31 | 8 . 3 . | 6 . 6 . 2 10/31 | 10 . 13 . | 8 . 4 . 10 26/31 | 13 . 3 . | 10 . 3 . 7 11/31 | 15 . 13 . | 12 . 2 . 3 27/31 | 21 . .. | 16 . 5 . 1 29/31 |
| 14. .. | 10 . 10 2/31 | 3 . 4 . | 2 . 9 . 6 18/31 | 5 . 14 . | 4 . 8 . 3 3/31 | 8 . 4 . | 6 . 6 . 11 19/31 | 10 . 14 . | 8 . 5 . 8 4/31 | 13 . 4 . | 10 . 4 . 4 20/31 | 15 . 14 . | 12 . 3 . 1 5/31 | 22 . .. | 17 . . . 7 23/31 |
| 15. .. | 11 . 7 11/31 | 3 . 5 . | 2 . 10 . 3 27/31 | 5 . 15 . | 4 . 9 . . 12/31 | 8 . 5 . | 6 . 7 . 8 28/31 | 10 . 15 . | 8 . 6 . 5 13/31 | 13 . 5 . | 10 . 5 . 1 29/31 | 15 . 15 . | 12 . 3 . 10 14/31 | 23 . .. | 17 . 16 . 1 17/31 |
| 16. .. | 12 . 4 20/31 | 3 . 6 . | 2 . 11 . 1 5/31 | 5 . 16 . | 4 . 9 . 9 21/31 | 8 . 6 . | 6 . 8 . 6 6/31 | 10 . 16 . | 8 . 7 . 2 22/31 | 13 . 6 . | 10 . 5 . 11 7/31 | 15 . 16 . | 12 . 4 . 7 23/31 | 24 . .. | 18 . 11 . 7 11/31 |
| 17. .. | 13 . 1 29/31 | 3 . 7 . | 2 . 11 . 10 14/31 | 5 . 17 . | 4 . 10 . 6 30/31 | 8 . 7 . | 6 . 9 . 3 15/31 | 10 . 17 . | 8 . 8 . . . | 13 . 7 . | 10 . 6 . 8 16/31 | 15 . 17 . | 12 . 5 . 5 1/31 | 25 . .. | 19 . 7 . 1 5/31 |
| 18. .. | 13 . 11 7/31 | 3 . 8 . | 2 . 12 . 7 23/31 | 5 . 18 . | 4 . 11 . 4 8/31 | 8 . 8 . | 6 . 10 . . 24/31 | 10 . 18 . | 8 . 8 . 9 9/31 | 13 . 8 . | 10 . 7 . 5 25/31 | 15 . 18 . | 12 . 6 . 2 10/31 | 26 . .. | 20 . 2 . 6 30/31 |
| 19. .. | 14 . 8 16/31 | 3 . 9 . | 2 . 13 . 5 1/31 | 5 . 19 . | 4 . 12 . 1 17/31 | 8 . 9 . | 6 . 10 . 10 2/31 | 10 . 19 . | 8 . 9 . 6 18/31 | 13 . 9 . | 10 . 8 . 3 3/31 | 15 . 19 . | 12 . 6 . 11 19/31 | 27 . .. | 20 . 18 . . 24/31 |
| 1. .. .. | . 15 . 5 25/31 | 3 . 10 . | 2 . 14 . 2 10/31 | 6 . . . | 4 . 12 . 10 26/31 | 8 . 10 . | 6 . 11 . 7 11/31 | 11 . . . | 8 . 10 . 3 27/31 | 13 . 10 . | 10 . 9 . . 12/31 | 16 . . . | 12 . 7 . 8 28/31 | 28 . .. | 21 . 13 . 6 18/31 |
| 1. 1. .. | . 16 . 3 3/31 | 3 . 11 . | 2 . 14 . 11 19/31 | 6 . 1 . | 4 . 13 . 8 4/31 | 8 . 11 . | 6 . 12 . 4 20/31 | 11 . 1 . | 8 . 11 . 1 5/31 | 13 . 11 . | 10 . 9 . 9 21/31 | 16 . 1 . | 12 . 8 . 6 6/31 | 29 . .. | 22 . 9 . . 12/31 |
| 1. 2. .. | . 17 . . 12/31 | 3 . 12 . | 2 . 15 . 8 28/31 | 6 . 2 . | 4 . 14 . 5 13/31 | 8 . 12 . | 6 . 13 . 1 29/31 | 11 . 2 . | 8 . 11 . 10 14/31 | 13 . 12 . | 10 . 10 . 6 30/31 | 16 . 2 . | 12 . 9 . 3 15/31 | 30 . .. | 23 . 4 . 6 6/31 |
| 1. 3. .. | . 17 . 9 21/31 | 3 . 13 . | 2 . 16 . 6 6/31 | 6 . 3 . | 4 . 15 . 2 22/31 | 8 . 13 . | 6 . 13 . 11 7/31 | 11 . 3 . | 8 . 12 . 7 23/31 | 13 . 13 . | 10 . 11 . 4 8/31 | 16 . 3 . | 12 . 10 . . 24/31 | 40 . .. | 30 . 19 . 4 8/31 |
| 1. 4. .. | . 18 . 6 30/31 | 3 . 14 . | 2 . 17 . 3 15/31 | 6 . 4 . | 4 . 16 . . . | 8 . 14 . | 6 . 14 . 8 16/31 | 11 . 4 . | 8 . 13 . 5 1/31 | 13 . 14 . | 10 . 12 . 1 17/31 | 16 . 4 . | 12 . 10 . 10 2/31 | 50 . .. | 38 . 14 . 2 10/31 |
| 1. 5. .. | . 19 . 4 8/31 | 3 . 15 . | 2 . 18 . . 24/31 | 6 . 5 . | 4 . 16 . 9 9/31 | 8 . 15 . | 6 . 15 . 5 25/31 | 11 . 5 . | 8 . 14 . 2 10/31 | 13 . 15 . | 10 . 12 . 10 26/31 | 16 . 5 . | 12 . 11 . 7 11/31 | 60 . .. | 46 . 9 . . 12/31 |
| 1. 6. .. | 1 . . . 1 17/31 | 3 . 16 . | 2 . 18 . 10 2/31 | 6 . 6 . | 4 . 17 . 6 18/31 | 8 . 16 . | 6 . 16 . 3 3/31 | 11 . 6 . | 8 . 14 . 11 19/31 | 13 . 16 . | 10 . 13 . 8 4/31 | 16 . 6 . | 12 . 12 . 4 20/31 | 70 . .. | 54 . 3 . 10 14/31 |
| 1. 7. .. | 1 . . . 10 26/31 | 3 . 17 . | 2 . 19 . 7 11/31 | 6 . 7 . | 4 . 18 . 3 27/31 | 8 . 17 . | 6 . 17 . . 12/31 | 11 . 7 . | 8 . 15 . 8 28/31 | 13 . 17 . | 10 . 14 . 5 13/31 | 16 . 7 . | 12 . 13 . 1 29/31 | 80 . .. | 61 . 18 . 8 16/31 |
| 1. 8. .. | 1 . 1 . 8 4/31 | 3 . 18 . | 3 . . . 4 20/31 | 6 . 8 . | 4 . 19 . 1 5/31 | 8 . 18 . | 6 . 17 . 9 21/31 | 11 . 8 . | 8 . 16 . 6 6/31 | 13 . 18 . | 10 . 15 . 2 22/31 | 16 . 8 . | 12 . 13 . 11 7/31 | 90 . .. | 69 . 13 . 6 18/31 |
| 1. 9. .. | 1 . 2 . 5 13/31 | 3 . 19 . | 3 . 1 . 1 29/31 | 6 . 9 . | 4 . 19 . 10 14/31 | 8 . 19 . | 6 . 18 . 6 30/31 | 11 . 9 . | 8 . 17 . 3 15/31 | 13 . 19 . | 10 . 16 . . . | 16 . 9 . | 12 . 14 . 8 16/31 | 100 . .. | 77 . 8 . 4 20/31 |
| 1. 10. .. | 1 . 3 . 2 22/31 | 4 . . . | 3 . 1 . 11 7/31 | 6 . 10 . | 5 . . . 7 23/31 | 9 . . . | 6 . 19 . 4 8/31 | 11 . 10 . | 8 . 18 . . 24/31 | 14 . . . | 10 . 16 . 9 9/31 | 16 . 10 . | 12 . 15 . 5 25/31 | 200 . .. | 154 . 16 . 9 9/31 |
| 1. 11. .. | 1 . 4 . . . | 4 . 1 . | 3 . 2 . 8 16/31 | 6 . 11 . | 5 . 1 . 5 1/31 | 9 . 1 . | 7 . . . 1 17/31 | 11 . 11 . | 8 . 18 . 10 2/31 | 14 . 1 . | 10 . 17 . 6 18/31 | 16 . 11 . | 12 . 16 . 3 3/31 | 300 . .. | 232 . 5 . 1 29/31 |
| 1. 12. .. | 1 . 4 . 9 9/31 | 4 . 2 . | 3 . 3 . 5 25/31 | 6 . 12 . | 5 . 2 . 2 10/31 | 9 . 2 . | 7 . . . 10 26/31 | 11 . 12 . | 8 . 19 . 7 11/31 | 14 . 2 . | 10 . 18 . 3 27/31 | 16 . 12 . | 12 . 17 . . 12/31 | 400 . .. | 309 . 13 . 6 18/31 |
| 1. 13. .. | 1 . 5 . 6 18/31 | 4 . 3 . | 3 . 4 . 3 3/31 | 6 . 13 . | 5 . 2 . 11 19/31 | 9 . 3 . | 7 . 1 . 8 4/31 | 11 . 13 . | 9 . . . 4 20/31 | 14 . 3 . | 10 . 19 . 1 5/31 | 16 . 13 . | 12 . 17 . 9 21/31 | 500 . .. | 387 . 1 . 11 7/31 |
| 1. 14. .. | 1 . 6 . 3 27/31 | 4 . 4 . | 3 . 5 . . 12/31 | 6 . 14 . | 5 . 3 . 8 28/31 | 9 . 4 . | 7 . 2 . 5 13/31 | 11 . 14 . | 9 . 1 . 1 29/31 | 14 . 4 . | 10 . 19 . 10 14/31 | 16 . 14 . | 12 . 18 . 6 30/31 | 600 . .. | 464 . 10 . 3 27/31 |
| 1. 15. .. | 1 . 7 . 1 5/31 | 4 . 5 . | 3 . 5 . 9 21/31 | 6 . 15 . | 5 . 4 . 6 6/31 | 9 . 5 . | 7 . 3 . 2 22/31 | 11 . 15 . | 9 . 1 . 11 7/31 | 14 . 5 . | 11 . . . 7 23/31 | 16 . 15 . | 12 . 19 . 4 8/31 | 700 . .. | 541 . 18 . 8 16/31 |
| 1. 16. .. | 1 . 7 . 10 14/31 | 4 . 6 . | 3 . 6 . 6 30/31 | 6 . 16 . | 5 . 5 . 3 15/31 | 9 . 6 . | 7 . 4 . . . | 11 . 16 . | 9 . 2 . 8 16/31 | 14 . 6 . | 11 . 1 . 5 1/31 | 16 . 16 . | 13 . . . 1 17/31 | 800 . .. | 619 . 7 . 1 5/31 |
| 1. 17. .. | 1 . 8 . 7 23/31 | 4 . 7 . | 3 . 7 . 4 8/31 | 6 . 17 . | 5 . 6 . . 24/31 | 9 . 7 . | 7 . 4 . 9 9/31 | 11 . 17 . | 9 . 3 . 5 25/31 | 14 . 7 . | 11 . 2 . 2 10/31 | 16 . 17 . | 13 . . . 10 26/31 | 900 . .. | 696 . 15 . 5 25/31 |
| 1. 18. .. | 1 . 9 . 5 1/31 | 4 . 8 . | 3 . 8 . 1 17/31 | 6 . 18 . | 5 . 6 . 10 2/31 | 9 . 8 . | 7 . 5 . 6 18/31 | 11 . 18 . | 9 . 4 . 3 3/31 | 14 . 8 . | 11 . 2 . 11 19/31 | 16 . 18 . | 13 . 1 . 8 4/31 | 1000 . .. | 774 . 3 . 10 14/31 |
| 1. 19. .. | 1 . 10 . 2 10/31 | 4 . 9 . | 3 . 8 . 10 26/31 | 6 . 19 . | 5 . 7 . 7 11/31 | 9 . 9 . | 7 . 6 . 3 27/31 | 11 . 19 . | 9 . 5 . . 12/31 | 14 . 9 . | 11 . 3 . 8 28/31 | 16 . 19 . | 13 . 2 . 5 13/31 | 2000 . .. | 1548 . 7 . 8 28/31 |

# TARIF POUR LA CONVERSION DE L'ARGENT DE FRANCE EN ARGENT DE LORRAINE.

| ARGENT DE France. | ARGENT DE Lorraine. | ARGENT DE France. | ARGENT DE Lorraine. | ARGENT DE France. | ARGENT DE Lorraine. | ARGENT DE France. | ARGENT DE Lorraine. | ARGENT DE France. | ARGENT DE Lorraine. | ARGENT DE France. | ARGENT DE Lorraine. | ARGENT DE France. | ARGENT DE Lorraine. | ARGENT DE France. | ARGENT DE Lorraine. |
|---|---|---|---|---|---|---|---|---|---|---|---|---|---|---|---|
| Liv. Sols. Den. | Liv. Sols. Den. | Liv. Sols. D. | Liv. Sols. Den. | Liv. Sols. D. | Liv. Sols. Den. | Liv. Sols. D. | Liv. Sols. Den. | Liv. Sols. D. | Liv. Sols. Lien. | Liv. Sols. D. | Liv. Sols. Den. | Liv. Sols. D. | Liv. Sols. Den. | Liv. Sols. | Liv. Sols. Den. |
| 1. | 1 [illegible] | 2 . . . | 2.11.8. | 4.10. | 5.16.3. | 7 . . . | 9 . . 10. | 9.10. | 12.5.5. | 12 . . | 15.10 . . | 14.10. | 18.14.7. | 17 . . | 21.19.2. |
| 2. | 2 [illegible] | 2.1. | 2.12.11 [illegible] | 4.11. | 5.17.6 [illegible] | 7.1. | 9.2.1 [illegible] | 9.11. | 12.6.8 [illegible] | 12.1. | 15.11.3 [illegible] | 14.11. | 18.15.10 [illegible] | 17.1. | 22 . . 5 [illegible] |
| 3. | 3 [illegible] | 2.2. | 2.14.3. | 4.12. | 5.18.10. | 7.2. | 9.3.5. | 9.12. | 12.8 . . | 12.2. | 15.12.7. | 14.12. | 18.17.2. | 17.2. | 22.1.9. |
| 4. | 5 [illegible] | 2.3. | 2.15.6 [illegible] | 4.13. | 6 . . 1 [illegible] | 7.3. | 9.4.8 [illegible] | 9.13. | 12.9.3 [illegible] | 12.3. | 15.13.10 [illegible] | 14.13. | 18.18.5 [illegible] | 17.3. | 22.3 . [illegible] |
| 5. | 6 [illegible] | 2.4. | 2.16.10. | 4.14. | 6.1.5. | 7.4. | 9.6 . . | 9.14. | 12.10.7. | 12.4. | 15.15.2. | 14.14. | 18.19.9. | 17.4. | 22.4.4. |
| 6. | 7 [illegible] | 2.5. | 2.18.1 [illegible] | 4.15. | 6.2.8 [illegible] | 7.5. | 9.7.3 [illegible] | 9.15. | 12.11.10 [illegible] | 12.5. | 15.16.5 [illegible] | 14.15. | 19.1 . [illegible] | 17.5. | 22.5.7 [illegible] |
| 7. | 9 [illegible] | 2.6. | 2.19.5. | 4.16. | 6.4 . . | 7.6. | 9.8.7. | 9.16. | 12.13.2. | 12.6. | 15.17.9. | 14.16. | 19.2.4. | 17.6. | 22.6.11. |
| 8. | 10 [illegible] | 2.7. | 3 . . 8 [illegible] | 4.17. | 6.5.3 [illegible] | 7.7. | 9.9.10 [illegible] | 9.17. | 12.14.5 [illegible] | 12.7. | 15.19 . [illegible] | 14.17. | 19.3.7 [illegible] | 17.7. | 22.8.2 [illegible] |
| 9. | 11 [illegible] | 2.8. | 3.2 . . | 4.18. | 6.6.7. | 7.8. | 9.11.2. | 9.18. | 12.15.9. | 12.8. | 16 . . 4. | 14.18. | 19.4.11. | 17.8. | 22.9.6. |
| 10. | 1 . . [illegible] | 2.9. | 3.3.3 [illegible] | 4.19. | 6.7.10 [illegible] | 7.9. | 9.12.5 [illegible] | 9.19. | 12.17 . [illegible] | 12.9. | 16.1.7 [illegible] | 14.19. | 19.6.2 [illegible] | 17.9. | 22.10.9 [illegible] |
| 11. | 1.2 [illegible] | 2.10. | 3.4.7. | 5 . . | 6.9.2. | 7.10. | 9.13.9. | 10 . . | 12.18.4. | 12.10. | 16.2.11. | 15 . . | 19.7.6. | 17.10. | 22.12.1. |
| 1. .. | 1.3 [illegible] | 2.11. | 3.5.10 [illegible] | 5.1. | 6.10.5 [illegible] | 7.11. | 9.15 . [illegible] | 10.1. | 12.19.7 [illegible] | 12.11. | 16.4.2 [illegible] | 15.1. | 19.8.9 [illegible] | 17.11. | 22.13.4 [illegible] |
| 2. .. | 2.7. | 2.12. | 3.7.2. | 5.2. | 6.11.9. | 7.12. | 9.16.4. | 10.2. | 13 . . 11. | 12.12. | 16.5.6. | 15.2. | 19.10.1. | 17.12. | 22.14.8. |
| 3. .. | 3.10 [illegible] | 2.13. | 3.8.5 [illegible] | 5.3. | 6.13 . [illegible] | 7.13. | 9.17.7 [illegible] | 10.3. | 13.2.2 [illegible] | 12.13. | 16.6.9 [illegible] | 15.3. | 19.11.4 [illegible] | 17.13. | 22.15.11 [illegible] |
| 4. .. | 5.2. | 2.14. | 3.9.9. | 5.4. | 6.14.4. | 7.14. | 9.18.11. | 10.4. | 13.3.6. | 12.14. | 16.8.1. | 15.4. | 19.12.8. | 17.14. | 22.17.3. |
| 5. .. | 6.5 [illegible] | 2.15. | 3.11 . [illegible] | 5.5. | 6.15.7 [illegible] | 7.15. | 10 . . 2 [illegible] | 10.5. | 13.4.9 [illegible] | 12.15. | 16.9.4 [illegible] | 15.5. | 19.13.11 [illegible] | 17.15. | 22.18.6 [illegible] |
| 6. .. | 7.9. | 2.16. | 3.12.4. | 5.6. | 6.16.11. | 7.16. | 10.1.6. | 10.6. | 13.6.1. | 12.16. | 16.10.8. | 15.6. | 19.15.3. | 17.16. | 22.19.10. |
| 7. .. | 9 . [illegible] | 2.17. | 3.13.7 [illegible] | 5.7. | 6.18.2 [illegible] | 7.17. | 10.2.9 [illegible] | 10.7. | 13.7.4 [illegible] | 12.17. | 16.11.11 [illegible] | 15.7. | 19.16.6 [illegible] | 17.17. | 23.1.1 [illegible] |
| 8. .. | 10.4. | 2.18. | 3.14.11. | 5.8. | 6.19.6. | 7.18. | 10.4.1. | 10.8. | 13.8.8. | 12.18. | 16.13.3. | 15.8. | 19.17.10. | 17.18. | 23.2.5. |
| 9. .. | 11.7 [illegible] | 2.19. | 3.16.2 [illegible] | 5.9. | 7 . . 9 [illegible] | 7.19. | 10.5.4 [illegible] | 10.9. | 13.9.11 [illegible] | 12.19. | 16.14.6 [illegible] | 15.9. | 19.19.1 [illegible] | 17.19. | 23.3.8 [illegible] |
| 10. .. | 12.11. | 3 . . | 3.17.6. | 5.10. | 7.2.1. | 8 . . | 10.6.8. | 10.10. | 13.11.3. | 13 . . | 16.15.10. | 15.10. | 20 . . 5. | 18 . . | 23.5 . . |
| 11. .. | 14.2 [illegible] | 3.1. | 3.18.9 [illegible] | 5.11. | 7.3.4 [illegible] | 8.1. | 10.7.11 [illegible] | 10.11. | 13.12.6 [illegible] | 13.1. | 16.17.1 [illegible] | 15.11. | 20.1.8 [illegible] | 19 . . | 24.10.10. |
| 12. .. | 15.6. | 3.2. | 4 . . 1. | 5.12. | 7.4.8. | 8.2. | 10.9.3. | 10.12. | 13.13.10. | 13.2. | 16.18.5. | 15.12. | 20.3 . . | 20 . . | 25.16.8. |
| 13. .. | 16.9 [illegible] | 3.3. | 4.1.4 [illegible] | 5.13. | 7.5.11 [illegible] | 8.3. | 10.10.6 [illegible] | 10.13. | 13.15.1 [illegible] | 13.3. | 16.19.8 [illegible] | 15.13. | 20.4.3 [illegible] | 21 . . | 27.2.6. |
| 14. .. | 18.1. | 3.4. | 4.2.8. | 5.14. | 7.7.3. | 8.4. | 10.11.10. | 10.14. | 13.16.5. | 13.4. | 17.1 . . | 15.14. | 20.5.7. | 22 . . | 28.8.4. |
| 15. .. | 19.4 [illegible] | 3.5. | 4.3.11 [illegible] | 5.15. | 7.8.6 [illegible] | 8.5. | 10.13.1 [illegible] | 10.15. | 13.17.8 [illegible] | 13.5. | 17.2.3 [illegible] | 15.15. | 20.6.10 [illegible] | 23 . . | 29.14.2. |
| 16. .. | 1 . . . 8. | 3.6. | 4.5.3. | 5.16. | 7.9.10. | 8.6. | 10.14.5. | 10.16. | 13.19 . . | 13.6. | 17.3.7. | 15.16. | 20.8.2. | 24 . . | 31 . . . . |
| 17. .. | 1.1.11 [illegible] | 3.7. | 4.6.6 [illegible] | 5.17. | 7.11.1 [illegible] | 8.7. | 10.15.8 [illegible] | 10.17. | 14 . . 3 [illegible] | 13.7. | 17.4.10 [illegible] | 15.17. | 20.9.5 [illegible] | 25 . . | 32.5.10. |
| 18. .. | 1.3.3. | 3.8. | 4.7.10. | 5.18. | 7.12.5. | 8.8. | 10.17 . . | 10.18. | 14.1.7. | 13.8. | 17.6.2. | 15.18. | 20.10.9. | 26 . . | 33.11.8. |
| 19. .. | 1.4.6 [illegible] | 3.9. | 4.9.1 [illegible] | 5.19. | 7.13.8 [illegible] | 8.9. | 10.18.3 [illegible] | 10.19. | 14.2.10 [illegible] | 13.9. | 17.7.5 [illegible] | 15.19. | 20.12 . [illegible] | 27 . . | 34.17.6. |
| 1. .. .. | 1.5.10. | 3.10. | 4.10.5. | 6 . . | 7.15 . . | 8.10. | 10.19.7. | 11 . . | 14.4.2. | 13.10. | 17.8.9. | 16 . . | 20.13.4. | 28 . . | 36.3.4. |
| 1. 1. .. | 1.7.1 [illegible] | 3.11. | 4.11.8 [illegible] | 6.1. | 7.16.3 [illegible] | 8.11. | 11 . . 10 [illegible] | 11.1. | 14.5.5 [illegible] | 13.11. | 17.10 . [illegible] | 16.1. | 20.14.7 [illegible] | 29 . . | 37.9.2. |
| 1. 2. .. | 1.8.5. | 3.12. | 4.13 . . | 6.2. | 7.17.7. | 8.12. | 11.2.2. | 11.2. | 14.6.9. | 13.12. | 17.11.4. | 16.2. | 20.15.11. | 30 . . | 38.15 . . |
| 1. 3. .. | 1.9.8 [illegible] | 3.13. | 4.14.3 [illegible] | 6.3. | 7.18.10 [illegible] | 8.13. | 11.3.5 [illegible] | 11.3. | 14.8 . [illegible] | 13.13. | 17.12.7 [illegible] | 16.3. | 20.17.2 [illegible] | 40 . . | 51.13.4. |
| 1. 4. .. | 1.11 . . . | 3.14. | 4.15.7. | 6.4. | 8 . . 2. | 8.14. | 11.4.9. | 11.4. | 14.9.4. | 13.14. | 17.13.11. | 16.4. | 20.18.6. | 50 . . | 64.11.8. |
| 1. 5. .. | 1.12.3 [illegible] | 3.15. | 4.16.10 [illegible] | 6.5. | 8.1.5 [illegible] | 8.15. | 11.6 . [illegible] | 11.5. | 14.10.7 [illegible] | 13.15. | 17.15.2 [illegible] | 16.5. | 20.19.9 [illegible] | 60 . . | 77.10 . . |
| 1. 6. .. | 1.13.7. | 3.16. | 4.18.2. | 6.6. | 8.2.9. | 8.16. | 11.7.4. | 11.6. | 14.11.11. | 13.16. | 17.16.6. | 16.6. | 21.1.1. | 70 . . | 90.8.4. |
| 1. 7. .. | 1.14.10 [illegible] | 3.17. | 4.19.5 [illegible] | 6.7. | 8.4 . [illegible] | 8.17. | 11.8.7 [illegible] | 11.7. | 14.13.2 [illegible] | 13.17. | 17.17.9 [illegible] | 16.7. | 21.2.4 [illegible] | 80 . . | 103.6.8. |
| 1. 8. .. | 1.16.2. | 3.18. | 5 . . 9. | 6.8. | 8.5.4. | 8.18. | 11.9.11. | 11.8. | 14.14.6. | 13.18. | 17.19.1. | 16.8. | 21.3.8. | 90 . . | 116.5 . . |
| 1. 9. .. | 1.17.5 [illegible] | 3.19. | 5.2 . [illegible] | 6.9. | 8.6.7 [illegible] | 8.19. | 11.11.2 [illegible] | 11.9. | 14.15.9 [illegible] | 13.19. | 18 . . 4 [illegible] | 16.9. | 21.4.11 [illegible] | 100 . . | 129.3.4. |
| 1.10. .. | 1.18.9. | 4 . . | 5.3.4. | 6.10. | 8.7.11. | 9 . . | 11.12.6. | 11.10. | 14.17.1. | 14 . . | 18.1.8. | 16.10. | 21.6.3. | 200 . . | 258.6.8. |
| 1.11. .. | 2 . . . [illegible] | 4.1. | 5.4.7 [illegible] | 6.11. | 8.9.2 [illegible] | 9.1. | 11.13.9 [illegible] | 11.11. | 14.18.4 [illegible] | 14.1. | 18.2.11 [illegible] | 16.11. | 21.7.6 [illegible] | 300 . . | 387.10 . . |
| 1.12. .. | 2.1.4. | 4.2. | 5.5.11. | 6.12. | 8.10.6. | 9.2. | 11.15.1. | 11.12. | 14.19.8. | 14.2. | 18.4.3. | 16.12. | 21.8.10. | 400 . . | 516.13.4. |
| 1.13. .. | 2.2.7 [illegible] | 4.3. | 5.7.2 [illegible] | 6.13. | 8.11.9 [illegible] | 9.3. | 11.16.4 [illegible] | 11.13. | 15 . . 11 [illegible] | 14.3. | 18.5.6 [illegible] | 16.13. | 21.10.1 [illegible] | 500 . . | 645.16.8. |
| 1.14. .. | 2.3.11. | 4.4. | 5.8.6. | 6.14. | 8.13.1. | 9.4. | 11.17.8. | 11.14. | 15.2.3. | 14.4. | 18.6.10. | 16.14. | 21.11.5. | 600 . . | 775 . . . . |
| 1.15. .. | 2.5.2 [illegible] | 4.5. | 5.9.9 [illegible] | 6.15. | 8.14.4 [illegible] | 9.5. | 11.18.11 [illegible] | 11.15. | 15.3.6 [illegible] | 14.5. | 18.8.1 [illegible] | 16.15. | 21.12.8 [illegible] | 700 . . | 904.3.4. |
| 1.16. .. | 2.6.6. | 4.6. | 5.11.1. | 6.16. | 8.15.8. | 9.6. | 12 . . 3. | 11.16. | 15.4.10. | 14.6. | 18.9.5. | 16.16. | 21.14 . . | 800 . . | 1033.6.8. |
| 1.17. .. | 2.7.9 [illegible] | 4.7. | 5.12.4 [illegible] | 6.17. | 8.16.11 [illegible] | 9.7. | 12.1.6 [illegible] | 11.17. | 15.6.1 [illegible] | 14.7. | 18.10.8 [illegible] | 16.17. | 21.15.3 [illegible] | 900 . . | 1162.10 . . |
| 1.18. .. | 2.9.1. | 4.8. | 5.13.8. | 6.18. | 8.18.3. | 9.8. | 12.2.10. | 11.18. | 15.7.5. | 14.8. | 18.12 . . | 16.18. | 21.16.7. | 1000 . . | 1291.13.4. |
| 1.19. .. | 2.10.4 [illegible] | 4.9. | 5.14.11 [illegible] | 6.19. | 8.19.6 [illegible] | 9.9. | 12.4.1 [illegible] | 11.19. | 15.8.8 [illegible] | 14.9. | 18.13.3 [illegible] | 16.19. | 21.17.10 [illegible] | 2000 . . | 2583.6.8. |

BIBLIOTHEQUE DE L'ARSENAL

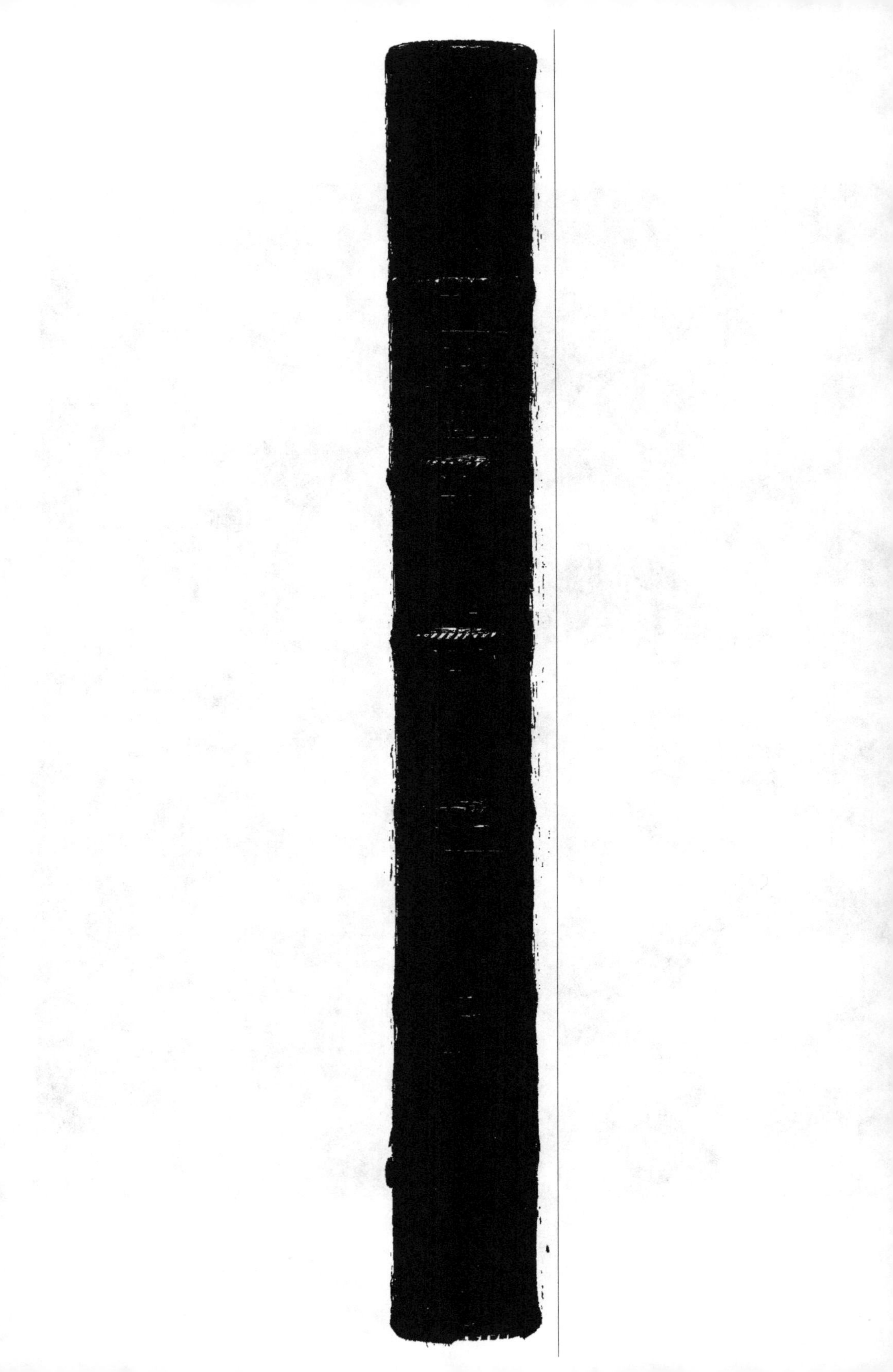

www.ingramcontent.com/pod-product-compliance
Lightning Source LLC
Chambersburg PA
CBHW070242200326
41518CB00010B/1654
*9782013724586*